解析几何

罗 淼
吴云顺
王仁海
主编

清华大学出版社
北京

内 容 简 介

本书主要介绍空间解析几何的内容.全书共6章,第1章给出向量与坐标的概念及其向量的相关运算,第2章讨论轨迹与方程,第3章研究空间中最简单的图形——平面与直线的方程,第4章推导给定条件所确定的常见二次曲面的方程以及讨论给定方程对应的曲面的性质,第5章研究一般二次曲线的相关问题,第6章对一般二次曲面进行讨论.书中将"以形助数,以数辅形"的观点融入教材中,着重体现几何意义,培养学生直观的空间想象能力,注重数形结合思想的渗入和实践.

本书根据多年的教学经验,结合首批国家级一流专业——数学与应用数学专业的建设需要,以及贵州省省级金课——解析几何课程的建设需要进行撰写编著.可作为高等院校"解析几何"课程的教材或参考书.

图书在版编目(CIP)数据

解析几何 / 罗淼,吴云顺,王仁海主编. -- 北京:清华大学出版社,2025.7.
ISBN 978-7-302-69996-5

Ⅰ. O182

中国国家版本馆 CIP 数据核字第 2025JJ9879 号

责任编辑:刘 颖
封面设计:傅瑞学
责任校对:薄军霞
责任印制:刘 菲

出版发行:清华大学出版社
   网   址:https://www.tup.com.cn,https://www.wqxuetang.com
   地   址:北京清华大学学研大厦 A 座   邮   编:100084
   社 总 机:010-83470000   邮   购:010-62786544
   投稿与读者服务:010-62776969,c-service@tup.tsinghua.edu.cn
   质量反馈:010-62772015,zhiliang@tup.tsinghua.edu.cn
印 装 者:三河市东方印刷有限公司
经   销:全国新华书店
开   本:185mm×260mm   印   张:16.75   字   数:400 千字
版   次:2025 年 8 月第 1 版   印   次:2025 年 8 月第 1 次印刷
定   价:49.80 元

产品编号:111071-01

本教材获得 2024 年度"贵州师范大学教材和学术著作出版基金"资助,并获得"贵州省高等学校数学建模与科学计算重点实验室项目(黔教技[2023]011 号)"资助.

本教材是贵州师范大学"首批国家级一流专业——数学与应用数学专业"的建设成果,也是 2023 年"省级金课——解析几何课程"的建设成果.

前　言

　　1637年，法国数学家勒内·笛卡儿发明了现代数学的基础工具之一——坐标系，将几何和代数相结合，成功地创立了解析几何学，从而开创了几何学的新局面，甚至可以说开创了数学的新局面，因为微积分的发现就深受其影响，而微积分又是现代数学的重要基石。随着坐标系的出现，经过数学家们的努力，仿射几何、黎曼几何等几何分支随着相继问世。

　　我国著名数学家华罗庚曾讲过："数缺形时少直观，形少数时难入微，数形结合百般好，隔离分家万事休。"遇到"数"的问题，有了"形"的帮助更加直观易懂；遇到"形"的问题，有了"数"来帮忙能精准分析。而坐标系引入的实质就是用"数"去描述"形"，如今的"量化管理"就源于这种思想。所以我们可以说，解析几何是一门用"数"去描述"形"和用"形"去解释"数"的学科。

　　坐标的雏形是"不同方向的线段长"。后来经数学家们的改造，用"向量法"引入坐标，这让我们站在一个新的高度去认识它，即"坐标是极大线性无关向量组的表出系数构成的有序数组"。

　　如今解析几何已是大学的必修课程。在普及教育的背景下，我们要让每一个学生都掌握数学的思想与方法，就必须让学生从"数"与"形"的两个角度去认识同一个对象。就连"向量"这个联系"数"与"形"的工具，也不例外，本书给出了三个解释，即：

　　(1) 本质的解释：具有大小和方向的量；

　　(2) "形"的解释：有向线段；

　　(3) "数"的解释：有序数组。

　　对于向量的运算，如加、数乘、内积、外积等，也不例外。只有这样，才能使学生更为全面地认识事物、理解原理与掌握规律，得到更为真实的结论。

　　本书是作者根据多年的教学经验，为师范院校数学与应用数学、信息计算科学与应用统计学等相关专业的"解析几何"课程编写的教材。解析几何的教材有较多版本，各有春秋，本书有如下主要特点。

　　(1) 语言：采用通俗且易懂的描述。

　　林群院士说："深奥的东西，能说你懂了，以什么为标准呢？那就是看你能否用粗浅的语言去描述。"在本书的编写中，语句的陈述尽量通俗且易懂，定义、定理与性质的描述准确精练，让读者喜闻乐见且容易接受。

（2）题材：采用抽象与应用相结合.

教材内容的选取体现了理论与实际的联系.通过理论的具体抽象过程,使得读者掌握在实际中的应用方法.对抽象的概念,都尽量给出其引入的情境,告知抽象的过程,从而得到应用的方法.

（3）性质：采用严谨与合理的解释.

严谨的逻辑推理,是数学的基本要求之一.本书注重引导学生能从合理的解释达到严密的论证,掌握数学思维方法,培养逻辑推理能力.

（4）习题：采用基础与竞赛的融合.

习题的主要目的是帮助学生回顾和加深对课堂所学知识的理解,从而达到巩固知识,有助于学生发展逻辑思维、问题解决等能力.本书特别添加了一些全国大学数学竞赛的题目,让学生在对竞赛题的实际演练过程中,体验到解决数学问题的乐趣,同时感受数学竞赛题目的魅力,从而增强他们的学习动力和探索欲望.

（5）拓展：采用放眼几何学的家族.

解析几何只是几何学科的一门基础课程,本书在适当的知识点处增加了议一议模块,以此来种下像微分几何、积分几何、凸几何等几何学种子,引出学生对解答问题的探索欲望,激发学生学习几何学科的兴趣,培养学生探索几何科学的能力.

本书在编写、修订过程中,得到了贵州师范大学教务处的领导及相关工作人员和贵州师范大学数学科学学院的领导及相关人员,以及贵州师范大学的孙谦副教授的关心、支持和帮助,在此表示衷心的感谢.在修订的过程中,还得到了清华大学出版社的领导和有关同志的大力支持与帮助,在此表示深切的谢意.还要特别感谢清华大学出版社刘颖编辑的多方协调与辛勤付出,使得本书能顺利出版.

罗　淼

2024 年 9 月

目 录

第 1 章

向量及其相关运算

在空间几何图形中,基本的几何要素是点、线、面、体.而线可视为点的运动轨迹,面可视为线的运动轨迹,体可视为面的运动轨迹,故点是空间几何图形的最基本元素.研究几何问题的方法多种多样,用不同方法就会相应产生不同名称的几何学,用代数的方法来研究几何问题产生的几何统称解析几何.解析几何的基本思想是用代数的方法来研究几何,为了把代数的方法引入几何中,就必须把代数的运算引入几何中来,那如何引入呢? 最根本的做法就是设法把空间的几何结构进行系统的代数化、数量化.为此,首先在空间中引入向量以及向量的运算,并通过向量来建立坐标系,这是解析几何的基础.利用向量,有些几何问题的解决就变得简捷了.当然,向量也是力学、物理学和工程技术等学科中解决问题的有力工具.

1.1 向量的概念

在力学、物理学以及日常生活中,经常遇到许多量,例如温度、质量、密度、时间、长度、面积和体积等,这些量在规定的单位下,都可以用一个数来完全确定,这种只有大小的量叫作数量.但像力、位移、速度与加速度等量,它们除有大小外,还有方向,这种量是向量,相对数量较为复杂.

1. 向量的相关概念

定义 1.1.1　既有大小又有方向的量叫作**向量**,也叫作**矢量**.

注:向量的表示

(1) 有向线段表示向量:有向线段 AB 的始点 A 和终点 B 叫作向量的**始点**和**终点**,记作 $\overrightarrow{AB}$,如图 1-1 所示,有向线段 AB 的方向表示向量的方向;有向线段 AB 的长度叫作向量的**大小**,也叫向量的**模**,记作 $|\overrightarrow{AB}|$,如图 1-1 所示.

(2) 手写体表示向量:在小写字母上面加箭头表示,如 $\vec{a}$,$\vec{b}$,$\vec{x}$ 等,向量 $\vec{a}$ 的模记作 $|\vec{a}|$.用小写字母表示向量时,字母一般写在有向线段的中部,如图 1-1 所示.

(3) 印刷体表示向量:黑体字母表示,如 $\boldsymbol{a}$,$\boldsymbol{b}$,$\boldsymbol{x}$ 等,向量 $\boldsymbol{a}$ 的模记作 $|\boldsymbol{a}|$.

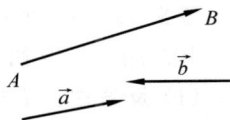

图 1-1　向量图示

2. 两个特殊向量

零向量:模等于 0 的向量叫作**零向量**,记为 $\vec{0}$.零向量的起点与终点重合,零向量的方向不定.不是零向量的向量叫作**非零向量**.

单位向量：模等于 1 的向量叫作**单位向量**,常记为 $\vec{i},\vec{j},\vec{k},\vec{e}$ 等；与向量 $\vec{a}$ 方向相同的单位向量叫作与 $\vec{a}$ 同方向的单位向量,常用 $\vec{a}°$ 来表示.

3. 向量之间的关系

要在向量中赋予运算,必须给出向量相等的概念.何为两个向量相等,请看下面的定义.

定义 1.1.2　若两个向量的大小相等且方向相同,则把它们叫作**相等向量**,若两个向量 $\vec{a}$ 与 $\vec{b}$ 相等,则记作 $\vec{a}=\vec{b}$.所有零向量都相等.

由定义 1.1.2 我们可以看到,两个向量是否相等与它们的始点无关,只由它们的大小和方向来决定,对这样的向量我们给出如下定义.

定义 1.1.3　只由大小和方向决定的向量叫作**自由向量**.

注：(1)自由向量可以在空间中任意平移,且平移后的向量仍然代表原来的向量;

(2)在自由向量的意义下,相等的向量都可看作是同一个自由向量;

(3)由于自由向量的始点的任意性,按照需要我们可以选取某一点作为研究的一些向量的公共始点.这种情况,我们通常说成,把那些向量归结到共同的始点;

(4)借助自由向量,向量 $\vec{a}$ 与 $\vec{b}$ 相等等价于说向量 $\vec{a},\vec{b}$ 经平移后能够重合.

所以从"形"的定义出发,判断两个向量是否相等,可以经过平移看它们是否重合,而且方向要相同.当后面给出了向量"数"的定义后,要判断两个向量是否相等就简单多了.

由于向量不仅有大小,而且还有方向,因此,模相等的两个向量不一定相等,因为它们的方向可能不同,如果刚好方向相反,有如下的概念.

定义 1.1.4　若两个向量大小相等且方向相反,则把它们叫作**互为反向量**,如向量 $\vec{a}$ 与向量 $\vec{b}$ 互为反向量,我们就可说向量 $\vec{a}$ 的反向量是 $\vec{b}$,向量 $\vec{b}$ 的反向量是 $\vec{a}$,向量 $\vec{a}$ 的反向量记作 $-\vec{a}$.

显然,向量 $\overrightarrow{AB}$ 的反向量是向量 $\overrightarrow{BA}$,即 $\overrightarrow{AB}=-\overrightarrow{BA}$.

由于在几何中,可以把向量看成一个有向线段,将有向线段 AB 向两端延长得到一条直线 a,我们说直线 a 是向量 $\overrightarrow{AB}$ 所在的直线.

若两向量所在的直线平行,则把它们叫作**平行向量**,如向量 $\vec{a}$ 与向量 $\vec{b}$ 平行,记作 $\vec{a}/\!/\vec{b}$.类似地,若向量 $\vec{a}$ 所在的直线平行于直线 b,则称向量 $\vec{a}$ 平行直线 b,记作 $\vec{a}/\!/b$；若向量 $\vec{a}$ 所在的直线与平面 π 平行,则称向量 $\vec{a}$ 平行平面 π,记作 $\vec{a}/\!/\pi$.

定义 1.1.5　平行于同一条直线的向量叫作**共线向量**.

共线向量具有如下性质：

(1)**反身性**：$\vec{a}$ 与 $\vec{a}$ 共线;

(2)**对称性**：如果 $\vec{a}$ 与 $\vec{b}$ 共线,那么 $\vec{b}$ 与 $\vec{a}$ 共线;

(3)**传递性**：如果 $\vec{a}$ 与 $\vec{b}$ 共线,$\vec{b}$ 与 $\vec{c}$ 共线,那么 $\vec{a}$ 与 $\vec{c}$ 共线.

由向量相等的定义可得,把不在一条直线上两个相等向量的始点与始点连接、终点与终点连接可获得一个平行四边形,如向量 $\overrightarrow{AB}$ 等于向量 $\overrightarrow{CD}$,连接始点 A 与 C、连接终点 B 与

D 得到的四边形 $ABDC$ 是平行四边形,如图 1-2(a)所示.这是因为向量 $\overrightarrow{AB}$ 等于向量 $\overrightarrow{CD}$,所以向量 $\overrightarrow{AB}$ 与向量 $\overrightarrow{CD}$ 平行,而且向量 $\overrightarrow{AB}$ 与向量 $\overrightarrow{CD}$ 的模相等,故由平行四边形的定义知四边形 $ABDC$ 是平行四边形.不在一条直线上两个互为反向量的始点与终点连接、终点与始点连接也可获得一个平行四边形,如图 1-2(b)所示.

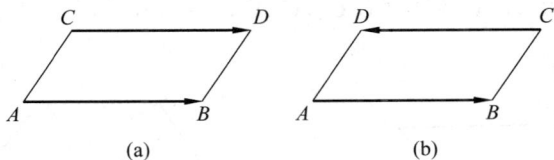

图 1-2　向量与平行四边形

定义 1.1.6　平行于同一个平面的向量叫作**共面向量**.

注:(1) 零向量与任何共线的向量共线;零向量与任何共面的向量共面.

(2) 共线向量必共面;任意两个向量必共面.

(3) 如果三向量中有两向量共线,那么三向量必共面.

例 1.1.1　设在平面上给定一个四边形 $ABCD$,点 E,F,G,H 分别是边 AB,BC,CD,DA 的中点,求证: $\overrightarrow{EF}=\overrightarrow{HG}$. 当 $ABCD$ 是空间四边形时,该结论是否成立?

解　如图 1-3 所示,连接 A,C,由于 E,F 分别是边 AB,BC 的中点,所以 EF 是三角形 ABC 的中位线,从而 EF 平行且等于 $\frac{1}{2}AC$;由于 G,H 分别是边 CD,DA 的中点,同理可得 HG 平行且等于 $\frac{1}{2}AC$,由图 1-3 可知,向量 $\overrightarrow{EF}$ 与 $\overrightarrow{HG}$ 的方向都与向量 $\overrightarrow{AC}$ 方

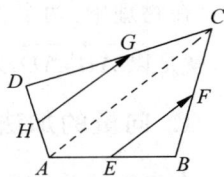

图 1-3　平面四边形

向相同,所以 $\overrightarrow{EF}=\frac{1}{2}\overrightarrow{AC}=\overrightarrow{HG}$,即 $\overrightarrow{EF}=\overrightarrow{HG}$.

当 $ABCD$ 是空间四边形时,同样连接 AC,可以证明 $\overrightarrow{EF}=\overrightarrow{HG}$. 故结论也仍然成立.

注:(1) 通过例 1.1.1 你有什么想法?

(2) 通过此例题你得到什么启示?

(3) 若点 E,F,G,H 分别是边 AB,BC,CD,DA 的三等分点,结论是否也成立?

三角形是由三条线段首尾顺次连接构成,请读者

议一议　六根相同的火柴,最多可以摆出多少个三角形?

习题 1.1

1. 下列情形中,所有向量的终点各构成什么图形?

(1) 把空间中一切单位向量的始点归结为一点;

(2) 把平行于某一平面的一切单位向量的始点归结为一点;

(3) 把平行于某一直线的一切向量的始点归结为一点;

(4) 把平行于某一直线的一切单位向量的始点归结为一点.

2. 如图 1-4 所示,设 $ABCD\text{-}EFGH$ 是一个平行六面体,在下列各对向量中,找出相等的向量和互为反向量的向量:

(1) $\overrightarrow{AB},\overrightarrow{CD}$; (2) $\overrightarrow{AE},\overrightarrow{CG}$; (3) $\overrightarrow{AC},\overrightarrow{EG}$; (4) $\overrightarrow{AD},\overrightarrow{GF}$.

3. 如图 1-5 所示,设三角形 ABC 与三角形 $A'B'C'$ 分别是三棱台 $ABC\text{-}A'B'C'$ 的上、下底面,在向量 $\overrightarrow{AB},\overrightarrow{BC},\overrightarrow{CA},\overrightarrow{A'B'},\overrightarrow{B'C'},\overrightarrow{C'A'},\overrightarrow{AA'},\overrightarrow{BB'},\overrightarrow{CC'}$ 中找出共线向量与共面向量.

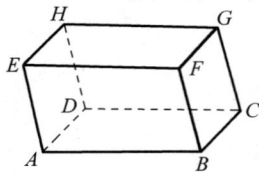

图 1-4 平行六面体   图 1-5 三棱台

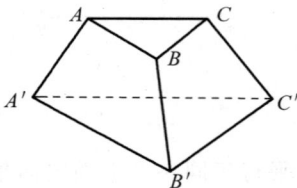

1.2 向量的加减法

在物理中,两个力的合力,可以用"平行四边形法则"求出. 例如两个力 $\overrightarrow{AB}$ 与 $\overrightarrow{AD}$ 的合力,就是以 $\overrightarrow{AB},\overrightarrow{AD}$ 为邻边的平行四边形 $ABCD$ 的**对角线向量**[①] $\overrightarrow{AC}$,如图 1-6 所示.

1. 向量的加法

在自由向量的意义下,两向量合成的平行四边形法则可归结为三角形法则,如图 1-6 所示,只要将向量 $\overrightarrow{AD}$ 平移到向量 $\overrightarrow{BC}$ 的位置即可.

定义 1.2.1 设有向量 $\vec{a},\vec{b}$,任取空间中一点 A,作 $\overrightarrow{AB}=\vec{a}$,再以点 B 为始点,作 $\overrightarrow{BC}=\vec{b}$,连接 AC,如图 1-7 所示,则向量 $\overrightarrow{AC}=\vec{c}$ 叫作向量 $\vec{a}$ 与 $\vec{b}$ 的**和向量**,简称和,记作: $\vec{a}+\vec{b}$,即 $\vec{c}=\vec{a}+\vec{b}$.

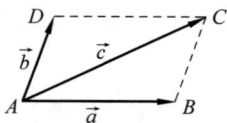

图 1-6 平行四边形法则图示   图 1-7 三角形法则图示

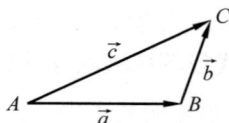

求两向量和向量的运算叫作**向量的加法**.

上述的这种求两向量和的方法叫作**三角形法则**. 根据定义 1.2.1 与图 1-7 可得,两向量共线时它们的和也必与这两个向量共线.

定理 1.2.1 如果以两个向量 $\overrightarrow{OA},\overrightarrow{OB}$ 为邻边组成一个平行四边形 $OACB$,那么对角

---

① 对角线向量:将对角线加上方向所得的向量. 书中类似向量不再说明.

线向量 $\overrightarrow{OC}=\overrightarrow{OA}+\overrightarrow{OB}$.

这种求两向量和的方法叫作**平行四边形法则**.

求两个力的合力时,所用的平行四边形法则与三角形法则是等价的.这两种法则是向量加法的常用**几何作图法**.

定理 1.2.2　向量的加法满足下面的运算规律:

(1) 交换律　$\vec{a}+\vec{b}=\vec{b}+\vec{a}$;

(2) 结合律　$(\vec{a}+\vec{b})+\vec{c}=\vec{a}+(\vec{b}+\vec{c})$;

(3) 零向量的作用　$\vec{a}+\vec{0}=\vec{a}$;

(4) 反向量的作用　$\vec{a}+(-\vec{a})=\vec{0}$.

证明　(1) 当 $\vec{a}$ 与 $\vec{b}$ 不共线时,由图 1-8(a)可知
$$\vec{a}+\vec{b}=\overrightarrow{AB}+\overrightarrow{BC}=\overrightarrow{AC},\quad \vec{b}+\vec{a}=\overrightarrow{AD}+\overrightarrow{DC}=\overrightarrow{AC},$$
所以 $\vec{a}+\vec{b}=\vec{b}+\vec{a}$.

当 $\vec{a}$ 与 $\vec{b}$ 共线时,读者自行证明.

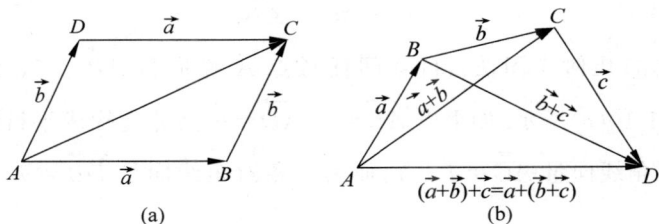

图 1-8　交换律、结合律图示

(2) 自空间任意点开始依次引 $\overrightarrow{AB}=\vec{a},\overrightarrow{BC}=\vec{b},\overrightarrow{CD}=\vec{c}$,如图 1-8(b)所示,根据向量加法的定义有
$$(\vec{a}+\vec{b})+\vec{c}=(\overrightarrow{AB}+\overrightarrow{BC})+\overrightarrow{CD}=\overrightarrow{AC}+\overrightarrow{CD}=\overrightarrow{AD};$$
$$\vec{a}+(\vec{b}+\vec{c})=\overrightarrow{AB}+(\overrightarrow{BC}+\overrightarrow{CD})=\overrightarrow{AB}+\overrightarrow{BD}=\overrightarrow{AD},$$
所以 $(\vec{a}+\vec{b})+\vec{c}=\vec{a}+(\vec{b}+\vec{c})$.

根据定义 1.2.1 可知(3)与(4)显然成立.

由于向量的加法运算满足交换律与结合律,可得三个向量相加,无论它们的先后顺序与结合顺序如何,它们的和向量总是相同的,因此可将
$$(\vec{a}+\vec{b})+\vec{c}=\vec{a}+(\vec{b}+\vec{c})$$
简单地写成
$$\vec{a}+\vec{b}+\vec{c}.$$
此种处理方法可以推广到任意有限个向量 $\vec{a}_1,\vec{a}_2,\cdots,\vec{a}_n$ 的和,即可将它们的和记为
$$\vec{a}_1+\vec{a}_2+\cdots+\vec{a}_n.$$

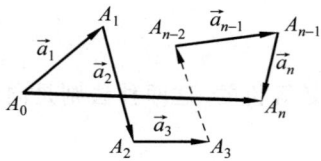

图 1-9　多边形法则图示

有限个向量 $\vec{a}_1, \vec{a}_2, \cdots, \vec{a}_n$ 相加所得和向量的作图法，可由向量的三角形法则推广如下：自空间中任意点 A_0 开始，依次作出 $\overrightarrow{A_0A_1} = \vec{a}_1, \overrightarrow{A_1A_2} = \vec{a}_2, \cdots, \overrightarrow{A_{n-1}A_n} = \vec{a}_n$，则 $\vec{a}_1 + \vec{a}_2 + \cdots + \vec{a}_n = \overrightarrow{A_0A_n}$，如图 1-9 所示. 这种求向量和的方法叫作**多边形法则**.

特别地，当第一个向量的起点 A_0 与最后一个向量的终点 A_n 重合时，则它们的和为零向量.

2. 向量的减法

定义 1.2.2　若向量 $\vec{b}$ 与向量 $\vec{c}$ 的和等于向量 $\vec{a}$，即 $\vec{b} + \vec{c} = \vec{a}$，则把向量 $\vec{c}$ 叫作向量 $\vec{a}$ 与 $\vec{b}$ 的**差向量**，简称**差**，并记作：$\vec{c} = \vec{a} - \vec{b}$. 求两向量差向量的运算叫作**向量的减法**.

由向量加法的三角形法则，可知

$$\overrightarrow{AB} + \overrightarrow{BC} = \overrightarrow{AC},$$

根据定义 1.2.2 得

$$\overrightarrow{BC} = \overrightarrow{AC} - \overrightarrow{AB}.$$

由此可得向量减法的几何作图法：自空间任意点 A 作向量 $\overrightarrow{AB} = \vec{a}, \overrightarrow{AC} = \vec{b}$，那么向量 $\overrightarrow{CB} = \vec{a} - \vec{b}$，如图 1-10(a)所示. 如果以 $\overrightarrow{AB} = \vec{a}, \overrightarrow{AD} = \vec{b}$ 为邻边构成平行四边形 $ABCD$，那么显然它的一条对角线向量 $\overrightarrow{AC} = \vec{a} + \vec{b}$，而另一条对角线向量 $\overrightarrow{DB} = \vec{a} - \vec{b}$，如图 1-10(b)所示.

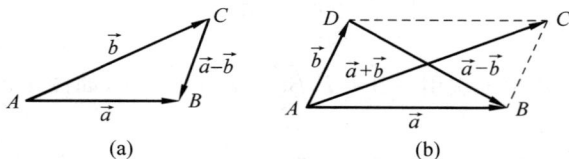

图 1-10　向量的减法图示

利用反向量，我们可以把向量的减法转换成为向量的加法.

因为如果 $\vec{c} = \vec{a} - \vec{b}$，即 $\vec{b} + \vec{c} = \vec{a}$，在该向量等式两边同时加上向量 $\vec{b}$ 的反向量 $-\vec{b}$，利用 $\vec{b} + (-\vec{b}) = \vec{0}$，可得 $\vec{c} = \vec{a} + (-\vec{b})$，因此

$$\vec{a} - \vec{b} = \vec{a} + (-\vec{b}).$$

定义 1.2.3　两个向量 $\vec{a}, \vec{b}$ 的减法运算定义为

$$\vec{a} - \vec{b} = \vec{a} + (-\vec{b}). \tag{1.2-1}$$

由(1.2-1)式可以看出，求向量 $\vec{a}$ 与 $\vec{b}$ 的差向量可以转变成求向量 $\vec{a}$ 与向量 $\vec{b}$ 的反向量 $-\vec{b}$ 的和向量.

由 $\vec{b}+\vec{c}=\vec{a}$，可得 $\vec{c}=\vec{a}-\vec{b}$，从第一个向量等式得到第二个向量等式的过程，可以描述为：在向量等式中，将某一向量从等号的一边移到另一边，只需要改变它的符号．这是向量等式的移项法则．例如将向量等式 $\vec{a}+\vec{b}+\vec{c}=\vec{d}$ 中的向量 $\vec{c}$ 移到右边，就得到 $\vec{a}+\vec{b}=\vec{d}-\vec{c}$．

又因为向量 $-\vec{b}$ 的反向量是 $\vec{b}$，从而可得

$$\vec{a}-(-\vec{b})=\vec{a}+\vec{b}.$$

对于任意两个向量 $\vec{a},\vec{b}$，有如下**向量三角不等式**

$$|\vec{a}\pm\vec{b}|\leqslant|\vec{a}|+|\vec{b}|. \tag{1.2-2}$$

这个不等式可以推广到任意有限多个向量的情形：

$$|\vec{a}_1+\vec{a}_2+\cdots+\vec{a}_n|\leqslant|\vec{a}_1|+|\vec{a}_2|+\cdots+|\vec{a}_n|.$$

我们知道，三条线段构成一个三角形的条件是两边之和大于第三边，两边之差小于第三边．

下面给出构成三角形的另一判别法则：

例 1.2.1 设三个向量 $\vec{a},\vec{b},\vec{c}$ 两两互不共线，试证明顺次将它们的终点与始点相连而成一个三角形的充要条件是它们的和是零向量．

证明 （必要性）设三向量 $\vec{a},\vec{b},\vec{c}$ 可以构成三角形 ABC，即有 $\overrightarrow{AB}=\vec{a},\overrightarrow{BC}=\vec{b},\overrightarrow{CA}=\vec{c}$，如图 1-11 所示，那么

$$\overrightarrow{AB}+\overrightarrow{BC}+\overrightarrow{CA}=\overrightarrow{AA}=\vec{0},$$

即

$$\vec{a}+\vec{b}+\vec{c}=\vec{0}.$$

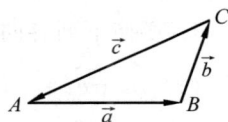

图 1-11 三个向量构成的三角形

（充分性）设 $\vec{a}+\vec{b}+\vec{c}=\vec{0}$，作 $\overrightarrow{AB}=\vec{a},\overrightarrow{BC}=\vec{b}$，那么 $\overrightarrow{AC}=\vec{a}+\vec{b}$，所以 $\overrightarrow{AC}+\vec{c}=\vec{0}$，从而 $\vec{c}$ 是 $\overrightarrow{AC}$ 的反向量，因此 $\vec{c}=\overrightarrow{CA}$，所以三向量 $\vec{a},\vec{b},\vec{c}$ 可以构成一个三角形．

例 1.2.2 用**向量法**[①]证明：对角线互相平分的四边形是平行四边形．

证 如图 1-12 所示，设四边形 $ABCD$ 的对角线 AC,BD 交于点 O，且互相平分，则

$$\overrightarrow{AB}=\overrightarrow{AO}+\overrightarrow{OB}=\overrightarrow{OB}+\overrightarrow{AO}=\overrightarrow{DO}+\overrightarrow{OC}=\overrightarrow{DC}.$$

所以 $\overrightarrow{AB}//\overrightarrow{DC}$，且 $|\overrightarrow{AB}|=|\overrightarrow{DC}|$，

故四边形 $ABCD$ 是平行四边形．

例 1.2.3 如图 1-13 所示，在平行六面体 $ABCD\text{-}A_1B_1C_1D_1$ 中，三个棱向量 $\overrightarrow{AB}=\vec{a}$，$\overrightarrow{AD}=\vec{b},\overrightarrow{AA_1}=\vec{c}$．试用向量 $\vec{a},\vec{b},\vec{c}$ 分别表示对角线向量 $\overrightarrow{AC_1},\overrightarrow{A_1C}$．

解 （1）$\overrightarrow{AC_1}=\overrightarrow{AB}+\overrightarrow{BC}+\overrightarrow{CC_1}=\overrightarrow{AB}+\overrightarrow{AD}+\overrightarrow{AA_1}=\vec{a}+\vec{b}+\vec{c}$；

（2）$\overrightarrow{A_1C}=\overrightarrow{A_1A}+\overrightarrow{AB}+\overrightarrow{BC}=-\overrightarrow{AA_1}+\overrightarrow{AB}+\overrightarrow{AD}=\vec{a}+\vec{b}-\vec{c}$．

---

① 向量法：利用向量来分析和解决数学、物理、工程等领域问题的方法．

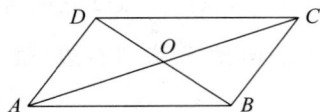

图 1-12　平行四边形的对角线互相平分　　　图 1-13　平行六面体

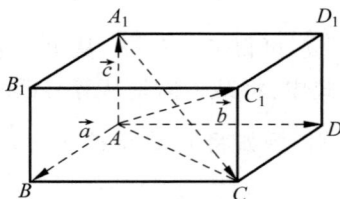

像例 1.2.3 中的向量 $\overrightarrow{AB},\overrightarrow{AD},\overrightarrow{AA_1},\overrightarrow{AC_1}$ 这样的 4 个向量,它们是位于同一个平行六面体 $ABCD\text{-}A_1B_1C_1D_1$ 中的,像共线向量与共面向量一样,我们把能位于同一个平行六面体中的向量叫作**共体向量**.显然,两个向量与三个向量分别都是共体向量,由图 1-13 中可知,向量 $\overrightarrow{AB},\overrightarrow{AD},\overrightarrow{AA_1},\overrightarrow{AC_1}$ 与向量 $\overrightarrow{BA},\overrightarrow{BC},\overrightarrow{BB_1},\overrightarrow{BD_1}$ 都是共体向量,其实在图 1-13 中任意选取 4 个向量,它们都是共体向量.

由本节知道,两向量的和向量仍然是一个向量,请读者

🐛**议一议**　一条长度为 1 的线段加另一条长度为 1 的线段得到什么图形?

习题 1.2

1. 要使下列各向量等式成立,向量 $\vec{a},\vec{b}$ 应满足什么条件?

(1) $|\vec{a}+\vec{b}|=|\vec{a}-\vec{b}|$；　　　　(2) $|\vec{a}+\vec{b}|=|\vec{a}|+|\vec{b}|$；

(3) $|\vec{a}+\vec{b}|=|\vec{a}|-|\vec{b}|$；　　　　(4) $|\vec{a}-\vec{b}|=|\vec{a}|+|\vec{b}|$；

(5) $|\vec{a}-\vec{b}|=|\vec{a}|-|\vec{b}|$.

2. 如图 1-13 所示,在平行六面体 $ABCD\text{-}A_1B_1C_1D_1$ 中证明:
$$2\overrightarrow{AC_1}=\overrightarrow{AC}+\overrightarrow{AB_1}+\overrightarrow{AD_1}.$$

1.3　数量与向量的乘法

在物理的学习中,知道数与向量之间会进行某些结合关系,比如我们熟悉的牛顿第二定律公式
$$\vec{f}=m\vec{a},$$
就是数量(质量)m 与向量(加速度)$\vec{a}$ 的一种结合,最后的结果力 $\vec{f}$ 是一个向量;再比如位移公式
$$\vec{s}=\vec{v}t$$
也是向量(速度)$\vec{v}$ 与数量(时间)t 的一种结合,最后结果位移 $\vec{s}$ 也是向量.

由向量的加法定义知,n 个向量相加的结果仍然是向量,特别是 n 个相同的非零向量 $\vec{a}$ 相加的情形,显然这时和向量的模是向量 $\vec{a}$ 的模 $|\vec{a}|$ 的 n 倍,且和向量的方向与向量 $\vec{a}$ 的方向相同,可记为 $n\vec{a}$,这也是数量与向量的一种结合.在数学上,抽象地给出如下定义.

定义 1.3.1　实数 λ 与向量 $\vec{a}$ 的乘积是一个向量,记作 $\lambda\vec{a}$.它的模 $|\lambda\vec{a}|=|\lambda||\vec{a}|$,它的方向规定:(1)当 $\lambda>0$ 时,$\lambda\vec{a}$ 与 $\vec{a}$ 同向;(2)当 $\lambda<0$ 时,$\lambda\vec{a}$ 与 $\vec{a}$ 反向;(3)当 $\lambda=0$ 时,$\lambda\vec{a}=\vec{0}$.我们把这种运算叫作**数量与向量的乘法**,简称**数乘**.

注:(1)数乘的几何解释:①当 $|\lambda|>1$ 时,$\lambda\vec{a}$ 表示沿着向量 $\vec{a}$ 的方向($\lambda>1$)或反方向($\lambda<-1$)伸长到 $|\vec{a}|$ 的 $|\lambda|$ 倍;

② 当 $|\lambda|<1$ 时,$\lambda\vec{a}$ 表示沿着向量 $\vec{a}$ 的方向($0<\lambda<1$)或反方向($-1<\lambda<0$)缩短到 $|\vec{a}|$ 的 $|\lambda|$ 倍.

(2)若 $\vec{a}$ 为非零向量,则 $\vec{a}^{\circ}=\dfrac{1}{|\vec{a}|}\vec{a}$. 　(1.3-1)

这是因为 $\vec{a}^{\circ}$ 与 $\vec{a}$ 同向,且 $\left|\dfrac{1}{|\vec{a}|}\vec{a}\right|=\dfrac{1}{|\vec{a}|}|\vec{a}|=1$,所以(1.3-1)式成立.非零向量 $\vec{a}$ 模的倒数 $\dfrac{1}{|\vec{a}|}$ 与向量 $\vec{a}$ 的数乘叫作**非零向量的单位化**.

定理 1.3.1　数量与向量的乘法满足下面的运算规律:

(1) $1\vec{a}=\vec{a}$; 　(1.3-2)

(2) 数因子结合律　$\lambda(\mu\vec{a})=(\lambda\mu)\vec{a}$; 　(1.3-3)

(3) 第一分配律　$(\lambda+\mu)\vec{a}=\lambda\vec{a}+\mu\vec{a}$; 　(1.3-4)

(4) 第二分配律　$\lambda(\vec{a}+\vec{b})=\lambda\vec{a}+\lambda\vec{b}$. 　(1.3-5)

证　(1) 根据定义 1.3.1 可知(1.3-2)式显然成立.

(2) ①当 $\vec{a}=\vec{0}$ 或 λ,μ 中至少有一个为 0 时,(1.3-3)式显然成立.

② 当 $\vec{a}\neq\vec{0},\lambda\mu\neq0$ 时,由定义 1.3.1 可知

$|\lambda(\mu\vec{a})|=|\lambda||\mu\vec{a}|=|\lambda||\mu||\vec{a}|$,　$|(\lambda\mu)\vec{a}|=|\lambda\mu||\vec{a}|=|\lambda||\mu||\vec{a}|$,

从而 $|\lambda(\mu\vec{a})|=|(\lambda\mu)\vec{a}|$,即向量 $\lambda(\mu\vec{a})$ 与 $(\lambda\mu)\vec{a}$ 的模相等;下面判断它们的方向,当 $\lambda\mu>0$ 时,向量 $\lambda(\mu\vec{a})$ 与 $(\lambda\mu)\vec{a}$ 的方向都与向量 $\vec{a}$ 的方向同向,从而 $\lambda(\mu\vec{a})$ 与 $(\lambda\mu)\vec{a}$ 的方向相同;当 $\lambda\mu<0$ 时,向量 $\lambda(\mu\vec{a})$ 与 $(\lambda\mu)\vec{a}$ 的方向都与向量 $\vec{a}$ 的方向反向,从而 $\lambda(\mu\vec{a})$ 与 $(\lambda\mu)\vec{a}$ 的方向相同,因而向量 $\lambda(\mu\vec{a})$ 与 $(\lambda\mu)\vec{a}$ 的方向相同,故都有

$$\lambda(\mu\vec{a})=(\lambda\mu)\vec{a}.$$

(3) 如果 $\vec{a}=\vec{0}$ 或 λ,μ 及 $\lambda+\mu$ 中至少有一个为 0 时,(1.3-4)式显然成立.因而只需证明当 $\vec{a}\neq\vec{0}$ 或 $\lambda\mu\neq0,\lambda+\mu\neq0$ 的情形.

① 如果 $\lambda\mu>0$ 时,显然向量 $(\lambda+\mu)\vec{a}$ 与 $\lambda\vec{a}+\mu\vec{a}$ 同向,且

$$|(\lambda+\mu)\vec{a}|=|\lambda+\mu||\vec{a}|=(|\lambda|+|\mu|)|\vec{a}|=|\lambda||\vec{a}|+|\mu||\vec{a}|$$
$$=|\lambda\vec{a}|+|\mu\vec{a}|=|\lambda\vec{a}+\mu\vec{a}|,$$

所以 $(\lambda+\mu)\vec{a}=\lambda\vec{a}+\mu\vec{a}$.

② 如果 $\lambda\mu<0$ 时,不失一般性,可设 $\lambda>0,\mu<0$,再区分 $\lambda+\mu>0$ 与 $\lambda+\mu<0$ 两种情形.下面只证前一种情形,后一种情形可相仿证明.即假定 $\lambda>0,\mu<0$,且 $\lambda+\mu>0$ 时,则有 $-\mu(\lambda+\mu)>0$,根据①的证明,有

$$(\lambda+\mu)\vec{a}+(-\mu\vec{a})=[(\lambda+\mu)+(-\mu)]\vec{a}=\lambda\vec{a},$$

所以 $(\lambda+\mu)\vec{a}=\lambda\vec{a}-(-\mu\vec{a})=\lambda\vec{a}+\mu\vec{a}$.

(4) 如果 $\lambda = 0$ 或 $\vec{a}, \vec{b}$ 中有一个是零向量,或 $\vec{a}$ 与 $\vec{b}$ 互为反向量,(1.3-5)式显然成立. 因而只需证明当 $\lambda \neq 0, \vec{a} \neq \vec{0}, \vec{b} \neq \vec{0}, \vec{a} \neq -\vec{b}$ 的情形.

① 如果 $\vec{a}$ 与 $\vec{b}$ 共线,当 $\vec{a}$ 与 $\vec{b}$ 同向时,取 $m = \dfrac{|\vec{a}|}{|\vec{b}|}$;当 $\vec{a}$ 与 $\vec{b}$ 反向时,取 $m = -\dfrac{|\vec{a}|}{|\vec{b}|}$, 显然都有 $\vec{a} = m\vec{b}$,因此由(1.3-3)式与(1.3-4)式有

$$\lambda(\vec{a} + \vec{b}) = \lambda(m\vec{b} + \vec{b}) = \lambda\left[(m+1)\vec{b}\right] = \left[\lambda(m+1)\vec{b}\right]$$
$$= (\lambda m + \lambda)\vec{b} = (\lambda m)\vec{b} + \lambda\vec{b} = \lambda(m\vec{b}) + \lambda\vec{b}$$
$$= \lambda\vec{a} + \lambda\vec{b}.$$

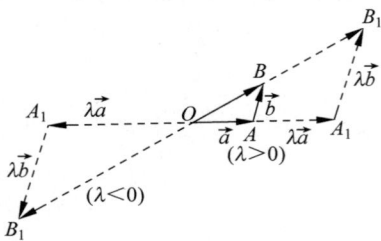

图 1-14 不共线向量与相似三角形

② 如果 $\vec{a}$ 与 $\vec{b}$ 不共线,那么如图 1-14 所示,显然由 $\vec{a}, \vec{b}$ 为两边构成的三角形 OAB 与由 $\lambda\vec{a}, \lambda\vec{b}$ 为两边构成的三角形 OA_1B_1 是相似的,因此对应的第三边所成的向量满足

$$\lambda\overrightarrow{OB} = \overrightarrow{OB_1},$$

又由于 $\overrightarrow{OB} = \vec{a} + \vec{b}, \overrightarrow{OB_1} = \lambda\vec{a} + \lambda\vec{b}$,所以

$$\lambda(\vec{a} + \vec{b}) = \lambda\vec{a} + \lambda\vec{b}.$$

例 1.3.1 设 AM 是三角形 ABC 的中线,求证:$\overrightarrow{AM} = \dfrac{1}{2}(\overrightarrow{AB} + \overrightarrow{AC})$.

证明 如图 1-15 所示,则有

$$\overrightarrow{AM} = \overrightarrow{AB} + \overrightarrow{BM}, \quad \overrightarrow{AM} = \overrightarrow{AC} + \overrightarrow{CM},$$

所以

$$2\overrightarrow{AM} = (\overrightarrow{AB} + \overrightarrow{AC}) + (\overrightarrow{BM} + \overrightarrow{CM}).$$

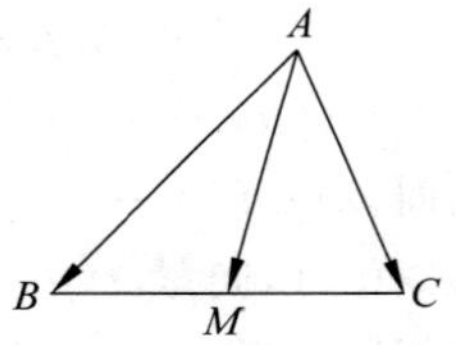

因为 AM 是三角形 ABC 的中线,所以 $\overrightarrow{BM} = -\overrightarrow{CM}$,从而

图 1-15 三角形的中线向量

$\overrightarrow{BM} + \overrightarrow{CM} = \vec{0}$,所以 $2\overrightarrow{AM} = \overrightarrow{AB} + \overrightarrow{AC}$.

故 $\overrightarrow{AM} = \dfrac{1}{2}(\overrightarrow{AB} + \overrightarrow{AC})$.

类似地,请读者

🐞**议一议** 三角形角平分线向量和高线向量与两边向量的关系.

例 1.3.2 用向量法证明三角形中位线定理.

证明 三角形中位线定理,即三角形的中位线平行于三角形的第三边,并且等于第三边的一半.设三角形 ABC 两边 AB, AC 的中点分别为 M, N,如图 1-16 所示,则有

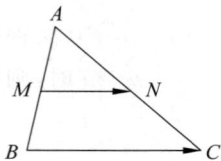

图 1-16 三角形的中位线

$$\overrightarrow{MN} = \overrightarrow{AN} - \overrightarrow{AM} = \frac{1}{2}\overrightarrow{AC} - \frac{1}{2}\overrightarrow{AB}$$
$$= \frac{1}{2}(\overrightarrow{AC} - \overrightarrow{AB}) = \frac{1}{2}\overrightarrow{BC}.$$

所以 $\overrightarrow{MN} /\!/ \overrightarrow{BC}$,且 $|\overrightarrow{MN}| = \dfrac{1}{2}|\overrightarrow{BC}|$.

注:由例 1.3.2 可以看出,利用向量法证明一些几何命题可能会更加容易且简洁.

例 1.3.3 如图 1-17 所示,设直线上不同的三点 A,B,P 满足 $\overrightarrow{AP} = \lambda\overrightarrow{PB}$,$O$ 是空间中任意一点,求证:$\overrightarrow{OP} = \dfrac{\overrightarrow{OA} + \lambda\overrightarrow{OB}}{1+\lambda}$.

证明 如图 1-17 所示,有

$$\overrightarrow{OP} = \overrightarrow{OA} + \overrightarrow{AP} = \overrightarrow{OA} + \lambda\overrightarrow{PB} = \overrightarrow{OA} + \lambda(\overrightarrow{OB} - \overrightarrow{OP}),$$

所以

$$(1+\lambda)\overrightarrow{OP} = \overrightarrow{OA} + \lambda\overrightarrow{OB},$$

由于 A,B,P 是直线上不同的三点,从而 $\lambda \neq -1$,故

$$\overrightarrow{OP} = \dfrac{\overrightarrow{OA} + \lambda\overrightarrow{OB}}{1+\lambda}.$$

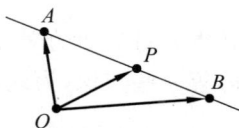

图 1-17 共线三点与直线外任一点间的关系

一个实数乘一个向量得到的结果仍然是向量,请读者

议一议 一个实数乘一个图形得到什么图形?

习题 1.3

1. 试解下列各题:

(1) 化简 $(x-y)(\vec{a}+\vec{b}) - (x+y)(\vec{a}-\vec{b})$;

(2) 已知 $\vec{a} = \vec{e}_1 + 2\vec{e}_2 - \vec{e}_3$,$\vec{b} = 3\vec{e}_1 - 2\vec{e}_2 + 2\vec{e}_3$,求 $\vec{a}+\vec{b}$,$\vec{a}-\vec{b}$ 和 $3\vec{a}-2\vec{b}$.

2. 从**向量方程组**[①] $\begin{cases} 3\vec{x}+4\vec{y}=\vec{a}, \\ 2\vec{x}-3\vec{y}=\vec{b} \end{cases}$ 中解出向量 $\vec{x},\vec{y}$.

3. 已知四边形 $ABCD$ 中,$\overrightarrow{AB} = \vec{a}-2\vec{c}$,$\overrightarrow{CD} = 5\vec{a}+6\vec{b}-8\vec{c}$,对角线 AC,BD 的中点分别为 E,F,求 $\overrightarrow{EF}$.

4. 设 $\overrightarrow{AB} = \vec{a}+5\vec{b}$,$\overrightarrow{BC} = -2\vec{a}+8\vec{b}$,$\overrightarrow{CD} = 3\vec{a}-3\vec{b}$,证明:三点 A,B,D 共线.

5. 已知四边形 $ABCD$ 中,$\overrightarrow{AB} = \vec{a}+2\vec{b}$,$\overrightarrow{BC} = -4\vec{a}-\vec{b}$,$\overrightarrow{CD} = -5\vec{a}-3\vec{b}$,证明:四边形 $ABCD$ 是梯形.

6. 设 L,M,N 分别是三角形 ABC 三边 BC,CA,AB 的中点,证明:三中线向量 $\overrightarrow{AL}$,$\overrightarrow{BM}$,$\overrightarrow{CN}$ 可以构成一个三角形.

7. 设 L,M,N 分别是三角形 ABC 三边的中点,O 是空间中任意一点,证明:

$$\overrightarrow{OA} + \overrightarrow{OB} + \overrightarrow{OC} = \overrightarrow{OL} + \overrightarrow{OM} + \overrightarrow{ON}.$$

8. 设 M 是平行四边形 $ABCD$ 的中心,O 是空间中任意一点,证明:

---

① 向量方程组:未知量是向量的方程组.

$$\overrightarrow{OA} + \overrightarrow{OB} + \overrightarrow{OC} + \overrightarrow{OD} = 4\overrightarrow{OM}.$$

9. 用**向量法**证明：梯形两腰中点连线平行于上、下两底边，且等于它们长度和的一半.

10. 设 O 点是平面上正多边形 $A_1A_2\cdots A_n$ 的中心，P 是任意点，证明：

(1) $\overrightarrow{OA_1} + \overrightarrow{OA_2} + \cdots + \overrightarrow{OA_n} = \vec{0}$；(2) $\overrightarrow{PA_1} + \overrightarrow{PA_2} + \cdots + \overrightarrow{PA_n} = n\overrightarrow{PO}.$

1.4   线性方程组、矩阵与行列式

在本教材后面的学习中需要用到有关二元一次、三元一次方程组与二阶、三阶行列式以及矩阵等一些知识，为此，本节我们简单介绍一下这些方面的知识.

1. 线性方程组与矩阵、行列式

在中学我们学习了二元一次方程组

$$\begin{cases} a_{11}x + a_{12}y = b_1, \\ a_{21}x + a_{22}y = b_2 \end{cases} \tag{1.4-1}$$

与三元一次方程组

$$\begin{cases} a_{11}x + a_{12}y + a_{13}z = b_1, \\ a_{21}x + a_{22}y + a_{23}z = b_2, \\ a_{31}x + a_{32}y + a_{33}z = b_3. \end{cases} \tag{1.4-2}$$

方程组(1.4-1)与方程组(1.4-2)中每一个方程都只涉及了数的加减法和数的乘法运算. 类似地，我们下面给出如下方程组的定义.

定义 1.4.1   含有 n 个未知量的一次方程组

$$\begin{cases} a_{11}x_1 + a_{12}x_2 + \cdots + a_{1n}x_n = b_1, \\ a_{21}x_1 + a_{22}x_2 + \cdots + a_{2n}x_n = b_2, \\ \qquad\qquad\qquad\vdots \\ a_{m1}x_1 + a_{m2}x_2 + \cdots + a_{mn}x_n = b_m \end{cases} \tag{1.4-3}$$

叫作 n **元线性方程组**. 若常数项 $b_1 = b_2 = \cdots = b_m = 0$，则方程组(1.4-3)叫作 n **元齐次线性方程组**.

我们知道，线性方程组(1.4-1)、(1.4-2)与(1.4-3)的解的情况是由其中的每一个方程未知量的系数和常数项来确定的. 我们把二元线性方程组(1.4-1)的未知量的 4 个系数和 2 个常数项按原来的顺序排成的 2 行 3 列的矩形数表

$$\begin{pmatrix} a_{11} & a_{12} & b_1 \\ a_{21} & a_{22} & b_2 \end{pmatrix}$$

叫作**2 行 3 列矩阵**；而三元线性方程组(1.4-2)的未知量的 9 个系数和 3 个常数项按原来的顺序排成的 3 行 4 列的矩形数表

$$\begin{pmatrix} a_{11} & a_{12} & a_{13} & b_1 \\ a_{21} & a_{22} & a_{23} & b_2 \\ a_{31} & a_{32} & a_{33} & b_3 \end{pmatrix}$$

叫作**3 行 4 列矩阵**. 类似地，给出一般矩阵的定义如下.

定义 1.4.2　由 mn 个数排成的 m 行 n 列的矩形数表

$$A = \begin{bmatrix} a_{11} & a_{12} & \cdots & a_{1n} \\ a_{21} & a_{22} & \cdots & a_{2n} \\ \vdots & \vdots & & \vdots \\ a_{m1} & a_{m2} & \cdots & a_{mn} \end{bmatrix}$$

叫作 **m 行 n 列矩阵**,或叫作 **$m \times n$ 型矩阵**.为了体现矩阵 A 的元素可将其简记为 $A = (a_{ij})$,或为了体现矩阵 A 的类型常记为 $A_{m \times n}$,若既要体现元素,又要体现类型,则可记为 $A = (a_{ij})_{m \times n}$.矩阵 A 中的每个数都叫作矩阵的**元**;元的横排叫作矩阵的**行**,行的序数从上往下计算;竖排叫作矩阵的**列**,列的序数从左往右计算.每个元 a_{ij} 有两个右下标,其中第一个下标 i 表示元 a_{ij} 所在的行数、第二个下标 j 表示元 a_{ij} 所在的列数.若两个同型矩阵 A 与 B 的对应元完全相等,则这两个矩阵叫作**相等矩阵**,记为 $A = B$.

　　特别地,行数等于列数的矩阵叫作**方阵**,且方阵的行(或列)数叫作矩阵的**阶**,如当 $m \times n$ 型矩阵中 $m = n$ 时,矩阵叫作 n **阶方阵**.当 $n = 1$ 时,则 1 阶方阵就是一个数,可以去掉矩阵记号的括号,如 1 阶方阵(3)就是数 3,通常就记为 3,而不记为(3).

　　为了后续的讨论,我们给出矩阵的如下几种运算的定义.

定义 1.4.3　若 $A = \begin{bmatrix} a_{11} & a_{12} & \cdots & a_{1n} \\ a_{21} & a_{22} & \cdots & a_{2n} \\ \vdots & \vdots & & \vdots \\ a_{m1} & a_{m2} & \cdots & a_{mn} \end{bmatrix}, B = \begin{bmatrix} b_{11} & b_{12} & \cdots & b_{1n} \\ b_{21} & b_{22} & \cdots & b_{2n} \\ \vdots & \vdots & & \vdots \\ b_{m1} & b_{m2} & \cdots & b_{mn} \end{bmatrix}$,则矩阵

$$C = \begin{bmatrix} a_{11}+b_{11} & a_{12}+b_{12} & \cdots & a_{1n}+b_{1n} \\ a_{21}+b_{21} & a_{22}+b_{22} & \cdots & a_{2n}+b_{2n} \\ \vdots & \vdots & & \vdots \\ a_{m1}+b_{m1} & a_{m2}+b_{m2} & \cdots & a_{mn}+b_{mn} \end{bmatrix}$$

叫作矩阵 A 与 B 的**和矩阵**,记为 $C = A + B$;矩阵

$$\begin{bmatrix} ka_{11} & ka_{12} & \cdots & ka_{1n} \\ ka_{21} & ka_{22} & \cdots & ka_{2n} \\ \vdots & \vdots & & \vdots \\ ka_{m1} & ka_{m2} & \cdots & ka_{mn} \end{bmatrix}$$

叫作数 k 与矩阵 A 的**数乘矩阵**,记为 kA.

　　求两个矩阵和矩阵的运算叫作矩阵的**加法**;求数与矩阵的数乘矩阵的运算叫作矩阵的**数乘**.

　　定义 1.4.4　一个 $m \times s$ 型矩阵 $A = (a_{ij})$ 与一个 $s \times n$ 型矩阵 $B = (b_{jk})$ 的积矩阵是一个 $m \times n$ 型矩阵 $C = (c_{ik})$,记为 $C = AB$,其中矩阵 C 的第 i 行第 k 列的元 c_{ik} 等于矩阵 A 的第 i 行的 s 个元与矩阵 B 的第 k 列的 s 个对应元的乘积之和,即

$$c_{ik} = \sum_{j=1}^{s} a_{ij}b_{jk}, \quad i = 1, 2, \cdots, m; k = 1, 2, \cdots, n.$$

　　由定义 1.4.4 可知,两个因子矩阵只有当前一个矩阵 A 的列数与后一个因子矩阵 B 的行数相等时才能相乘,而且前一个因子矩阵 A 的第 i 行的元出现在乘积矩阵 $C = AB$ 的第 i

行中,而后一个因子矩阵 $\boldsymbol{B}$ 的第 k 列的元出现且只出现在乘积矩阵 $\boldsymbol{C}=\boldsymbol{AB}$ 的第 k 列中.另外,一个 $m \times s$ 型矩阵 $\boldsymbol{A}$ 与一个 $s \times n$ 型矩阵 $\boldsymbol{B}$ 相乘所得乘积矩阵 $\boldsymbol{AB}$ 的类型是 $m \times n$ 型,即乘积矩阵 $\boldsymbol{AB}$ 的行数与第一个因子矩阵 $\boldsymbol{A}$ 的行数相等,而乘积矩阵 $\boldsymbol{AB}$ 的列数与第二个因子矩阵 $\boldsymbol{B}$ 的列数相等.

例 1.4.1 已知 $\boldsymbol{A}=\begin{pmatrix} 1 & 2 & 3 \\ 2 & -1 & 1 \end{pmatrix}$, $\boldsymbol{B}=\begin{pmatrix} 2 & -1 & -2 \\ 1 & 2 & -3 \end{pmatrix}$,计算 $\boldsymbol{A}+2\boldsymbol{B}$, $\boldsymbol{A}-\boldsymbol{B}$.

解 由定义 1.4.3 可得

$$
\begin{aligned}
\boldsymbol{A}+2\boldsymbol{B} &= \begin{pmatrix} 1 & 2 & 3 \\ 2 & -1 & 1 \end{pmatrix} + 2\begin{pmatrix} 2 & -1 & -2 \\ 1 & 2 & -3 \end{pmatrix} \\
&= \begin{pmatrix} 1 & 2 & 3 \\ 2 & -1 & 1 \end{pmatrix} + \begin{pmatrix} 4 & -2 & -4 \\ 2 & 4 & -6 \end{pmatrix} \\
&= \begin{pmatrix} 1+4 & 2+(-2) & 3+(-4) \\ 2+2 & -1+4 & 1+(-6) \end{pmatrix} \\
&= \begin{pmatrix} 5 & 0 & -1 \\ 4 & 3 & -5 \end{pmatrix}, \\
\boldsymbol{A}-\boldsymbol{B} &= \begin{pmatrix} 1 & 2 & 3 \\ 2 & -1 & 1 \end{pmatrix} - \begin{pmatrix} 2 & -1 & -2 \\ 1 & 2 & -3 \end{pmatrix} \\
&= \begin{pmatrix} 1-2 & 2-(-1) & 3-(-2) \\ 2-1 & -1-2 & 1-(-3) \end{pmatrix} \\
&= \begin{pmatrix} -1 & 3 & 5 \\ 1 & -3 & 4 \end{pmatrix}.
\end{aligned}
$$

例 1.4.2 已知 $\boldsymbol{A}=\begin{pmatrix} 1 & 2 & 3 \\ 2 & -1 & 1 \end{pmatrix}$, $\boldsymbol{B}=\begin{pmatrix} -1 & 2 \\ 1 & 3 \\ 3 & 2 \end{pmatrix}$,计算 $\boldsymbol{AB}$, $\boldsymbol{BA}$.

解 由定义 1.4.4 可得

$$
\begin{aligned}
\boldsymbol{AB} &= \begin{pmatrix} 1 & 2 & 3 \\ 2 & -1 & 1 \end{pmatrix} \begin{pmatrix} -1 & 2 \\ 1 & 3 \\ 3 & 2 \end{pmatrix} \\
&= \begin{pmatrix} 1\times(-1)+2\times1+3\times3 & 1\times2+2\times3+3\times2 \\ 2\times(-1)+(-1)\times1+1\times3 & 2\times2+(-1)\times3+1\times2 \end{pmatrix} \\
&= \begin{pmatrix} 10 & 14 \\ 0 & 3 \end{pmatrix}, \\
\boldsymbol{BA} &= \begin{pmatrix} -1 & 2 \\ 1 & 3 \\ 3 & 2 \end{pmatrix} \begin{pmatrix} 1 & 2 & 3 \\ 2 & -1 & 1 \end{pmatrix} \\
&= \begin{pmatrix} (-1)\times1+2\times2 & (-1)\times2+2\times(-1) & (-1)\times3+2\times1 \\ 1\times1+3\times2 & 1\times2+3\times(-1) & 1\times3+3\times1 \\ 3\times1+2\times2 & 3\times2+2\times(-1) & 3\times3+2\times1 \end{pmatrix} \\
&= \begin{pmatrix} 3 & -4 & -1 \\ 7 & -1 & 6 \\ 7 & 4 & 11 \end{pmatrix}.
\end{aligned}
$$

由例 1.4.2 可以得出 $\boldsymbol{AB} \neq \boldsymbol{BA}$. 所以，一般地，矩阵的乘法不满足交换律.

请读者思考：矩阵的乘法是否满足消去律，即若 $\boldsymbol{AB} = \boldsymbol{AC}$，是否一定有 $\boldsymbol{B} = \boldsymbol{C}$?

例 1.4.3 已知 $\boldsymbol{A} = (x \quad y \quad 1)$，$\boldsymbol{B} = \begin{pmatrix} a_{11} & a_{12} & a_{13} \\ a_{12} & a_{22} & a_{23} \\ a_{13} & a_{23} & a_{33} \end{pmatrix}$，$\boldsymbol{C} = \begin{pmatrix} x \\ y \\ 1 \end{pmatrix}$，计算 $\boldsymbol{ABC}$.

解 $\boldsymbol{ABC} = (x \quad y \quad 1) \begin{pmatrix} a_{11} & a_{12} & a_{13} \\ a_{12} & a_{22} & a_{23} \\ a_{13} & a_{23} & a_{33} \end{pmatrix} \begin{pmatrix} x \\ y \\ 1 \end{pmatrix}$

$$= ((xa_{11} + ya_{12} + a_{13}) \quad (xa_{12} + ya_{22} + a_{23}) \quad (xa_{13} + ya_{23} + a_{33})) \begin{pmatrix} x \\ y \\ 1 \end{pmatrix}$$

$$= (xa_{11} + ya_{12} + a_{13})x + (xa_{12} + ya_{22} + a_{23})y + (xa_{13} + ya_{23} + a_{33}) \times 1$$

$$= a_{11}x^2 + 2a_{12}xy + a_{22}y^2 + 2a_{13}x + 2a_{23}y + a_{33}.$$

请读者验证如下三个矩阵的乘积

$$(x \quad y \quad z \quad 1) \begin{pmatrix} a_{11} & a_{12} & a_{13} & a_{14} \\ a_{12} & a_{22} & a_{23} & a_{24} \\ a_{13} & a_{23} & a_{33} & a_{34} \\ a_{14} & a_{24} & a_{34} & a_{44} \end{pmatrix} \begin{pmatrix} x \\ y \\ z \\ 1 \end{pmatrix}$$

的结果是

$$a_{11}x^2 + a_{22}y^2 + a_{33}z^2 + 2a_{12}xy + 2a_{13}xz + 2a_{23}yz + 2a_{14}x + 2a_{24}y + 2a_{34}z + a_{44}.$$

下面来讨论二元线性方程组(1.4-1)的解.

利用加减消元法，由(1.4-1)式的第一式乘 a_{22} 减去第二式乘 a_{12} 得

$$(a_{11}a_{22} - a_{12}a_{21})x = a_{22}b_1 - a_{12}b_2,$$

则

(1) 当 $a_{11}a_{22} - a_{12}a_{21} \neq 0$ 时，有

$$x = \frac{a_{22}b_1 - a_{12}b_2}{a_{11}a_{22} - a_{12}a_{21}},$$

同理可得

$$y = \frac{a_{21}b_1 - a_{11}b_2}{a_{11}a_{22} - a_{12}a_{21}}.$$

所以线性方程组(1.4-1)的解为

$$\begin{cases} x = \dfrac{a_{22}b_1 - a_{12}b_2}{a_{11}a_{22} - a_{12}a_{21}}, \\ y = \dfrac{a_{21}b_1 - a_{11}b_2}{a_{11}a_{22} - a_{12}a_{21}}. \end{cases}$$

(2) 当 $a_{11}a_{22} - a_{12}a_{21} = 0$，且 $a_{22}b_1 - a_{12}b_2 \neq 0$ 时，线性方程组(1.4-1)无解.

(3) 当 $a_{11}a_{22} - a_{12}a_{21} = 0$，且 $a_{22}b_1 - a_{12}b_2 = 0$ 时，线性方程组(1.4-1)有无穷多个解.

这说明二元线性方程组(1.4-1)的解的情况是由其方程中未知量的系数与常数项所确定的.

对于二元线性方程组(1.4-1)有唯一解的情形,观察该方程组的解

$$\begin{cases} x = \dfrac{a_{22}b_1 - a_{12}b_2}{a_{11}a_{22} - a_{12}a_{21}}, \\ y = \dfrac{a_{21}b_1 - a_{11}b_2}{a_{11}a_{22} - a_{12}a_{21}} \end{cases}$$

可得,其解 x 与 y 的表示都是两个数之积与两个数之积的差除以两个数之积与两个数之积的差,所以从形式上来说是一样.受此启发,我们给分母位置的两个数之积与两个数之积的

差所得的这个数 $a_{11}a_{22} - a_{12}a_{21}$ 引入一个符号 $\begin{vmatrix} a_{11} & a_{12} \\ a_{21} & a_{22} \end{vmatrix}$,即

$$a_{11}a_{22} - a_{12}a_{21} = \begin{vmatrix} a_{11} & a_{12} \\ a_{21} & a_{22} \end{vmatrix}.$$

定义 1.4.5   把符号 $\begin{vmatrix} a_{11} & a_{12} \\ a_{21} & a_{22} \end{vmatrix}$ 叫作**二阶行列式**.

注意二阶行列式本质上是一个数,且我们规定

$$\begin{vmatrix} a_{11} & a_{12} \\ a_{21} & a_{22} \end{vmatrix} = a_{11}a_{22} - a_{12}a_{21},$$

即二阶行列式所对应的这个数是这个符号中左上角的数与右下角的数的积减去左下角的数与右上角的数的积,也可说成是主对角线上的元素之积减去次对角线上的元素之积.

类似地,给出如下的定义.

定义 1.4.6   设有 9 个实数 $a_{ij}(i,j=1,2,3)$,我们把符号

$$\begin{vmatrix} a_{11} & a_{12} & a_{13} \\ a_{21} & a_{22} & a_{23} \\ a_{31} & a_{32} & a_{33} \end{vmatrix}$$

叫作**三阶行列式**,并且规定三阶行列所对应的这个数为

$$\begin{vmatrix} a_{11} & a_{12} & a_{13} \\ a_{21} & a_{22} & a_{23} \\ a_{31} & a_{32} & a_{33} \end{vmatrix} = a_{11}a_{22}a_{33} + a_{12}a_{23}a_{31} + a_{13}a_{21}a_{32} - a_{13}a_{22}a_{31} -$$

$$a_{12}a_{21}a_{33} - a_{11}a_{23}a_{32}. \tag{1.4-4}$$

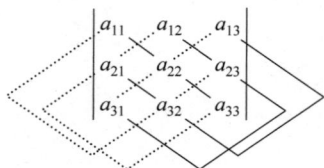

图 1-18   穿线法图示

(1.4-4)式的右端可以概括为是取自于不同行不同列的三个元素的乘积的代数和.为了便于记忆,如图 1-18 所示中三条实线所对应的三项为正,三条虚线所对应的三项为负,这种记忆法叫作**穿线法**.

类似地,有如下的 n 阶行列式的定义.

定义 1.4.7   设有 n^2 个实数 $a_{ij}(i,j=1,2,\cdots,n)$,我们把符号

$$\begin{vmatrix} a_{11} & a_{12} & \cdots & a_{1n} \\ a_{21} & a_{22} & \cdots & a_{2n} \\ \vdots & \vdots & & \vdots \\ a_{n1} & a_{n2} & \cdots & a_{nn} \end{vmatrix}$$

叫作 **n 阶行列式**,其中 a_{ij} 叫作行列式的**元素**,且约定在这个行列式里的横排叫作行列式的**行**,竖排叫作行列式的**列**.

我们把由 n 阶方阵

$$\boldsymbol{A}=\begin{pmatrix} a_{11} & a_{12} & \cdots & a_{1n} \\ a_{21} & a_{22} & \cdots & a_{2n} \\ \vdots & \vdots & & \vdots \\ a_{n1} & a_{n2} & \cdots & a_{nn} \end{pmatrix} \text{ 所对应的数 } \begin{vmatrix} a_{11} & a_{12} & \cdots & a_{1n} \\ a_{21} & a_{22} & \cdots & a_{2n} \\ \vdots & \vdots & & \vdots \\ a_{n1} & a_{n2} & \cdots & a_{nn} \end{vmatrix}$$

叫作**矩阵 $\boldsymbol{A}$ 的行列式**,可简记为 $|\boldsymbol{A}|$ 或 $\det\boldsymbol{A}$.

由于三阶行列式所确定的这个数的穿线法不能应用到 4 阶及其以上阶数的行列式上去,所以得到 n 阶行列式所确定的这个数的方法需要作另外规定.为此,给出如下的定义.

定义 1.4.8　在 n 阶行列式 $\begin{vmatrix} a_{11} & a_{12} & \cdots & a_{1n} \\ a_{21} & a_{22} & \cdots & a_{2n} \\ \vdots & \vdots & & \vdots \\ a_{n1} & a_{n2} & \cdots & a_{nn} \end{vmatrix}$ 中画去元素 a_{ij} 所在的行和列的元素,剩下的元素按原位置构成的 $n-1$ 阶行列式叫作元素 a_{ij} 的**余子式**,记为 M_{ij},把 $(-1)^{i+j}M_{ij}$ 叫作元素 a_{ij} 的**代数余子式**,记作 A_{ij}.

例如三阶行列式 $\begin{vmatrix} a_{11} & a_{12} & a_{13} \\ a_{21} & a_{22} & a_{23} \\ a_{31} & a_{32} & a_{33} \end{vmatrix}$ 中的元素 a_{21} 的余子式 $M_{21}=\begin{vmatrix} a_{12} & a_{13} \\ a_{32} & a_{33} \end{vmatrix}$,而元素 a_{12} 的代数余子式 $A_{12}=(-1)^{1+2}M_{12}=-\begin{vmatrix} a_{21} & a_{23} \\ a_{31} & a_{33} \end{vmatrix}$,三阶行列式共有 9 个代数余子式.

下面讨论三阶行列式与元素的代数余子式之间有什么关系.

因为(1.4-4)式,即

$$\begin{vmatrix} a_{11} & a_{12} & a_{13} \\ a_{21} & a_{22} & a_{23} \\ a_{31} & a_{32} & a_{33} \end{vmatrix}=a_{11}a_{22}a_{33}+a_{12}a_{23}a_{31}+a_{13}a_{21}a_{32}-a_{13}a_{22}a_{31}-a_{12}a_{21}a_{33}-a_{11}a_{23}a_{32}$$

可以改写为

$$\begin{vmatrix} a_{11} & a_{12} & a_{13} \\ a_{21} & a_{22} & a_{23} \\ a_{31} & a_{32} & a_{33} \end{vmatrix}=a_{11}(a_{22}a_{33}-a_{23}a_{32})+a_{12}(a_{23}a_{31}-a_{21}a_{33})+a_{13}(a_{21}a_{32}-a_{22}a_{31})$$

$$=a_{11}(-1)^{1+1}\begin{vmatrix} a_{22} & a_{23} \\ a_{32} & a_{33} \end{vmatrix}+a_{12}(-1)^{1+2}\begin{vmatrix} a_{21} & a_{23} \\ a_{31} & a_{33} \end{vmatrix}+a_{13}(-1)^{1+3}\begin{vmatrix} a_{21} & a_{22} \\ a_{31} & a_{32} \end{vmatrix}$$

$$=a_{11}A_{11}+a_{12}A_{12}+a_{13}A_{13}.$$

(1.4-4)式还可以改写为

$$\begin{vmatrix} a_{11} & a_{12} & a_{13} \\ a_{21} & a_{22} & a_{23} \\ a_{31} & a_{32} & a_{33} \end{vmatrix} = a_{21}A_{21} + a_{22}A_{22} + a_{23}A_{23}$$

与

$$\begin{vmatrix} a_{11} & a_{12} & a_{13} \\ a_{21} & a_{22} & a_{23} \\ a_{31} & a_{32} & a_{33} \end{vmatrix} = a_{31}A_{31} + a_{32}A_{32} + a_{33}A_{33}.$$

请读写出(1.4-4)式的其他改写式.

类似地,给出 n 阶行列式按行展开或按列展开的计算方法如下.

定理 1.4.1 n 阶行列式可按行(或列)展开进行计算,即

$$\begin{vmatrix} a_{11} & a_{12} & \cdots & a_{1n} \\ a_{21} & a_{22} & \cdots & a_{2n} \\ \vdots & \vdots & & \vdots \\ a_{n1} & a_{n2} & \cdots & a_{nn} \end{vmatrix} = a_{i1}A_{i1} + a_{i2}A_{i2} + \cdots + a_{in}A_{in} = a_{1j}A_{1j} + a_{2j}A_{2j} + \cdots + a_{nj}A_{nj}.$$

该定理的证明可参见参考文献[3].

定理 1.4.1 的实质是把 n 阶行列式转化为 $n-1$ 阶行列式来计算. 所以可将 4 阶行列式按此法转化为三阶行列式后再计算,而三阶行列式可继续转化成二阶行列式来计算.

在行列式的计算中,利用行列式的一些性质,将会对计算有很大的帮助. 下面给出行列式的一些性质.

性质 1.4.1   把一个行列式的行变为列,所得行列式与原行列式相等.

性质 1.4.2   交换一个行列式的两行(或两列),行列式改变符号.

性质 1.4.3   把一个行列式的某一行(或一列)的所有元素乘以某一个数 k,等于以数 k 乘这个行列式.

性质 1.4.4   一个行列式中某一行(或一列)所有元素的公因数 k 可以提到行列式符号的外边.

性质 1.4.5   若一个行列式中有一行(或一列)的元素全为零,则这个行列式等于零.

性质 1.4.6   若一个行列式有两行(或两列)的对应元素成比例,则这个行列式等于零.

性质 1.4.7   把行列式的某一行(或一列)的元素乘以同一个数 k 后加到另一行(或一列)的对应元素上,所得行列式与原行列式相等.

例 1.4.4   计算 4 阶行列式 $\begin{vmatrix} 3 & 9 & 21 & 6 \\ 4 & 12 & 26 & 10 \\ 2 & 9 & 20 & 5 \\ -1 & 2 & -7 & 7 \end{vmatrix}$.

解   利用性质 1.4.4、性质 1.4.5、定理 1.4.1,可得

$$\begin{vmatrix} 3 & 9 & 21 & 6 \\ 4 & 12 & 26 & 10 \\ 2 & 9 & 20 & 5 \\ -1 & 2 & -7 & 7 \end{vmatrix} = 6 \begin{vmatrix} 1 & 3 & 7 & 2 \\ 2 & 6 & 13 & 5 \\ 2 & 9 & 20 & 5 \\ -1 & 2 & -7 & 7 \end{vmatrix} = 6 \begin{vmatrix} 1 & 3 & 7 & 2 \\ 0 & 0 & -1 & 1 \\ 0 & 3 & 6 & 1 \\ 0 & 5 & 0 & 9 \end{vmatrix}$$

$$=6\begin{vmatrix} 0 & -1 & 1 \\ 3 & 6 & 1 \\ 5 & 0 & 9 \end{vmatrix}=6\begin{vmatrix} 0 & 0 & 1 \\ 3 & 7 & 1 \\ 5 & 9 & 9 \end{vmatrix}=6\begin{vmatrix} 3 & 7 \\ 5 & 9 \end{vmatrix}=-48.$$

2. 线性方程组的解与矩阵或行列式的关系

有了二阶行列式,对于二元一次非齐次线性方程组(1.4-1)我们把方程组(1.4-1)的未知量系数按原来的位置所构成的二阶行列式 $\begin{vmatrix} a_{11} & a_{12} \\ a_{21} & a_{22} \end{vmatrix}$,记为 $D=\begin{vmatrix} a_{11} & a_{12} \\ a_{21} & a_{22} \end{vmatrix}$,并记 $D_1=\begin{vmatrix} b_1 & a_{12} \\ b_2 & a_{22} \end{vmatrix}$,$D_2=\begin{vmatrix} a_{11} & b_1 \\ a_{21} & b_2 \end{vmatrix}$,则结合前面的讨论,当 $D=\begin{vmatrix} a_{11} & a_{12} \\ a_{21} & a_{22} \end{vmatrix}\neq 0$ 时,方程组(1.4-1)的解就可简记为

$$x=\frac{D_1}{D},\quad y=\frac{D_2}{D}.$$

这是代数理论中解二元非齐次线性方程组的**克莱姆(Cramer)法则**.

二元非齐次线性方程组也可能是没有解的,但是二元齐次线性方程组 $\begin{cases} a_{11}x+a_{12}y=0, \\ a_{21}x+a_{22}y=0 \end{cases}$ 一定有解,这是因为未知量全为零显然是它的解,所以对于二元齐次线性方程组我们主要关心的是它否有非零解,即未知量的值不是全为零的解.关于齐次线性方程组和非齐次线性方程组的解,有如下结论.

定理 1.4.2 若二元非齐次线性方程组
$$\begin{cases} a_{11}x+a_{12}y=b_1, \\ a_{21}x+a_{22}y=b_2 \end{cases}$$
的系数行列式 $D=\begin{vmatrix} a_{11} & a_{12} \\ a_{21} & a_{22} \end{vmatrix}\neq 0$,则该方程组有唯一解,且解为
$$x=\frac{D_1}{D},\quad y=\frac{D_2}{D},$$
其中 $D_1=\begin{vmatrix} b_1 & a_{12} \\ b_2 & a_{22} \end{vmatrix}$,$D_2=\begin{vmatrix} a_{11} & b_1 \\ a_{21} & b_2 \end{vmatrix}$.

推论 1 二元齐次线性方程组 $\begin{cases} a_{11}x+a_{12}y=0, \\ a_{21}x+a_{22}y=0 \end{cases}$ 只有零解的充要条件是其系数行列式 $D=\begin{vmatrix} a_{11} & a_{12} \\ a_{21} & a_{22} \end{vmatrix}\neq 0$.

推论 2 二元齐次线性方程组 $\begin{cases} a_{11}x+a_{12}y=0, \\ a_{21}x+a_{22}y=0 \end{cases}$ 有非零解的充要条件是其系数行列式 $D=\begin{vmatrix} a_{11} & a_{12} \\ a_{21} & a_{22} \end{vmatrix}=0$.

以上结论可以推广到多元线性方程组,下面列出三元与 4 元非齐次线性方程组的结论.

定理 1.4.3　若三元非齐次线性方程组

$$\begin{cases} a_{11}x + a_{12}y + a_{13}z = b_1, \\ a_{21}x + a_{22}y + a_{23}z = b_2, \\ a_{31}x + a_{32}y + a_{33}z = b_3 \end{cases}$$

的系数行列式 $D = \begin{vmatrix} a_{11} & a_{12} & a_{13} \\ a_{21} & a_{22} & a_{23} \\ a_{31} & a_{32} & a_{33} \end{vmatrix} \neq 0$,则该方程组有唯一解,且解为

$$x = \frac{D_1}{D}, \quad y = \frac{D_2}{D}, \quad z = \frac{D_3}{D},$$

其中

$$D_1 = \begin{vmatrix} b_1 & a_{12} & a_{13} \\ b_2 & a_{22} & a_{23} \\ b_3 & a_{32} & a_{33} \end{vmatrix}, \quad D_2 = \begin{vmatrix} a_{11} & b_1 & a_{13} \\ a_{21} & b_2 & a_{23} \\ a_{31} & b_3 & a_{33} \end{vmatrix}, \quad D_3 = \begin{vmatrix} a_{11} & a_{12} & b_1 \\ a_{21} & a_{22} & b_2 \\ a_{31} & a_{32} & b_3 \end{vmatrix}.$$

推论 1　三元齐次线性方程组 $\begin{cases} a_{11}x + a_{12}y + a_{13}z = 0, \\ a_{21}x + a_{22}y + a_{23}z = 0, \\ a_{31}x + a_{32}y + a_{33}z = 0 \end{cases}$ 只有零解的充要条件是其系数

行列式 $D = \begin{vmatrix} a_{11} & a_{12} & a_{13} \\ a_{21} & a_{22} & a_{23} \\ a_{31} & a_{32} & a_{33} \end{vmatrix} \neq 0.$

推论 2　三元齐次线性方程组 $\begin{cases} a_{11}x + a_{12}y + a_{13}z = 0, \\ a_{21}x + a_{22}y + a_{23}z = 0, \\ a_{31}x + a_{32}y + a_{33}z = 0 \end{cases}$ 有非零解的充要条件是其系数

行列式 $D = \begin{vmatrix} a_{11} & a_{12} & a_{13} \\ a_{21} & a_{22} & a_{23} \\ a_{31} & a_{32} & a_{33} \end{vmatrix} = 0.$

定理 1.4.4　若 4 元非齐次线性方程组

$$\begin{cases} a_{11}x + a_{12}y + a_{13}z + a_{14}w = b_1, \\ a_{21}x + a_{22}y + a_{23}z + a_{24}w = b_2, \\ a_{31}x + a_{32}y + a_{33}z + a_{34}w = b_3, \\ a_{41}x + a_{42}y + a_{43}z + a_{44}w = b_4 \end{cases}$$

的系数行列式 $D = \begin{vmatrix} a_{11} & a_{12} & a_{13} & a_{14} \\ a_{21} & a_{22} & a_{23} & a_{24} \\ a_{31} & a_{32} & a_{33} & a_{34} \\ a_{41} & a_{42} & a_{43} & a_{44} \end{vmatrix} \neq 0$,则该方程组有唯一解,且解为

$$x = \frac{D_1}{D}, \quad y = \frac{D_2}{D}, \quad z = \frac{D_3}{D}, \quad w = \frac{D_4}{D},$$

其中

$$D_1 = \begin{vmatrix} b_1 & a_{12} & a_{13} & a_{14} \\ b_2 & a_{22} & a_{23} & a_{24} \\ b_3 & a_{32} & a_{33} & a_{34} \\ b_4 & a_{42} & a_{43} & a_{44} \end{vmatrix}, \quad D_2 = \begin{vmatrix} a_{11} & b_1 & a_{13} & a_{14} \\ a_{21} & b_2 & a_{23} & a_{24} \\ a_{31} & b_3 & a_{33} & a_{34} \\ a_{41} & b_4 & a_{43} & a_{44} \end{vmatrix},$$

$$D_3 = \begin{vmatrix} a_{11} & a_{12} & b_1 & a_{14} \\ a_{21} & a_{22} & b_2 & a_{24} \\ a_{31} & a_{32} & b_3 & a_{34} \\ a_{41} & a_{42} & b_4 & a_{44} \end{vmatrix}, \quad D_4 = \begin{vmatrix} a_{11} & a_{12} & a_{13} & b_1 \\ a_{21} & a_{22} & a_{23} & b_2 \\ a_{31} & a_{32} & a_{33} & b_3 \\ a_{41} & a_{42} & a_{43} & b_4 \end{vmatrix}.$$

推论 1　4 元齐次线性方程组 $\begin{cases} a_{11}x + a_{12}y + a_{13}z + a_{14}w = 0, \\ a_{21}x + a_{22}y + a_{23}z + a_{24}w = 0, \\ a_{31}x + a_{32}y + a_{33}z + a_{34}w = 0, \\ a_{41}x + a_{42}y + a_{43}z + a_{44}w = 0 \end{cases}$ 只有零解的充要条件是

其系数行列式 $D = \begin{vmatrix} a_{11} & a_{12} & a_{13} & a_{14} \\ a_{21} & a_{22} & a_{23} & a_{24} \\ a_{31} & a_{32} & a_{33} & a_{34} \\ a_{41} & a_{42} & a_{43} & a_{44} \end{vmatrix} \neq 0.$

推论 2　4 元齐次线性方程组 $\begin{cases} a_{11}x + a_{12}y + a_{13}z + a_{14}w = 0, \\ a_{21}x + a_{22}y + a_{23}z + a_{24}w = 0, \\ a_{31}x + a_{32}y + a_{33}z + a_{34}w = 0, \\ a_{41}x + a_{42}y + a_{43}z + a_{44}w = 0 \end{cases}$ 有非零解的充要条件是

其系数行列式 $D = \begin{vmatrix} a_{11} & a_{12} & a_{13} & a_{14} \\ a_{21} & a_{22} & a_{23} & a_{24} \\ a_{31} & a_{32} & a_{33} & a_{34} \\ a_{41} & a_{42} & a_{43} & a_{44} \end{vmatrix} = 0.$

　　对于定理 1.4.2、定理 1.4.3 与定理 1.4.4 和相应的推论的证明以及 n 元非齐次线性方程组的克莱姆法则可参见参考文献[3].

　　定理 1.4.2、定理 1.4.3 与定理 1.4.4 及它们的相应的推论 1、推论 2 都是线性方程组中的未知量个数与方程个数相等的情形,且在定理 1.4.2、定理 1.4.3 与定理 1.4.4 中给出的只是系数行列式不等于零的非齐次线性方程组有唯一解,而对于其系数行列式等于零的情形,以及一般的线性方程组,即未知量个数与方程个数不相等的方程组的解的情形,还需要进一步进行判断.

　　显然含有 n 个未知量的一般线性方程组

$$\begin{cases} a_{11}x_1 + a_{12}x_2 + \cdots + a_{1n}x_n = b_1, \\ a_{21}x_1 + a_{22}x_2 + \cdots + a_{2n}x_n = b_2, \\ \quad\quad\quad\vdots \\ a_{m1}x_1 + a_{m2}x_2 + \cdots + a_{mn}x_n = b_m \end{cases}$$

的 解 一 定 与 它 的 **系 数 矩 阵** $\boldsymbol{A} = \begin{pmatrix} a_{11} & a_{12} & \cdots & a_{1n} \\ a_{21} & a_{22} & \cdots & a_{2n} \\ \vdots & \vdots & & \vdots \\ a_{m1} & a_{m2} & \cdots & a_{mn} \end{pmatrix}$ 和 它 的 **增 广 矩 阵** $\bar{\boldsymbol{A}} =$

$\begin{pmatrix} a_{11} & a_{12} & \cdots & a_{1n} & b_1 \\ a_{21} & a_{22} & \cdots & a_{2n} & b_2 \\ \vdots & \vdots & & \vdots & \vdots \\ a_{m1} & a_{m2} & \cdots & a_{mn} & b_m \end{pmatrix}$ 有关. 为此先引入如下几个定义.

定义 1.4.9 在 $m \times n$ 型矩阵 $\boldsymbol{A}$ 中任意取 k 行 k 列($k \leqslant \min\{m, n\}$),位于这些交叉处的元素,按原来的行列先后次序构成一个 k 阶行列式,这个 k 阶行列式叫作矩阵 $\boldsymbol{A}$ 的一个 k **阶子式**.

如:取 3×4 型矩阵 $\boldsymbol{A} = \begin{pmatrix} 1 & 0 & 0 & 3 \\ -2 & -3 & 0 & 4 \\ -4 & 5 & 2 & -5 \end{pmatrix}$ 的第二、三行与第二、四列的交叉处的元素按原来的行列次序构成的矩阵二阶行列式 $\begin{vmatrix} -3 & 4 \\ 5 & -5 \end{vmatrix}$,就是矩阵 $\boldsymbol{A}$ 的一个二阶子式.

定义 1.4.10 $m \times n$ 型矩阵 $\boldsymbol{A}$ 的不为零的最高阶子式的阶数叫作这个矩阵的**秩**,记为 $\mathrm{r}(\boldsymbol{A})$.

如:矩阵 $\boldsymbol{A} = \begin{pmatrix} 1 & 0 & 0 & 3 \\ -2 & -3 & 0 & 4 \\ -4 & 5 & 2 & -5 \end{pmatrix}$ 的三阶子式 $\begin{vmatrix} 1 & 0 & 0 \\ -2 & -3 & 0 \\ -4 & 5 & 2 \end{vmatrix} = -6 \neq 0$,且该矩阵子式的最高阶子式的阶数不超过 3,所以 $\mathrm{r}(\boldsymbol{A}) = 3$.

在此,我们不加证明地给出如下定理,有关证明可参见参考文献[3].

定理 1.4.5 如果 n 个未知量的线性方程组(1.4-3)的系数矩阵与增广矩阵分别为 $\boldsymbol{A}$ 与 $\bar{\boldsymbol{A}}$,那么有如下结论:

(1) 方程组(1.4-3)无解的充要条件是 $\mathrm{r}(\boldsymbol{A}) \neq \mathrm{r}(\bar{\boldsymbol{A}})$;

(2) 若 $\mathrm{r}(\boldsymbol{A}) = \mathrm{r}(\bar{\boldsymbol{A}}) = r = n$,则方程组(1.4-3)有唯一解;

(3) 若 $\mathrm{r}(\boldsymbol{A}) = \mathrm{r}(\bar{\boldsymbol{A}}) = r < n$,则方程组(1.4-3)有无穷多解,且这些解可用 $n - r$ 个**自由未知量**[①]来表示.

关于行列式、矩阵和方程组的相关详细知识以及其他相关知识,读者可参见参考文献[3].

---

① 自由未知量:在解方程组中可以任意取值的未知量.

习题 1.4

1. 计算下列行列式：

(1) $\begin{vmatrix} -1 & 5 \\ 3 & 9 \end{vmatrix}$;

(2) $\begin{vmatrix} \cos\theta & -\sin\theta \\ \sin\theta & \cos\theta \end{vmatrix}$;

(3) $\begin{vmatrix} 1 & 15 & 36 \\ 0 & 3 & 4 \\ 0 & 2 & 3 \end{vmatrix}$;

(4) $\begin{vmatrix} x & y & z \\ z & x & y \\ y & z & x \end{vmatrix}$.

2. 利用行列式解线性方程组：

(1) $\begin{cases} 2x - 3y = 7, \\ 3x - 2y = 1; \end{cases}$

(2) $\begin{cases} 2x - y + 3z = 9, \\ 3x - 5y + z = -3, \\ x + 3y - 2z = -6. \end{cases}$

1.5 向量的分解与向量组的线性关系

向量的加减法和数与向量的乘法统称为向量的**线性运算**，从而可知有限个向量的线性运算结果仍为一个向量.

1. 向量的线性组合与向量的分解

定义 1.5.1 设 $\vec{a}_1, \vec{a}_2, \cdots, \vec{a}_n$ 是 n 个向量，$\lambda_1, \lambda_2, \cdots, \lambda_n$ 是 n 个实数，表达式

$$\lambda_1 \vec{a}_1 + \lambda_2 \vec{a}_2 + \cdots + \lambda_n \vec{a}_n$$

叫作向量 $\vec{a}_1, \vec{a}_2, \cdots, \vec{a}_n$ 的一个**线性组合**. 若向量 $\vec{a} = \lambda_1 \vec{a}_1 + \lambda_2 \vec{a}_2 + \cdots + \lambda_n \vec{a}_n$，则向量 $\vec{a}$ 叫作能被向量 $\vec{a}_1, \vec{a}_2, \cdots, \vec{a}_n$ **线性表出**（表示），也可称向量 $\vec{a}$ 可分解成向量 $\vec{a}_1, \vec{a}_2, \cdots, \vec{a}_n$ 的线性组合，且 $\lambda_1 \vec{a}_1 + \lambda_2 \vec{a}_2 + \cdots + \lambda_n \vec{a}_n$ 叫作向量 $\vec{a}$ 关于向量 $\vec{a}_1, \vec{a}_2, \cdots, \vec{a}_n$ 的一个**线性分解式**.

定理 1.5.1 若向量 $\vec{e} \neq \vec{0}$，则向量 $\vec{r}$ 与向量 $\vec{e}$ 共线的充要条件是向量 $\vec{r}$ 能被向量 $\vec{e}$ 线性表示，即

$$\vec{r} = x\vec{e}, \tag{1.5-1}$$

且系数 x 被向量 $\vec{r}$ 与 $\vec{e}$ 唯一确定.

证明 当 $\vec{r} = \vec{0}$ 时，定理显然成立. 下证 $\vec{r} \neq \vec{0}$ 的情形.

如果 $\vec{r} = x\vec{e}$，那么由数与向量的乘法定义 1.3.1 可知，向量 $\vec{r}$ 与向量 $\vec{e}$ 共线. 反过来，如果向量 $\vec{r}$ 与非零向量 $\vec{e}$ 共线，那么一定存在一个实数 x，使得 $\vec{r} = x\vec{e}$.

下面利用反证法证明 (1.5-1) 式中系数 x 的唯一性.

假设系数不唯一,不妨设 $\vec{r}=x_1\vec{e}$,且 $x\neq x_1$,则由 $\vec{r}=x\vec{e}$ 与 $\vec{r}=x_1\vec{e}$,可得 $(x_1-x)\vec{e}=\vec{0}$,由于 $x\neq x_1$,即 $x_1-x\neq 0$,所以 $\vec{e}=\vec{0}$,这与已知 $\vec{e}\neq\vec{0}$ 矛盾,故假设不成立.

定理 1.5.1 中的向量 $\vec{e}$ 叫作共线向量的**基底**.

定理 1.5.2 若向量 $\vec{e}_1,\vec{e}_2$ 不共线,则向量 $\vec{r}$ 与向量 $\vec{e}_1,\vec{e}_2$ 共面的充要条件是向量 $\vec{r}$ 能被向量 $\vec{e}_1,\vec{e}_2$ 线性表示,即

$$\vec{r}=x\vec{e}_1+y\vec{e}_2, \tag{1.5-2}$$

且系数 x,y 被向量 $\vec{r}$ 与 $\vec{e}_1,\vec{e}_2$ 唯一确定.

证明 当 $\vec{r}=\vec{0}$ 时,定理显然成立.下证 $\vec{r}\neq\vec{0}$ 的情形.

因为向量 $\vec{e}_1,\vec{e}_2$ 不共线,所以 $\vec{e}_1\neq\vec{0},\vec{e}_2\neq\vec{0}$.

若向量 $\vec{r}$ 与向量 $\vec{e}_1,\vec{e}_2$ 共面,则

(1) 当 $\vec{r}$ 与 $\vec{e}_1$ 共线时,由定理 1.5.1 知有 $\vec{r}=x\vec{e}_1$,从而有 $\vec{r}=x\vec{e}_1+0\vec{e}_2$,同理 $\vec{r}$ 与 $\vec{e}_2$ 共线时也成立;

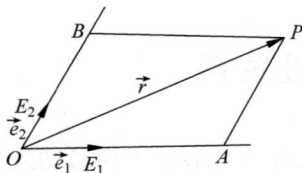

图 1-19 两个不共线向量的线性
组合与平行四边形

(2) 若 $\vec{r}$ 与 $\vec{e}_1,\vec{e}_2$ 都不共线,则把它们移到共同的始点 O,并设 $\overrightarrow{OE_i}=\vec{e}_i(i=1,2),\overrightarrow{OP}=\vec{r}$,如图 1-19 所示,那么经过 $\vec{r}$ 的终点 P 分别作 OE_1,OE_2 的平行线依次与直线 OE_2,OE_1 交于点 B,A,从而根据向量加法的平行四边形法则可得 $\overrightarrow{OP}=\overrightarrow{OA}+\overrightarrow{OB}$,根据定理 1.5.1 可设 $\overrightarrow{OA}=x\vec{e}_1$,$\overrightarrow{OB}=y\vec{e}_2$,所以

$$\vec{r}=x\vec{e}_1+y\vec{e}_2.$$

若 $\vec{r}=x\vec{e}_1+y\vec{e}_2$,则

(1) 当 x,y 有一个是零时,例如 $x=0$,则有 $\vec{r}=y\vec{e}_2$,从而向量 $\vec{r}$ 与向量 $\vec{e}_2$ 共线,因此 $\vec{r}$ 与 $\vec{e}_1,\vec{e}_2$ 共面;同理 $y=0$ 时,$\vec{r}$ 与 $\vec{e}_1,\vec{e}_2$ 也共面.

(2) 当 $xy\neq 0$ 时,由于 $x\vec{e}_1/\!/\vec{e}_1,y\vec{e}_2/\!/\vec{e}_2$,则从两向量加法的平行四边形法则可知 $\vec{r}$ 与 $x\vec{e}_1,y\vec{e}_2$ 共面,从而 $\vec{r}$ 与 $\vec{e}_1,\vec{e}_2$ 共面.

下面利用反证法证明(1.5-2)式中系数 x,y 的唯一性.

假设(1.5-2)式中系数不唯一,不妨设 $\vec{r}=x_1\vec{e}_1+y_1\vec{e}_2$,则必有 $x\neq x_1$ 或 $y\neq y_1$,当 $x\neq x_1$ 时,由 $\vec{r}=x\vec{e}_1+y\vec{e}_2$ 与 $\vec{r}=x_1\vec{e}_1+y_1\vec{e}_2$,可得 $(x-x_1)\vec{e}_1=(y_1-y)\vec{e}_2$,从而

$$\vec{e}_1=\frac{y_1-y}{x-x_1}\vec{e}_2,$$

由定理 1.5.1 可知 $\vec{e}_1$ 与 $\vec{e}_2$ 共线,这与已知矛盾;同理当 $y\neq y_1$ 时,也能得出 $\vec{e}_1$ 与 $\vec{e}_2$ 共线,这与已知矛盾,从而假设不成立,故结论成立.

定理 1.5.2 就是平面向量的基本定理,其中向量 $\vec{e}_1,\vec{e}_2$ 叫作共面向量的**基底**.

定理 1.5.3 若向量 $\vec{e}_1,\vec{e}_2,\vec{e}_3$ 不共面,则向量 $\vec{r}$ 与向量 $\vec{e}_1,\vec{e}_2,\vec{e}_3$ 共体的充要条件是向量 $\vec{r}$ 能被向量 $\vec{e}_1,\vec{e}_2,\vec{e}_3$ 线性表示,即

$$\vec{r} = x\vec{e}_1 + y\vec{e}_2 + z\vec{e}_3, \qquad (1.5\text{-}3)$$

且系数 x, y, z 被向量 $\vec{r}$ 与 $\vec{e}_1, \vec{e}_2, \vec{e}_3$ 唯一确定.

证明　当 $\vec{r} = \vec{0}$ 时,定理显然成立.下证 $\vec{r} \neq \vec{0}$ 的情形.

因为向量 $\vec{e}_1, \vec{e}_2, \vec{e}_3$ 不共面,所以 $\vec{e}_1 \neq \vec{0}, \vec{e}_2 \neq \vec{0}, \vec{e}_3 \neq \vec{0}$.

若向量 $\vec{r}$ 与向量 $\vec{e}_1, \vec{e}_2, \vec{e}_3$ 共体,则

(1) 当 $\vec{r}$ 与 $\vec{e}_1$ 共线时,由定理 1.5.1 有 $\vec{r} = x\vec{e}_1$,从而有 $\vec{r} = x\vec{e}_1 + 0\vec{e}_2 + 0\vec{e}_3$;同理 $\vec{r}$ 与 $\vec{e}_2$ 共线、$\vec{r}$ 与 $\vec{e}_3$ 共线时也都成立.

(2) 当 $\vec{r}$ 与 $\vec{e}_1, \vec{e}_2$ 共面时,由定理 1.5.2 有 $\vec{r} = x\vec{e}_1 + y\vec{e}_2$,从而 $\vec{r} = x\vec{e}_1 + y\vec{e}_2 + 0\vec{e}_3$;同理 $\vec{r}$ 与 $\vec{e}_1, \vec{e}_3$ 共面、$\vec{r}$ 与 $\vec{e}_2, \vec{e}_3$ 共面时也都成立.

(3) 若 $\vec{r}$ 与 $\vec{e}_1, \vec{e}_2, \vec{e}_3$ 中任何两个都不共面,则把它们移到共同的始点 O,并设 $\overrightarrow{OE_i} = \vec{e}_i (i = 1, 2, 3), \overrightarrow{OP} = \vec{r}$,那么经过 $\vec{r}$ 的终点 P 分别作三个平面与平面 OE_2E_3,OE_3E_1, OE_1E_2 平行,且分别依次与直线 OE_1, OE_2, OE_3 交于 A, B, C 三点,从而就得到一个以 OA, OB, OC 为棱、体对角线为 OP 的平行六面体,如图 1-20 所示,由例 1.2.3 可得

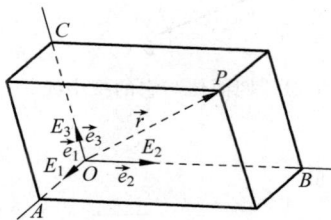

图 1-20　三个不共面向量的线性
组合与平行六面体

$$\overrightarrow{OP} = \overrightarrow{OA} + \overrightarrow{OB} + \overrightarrow{OC}.$$

又根据定理 1.5.1 可设 $\overrightarrow{OA} = x\vec{e}_1, \overrightarrow{OB} = y\vec{e}_2, \overrightarrow{OC} = z\vec{e}_3$,故

$$\vec{r} = x\vec{e}_1 + y\vec{e}_2 + z\vec{e}_3.$$

若 $\vec{r} = x\vec{e}_1 + y\vec{e}_2 + z\vec{e}_3$,则

(1) 当 x, y, z 中有两个是零时,例如 $x = 0, z = 0$,则有 $\vec{r} = y\vec{e}_2$,从而向量 $\vec{r}$ 与向量 $\vec{e}_2$ 共线,故向量 $\vec{r}$ 与向量 $\vec{e}_1, \vec{e}_2, \vec{e}_3$ 共体;同理 $x = 0, y = 0$ 或 $y = 0, z = 0$ 时也都成立.

(2) 当 x, y, z 中有一个是零时,例如 $x = 0$,则有 $\vec{r} = y\vec{e}_2 + z\vec{e}_3$,从而向量 $\vec{r}$ 与向量 $\vec{e}_2, \vec{e}_3$ 共面,又因为 $\vec{e}_1, \vec{e}_2, \vec{e}_3$ 不共面,所以向量 $\vec{r}$ 与向量 $\vec{e}_1, \vec{e}_2, \vec{e}_3$ 共体;同理 $y = 0$ 或 $z = 0$ 时也都成立.

(3) 当 $xyz \neq 0$ 时,由于 $x\vec{e}_1 /\!/ \vec{e}_1, y\vec{e}_2 /\!/ \vec{e}_2, z\vec{e}_3 /\!/ \vec{e}_3$,则由平行六面体的体对角线向量知 $\vec{r}$ 与三个棱向量 $x\vec{e}_1, y\vec{e}_2, z\vec{e}_3$ 共体,故向量 $\vec{r}$ 与向量 $\vec{e}_1, \vec{e}_2, \vec{e}_3$ 共体.

下面利用反证法证明 (1.5-3) 式中系数 x, y, z 的唯一性.

假设系数不唯一,不妨设 $\vec{r} = x_1\vec{e}_1 + y_1\vec{e}_2 + z_1\vec{e}_3$,则必有 $x \neq x_1$ 或 $y \neq y_1$ 或 $z \neq z_1$,当 $x \neq x_1$ 时,由 $\vec{r} = x\vec{e}_1 + y\vec{e}_2 + z\vec{e}_3$ 与 $\vec{r} = x_1\vec{e}_1 + y_1\vec{e}_2 + z_1\vec{e}_3$,可得

$$(x - x_1)\vec{e}_1 = (y_1 - y)\vec{e}_2 + (z_1 - z)\vec{e}_3,$$

从而

$$\vec{e}_1 = \frac{y_1 - y}{x - x_1}\vec{e}_2 + \frac{z_1 - z}{x - x_1}\vec{e}_2,$$

由定理 1.5.2 可知 $\vec{e}_1, \vec{e}_2, \vec{e}_3$ 共面,这与已知矛盾;同理当 $y \neq y_1$ 或 $z \neq z_1$ 时也得出 $\vec{e}_1$, $\vec{e}_2, \vec{e}_3$ 共面,这与已知矛盾,从而假设不成立,故结论成立.

注：若向量 $\vec{e}_1,\vec{e}_2,\vec{e}_3$ 不共面，则空间中任一向量 $\vec{r}$ 都能被向量 $\vec{e}_1,\vec{e}_2,\vec{e}_3$ 线性表示，写成(1.5-3)式的形式.

定理 1.5.3 是空间向量的基本定理，其中向量 $\vec{e}_1,\vec{e}_2,\vec{e}_3$ 叫作空间向量的**基底**.

例 1.5.1   在四面体中，不相交的两条棱叫作四面体的**对棱**，每一对对棱的中点连线叫作四面体的**拟中线**. 证明：四面体的三条拟中线交于一点且互相平分.

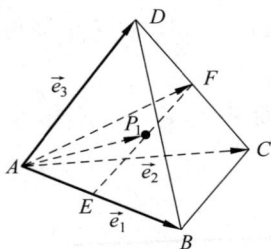

图 1-21   四面体与它的拟中线

证明   如图 1-21 所示，在四面体 $ABCD$ 中，设一组对边 AB,CD 的中点 E,F 的连线 EF 的中点为 P_1，其余两组对边中点连线的中点分别为 P_2,P_3. 取 $\overrightarrow{AB}=\vec{e}_1,\overrightarrow{AC}=\vec{e}_2,\overrightarrow{AD}=\vec{e}_3$，则由例 1.3.1 可知在三角形 AEF 中，

$$\overrightarrow{AP_1}=\frac{1}{2}(\overrightarrow{AE}+\overrightarrow{AF}),$$

在三角形 ACD 中，

$$\overrightarrow{AF}=\frac{1}{2}(\overrightarrow{AC}+\overrightarrow{AD})=\frac{1}{2}(\vec{e}_2+\vec{e}_3),$$

从而

$$\overrightarrow{AP_1}=\frac{1}{2}\left[\frac{1}{2}\vec{e}_1+\frac{1}{2}(\vec{e}_2+\vec{e}_3)\right]=\frac{1}{4}(\vec{e}_1+\vec{e}_2+\vec{e}_3).$$

同理可证

$$\overrightarrow{AP_2}=\frac{1}{4}(\vec{e}_1+\vec{e}_2+\vec{e}_3),\quad \overrightarrow{AP_3}=\frac{1}{4}(\vec{e}_1+\vec{e}_2+\vec{e}_3),$$

所以 $\overrightarrow{AP_1}=\overrightarrow{AP_2}=\overrightarrow{AP_3}$，故 P_1,P_2,P_3 三点重合，即三条拟中线交于一点. 又由于 P_1,P_2,P_3 分别是三条拟中线的中点，所以三条拟中线交于一点且互相平分，故结论成立.

议一议   四面体三条拟中线的交点与该四面体的重心有何关系？

2. 向量组的线性关系

定义 1.5.2   设 $\vec{a}_1,\vec{a}_2,\cdots,\vec{a}_n$ 是 n 个向量，如果存在不全为零的 n 个数 $\lambda_1,\lambda_2,\cdots,\lambda_n$，使得

$$\lambda_1\vec{a}_1+\lambda_2\vec{a}_2+\cdots+\lambda_n\vec{a}_n=\vec{0}, \tag{1.5-4}$$

则把向量组 $\vec{a}_1,\vec{a}_2,\cdots,\vec{a}_n$ 叫作**线性相关**. 否则，就把向量组 $\vec{a}_1,\vec{a}_2,\cdots,\vec{a}_n$ 叫作**线性无关**，即只有当 $\lambda_1=\lambda_2=\cdots=\lambda_n=0$ 时，$\lambda_1\vec{a}_1+\lambda_2\vec{a}_2+\cdots+\lambda_n\vec{a}_n=\vec{0}$ 才成立.

由定义 1.5.2 可知，一个向量 $\vec{a}$ 线性相关的充要条件是 $\vec{a}=\vec{0}$.

下面给出判断一组向量线性相关的一个定理.

定理 1.5.4   向量组 $\vec{a}_1,\vec{a}_2,\cdots,\vec{a}_n(n\geqslant 2)$ 线性相关的充要条件是向量组 $\vec{a}_1,\vec{a}_2,\cdots,\vec{a}_n$ 中有一个向量能被其余向量线性表出.

证明   如果向量组 $\vec{a}_1,\vec{a}_2,\cdots,\vec{a}_n$ 线性相关，那么由定义 1.5.2 可知，存在不全为零的 n 个数 $\lambda_1,\lambda_2,\cdots,\lambda_n$，使得

$$\lambda_1\vec{a}_1+\lambda_2\vec{a}_2+\cdots+\lambda_n\vec{a}_n=\vec{0},$$

由于 $\lambda_1,\lambda_2,\cdots,\lambda_n$ 不全为零,不失一般性,不妨设 $\lambda_k\neq0$,则

$$\vec{a}_k=-\frac{\lambda_1}{\lambda_k}\vec{a}_1-\cdots-\frac{\lambda_{k-1}}{\lambda_k}\vec{a}_{k-1}-\frac{\lambda_{k+1}}{\lambda_k}\vec{a}_{k+1}-\cdots-\frac{\lambda_n}{\lambda_k}\vec{a}_n,$$

故 $\vec{a}_k$ 能被向量组中其余的 $\vec{a}_1,\cdots,\vec{a}_{k-1},\vec{a}_{k+1},\cdots,\vec{a}_n$ 线性表出.

如果向量组 $\vec{a}_1,\vec{a}_2,\cdots,\vec{a}_n$ 中有一个向量能被其余向量线性表出,不失一般性,不妨设 $\vec{a}_k$ 能被向量 $\vec{a}_1,\cdots,\vec{a}_{k-1},\vec{a}_{k+1},\cdots,\vec{a}_n$ 线性表出,且

$$\vec{a}_k=\lambda_1\vec{a}_1+\cdots+\lambda_{k-1}\vec{a}_{k-1}+\lambda_{k+1}\vec{a}_{k+1}+\cdots+\lambda_n\vec{a}_n,$$

由上式变形可得

$$\lambda_1\vec{a}_1+\cdots+\lambda_{k-1}\vec{a}_{k-1}-\vec{a}_k+\lambda_{k+1}\vec{a}_{k+1}+\cdots+\lambda_n\vec{a}_n=\vec{0},$$

而 $\lambda_1,\cdots,\lambda_{k-1},-1,\lambda_{k+1},\cdots,\lambda_n$ 显然是 n 个不全为零的数,所以根据定义 1.5.2 可知向量组 $\vec{a}_1,\vec{a}_2,\cdots,\vec{a}_n$ 线性相关.

定理 1.5.5 若向量组中有一部分向量线性相关,则这组向量必线性相关.

证明 如果在向量组 $\vec{a}_1,\vec{a}_2,\cdots,\vec{a}_s,\vec{a}_{s+1},\cdots,\vec{a}_n$ 中有一部分向量线性相关,不妨设 $\vec{a}_1,\vec{a}_2,\cdots,\vec{a}_s$ 线性相关,则存在 s 个不全为零的数 $\lambda_1,\lambda_2,\cdots,\lambda_s$,使得

$$\lambda_1\vec{a}_1+\lambda_2\vec{a}_2+\cdots+\lambda_s\vec{a}_s=\vec{0},$$

从而有

$$\lambda_1\vec{a}_1+\lambda_2\vec{a}_2+\cdots+\lambda_s\vec{a}_s+0\vec{a}_{s+1}+\cdots+0\vec{a}_n=\vec{0},$$

显然,$\lambda_1,\lambda_2,\cdots,\lambda_s,0,\cdots,0$ 是 n 个不全为零的数,所以向量组 $\vec{a}_1,\vec{a}_2,\cdots,\vec{a}_s,\vec{a}_{s+1},\cdots,\vec{a}_n$ 线性相关,故结论成立.

注:该定理可简单描述为"若部分线性相关,则整体线性相关".

由定理 1.5.5 可得如下两个推论:

推论 1 若向量组含有零向量,则该向量组必线性相关.

推论 2 若向量组整体线性无关,则任何部分也线性无关.

定理 1.5.6 两个向量线性相关的充要条件是它们共线.

证明 如果向量 $\vec{a}$ 与 $\vec{b}$ 线性相关,那么存在不全为零的数 λ_1,λ_2,使得

$$\lambda_1\vec{a}+\lambda_2\vec{b}=\vec{0},$$

因为 λ_1,λ_2 不全为零,不妨设 $\lambda_1\neq0$,则 $\vec{a}=-\frac{\lambda_2}{\lambda_1}\vec{b}$,所以 $\vec{a}$ 与 $\vec{b}$ 共线.

如果 $\vec{a}$ 与 $\vec{b}$ 共线,那么存在一个数 λ,使得 $\vec{a}=\lambda\vec{b}$,从而 $\vec{a}-\lambda\vec{b}=\vec{0}$,显然 $1,-\lambda$ 是两个不全为零的数,故 $\vec{a}$ 与 $\vec{b}$ 线性相关.

注:从几何上解释,两向量线性相关等价于两向量平行.

定理 1.5.7 三个向量线性相关的充要条件是它们共面.

证明 如果 $\vec{a},\vec{b},\vec{c}$ 线性相关,那么存在不全为零的三个数 $\lambda_1,\lambda_2,\lambda_3$,使得

$$\lambda_1\vec{a}+\lambda_2\vec{b}+\lambda_3\vec{c}=\vec{0},$$

不妨设 $\lambda_1 \neq 0$，则 $\vec{a} = -\dfrac{\lambda_2}{\lambda_1}\vec{b} - \dfrac{\lambda_3}{\lambda_1}\vec{c}$，根据定理 1.5.2 可知 $\vec{a}, \vec{b}, \vec{c}$ 共面.

如果三向量 $\vec{a}, \vec{b}, \vec{c}$ 共面，那么当其中有两个向量共线，例如 $\vec{a}$ 与 $\vec{b}$ 共线时，则 $\vec{a} = \lambda\vec{b}$，从而有 $\vec{a} - \lambda\vec{b} + 0\vec{c} = \vec{0}$，显然 $1, -\lambda, 0$ 是不全为零的三个数，故 $\vec{a}, \vec{b}, \vec{c}$ 线性相关；同理，另外两种情况也可证明 $\vec{a}, \vec{b}, \vec{c}$ 线性相关. 当任意两个向量不共线时，不妨设 $\vec{a}$ 与 $\vec{b}$ 不共线，则由定理 1.5.2 可得 $\vec{c} = \lambda_1\vec{a} + \lambda_2\vec{b}$，即 $\lambda_1\vec{a} + \lambda_2\vec{b} - \vec{c} = \vec{0}$，显然 $\lambda_1, \lambda_2, -1$ 是不全为零的三个数，故 $\vec{a}, \vec{b}, \vec{c}$ 线性相关.

注：从几何上解释，三向量线性相关等价于三向量共面.

定理 1.5.8   在三维空间中，任意 4 个向量必线性相关.

注：三维空间中，4 个向量必共体，即它们就必线性相关，所以从几何上解释，4 个向量线性相关等价于 4 个向量共体.

例 1.5.2   设 $\vec{a}$ 与 $\vec{b}$ 为两个不共线向量，证明：向量 $\vec{c} = a_1\vec{a} + b_1\vec{b}$ 与 $\vec{d} = a_2\vec{a} + b_2\vec{b}$ 共线的充要条件是 $\begin{vmatrix} a_1 & a_2 \\ b_1 & b_2 \end{vmatrix} = 0$.

证明   根据定理 1.5.6 可知，向量 $\vec{c}$ 与 $\vec{d}$ 共线的充要条件是向量 $\vec{c}$ 与 $\vec{d}$ 线性相关，即存在不全为零的两个数 λ, μ，使得

$$\lambda\vec{c} + \mu\vec{d} = \vec{0},$$

即

$$(a_1\lambda + a_2\mu)\vec{a} + (b_1\lambda + b_2\mu)\vec{b} = \vec{0},$$

因为 $\vec{a}$ 与 $\vec{b}$ 不共线，即它们线性无关，所以有

$$\begin{cases} a_1\lambda + a_2\mu = 0, \\ b_1\lambda + b_2\mu = 0. \end{cases}$$

由于 λ, μ 是两个不全为零的数，也就是说二元齐次线性方程组 $\begin{cases} a_1x + a_2y = 0, \\ b_1x + b_2y = 0 \end{cases}$ 有非零解，所以根据定理 1.4.2 的推论 2 可得

$$\begin{vmatrix} a_1 & a_2 \\ b_1 & b_2 \end{vmatrix} = 0.$$

例 1.5.3   设 $\overrightarrow{OP_1} = \vec{r}_1, \overrightarrow{OP_2} = \vec{r}_2, \overrightarrow{OP_3} = \vec{r}_3$，证明：三点 P_1, P_2, P_3 共线的充要条件是存在不为零的实数 $\lambda_1, \lambda_2, \lambda_3$，使得 $\lambda_1\vec{r}_1 + \lambda_2\vec{r}_2 + \lambda_3\vec{r}_3 = \vec{0}$，且 $\lambda_1 + \lambda_2 + \lambda_3 = 0$.

证明   如果三点 P_1, P_2, P_3 共线，如图 1-22 所示，那么向量 $\overrightarrow{P_1P_2}, \overrightarrow{P_2P_3}$ 共线，即它们线性相关，所以存在不全为零的实数 m, n，使得

$$m\overrightarrow{P_1P_2} + n\overrightarrow{P_2P_3} = \vec{0},$$

即

$$m(\vec{r}_2 - \vec{r}_1) + n(\vec{r}_3 - \vec{r}_2) = \vec{0},$$

从而

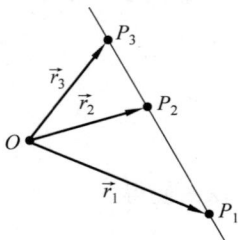

图 1-22   三点共线

$$-m\vec{r}_1 + (m-n)\vec{r}_2 + n\vec{r}_3 = \vec{0},$$

取 $\lambda_1 = -m, \lambda_2 = m-n, \lambda_3 = n$，由于 m 与 n 是不全为零的实数，显然 $\lambda_1, \lambda_2, \lambda_3$ 是不全为零的三个实数，使得

$$\lambda_1\vec{r}_1 + \lambda_2\vec{r}_2 + \lambda_3\vec{r}_3 = \vec{0}$$

且 $\lambda_1 + \lambda_2 + \lambda_3 = 0$.

如果存在不全为零的实数 $\lambda_1, \lambda_2, \lambda_3$，使得 $\lambda_1\vec{r}_1 + \lambda_2\vec{r}_2 + \lambda_3\vec{r}_3 = \vec{0}$，且 $\lambda_1 + \lambda_2 + \lambda_3 = 0$，那么由 $\lambda_1 + \lambda_2 + \lambda_3 = 0$，不妨设 $\lambda_3 = -(\lambda_1 + \lambda_2) \neq 0$，则有

$$\lambda_1(\vec{r}_3 - \vec{r}_1) + \lambda_2(\vec{r}_3 - \vec{r}_2) = \vec{0},$$

即

$$\lambda_1\overrightarrow{P_1P_3} + \lambda_2\overrightarrow{P_2P_3} = \vec{0},$$

由 $\lambda_1 + \lambda_2 \neq 0$ 知 λ_1, λ_2 不全为零，所以 $\overrightarrow{P_1P_3}, \overrightarrow{P_2P_3}$ 共线，故三点 P_1, P_2, P_3 共线.

议一议 设 $\overrightarrow{OP_i} = \vec{r}_i (i=1,2,3,4)$，则 4 点 P_1, P_2, P_3, P_4 共面的充要条件是什么？

习题 1.5

1. 在平行四边形 $ABCD$ 中，

(1) 若对角线 $\overrightarrow{AC} = \vec{a}, \overrightarrow{BD} = \vec{b}$，求 $\overrightarrow{AB}, \overrightarrow{BC}, \overrightarrow{CD}, \overrightarrow{DA}$；

(2) 设边 BC, CD 的中点为 M, N，且 $\overrightarrow{AM} = \vec{p}, \overrightarrow{AN} = \vec{q}$，求 $\overrightarrow{BC}, \overrightarrow{CD}$.

2. 如图 1-23 所示，在平行六面体 $ABCD$-$EFGH$ 中，设 $\overrightarrow{AB} = \vec{e}_1, \overrightarrow{AD} = \vec{e}_2, \overrightarrow{AE} = \vec{e}_3$，三个面上的对角线 $\overrightarrow{AC} = \vec{p}, \overrightarrow{AH} = \vec{q}, \overrightarrow{AF} = \vec{r}$，试把向量 $\vec{a} = \lambda_1\vec{p} + \lambda_2\vec{q} + \lambda_3\vec{r}$ 写成 $\vec{e}_1, \vec{e}_2, \vec{e}_3$ 的线性组合.

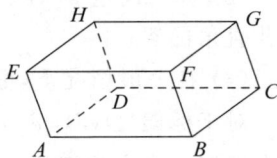

图 1-23 平行六面体

3. 在三角形 ABC 中，设 $\overrightarrow{AB} = \vec{e}_1, \overrightarrow{AC} = \vec{e}_2$.

(1) 设 D, E 是边 BC 的三分点，将向量 $\overrightarrow{AD}, \overrightarrow{AE}$ 分解为 $\vec{e}_1, \vec{e}_2$ 的线性组合.

(2) 设 AT 是 $\angle A$ 的平分线，交 BC 于 T，将角平分向量 $\overrightarrow{AT}$ 分解为 $\vec{e}_1, \vec{e}_2$ 的线性组合.

4. 在四面体 $OABC$ 中，设点 G 是三角形 ABC 的重心，求向量 $\overrightarrow{OG}$ 关于 $\overrightarrow{OA}, \overrightarrow{OB}, \overrightarrow{OC}$ 的分解式.

5. 用向量法证明：

(1) 三角形三条中线共点；

(2) 点 P 是三角形 ABC 的重心的充要条件是 $\overrightarrow{PA} + \overrightarrow{PB} + \overrightarrow{PC} = \vec{0}$.

6. 已知 $\vec{a}, \vec{b}$ 不共线，判断向量 $\vec{c} = 2\vec{a} - \vec{b}$ 与向量 $\vec{d} = 3\vec{a} - 2\vec{b}$ 是否线性相关？

7. 证明：三个向量

$$\vec{a}=-\vec{e}_1+3\vec{e}_2+2\vec{e}_3, \quad \vec{b}=4\vec{e}_1-6\vec{e}_2+2\vec{e}_3, \quad \vec{c}=-3\vec{e}_1+12\vec{e}_2+11\vec{e}_3$$

共面；判断向量 $\vec{a}$ 是否能用向量 $\vec{b}$，$\vec{c}$ 线性表出？如能，请写出线性表出式；若不能，请说明理由.

8. 已知任意三向量 $\vec{a}$，$\vec{b}$，$\vec{c}$ 与任意三个实数 λ,μ,ν，证明：三个向量 $\lambda\vec{a}-\mu\vec{b}$，$\mu\vec{b}-\nu\vec{c}$，$\nu\vec{c}-\lambda\vec{a}$ 共面.

1.6　标架与坐标

1. 标架与坐标的概念

由 1.5 节的学习，我们知道，在三维欧氏空间 $\mathbb{R}^3$ 中，任意 4 个向量必线性相关. 所以在 $\mathbb{R}^3$ 中，任意取一定点 O，此点称为原点. 由原点 O 引出 3 个线性无关的向量 $\overrightarrow{OE}_1=\vec{e}_1$，$\overrightarrow{OE}_2=\vec{e}_2$，$\overrightarrow{OE}_3=\vec{e}_3$，那么空间中任一向量 $\vec{r}$ 都可以由向量 $\vec{e}_1,\vec{e}_2,\vec{e}_3$ 线性表出，即

$$\vec{r}=x\vec{e}_1+y\vec{e}_2+z\vec{e}_3,$$

而且表达式中的系数 x,y,z 是被向量 $\vec{r}$ 与向量 $\vec{e}_1,\vec{e}_2,\vec{e}_3$ 唯一确定的实数. 这样，$\mathbb{R}^3$ 中的任一向量就与三元有序数组 (x,y,z) 构成一一对应. 这样，我们就以此为基础，在 $\mathbb{R}^3$ 中建立标架.

定义 1.6.1　在三维空间中，取一定点 O，与起点都为 O 的三个不共面的有序向量 $\vec{e}_1$，$\vec{e}_2,\vec{e}_3$ 构成的全体，叫作该空间中的一个**标架**，记作 $\{O;\vec{e}_1,\vec{e}_2,\vec{e}_3\}$.

注：(1) 如果向量 $\vec{e}_1,\vec{e}_2,\vec{e}_3$ 是单位向量，那么标架 $\{O;\vec{e}_1,\vec{e}_2,\vec{e}_3\}$ 叫作笛卡儿标架；

(2) 如果向量 $\vec{e}_1,\vec{e}_2,\vec{e}_3$ 是两两相互垂直的单位向量，那么标架 $\{O;\vec{e}_1,\vec{e}_2,\vec{e}_3\}$ 叫作笛卡儿直角标架；

(3) 在一般情况下，标架 $\{O;\vec{e}_1,\vec{e}_2,\vec{e}_3\}$ 叫作**仿射标架**.

对于标架 $\{O;\vec{e}_1,\vec{e}_2,\vec{e}_3\}$，如果 $\vec{e}_1,\vec{e}_2,\vec{e}_3$ 的指向与右手大拇指、食指、中指相同，那么这个标架叫作**右旋标架**或**右手标架**，如图 1-24(b) 所示；如果 $\vec{e}_1,\vec{e}_2,\vec{e}_3$ 的指向和左手大拇指、食指、中指相同，那么这个标架叫作**左旋标架**或**左手标架**，如图 1-24(a) 所示.

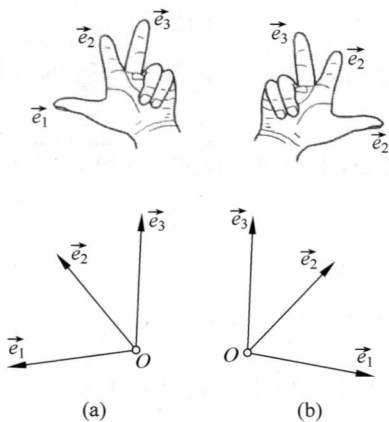

(a)　　　　(b)

图 1-24　两种标架

定义 1.6.2　在三维空间中建立标架 $\{O;\vec{e}_1,\vec{e}_2,\vec{e}_3\}$ 后，空间中任何向量 $\vec{r}$ 都可分解成 $\vec{e}_1,\vec{e}_2,\vec{e}_3$ 的线性组合，即

$$\vec{r}=x\vec{e}_1+y\vec{e}_2+z\vec{e}_3,$$

称有序系数 x,y,z 为向量 $\vec{r}$ 在标架 $\{O;\vec{e}_1,\vec{e}_2,\vec{e}_3\}$ 下的**坐标**，记为 $\vec{r}=(x,y,z)$.

定义 1.6.3　对于取定了标架 $\{O;\vec{e}_1,\vec{e}_2,\vec{e}_3\}$ 的三维空间中的任意一点 P，向量 $\overrightarrow{OP}$ 叫作点 P 的**向径**或点 P 的**位置向量**. 向径 $\overrightarrow{OP}$ 在标架 $\{O;\vec{e}_1,\vec{e}_2,\vec{e}_3\}$ 下的坐标 x,y,z 叫作点 P 关于标架 $\{O;\vec{e}_1,\vec{e}_2,\vec{e}_3\}$ 的坐标，记为 $P(x,y,z)$.

定义 1.6.4 在三维空间中,当取定标架 $\{O;\vec{e}_1,\vec{e}_2,\vec{e}_3\}$ 后,该空间中全体向量的集合或者全体点的集合与全体有序三实数组的集合之间就可以建立一一对应的关系,这种一一对应关系叫作空间向量或点的一个**坐标系**.

注:(1) 空间中的一个坐标系实质上是一个一一对应关系;

(2) 空间的坐标系由空间标架 $\{O;\vec{e}_1,\vec{e}_2,\vec{e}_3\}$ 所完全确定,所以空间坐标系也可以用标架 $\{O;\vec{e}_1,\vec{e}_2,\vec{e}_3\}$ 来表示,这时点 O 叫作**坐标原点**,向量 $\vec{e}_1,\vec{e}_2,\vec{e}_3$ 叫作**坐标基向量**;

(3) 向量或点关于标架 $\{O;\vec{e}_1,\vec{e}_2,\vec{e}_3\}$ 的坐标,也叫作该向量或点关于由这个标架所确定的坐标系下的坐标;

(4) 由右旋(右手)标架确定的坐标系叫作**右旋(右手)坐标系**,由左旋(左手)标架确定的坐标系叫作**左旋(左手)坐标系**.同样,由笛卡儿标架、直角标架与仿射标架所确定的坐标系分别叫作**笛卡儿坐标系**、**直角坐标系**与**仿射坐标系**;

(5) 通常情况,我们常使用的坐标系是右旋(右手)直角坐标系,其坐标基向量常用单位向量 $\vec{i},\vec{j},\vec{k}$,即用 $\{O;\vec{i},\vec{j},\vec{k}\}$ 表示直角坐标系.

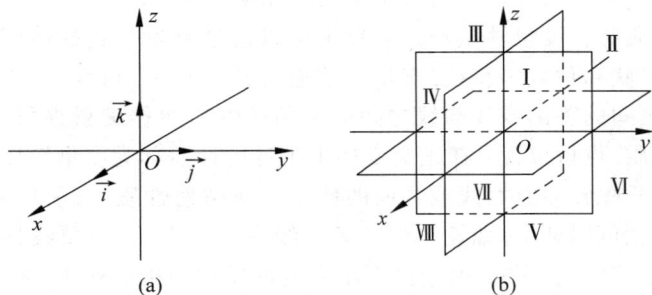

图 1-25 空间直角坐标系与八个卦限

在三维空间中,过标架 $\{O;\vec{i},\vec{j},\vec{k}\}$ 的原点 O、沿着坐标基向量 $\vec{i},\vec{j},\vec{k}$ 分别引出三条数轴 Ox,Oy,Oz,将它们分别叫作 x 轴、y 轴、z 轴,且把它们统称为**坐标轴**.这样,我们就可以用具有公共点的不共面且两两垂直的三条轴来表示空间坐标系,即由原点 O 与 x 轴、y 轴、z 轴构成的图形叫作**空间直角坐标系**,记作 $O\text{-}xyz$,如图 1-25(a)所示.如果 x 轴、y 轴、z 轴的方向与我们右手的大拇指、食指、中指对应,则此坐标系称为**右手直角坐标系**,否则称为**左手直角坐标系**.右手直角坐标系与左手直角坐标系作任意的平移与旋转也不会重合,就如我们的左手与右手怎么运动也不会重合.在这里,我们常用的坐标系是右手直角坐标系.由 x 轴与 y 轴所确定的平面叫作 $O\text{-}xy$ 坐标面,由 x 轴与 z 轴所确定的平面叫作 $O\text{-}xz$ 坐标面,由 y 轴与 z 轴所确定的平面叫作 $O\text{-}yz$ 坐标面,把它们统称为**坐标面**.三个坐标面把空间分成八个区域,每个区域叫作**卦限**.每一个卦限用大写的罗马字母表示,如图 1-25(b)所示.其中每一个卦限内 x,y,z 取值的符号如下:

第 I 卦限满足:$x>0,y>0,z>0$;

第 II 卦限满足:$x<0,y>0,z>0$;

第 III 卦限满足:$x<0,y<0,z>0$;

第 IV 卦限满足:$x>0,y<0,z>0$;

第 V 卦限满足:$x>0,y>0,z<0$;

第 Ⅵ 卦限满足: $x<0, y>0, z<0$;

第 Ⅶ 卦限满足: $x<0, y<0, z<0$;

第 Ⅷ 卦限满足: $x>0, y<0, z<0$.

设点 P 是空间中的任意一点,过点 P 分别作三个平行于 O-yz 坐标面、O-xz 坐标面、O-xy 坐标面的平面,若它们与三条坐标轴的交点在该轴上的坐标分别为 x, y, z,则点 P 的位置由三元有序数组 (x, y, z) 唯一确定,我们称三元有序数组 (x, y, z) 叫点 P 的坐标,记为 $P(x, y, z)$.

由前面两个定义可以看出,标架是人为的. 也就是说,我们可以选择适合问题的标架来处理. 当标架建立后,任一自由向量就可以由某一点 P 的向径 $\overrightarrow{OP}$ 唯一确定. 而 P 点又由三元有序数组 (x, y, z) 唯一确定. 这样,我们就得到了"点""数""向量"之间的对应关系,从而就可以用"数"去研究"形",用"形"来解释"数",向量就是研究中的工具.

就仿射标架 $\{O; \vec{e}_1, \vec{e}_2, \vec{e}_3\}$ 而言,我们应该注意到这个标架是倾斜的,也就是所谓的"斜坐标系". 由于我们把几何性质分为两类,即度量性质与仿射性质,所以为了讨论问题方便,应根据出发点的不同,建立不同的标架来完成相应的任务.

什么叫度量性质呢? 度量性质是指图形中可以通过测量得到的数值属性,这些属性描述了图形的大小、形状和位置等特征. 度量性质通常涉及长度、角度、面积、体积等可量化的参数. 涉及点与点之间的距离或线与线之间的夹角的性质叫作**度量性质**. 如三角形的全等、两条直线垂直等性质. 也可以说: 在正交变换下不变的性质称为度量性质.

什么叫仿射性质呢? 涉及共线或共面的性质叫作**仿射性质**. 仿射性质的特点是这些性质只需要线性运算就可以证明. 如三角形三条中线交于一点等,只要线性运算就能证明,所以其是仿射性质. 也可以说: 在仿射变换下不变的性质称为仿射性质. 关于正交变换与仿射变换的相关知识可参见参考文献[6].

2. 向量线性运算的坐标表示

当我们选定仿射标架 $\{O; \vec{e}_1, \vec{e}_2, \vec{e}_3\}$ 后,两点确定的向量及其向量的线性运算是否可以通过它们的坐标运算来获得呢? 回答是肯定的,且有如下的相关定理.

定理 1.6.1　若两点 P_1, P_2 的坐标分别为 (x_1, y_1, z_1),(x_2, y_2, z_2),则向量 $\overrightarrow{P_1P_2}$ 的坐标为 $(x_2-x_1, y_2-y_1, z_2-z_1)$,即

$$\overrightarrow{P_1P_2} = (x_2-x_1, y_2-y_1, z_2-z_1). \tag{1.6-1}$$

证明　因为两点 P_1, P_2 在标架 $\{O; \vec{e}_1, \vec{e}_2, \vec{e}_3\}$ 下的坐标分别为 (x_1, y_1, z_1),(x_2, y_2, z_2),所以

$$\overrightarrow{OP_1} = x_1\vec{e}_1 + y_1\vec{e}_2 + z_1\vec{e}_3, \quad \overrightarrow{OP_2} = x_2\vec{e}_1 + y_2\vec{e}_2 + z_2\vec{e}_3.$$

又因为 $\overrightarrow{P_1P_2} = \overrightarrow{OP_2} - \overrightarrow{OP_1}$,所以

$$\overrightarrow{P_1P_2} = \overrightarrow{OP_2} - \overrightarrow{OP_1} = (x_2\vec{e}_1 + y_2\vec{e}_2 + z_2\vec{e}_3) - (x_1\vec{e}_1 + y_1\vec{e}_2 + z_1\vec{e}_3)$$

$$= (x_2-x_1)\vec{e}_1 + (y_2-y_1)\vec{e}_2 + (z_2-z_1)\vec{e}_3,$$

从而有

$$\overrightarrow{P_1P_2} = (x_2-x_1, y_2-y_1, z_2-z_1).$$

该定理可以用**文字描述**为：向量的坐标等于其终点坐标减去其起点相应坐标.

定理 1.6.2 若两向量 $\vec{a}=(x_1,y_1,z_1)$ 和 $\vec{b}=(x_2,y_2,z_2)$，则

$$\vec{a}+\vec{b}=(x_1+x_2,y_1+y_2,z_1+z_2).\tag{1.6-2}$$

证明 因为 $\vec{a}=(x_1,y_1,z_1),\vec{b}=(x_2,y_2,z_2)$，所以

$$\vec{a}=x_1\vec{e}_1+y_1\vec{e}_2+z_1\vec{e}_3,\quad \vec{b}=x_2\vec{e}_1+y_2\vec{e}_2+z_2\vec{e}_3,$$

从而

$$\vec{a}+\vec{b}=(x_1\vec{e}_1+y_1\vec{e}_2+z_1\vec{e}_3)+(x_2\vec{e}_1+y_2\vec{e}_2+z_2\vec{e}_3)$$
$$=(x_1+x_2)\vec{e}_1+(y_1+y_2)\vec{e}_2+(z_1+z_2)\vec{e}_3,$$

故 $\vec{a}+\vec{b}=(x_1+x_2,y_1+y_2,z_1+z_2)$.

该定理用**文字描述**为：两向量和向量的坐标等于两向量对应坐标的和.

定理 1.6.3 若向量 $\vec{a}=(x_1,y_1,z_1)$，λ 是实数，则 $\lambda\vec{a}=(\lambda x_1,\lambda y_1,\lambda z_1)$.

证明 因为 $\vec{a}=(x_1,y_1,z_1)$，所以 $\vec{a}=x_1\vec{e}_1+y_1\vec{e}_2+z_1\vec{e}_3$，从而

$$\lambda\vec{a}=\lambda(x_1\vec{e}_1+y_1\vec{e}_2+z_1\vec{e}_3)=\lambda x_1\vec{e}_1+\lambda y_1\vec{e}_2+\lambda z_1\vec{e}_3,$$

故 $\lambda\vec{a}=(\lambda x_1,\lambda y_1,\lambda z_1)$.

该定理用**文字描述**为：数乘向量的坐标等于这个数与向量的对应的坐标的积.

推论 若两向量 $\vec{a}=(x_1,y_1,z_1)$ 和 $\vec{b}=(x_2,y_2,z_2)$，则

$$\vec{a}-\vec{b}=(x_1-x_2,y_1-y_2,z_1-z_2).$$

该推论用**文字描述**为：两向量差向量的坐标等于两个向量对应坐标的差.

3. 运用坐标判断向量的线性关系

定理 1.6.4 若两非零向量 $\vec{a}=(x_1,y_1,z_1),\vec{b}=(x_2,y_2,z_2)$，则 $\vec{a}$ 与 $\vec{b}$ 共线的充要条件是

$$\frac{x_1}{x_2}=\frac{y_1}{y_2}=\frac{z_1}{z_2}.\tag{1.6-3}$$

证明 如果两非零向量 $\vec{a}$ 与 $\vec{b}$ 共线，那么存在实数 λ，使得 $\vec{a}=\lambda\vec{b}$，即

$$(x_1,y_1,z_1)=\lambda(x_2,y_2,z_2),$$

即

$$\begin{cases}x_1=\lambda x_2,\\ y_1=\lambda y_2,\\ z_1=\lambda z_2,\end{cases}$$

从而

$$\frac{x_1}{x_2}=\frac{y_1}{y_2}=\frac{z_1}{z_2}.$$

如果 $\dfrac{x_1}{x_2}=\dfrac{y_1}{y_2}=\dfrac{z_1}{z_2}$，不妨令 $\dfrac{x_1}{x_2}=\dfrac{y_1}{y_2}=\dfrac{z_1}{z_2}=\lambda$，那么有 $x_1=\lambda x_2$，$y_1=\lambda y_2$，$z_1=\lambda z_2$，从而 $\vec{a}=\lambda\vec{b}$，故 $\vec{a}$ 与 $\vec{b}$ 共线.

该定理用**文字描述**为:两向量共线的充要条件是对应坐标成比例.

注:若向量 $\vec{a}=(x_1,y_1,z_1)$ 与 $\vec{b}=(x_2,y_2,z_2)$ 对应坐标成比例,即 $\dfrac{x_1}{x_2}=\dfrac{y_1}{y_2}=\dfrac{z_1}{z_2}$,也可将其记为 $x_1:y_1:z_1=x_2:y_2:z_2$;若向量 $\vec{a}=(x_1,y_1,z_1)$ 与 $\vec{b}=(x_2,y_2,z_2)$ 对应坐标不成比例,则将其记为 $x_1:y_1:z_1\neq x_2:y_2:z_2$.

显然,向量 $\vec{a}=(1,0,2)$ 与 $\vec{b}=(2,0,4)$ 是平行的,但若写成 $\dfrac{1}{2}=\dfrac{0}{0}=\dfrac{2}{4}$ 这种形式,是不成立的!

为此,我们**约定**,往后当分母为零时,分子也必须为零,就可以写成类似的式子.

推论 三个点 $P_1(x_1,y_1,z_1),P_2(x_2,y_2,z_2),P_3(x_3,y_3,z_3)$ 共线的充要条件是

$$\frac{x_2-x_1}{x_3-x_1}=\frac{y_2-y_1}{y_3-y_1}=\frac{z_2-z_1}{z_3-z_1}. \tag{1.6-4}$$

定理 1.6.5 若三个向量 $\vec{a}_1=(x_1,y_1,z_1),\vec{a}_2=(x_2,y_2,z_2),\vec{a}_3=(x_3,y_3,z_3)$,则 $\vec{a}_1,\vec{a}_2,\vec{a}_3$ 共面的充要条件是

$$\begin{vmatrix} x_1 & x_2 & x_3 \\ y_1 & y_2 & y_3 \\ z_1 & z_2 & z_3 \end{vmatrix}=0. \tag{1.6-5}$$

证明 因为 $\vec{a}_1,\vec{a}_2,\vec{a}_3$ 共面的充要条件是 $\vec{a}_1,\vec{a}_2,\vec{a}_3$ 线性相关,即存在不全为零的三个实数 x,y,z,使得

$$x\vec{a}_1+y\vec{a}_2+z\vec{a}_3=\vec{0},$$

即

$$\begin{cases} x_1x+x_2y+x_3z=0, \\ y_1x+y_2y+y_3z=0, \\ z_1x+z_2y+z_3z=0. \end{cases}$$

由于 x,y,z 是三个不全为零的实数,根据定理 1.4.3 的推论 2 可知,该三元齐次线性方程组有非零解的充要条件是 $\begin{vmatrix} x_1 & x_2 & x_3 \\ y_1 & y_2 & y_3 \\ z_1 & z_2 & z_3 \end{vmatrix}=0.$

故定理得证.

推论 4 个点 $P_1(x_1,y_1,z_1),P_2(x_2,y_2,z_2),P_3(x_3,y_3,z_3),P_4(x_4,y_4,z_4)$ 共面的充要条件是

$$\begin{vmatrix} x_2-x_1 & y_2-y_1 & z_2-z_1 \\ x_3-x_1 & y_3-y_1 & z_3-z_1 \\ x_4-x_1 & y_4-y_1 & z_4-z_1 \end{vmatrix}=0. \tag{1.6-6}$$

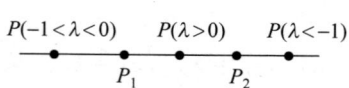

图 1-26 定比为 λ 的分点

对于有向线段 $\overrightarrow{P_1P_2}(P_1\neq P_2)$,如果点 P 满足 $\overrightarrow{P_1P}=\lambda\overrightarrow{PP_2}$,我们就把点 P 叫作分有向线段 $\overrightarrow{P_1P_2}$ 为定比是 λ 的分点.如图 1-26 所示,当 $\lambda>0$ 时,$\overrightarrow{P_1P}$ 与 $\overrightarrow{PP_2}$ 同向,此

时分点 P 位于线段 P_1P_2 的内部；当 $\lambda<0$ 时，$\overrightarrow{P_1P}$ 与 $\overrightarrow{PP_2}$ 反向，此时分点 P 位于线段 P_1P_2 的外部，且当 $-1<\lambda<0$ 时，分点位于始点方的外部；$\lambda<-1$ 时，分点位于终点方的外部.

值得注意的是，$\lambda\neq-1$. 否则由 $\overrightarrow{P_1P}=-\overrightarrow{PP_2}$ 得 $\overrightarrow{P_1P}=\overrightarrow{P_2P}$，即 $P_1=P_2$，从而与已知 $P_1\neq P_2$ 矛盾. 关于分已知有向线段 $\overrightarrow{P_1P_2}(P_1\neq P_2)$ 成定比 λ 的分点 P 的坐标，有如下定理.

定理 1.6.6 若有向线段 $\overrightarrow{P_1P_2}(P_1\neq P_2)$ 的始点为 $P_1(x_1,y_1,z_1)$，终点为 $P_2(x_2,y_2,z_2)$，且分有向线段成定比为 $\lambda(\lambda\neq-1)$ 的分点为 $P(x,y,z)$，则有

$$x=\frac{x_1+\lambda x_2}{1+\lambda},\quad y=\frac{y_1+\lambda y_2}{1+\lambda},\quad z=\frac{z_1+\lambda z_2}{1+\lambda}. \tag{1.6-7}$$

证明 因为 $P_1(x_1,y_1,z_1),P_2(x_2,y_2,z_2),P(x,y,z)$，且 $\overrightarrow{P_1P}=\lambda\overrightarrow{PP_2}$，即
$$(x-x_1,y-y_1,z-z_1)=\lambda(x_2-x,y_2-y,z_2-z),$$
所以
$$\begin{cases} x-x_1=\lambda(x_2-x),\\ y-y_1=\lambda(y_2-y),\\ z-z_1=\lambda(z_2-z), \end{cases}$$
由于 $\lambda\neq-1$，故
$$x=\frac{x_1+\lambda x_2}{1+\lambda},\quad y=\frac{y_1+\lambda y_2}{1+\lambda},\quad z=\frac{z_1+\lambda z_2}{1+\lambda}.$$

注：(1.6-7)式是空间中定比分点的坐标公式.

推论 若两点 P_1,P_2 的坐标分别为 $(x_1,y_1,z_1),(x_2,y_2,z_2)$，则线段 P_1P_2 的中点 P 的坐标为
$$x=\frac{x_1+x_2}{2},\quad y=\frac{y_1+y_2}{2},\quad z=\frac{z_1+z_2}{2}. \tag{1.6-8}$$

例 1.6.1 若三角形 $P_1P_2P_3$ 三个顶点的坐标分别为 $(x_1,y_1,z_1),(x_2,y_2,z_2),(x_3,y_3,z_3)$，重心 G 的坐标为 (x,y,z)，则有
$$x=\frac{x_1+x_2+x_3}{3},\quad y=\frac{y_1+y_2+y_3}{3},\quad z=\frac{z_1+z_2+z_3}{3}, \tag{1.6-9}$$
即三角形的重心坐标分别等于三顶点对应坐标和的三分之一.

证明 设三角形 $P_1P_2P_3$ 三边 P_1P_2,P_2P_3,P_3P_1 的中点分别为 M_3,M_1,M_2，如图 1-27 所示，因为三角形的三个顶点分别为
$$P_1(x_1,y_1,z_1),P_2(x_2,y_2,z_2),P_3(x_3,y_3,z_3),$$
所以
$$M_1\left(\frac{x_2+x_3}{2},\frac{y_2+y_3}{2},\frac{z_2+z_3}{2}\right).$$

设三角形 $P_1P_2P_3$ 的三条中线 P_1M_1,P_2M_2,P_3M_3

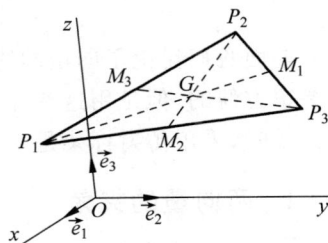
图 1-27 三角形及其重心

的交点为 $G(x,y,z)$,则 $\overrightarrow{P_1G}=2\overrightarrow{GM_1}$,于是

$$\begin{cases} x-x_1=2\left(\dfrac{x_2+x_3}{2}-x\right), \\[2mm] y-y_1=2\left(\dfrac{y_2+y_3}{2}-y\right), \\[2mm] z-z_1=2\left(\dfrac{z_2+z_3}{2}-z\right), \end{cases}$$

即

$$x=\frac{x_1+x_2+x_3}{3},\quad y=\frac{y_1+y_2+y_3}{3},\quad z=\frac{z_1+z_2+z_3}{3}.$$

注: 由 $\overrightarrow{P_1G}=2\overrightarrow{GM_1}$ 可得 $\lambda=2$,所以此例题从 $\overrightarrow{P_1G}=2\overrightarrow{GM_1}$ 之后,也可以用空间中定比分点的坐标公式(1.6-7),直接写出重心 G 的坐标.

议一议　1. 此三角形的重心与物理中三角形的质心有何区别与联系?

2. 四面体的重心坐标与其顶点坐标之间有何关系?

习题 1.6

1. 在标架 $\{O;\vec{e}_1,\vec{e}_2,\vec{e}_3\}$ 下,试绘出 $P(2,2,1),Q(-1,-1,3)$ 两点位置.

2. 在平行四边形 $ABCD$ 中,求点 A,D 与向量 $\overrightarrow{AD},\overrightarrow{DB}$ 在标架 $\{C;\overrightarrow{AC},\overrightarrow{BD}\}$ 下的坐标.

3. 设 $\vec{a}=(1,5,2),\vec{b}=(0,-3,4),\vec{c}=(-2,3,-1)$,求 $\vec{a}+2\vec{b}-3\vec{c}$ 的坐标.

4. 用向量法证明:三角形三条角平分线交于一点.

5. 已知线段 AB 被点 $C(2,0,2)$ 和 $D(5,-2,0)$ 三等分,求线段 AB 的端点的坐标.

6. 证明:四面体每一个顶点到对面重心所连的线段共点,且这点到顶点的距离是它到对面重心距离的三倍.用四面体的顶点坐标把交点坐标表示出来.

7. 已知空间四边形 $ABCD$,点 E,H,F,G 分别将边 AB,AD,CB,CD 以相同的比分之,证明:四边形 $EFGH$ 是一个平行四边形.

1.7　两向量的数量积

前面我们讨论了向量的线性运算性质,用它解决"形"中的平行、比例、共点、共线、共面等是很方便的.但是用这些性质就不便讨论"形"中的度量问题,如长度、夹角等.并且讨论度量性质时,采用仿射标架是不方便的.这里,我们采用的是直角坐标系.

1. 两向量的夹角

定义 1.7.1　在空间直角坐标系中,把两个不共线向量 $\vec{a},\vec{b}$ 的始点归结为一点 O,向量 $\vec{a},\vec{b}$ 所在射线 OA,OB 构成的角度在 0 到 π 之间的角叫作向量 $\vec{a}$ 与向量 $\vec{b}$ 的**夹角**,记作

$\angle(\vec{a},\vec{b})$,如图 1-28 所示.

显然,向量 $\vec{a}$ 与 $\vec{b}$ 之间的夹角与点 O 的选取无关,且当向量 $\vec{a}$ 与 $\vec{b}$ 垂直(也可说正交)时,则 $\angle(\vec{a},\vec{b})=\dfrac{\pi}{2}$.

规定:如果 $\vec{a}$ 与 $\vec{b}$ 同向,则 $\angle(\vec{a},\vec{b})=0$;如果 $\vec{a}$ 与 $\vec{b}$ 反向,则 $\angle(\vec{a},\vec{b})=\pi$.从而 $0\leqslant\angle(\vec{a},\vec{b})\leqslant\pi$.

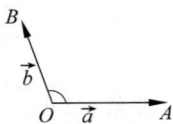

图 1-28　两向量间的夹角

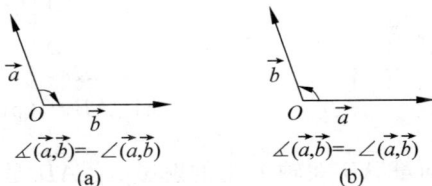

图 1-29　两向量间的有向角

为了后续讨论的需要,下面给出从向量 $\vec{a}$ 到向量 $\vec{b}$ 的**有向角** $\angle(\vec{a},\vec{b})$.

定义 1.7.2　当 $\vec{a}$ 与 $\vec{b}$ 不平行时,以向量 $\vec{a}$ 扫过向量 $\vec{a}$ 与 $\vec{b}$ 之间的夹角 $\angle(\vec{a},\vec{b})$ 旋转到与向量 $\vec{b}$ 同方向的位置时,如果旋转是逆时针方向的,那么 $\angle(\vec{a},\vec{b})=\angle(\vec{a},\vec{b})$;如果旋转是顺时针方向的,那么 $\angle(\vec{a},\vec{b})=-\angle(\vec{a},\vec{b})$,如图 1-29(a)(b)所示.当 $\vec{a}$ 与 $\vec{b}$ 平行时,则 $\angle(\vec{a},\vec{b})=\angle(\vec{a},\vec{b})$.

有向角的取值范围,可以推广到 $\leqslant-\pi$ 或 $>\pi$,这时我们把相差 2π 整数倍的值看成同一角.对于有向角,还有如下的等式:

$$\angle(\vec{a},\vec{b})=-\angle(\vec{b},\vec{a}),\quad \angle(\vec{a},\vec{b})+\angle(\vec{b},\vec{c})=\angle(\vec{a},\vec{c}).$$

2. 射影与射影向量

定义 1.7.3　给出空间一点 A 与一轴 $\vec{l}$,过 A 点作垂直于轴 $\vec{l}$ 的平面 α 与 $\vec{l}$ 交于 A',则点 A' 叫作点 A 在轴 $\vec{l}$ 上的**射影**,如图 1-30 所示.

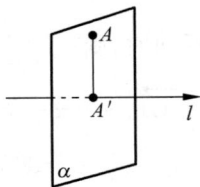

图 1-30　点在轴上的射影

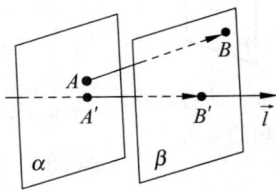

图 1-31　向量在轴上的射影向量

定义 1.7.4　如图 1-31 所示,给出空间一向量 $\overrightarrow{AB}$ 与一轴 $\vec{l}$,点 A' 与点 B' 分别为 A 与 B 在 $\vec{l}$ 上的射影,则向量 $\overrightarrow{A'B'}$ 叫作向量 $\overrightarrow{AB}$ 在轴 $\vec{l}$ 上的**射影向量**,记为射影向量 $\overrightarrow{AB}_l$,即

射影向量 $\overrightarrow{\underset{l}{AB}} = \overrightarrow{A'B'}$.

为了简洁，我们也可将射影向量 $\overrightarrow{A'B'}$ 记为 $\mathrm{prj}_{\vec{l}}\overrightarrow{AB}$.

如果轴 $\vec{l}$ 的单位向量为 $\vec{e}$，则射影向量 $\mathrm{prj}_{\vec{l}}\overrightarrow{AB} = x\vec{e}$，这里 x 叫作 $\overrightarrow{AB}$ 在轴 $\vec{l}$ 上的**射影**，记为射影 $\underset{l}{\overrightarrow{AB}}$，也可将其记为 $\mathrm{prj}_{\vec{l}}\overrightarrow{AB}$，即

$$x = \mathrm{prj}_{\vec{l}}\overrightarrow{AB},$$

从而有

$$\mathrm{prj}_{\vec{l}}\overrightarrow{AB} = (\mathrm{prj}_{\vec{l}}\overrightarrow{AB})\vec{e}.$$

显然，向量 $\overrightarrow{AB}$ 在轴 $\vec{l}$ 上的射影 $\mathrm{prj}_{\vec{l}}\overrightarrow{AB}$ 是与两向量 $\overrightarrow{AB},\vec{e}$ 的夹角 $\angle(\overrightarrow{AB},\vec{e})$ 有关，且当 $\overrightarrow{AB}$ 与 $\vec{e}$ 垂直时，$\mathrm{prj}_{\vec{l}}\overrightarrow{AB}=0$；反之，若 $\mathrm{prj}_{\vec{l}}\overrightarrow{AB}=0$，则 $\overrightarrow{AB}$ 与 $\vec{e}$ 垂直.

定理 1.7.1　向量 $\overrightarrow{AB}$ 在轴 $\vec{l}$ 上的射影等于向量的模乘该向量与轴的夹角的余弦，即

$$\mathrm{prj}_{\vec{l}}\overrightarrow{AB} = \left|\overrightarrow{AB}\right|\cos\theta, \tag{1.7-1}$$

其中 $\theta = \angle(\overrightarrow{AB},\vec{l})$.

证明　当 $\theta = \dfrac{\pi}{2}$，即 $\overrightarrow{AB}\perp\vec{l}$ 时，则 $\mathrm{prj}_{\vec{l}}\overrightarrow{AB}=0$，(1.7-1) 式显然成立；

当 $\theta \neq \dfrac{\pi}{2}$ 时，过点 A,B 分别作垂直于轴 $\vec{l}$ 的两个平面 α,β，它们与轴 $\vec{l}$ 分别交于两点 A',B'，那么 $\overrightarrow{A'B'} = \mathrm{prj}_{\vec{l}}\overrightarrow{AB}$，如图 1-32 所示. 再作 $\overrightarrow{A'B_1} = \overrightarrow{AB}$，易知终点 B_1 必在平面 β 上. 因为 $\beta\perp\vec{l}$，所以 $B_1B'\perp\vec{l}$，从而三角形 $A'B'B_1$ 是直角三角形，且 $\angle(\vec{l},\overrightarrow{A'B_1}) = \angle(\vec{l},\overrightarrow{AB}) = \theta$，如图 1-32 所示.

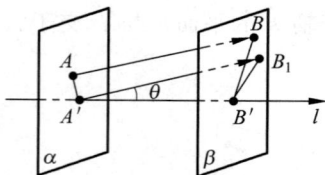

图 1-32　向量在轴上的射影及
向量与轴的夹角

当 $0\leqslant\theta<\dfrac{\pi}{2}$，即 $\overrightarrow{A'B'}$ 与 $\vec{l}$ 同向时，则

$$\mathrm{prj}_{\vec{l}}\overrightarrow{AB} = \left|\overrightarrow{A'B'}\right| = \left|\overrightarrow{AB}\right|\cos\theta;$$

当 $\dfrac{\pi}{2}<\theta\leqslant\pi$，即 $\overrightarrow{A'B'}$ 与 $\vec{l}$ 反向时，则

$$\mathrm{prj}_{\vec{l}}\overrightarrow{AB} = -\left|\overrightarrow{A'B'}\right| = -\left|\overrightarrow{AB}\right|\cos(\pi-\theta) = \left|\overrightarrow{AB}\right|\cos\theta.$$

从而当 $0\leqslant\theta\leqslant\pi$ 时，总有

$$\mathrm{prj}_{\vec{l}}\overrightarrow{AB} = \left|\overrightarrow{AB}\right|\cos\theta.$$

定理 1.7.2　对于任意向量 $\vec{a},\vec{b}$，都有

$$\mathrm{prj}_{\vec{l}}(\vec{a}+\vec{b}) = \mathrm{prj}_{\vec{l}}\vec{a} + \mathrm{prj}_{\vec{l}}\vec{b}. \tag{1.7-2}$$

证明　如图 1-33 所示，$\overrightarrow{AB}=\vec{a}$，$\overrightarrow{BC}=\vec{b}$，则 $\overrightarrow{AC}=\vec{a}+\vec{b}$，设点 A',B',C' 分别是点 A,B,

C 在轴 $\vec{l}$ 上的射影,于是

$$A'C' = A'B' + B'C'.$$

因为 $\overrightarrow{A'C'} = \underset{l}{\text{prj}}\,\overrightarrow{AC}, \overrightarrow{A'B'} = \underset{l}{\text{prj}}\,\overrightarrow{AB}, \overrightarrow{B'C'} =$
$\underset{l}{\text{prj}}\,\overrightarrow{BC}$,所以

$$\underset{l}{\text{prj}}\,\overrightarrow{AC} = \underset{l}{\text{prj}}\,\overrightarrow{AB} + \underset{l}{\text{prj}}\,\overrightarrow{BC},$$

即

$$\underset{l}{\text{prj}}\,(\vec{a} + \vec{b}) = \underset{l}{\text{prj}}\,\vec{a} + \underset{l}{\text{prj}}\,\vec{b}.$$

故定理得证.

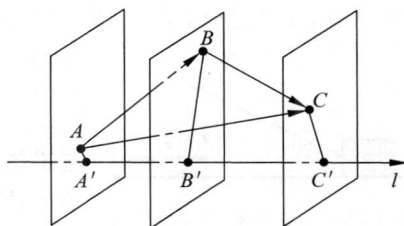

图 1-33　向量和的射影与
向量的射影和

定理 1.7.3　对于任意向量 $\vec{a}$ 与任意实数 λ,都有

$$\underset{l}{\text{prj}}\,(\lambda\vec{a}) = \lambda\,\underset{l}{\text{prj}}\,\vec{a}. \tag{1.7-3}$$

证明　当 $\lambda = 0$ 或 $\vec{a} = \vec{0}$,(1.7-3)式显然成立.

当 $\lambda \neq 0$ 且 $\vec{a} \neq \vec{0}$ 时,设 $\angle(\vec{l}, \vec{a}) = \theta$,则当 $\lambda > 0$ 时,有 $\angle(\vec{l}, \lambda\vec{a}) = \angle(\vec{l}, \vec{a}) = \theta$,从而由定理 1.7.1 可得

$$\underset{l}{\text{prj}}\,(\lambda\vec{a}) = |\lambda\vec{a}|\cos\theta = \lambda\,|\vec{a}|\cos\theta = \lambda\,\underset{l}{\text{prj}}\,\vec{a};$$

当 $\lambda < 0$ 时,有 $\angle(\vec{l}, \lambda\vec{a}) = \pi - \angle(\vec{l}, \vec{a}) = \pi - \theta$,从而由定理 1.7.1 可得

$$\underset{l}{\text{prj}}\,(\lambda\vec{a}) = |\lambda\vec{a}|\cos(\pi - \theta) = |\lambda|\,|\vec{a}|\,(-\cos\theta)$$

$$= -\lambda\,|\vec{a}|\,(-\cos\theta) = \lambda\,|\vec{a}|\cos\theta = \lambda\,\underset{l}{\text{prj}}\,\vec{a}.$$

故定理成立.

例 1.7.1　在直角坐标 $\{O; \vec{i}, \vec{j}, \vec{k}\}$ 下,向量 $\vec{a} = x\vec{i} + y\vec{j} + z\vec{k}$,则

$$\underset{i}{\text{prj}}\,\vec{a} = x, \quad \underset{j}{\text{prj}}\,\vec{a} = y, \quad \underset{k}{\text{prj}}\,\vec{a} = z.$$

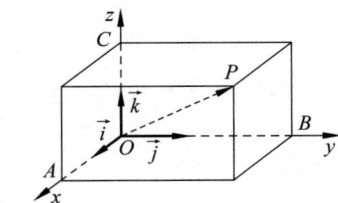

图 1-34　向量与它在三个
坐标轴的射影

证明　取向径 $\overrightarrow{OP} = \vec{a}$,设点 P 在 x 轴、y 轴和 z 轴上的射影分别为点 A, B, C,如图 1-34 所示,由射影向量的定义 1.7.4 可得

$$\underset{i}{\text{prj}}\,\vec{a} = \overrightarrow{OA} = x\vec{i},$$

$$\underset{j}{\text{prj}}\,\vec{a} = \overrightarrow{OB} = y\vec{j},$$

$$\underset{k}{\text{prj}}\,\vec{a} = \overrightarrow{OC} = z\vec{k}.$$

由向量在轴上的射影定义可得

$$\underset{i}{\text{prj}}\,\vec{a} = x, \quad \underset{j}{\text{prj}}\,\vec{a} = y, \quad \underset{k}{\text{prj}}\,\vec{a} = z.$$

3. 两向量的数量积

在物理学中,力和位移都是既有大小又有方向的量,所以可用向量表示.如果物体在力

$\vec{f}$ 的作用下产生位移 $\vec{s}$,如图 1-35 所示,那么 $\vec{f}$ 所做的功等于 $\vec{f}$ 在 $\vec{s}$ 方向的分力 $\vec{f}_1$ 的大小与 $\vec{s}$ 的大小的乘积,即

$$W = |\vec{f}||\vec{s}|\cos\angle(\vec{f},\vec{s}).$$

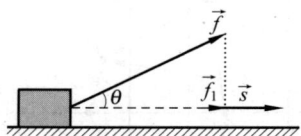

这里的功 W 是由向量 $\vec{f}$ 与向量 $\vec{s}$ 所确定的一个数量,类似的情况还会在其他问题中出现. 我们将这一模型进行抽象推广,给出如下定义.

图 1-35 力在位移下所做的功

定义 1.7.5 两个向量 $\vec{a},\vec{b}$ 的模与它们夹角的余弦的乘积叫作这两个向量 $\vec{a},\vec{b}$ 的**数量积**(或称**内积**或**点积**),记为 $\vec{a}\cdot\vec{b}$ 或 $\vec{a}\vec{b}$,即

$$\vec{a}\cdot\vec{b} = |\vec{a}||\vec{b}|\cos\angle(\vec{a},\vec{b}). \qquad (1.7\text{-}4)$$

显然,当 $\vec{a}$ 或 $\vec{b}$ 为零向量时,$\vec{a}\cdot\vec{b}=0$;当 $\vec{a}$ 与 $\vec{b}$ 为非零向量时,由(1.7-1)式可知 $\mathrm{prj}_{\vec{a}}\vec{b} = |\vec{b}|\cos\angle(\vec{a},\vec{b})$,$\mathrm{prj}_{\vec{b}}\vec{a} = |\vec{a}|\cos\angle(\vec{a},\vec{b})$,所以

$$\vec{a}\cdot\vec{b} = |\vec{a}|\,\mathrm{prj}_{\vec{a}}\vec{b} = |\vec{b}|\,\mathrm{prj}_{\vec{b}}\vec{a}. \qquad (1.7\text{-}5)$$

若 $\vec{b}$ 为单位向量 $\vec{e}$ 时,则有

$$\vec{a}\cdot\vec{b} = \vec{a}\cdot\vec{e} = |\vec{a}|\cos\angle(\vec{a},\vec{e}) = \mathrm{prj}_{\vec{e}}\vec{a}.$$

注:(1) 两向量数量积的几何意义:数量积 $\vec{a}\cdot\vec{b}$ 等于向量 $\vec{a}$ 的模与向量 $\vec{b}$ 在向量 $\vec{a}$ 的方向上的射影的乘积.

(2) 射影是数量积的特殊情况,数量积是射影的推广.

(3) (1.7-4)式叫作两向量数量积的定义表达式,(1.7-5)式叫作两向量数量积的射影表达式.

在定义 1.7.5 中,若取 $\vec{b}=\vec{a}$,则得 $\vec{a}\cdot\vec{a}=|\vec{a}|^2$,从而

$$|\vec{a}| = \sqrt{\vec{a}\cdot\vec{a}}. \qquad (1.7\text{-}6)$$

定理 1.7.4 向量 $\vec{a}$ 与 $\vec{b}$ 垂直的充要条件是 $\vec{a}\cdot\vec{b}=0$.

证明 若向量 $\vec{a}$ 与 $\vec{b}$ 垂直,即 $\angle(\vec{a},\vec{b})=\dfrac{\pi}{2}$,则 $\cos\angle(\vec{a},\vec{b})=0$,所以 $\vec{a}\cdot\vec{b}=0$.

若 $\vec{a}\cdot\vec{b}=0$,当 $\vec{a}$ 与 $\vec{b}$ 都是非零向量,即 $|\vec{a}|\neq0$,$|\vec{b}|\neq0$ 时,由

$$\vec{a}\cdot\vec{b} = |\vec{a}||\vec{b}|\cos\angle(\vec{a},\vec{b}) = 0,$$

可得 $\cos\angle(\vec{a},\vec{b})=0$. 又因为 $0\leqslant\angle(\vec{a},\vec{b})\leqslant\pi$,所以 $\angle(\vec{a},\vec{b})=\dfrac{\pi}{2}$,即向量 $\vec{a}$ 与 $\vec{b}$ 垂直;当 $\vec{a}$ 与 $\vec{b}$ 中有零向量时,零向量的方向任意,可以把它看成与任一向量垂直.

下面我们讨论向量的数量积的运算规律.

定理 1.7.5 向量的数量积满足下面的运算规律:

(1) 交换律 $\vec{a}\cdot\vec{b}=\vec{b}\cdot\vec{a}$; $\qquad\qquad\qquad\qquad\qquad\qquad\qquad (1.7\text{-}7)$

(2) 关于数因子的结合律 $(\lambda\vec{a})\cdot\vec{b}=\lambda(\vec{a}\cdot\vec{b})$; $\qquad\qquad\qquad (1.7\text{-}8)$

（3）分配律　$(\vec{a}+\vec{b})\cdot\vec{c}=\vec{a}\cdot\vec{c}+\vec{b}\cdot\vec{c}$；　　　　　　　　　　　　　　　　　　(1.7-9)

（4）非负性　$\vec{a}\cdot\vec{a}\geqslant0$.　　　　　　　　　　　　　　　　　　　　　　　　　　　　　　(1.7-10)

证明　在运算规律(1.7-7)，(1.7-8)与(1.7-9)中，当其中有一个向量是零向量时，结论显然成立. 下面的证明假设向量都是非零向量.

（1）$\vec{a}\cdot\vec{b}=|\vec{a}|\,|\vec{b}|\cos\angle(\vec{a},\vec{b})=|\vec{b}|\,|\vec{a}|\cos\angle(\vec{b},\vec{a})=\vec{b}\cdot\vec{a}$；

（2）当 $\lambda=0$ 时，(1.7-8)式显然成立. 当 $\lambda\neq0$ 时，由(1.7-5)式可知

$$(\lambda\vec{a})\cdot\vec{b}=|\vec{b}|\,\underset{\vec{b}}{\mathrm{prj}}\,\lambda\vec{a}=|\vec{b}|\,\lambda\underset{\vec{b}}{\mathrm{prj}}\,\vec{a}=\lambda\,|\vec{b}|\,\underset{\vec{b}}{\mathrm{prj}}\,\vec{a}=\lambda(\vec{a}\cdot\vec{b})；$$

（3）由(1.7-5)式与(1.7-2)式可知

$$(\vec{a}+\vec{b})\cdot\vec{c}=|\vec{c}|\,\underset{\vec{c}}{\mathrm{prj}}\,(\vec{a}+\vec{b})=|\vec{c}|\,(\underset{\vec{c}}{\mathrm{prj}}\,\vec{a}+\underset{\vec{c}}{\mathrm{prj}}\,\vec{b})$$

$$=|\vec{c}|\,\underset{\vec{c}}{\mathrm{prj}}\,\vec{a}+|\vec{c}|\,\underset{\vec{c}}{\mathrm{prj}}\,\vec{b}=\vec{a}\cdot\vec{c}+\vec{b}\cdot\vec{c}；$$

（4）由(1.7-6)式可得

$$\vec{a}\cdot\vec{a}=|\vec{a}|^2\geqslant0.$$

推论　$(\lambda\vec{a}+\mu\vec{b})\cdot\vec{c}=\lambda(\vec{a}\cdot\vec{c})+\mu(\vec{b}\cdot\vec{c})$.

由于向量的数量积具有上面的运算规律，所以向量的数量积运算可以像多项式的乘法那样进行展开. 例如

$$(\vec{a}+\vec{b})(\vec{a}-\vec{b})=\vec{a}^2-\vec{b}^2；$$

$$(\vec{a}\pm\vec{b})^2=\vec{a}^2\pm2\vec{a}\cdot\vec{b}+\vec{b}^2；$$

$$(3\vec{a}+2\vec{b})\cdot(\vec{c}-3\vec{d})=3\vec{a}\cdot\vec{c}-9\vec{a}\cdot\vec{d}+2\vec{b}\cdot\vec{c}-6\vec{b}\cdot\vec{d}.$$

例 1.7.2　证明：平行四边形对角线的平方和等于各边的平方和.

证明　如图 1-36 所示，在平行四边形 $ABCD$ 中，设 $\overrightarrow{AB}=\vec{a},\overrightarrow{AD}=\vec{b}$，则 $\overrightarrow{DC}=\vec{a},\overrightarrow{BC}=\vec{b}$，且对角线向量

$$\overrightarrow{AC}=\vec{a}+\vec{b},\overrightarrow{DB}=\vec{a}-\vec{b}.$$

于是 $|\overrightarrow{AC}|^2+|\overrightarrow{DB}|^2=(\vec{a}+\vec{b})^2+(\vec{a}-\vec{b})^2=2|\vec{a}|^2+2|\vec{b}|^2$，即

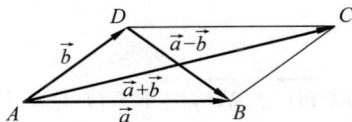

图 1-36　平行四边形的对角线及四条边

$$AC^2+BD^2=AB^2+BC^2+DC^2+AD^2.$$

故结论成立.

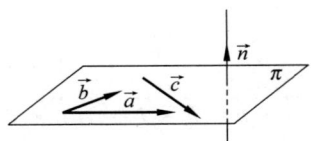

图 1-37　直线垂直于平面内的两条相交直线

例 1.7.3　证明：若一条直线垂直于平面内的两条相交直线，则它垂直于这平面，即它垂直于平面内的任意一条直线.

证明　如图 1-37 所示，设直线 n 与平面 π 内的两条相交直线 a,b 都垂直，下证直线 n 垂直于平面 π 内的任意一条直线 c. 为此在直线 a,b,c,n 上分别任取非零向量 $\vec{a},\vec{b},\vec{c},\vec{n}$，则由条件有 $\vec{n}\perp\vec{a},\vec{n}\perp\vec{b}$，所以

$$\vec{n}\cdot\vec{a}=0,\quad\vec{n}\cdot\vec{b}=0.$$

又因为 $\vec{a},\vec{b}$ 是平面 π 内的线性无关向量,且向量 $\vec{c}$ 为平面内的任一向量,则由定理 1.5.2 可知存在两个实数 x,y,使得

$$\vec{c}=x\vec{a}+y\vec{b},$$

从而

$$\vec{n}\cdot\vec{c}=\vec{n}\cdot(x\vec{a}+y\vec{b})=x(\vec{n}\cdot\vec{a})+y(\vec{n}\cdot\vec{b})=0,$$

即 $\vec{n}\perp\vec{c}$,从而直线 n 垂直于直线 c.

故结论成立.

例 1.7.4　证明:三角形的三条高交于一点.

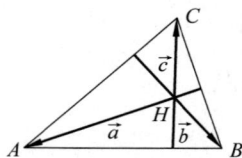

证明　如图 1-38 所示,设三角形 ABC 中 BC,CA 两边上的高交于 H 点.再设 $\overrightarrow{HA}=\vec{a},\overrightarrow{HB}=\vec{b},\overrightarrow{HC}=\vec{c}$,则

$$\overrightarrow{AB}=\vec{b}-\vec{a},\overrightarrow{BC}=\vec{c}-\vec{b},\overrightarrow{CA}=\vec{a}-\vec{c},\text{由 }\overrightarrow{HA}\perp\overrightarrow{BC}\text{ 得}$$

$$\vec{a}\cdot(\vec{c}-\vec{b})=0,$$

图 1-38　三角形的三条高交于一点

即

$$\vec{a}\cdot\vec{c}=\vec{a}\cdot\vec{b}.$$

由 $\overrightarrow{HB}\perp\overrightarrow{CA}$ 得 $\vec{b}\cdot(\vec{a}-\vec{c})=0$,即

$$\vec{a}\cdot\vec{b}=\vec{b}\cdot\vec{c}.$$

从而 $\vec{a}\cdot\vec{c}=\vec{b}\cdot\vec{c}$,所以

$$\vec{c}\cdot(\vec{b}-\vec{a})=0,$$

即

$$\overrightarrow{HC}\cdot\overrightarrow{AB}=0,$$

所以 $\overrightarrow{HC}\perp\overrightarrow{AB}$,由于 CH 是三角形 ABC 中 AB 边上的高的一部分,从而三条高交于同一点 H,故结论成立.

4. 数量积的坐标表示

在直角坐标系 $\{O;\vec{i},\vec{j},\vec{k}\}$ 下,可以用向量的坐标来表示向量的数量积.

定理 1.7.6　若向量 $\vec{a}=(x_1,y_1,z_1),\vec{b}=(x_2,y_2,z_2)$,则

$$\vec{a}\cdot\vec{b}=x_1x_2+y_1y_2+z_1z_2. \tag{1.7-11}$$

证明　因为 $\vec{i},\vec{j},\vec{k}$ 是两两垂直的单位向量,所以 $\vec{i}\cdot\vec{j}=\vec{j}\cdot\vec{k}=\vec{k}\cdot\vec{i}=0,\vec{i}\cdot\vec{i}=\vec{j}\cdot\vec{j}=\vec{k}\cdot\vec{k}=1$,从而

$$\vec{a}\cdot\vec{b}=(x_1\vec{i}+y_1\vec{j}+z_1\vec{k})\cdot(x_2\vec{i}+y_2\vec{j}+z_2\vec{k})=x_1x_2+y_1y_2+z_1z_2.$$

故结论成立.

注:(1.7-11)式叫作两向量数量积的坐标表达式.

推论 1　若向量 $\vec{a}=(x,y,z)$,则

$$x = \vec{a} \cdot \vec{i}, \quad y = \vec{a} \cdot \vec{j}, \quad z = \vec{a} \cdot \vec{k}.$$

证明　由例 1.7.1 可知 $x = \text{prj}_{\vec{i}}\vec{a} = \vec{a} \cdot \vec{i}, y = \text{prj}_{\vec{j}}\vec{a} = \vec{a} \cdot \vec{j}, z = \text{prj}_{\vec{k}}\vec{a} = \vec{a} \cdot \vec{k}.$

故结论成立.

请读者想一想该推论还可以怎样证明？

推论 2　若向量 $\vec{a} = (x, y, z)$，则

$$|\vec{a}| = \sqrt{x^2 + y^2 + z^2}. \tag{1.7-12}$$

5. 数量积的应用

利用两向量数量积的坐标表达式(1.7-11)来进行运算，就会使得操作较为简单. 在直角坐标系 $\{O; \vec{i}, \vec{j}, \vec{k}\}$ 下，向量的数量积有如下的应用.

(1) 两点间的距离

定理 1.7.7　若空间两点 P_1, P_2 的坐标分别为 $(x_1, y_1, z_1), (x_2, y_2, z_2)$，则它们之间的距离为

$$d(P_1, P_2) = \sqrt{(x_2 - x_1)^2 + (y_2 - y_1)^2 + (z_2 - z_1)^2}. \tag{1.7-13}$$

证明　因为两点 P_1, P_2 的坐标分别为 $(x_1, y_1, z_1), (x_2, y_2, z_2)$，所以由(1.6-1)式可得 $\overrightarrow{P_1 P_2} = (x_2 - x_1, y_2 - y_1, z_2 - z_1)$，从而由(1.7-12)式，可得空间中两点间的距离公式为

$$d(P_1, P_2) = \left|\overrightarrow{P_1 P_2}\right| = \sqrt{(x_2 - x_1)^2 + (y_2 - y_1)^2 + (z_2 - z_1)^2}.$$

(2) 向量的方向余弦

向量与坐标轴(或坐标向量)的正向所成的角叫作向量的**方向角**. 一般地，向量 $\vec{a}$ 与 x 轴的夹角记为 α，与 y 轴的夹角记为 β，与 z 轴的夹角记为 γ，一个向量的方向可由它的方向角来决定. 向量方向角的余弦叫作该向量的**方向余弦**，即 $\cos\alpha, \cos\beta, \cos\gamma$.

定理 1.7.8　若非零向量 $\vec{a} = (x, y, z)$，且它的方向角分别为 α, β, γ，则它的方向余弦为

$$\cos\alpha = \frac{x}{\sqrt{x^2 + y^2 + z^2}}, \quad \cos\beta = \frac{y}{\sqrt{x^2 + y^2 + z^2}}, \quad \cos\gamma = \frac{z}{\sqrt{x^2 + y^2 + z^2}}, \tag{1.7-14}$$

且 $\cos^2\alpha + \cos^2\beta + \cos^2\gamma = 1.$

证明　由定理 1.7.6 的推论 1 与定义 1.7.5 可得

$$x = \vec{a} \cdot \vec{i} = |\vec{a}| \cos\alpha, \quad y = \vec{a} \cdot \vec{j} = |\vec{a}| \cos\beta, \quad z = \vec{a} \cdot \vec{k} = |\vec{a}| \cos\gamma,$$

所以

$$\cos\alpha = \frac{x}{|\vec{a}|}, \quad \cos\beta = \frac{y}{|\vec{a}|}, \quad \cos\gamma = \frac{z}{|\vec{a}|},$$

即

$$\cos\alpha = \frac{x}{\sqrt{x^2 + y^2 + z^2}}, \quad \cos\beta = \frac{y}{\sqrt{x^2 + y^2 + z^2}}, \quad \cos\gamma = \frac{z}{\sqrt{x^2 + y^2 + z^2}},$$

由上可得

$$\cos^2\alpha + \cos^2\beta + \cos^2\gamma = 1.$$

故结论成立.

由定理 1.7.8 知,$\cos^2\alpha + \cos^2\beta + \cos^2\gamma = 1$,所以单位向量的坐标等于它的方向余弦,即

$$\vec{a}^\circ = (\cos\alpha, \cos\beta, \cos\gamma). \tag{1.7-15}$$

例 1.7.5 已知 $\vec{a} = (3, 5, -8)$,求 $\vec{a}$ 的方向余弦与 $\vec{a}^\circ$.

解 因为 $\vec{a} = (3, 5, -8)$,所以由(1.7-12)式可得,$|\vec{a}| = \sqrt{3^2 + 5^2 + (-8)^2} = 7\sqrt{2}$,由(1.7-14)式可得

$$\cos\alpha = \frac{3}{7\sqrt{2}} = \frac{3\sqrt{2}}{14}, \quad \cos\beta = \frac{5}{7\sqrt{2}} = \frac{5\sqrt{2}}{14}, \quad \cos\gamma = \frac{-8}{7\sqrt{2}} = -\frac{4\sqrt{2}}{7}.$$

而由(1.7-15)式可得

$$\vec{a}^\circ = \left(\frac{3\sqrt{2}}{14}, \frac{5\sqrt{2}}{14}, -\frac{4\sqrt{2}}{7} \right).$$

(3)两向量的夹角

定理 1.7.9 若两非零向量 $\vec{a} = (x_1, y_1, z_1)$,$\vec{b} = (x_2, y_2, z_2)$,则它们夹角的余弦是

$$\cos\angle(\vec{a}, \vec{b}) = \frac{\vec{a} \cdot \vec{b}}{|\vec{a}||\vec{b}|} = \frac{x_1 x_2 + y_1 y_2 + z_1 z_2}{\sqrt{x_1^2 + y_1^2 + z_1^2}\sqrt{x_2^2 + y_2^2 + z_2^2}}. \tag{1.7-16}$$

证明 因为 $\vec{a} \cdot \vec{b} = |\vec{a}||\vec{b}|\cos\angle(\vec{a}, \vec{b})$,且 $|\vec{a}||\vec{b}| \neq 0$,所以

$$\cos\angle(\vec{a}, \vec{b}) = \frac{\vec{a} \cdot \vec{b}}{|\vec{a}||\vec{b}|}.$$

又因为 $\vec{a} = (x_1, y_1, z_1)$,$\vec{b} = (x_2, y_2, z_2)$,所以 $|\vec{a}| = \sqrt{x_1^2 + y_1^2 + z_1^2}$,$|\vec{b}| = \sqrt{x_2^2 + y_2^2 + z_2^2}$,且 $\vec{a} \cdot \vec{b} = x_1 x_2 + y_1 y_2 + z_1 z_2$,将它们代入 $\cos\angle(\vec{a}, \vec{b}) = \frac{\vec{a} \cdot \vec{b}}{|\vec{a}||\vec{b}|}$ 中,即可得(1.7-16)式.

推论 若向量 $\vec{a} = (x_1, y_1, z_1)$,$\vec{b} = (x_2, y_2, z_2)$,则 $\vec{a}$ 与 $\vec{b}$ 垂直的充要条件是

$$x_1 x_2 + y_1 y_2 + z_1 z_2 = 0. \tag{1.7-17}$$

例 1.7.6 已知三点 $A(1, 0, 0)$,$B(3, 1, 1)$,$C(2, 0, 1)$,且 $\overrightarrow{BC} = \vec{a}$,$\overrightarrow{CA} = \vec{b}$,$\overrightarrow{AB} = \vec{c}$,求:

(1) $\vec{a}$ 与 $\vec{b}$ 的夹角 $\angle(\vec{a}, \vec{b})$;　　　　　　(2) $\vec{a}$ 在 $\vec{c}$ 上的射影.

解 因为 $A(1, 0, 0)$,$B(3, 1, 1)$,$C(2, 0, 1)$,且 $\overrightarrow{BC} = \vec{a}$,$\overrightarrow{CA} = \vec{b}$,$\overrightarrow{AB} = \vec{c}$,所以由(1.6-1)式与(1.7-12)式可得

$$\vec{a} = \overrightarrow{BC} = (-1, -1, 0), \quad |\vec{a}| = \sqrt{2},$$

$$\vec{b} = \overrightarrow{CA} = (-1, 0, -1), \quad |\vec{b}| = \sqrt{2},$$

$$\vec{c} = \overrightarrow{AB} = (2, 1, 1), \quad |\vec{c}| = \sqrt{6}.$$

所以由(1.7-11)式可得

$$\vec{a} \cdot \vec{b} = 1, \quad \vec{a} \cdot \vec{c} = -3,$$

（1）由(1.7-16)式可得

$$\cos \angle(\vec{a}, \vec{b}) = \frac{\vec{a} \cdot \vec{b}}{|\vec{a}||\vec{b}|} = \frac{1}{\sqrt{2}\sqrt{2}} = \frac{1}{2},$$

从而

$$\angle(\vec{a}, \vec{b}) = \frac{\pi}{3};$$

（2）由(1.7-5)式可得

$$\text{prj}_{\vec{c}}\vec{a} = \frac{\vec{a} \cdot \vec{c}}{|\vec{c}|} = \frac{-3}{\sqrt{6}} = -\frac{\sqrt{6}}{2}.$$

例 1.7.7 如图 1-39 所示,点 O 在二面角 $P\text{-}MN\text{-}Q$ 的棱 MN 上,$\overrightarrow{OA}$,$\overrightarrow{OB}$ 分别在平面 PMN 与平面 QMN 内,设 $\angle AON = \alpha$,$\angle BON = \beta$,$\angle AOB = \theta$,二面角 $P\text{-}MN\text{-}Q$ 的平面角为 φ,求证:

$$\cos\theta = \cos\alpha\cos\beta + \sin\alpha\sin\beta\cos\varphi.$$

证明 以 O 为原点,平面 QMN 为 $O\text{-}xy$ 坐标面,直线 MN 为 y 轴建立空间直角坐标系,如图 1-39 所示.设 $O\text{-}xz$ 坐标面与平面 PMN 的交线为 OC,则 $OC \perp MN$,且

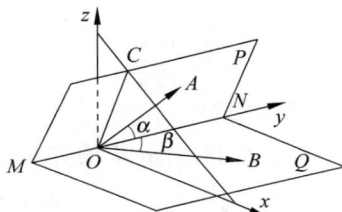

图 1-39　向量与二面角棱的夹角及二面角

$$\angle AOC = \left|\frac{\pi}{2} - \alpha\right|, \quad \angle COz = \left|\frac{\pi}{2} - \varphi\right|, \quad \angle COx = \varphi.$$

设 $\overrightarrow{OA}° = \vec{a}$,$\overrightarrow{OB}° = \vec{b}$,则 $\angle(\vec{a}, \vec{b}) = \theta$. 又

$$\text{prj}_{\overrightarrow{OC}}\overrightarrow{OA} = |\overrightarrow{OA}|\cos\left|\frac{\pi}{2} - \alpha\right| = |\overrightarrow{OA}|\sin\alpha,$$

从而

$$\text{prj}_{\overrightarrow{Ox}}\overrightarrow{OA} = |\overrightarrow{OA}|\sin\alpha\cos\varphi, \quad \text{prj}_{\overrightarrow{Oz}}\overrightarrow{OA} = |\overrightarrow{OA}|\sin\alpha\sin\varphi,$$

所以

$$|\vec{a}|\cos\angle AOx = |\vec{a}|\sin\alpha\cos\varphi, \quad |\vec{a}|\cos\angle AOz = |\vec{a}|\sin\alpha\sin\varphi.$$

即 $\vec{a} = (\sin\alpha\cos\varphi, \cos\alpha, \sin\alpha\sin\varphi)$. 又 $\vec{b} = (\sin\beta, \cos\beta, 0)$,于是

$$\cos\theta = \frac{\vec{a} \cdot \vec{b}}{|\vec{a}||\vec{b}|} = \vec{a} \cdot \vec{b} = \cos\alpha\cos\beta + \sin\alpha\sin\beta\cos\varphi.$$

故结论成立.

在平面直角坐标系 $\{O; \vec{i}, \vec{j}\}$ 下,平面上的向量也有完全类似的结论.我们简单列举如下:

（1）若平面上两个向量 $\vec{a} = (x_1, y_1)$,$\vec{b} = (x_2, y_2)$,则有

① $\vec{a}\cdot\vec{b}=x_1x_2+y_1y_2$;

② $\vec{a}\cdot\vec{i}=x_1,\vec{a}\cdot\vec{j}=y_1$;

③ $|\vec{a}|=\sqrt{x_1^2+y_1^2}$;

④ $\cos\angle(\vec{a},\vec{b})=\dfrac{x_1x_2+y_1y_2}{\sqrt{x_1^2+y_1^2}\sqrt{x_2^2+y_2^2}}$;

⑤ $\vec{a}$ 与 $\vec{b}$ 垂直的充要条件是 $x_1x_2+y_1y_2=0$.

(2) 若平面上两点 P_1,P_2 的坐标分别为 $(x_1,y_1),(x_2,y_2)$,则它们之间的距离为
$$d(P_1,P_2)=\sqrt{(x_2-x_1)^2+(y_2-y_1)^2}.$$

(3) 若平面上向量 $\vec{a}=(x,y)$,它的方向角(与坐标向量 $\vec{i},\vec{j}$ 的夹角)分别为 α,β,则它的方向余弦是
$$\cos\alpha=\frac{x}{\sqrt{x^2+y^2}},\quad\cos\beta=\frac{y}{\sqrt{x^2+y^2}},$$

且 $\cos^2\alpha+\cos^2\beta=1$.

在平面上,向量 $\vec{a}$ 的方向除可由它的方向角 α 与 β 决定外,也可以单独用从 $\vec{i}$ 到 $\vec{a}$ 的有向角来决定.设 $\angle(\vec{i},\vec{a})=\varphi$,如图 1-40 所示,则有

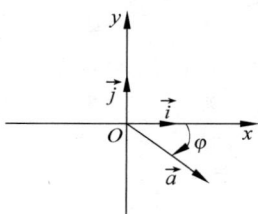

图 1-40 平面向量与 x 轴的有向角

$$\cos\alpha=\cos\angle(\vec{i},\vec{a})=\cos\varphi,$$
$$\cos\beta=\cos\angle(\vec{j},\vec{a})=\cos\angle(\vec{j},\vec{a})$$
$$=\cos(\angle(\vec{j},\vec{i})+\angle(\vec{i},\vec{a}))=\cos\left(-\frac{\pi}{2}+\varphi\right)$$
$$=\sin\varphi.$$

因此,平面上的非零向量 $\vec{a}$ 的方向,完全也可由 x 轴(或坐标向量 $\vec{i}$)到向量 $\vec{a}$ 的有向角 φ 来决定,且平面向量 $\vec{a}$ 可以写成
$$\vec{a}=|\vec{a}|(\cos\angle(\vec{i},\vec{a})\vec{i}+\sin\angle(\vec{i},\vec{a})\vec{j}). \tag{1.7-18}$$

例 1.7.8 设 $a_i,b_i(i=1,2,3)$ 均为实数,证明:柯西-施瓦茨(Cauchy-Schwarz)不等式
$$\left(\sum_{i=1}^{3}a_ib_i\right)^2\leqslant\sum_{i=1}^{3}a_i^2\sum_{i=1}^{3}b_i^2.$$

证明 由 $\vec{a}\cdot\vec{b}=|\vec{a}||\vec{b}|\cos\angle(\vec{a},\vec{b})$,可得
$$|\vec{a}\cdot\vec{b}|=|\vec{a}||\vec{b}||\cos\angle(\vec{a},\vec{b})|,$$

因为 $-1\leqslant\cos\angle(\vec{a},\vec{b})\leqslant1$,即 $|\cos\angle(\vec{a},\vec{b})|\leqslant1$,所以
$$|\vec{a}\cdot\vec{b}|\leqslant|\vec{a}||\vec{b}|.$$

设向量 $\vec{a}=(a_1,a_2,a_3),\vec{b}=(b_1,b_2,b_3)$,从而将向量 $\vec{a},\vec{b}$ 的坐标代入上式可得
$$\left|\sum_{i=1}^{3}a_ib_i\right|\leqslant\sqrt{\sum_{i=1}^{3}a_i^2}\sqrt{\sum_{i=1}^{3}b_i^2},$$

故 $\left(\sum\limits_{i=1}^{3} a_i b_i\right)^2 \leqslant \sum\limits_{i=1}^{3} a_i^2 \sum\limits_{i=1}^{3} b_i^2.$

请读者用**文字描述**柯西-施瓦茨不等式的内容. 该不等式是关于 6 个实数的不等式, 请读者

🐝 **议一议** 柯西-施瓦茨不等式可否推广到 $2n$ 个实数的情况?

习题 1.7

1. 已知向量 $\overrightarrow{AB}$ 与单位向量 $\vec{e}$ 的夹角为 $150°$, 且 $\left|\overrightarrow{AB}\right| = 10$, 求 $\mathrm{prj}_{\vec{e}}\overrightarrow{AB}$ 与 $\mathrm{prj}_{\vec{e}}\overrightarrow{AB}$.

2. (1) 设 $\vec{a}, \vec{b}, \vec{c}$ 为空间中任意三个向量, 试判断向量 $\vec{a}$ 与向量 $(\vec{a} \cdot \vec{b})\vec{c} - (\vec{a} \cdot \vec{c})\vec{b}$ 的位置关系;

(2) 在平面上, 若 $\overrightarrow{m_1}$ 与 $\overrightarrow{m_2}$ 不平行, 且 $\vec{a} \cdot \overrightarrow{m_1} = \vec{b} \cdot \overrightarrow{m_1}, \vec{a} \cdot \overrightarrow{m_2} = \vec{b} \cdot \overrightarrow{m_2}$, 试判断向量 $\vec{a}$ 与 $\vec{b}$ 的关系;

(3) 设 A, B, C, D 是空间中任意四点, 计算 $\overrightarrow{AB} \cdot \overrightarrow{CD} + \overrightarrow{BC} \cdot \overrightarrow{AD} + \overrightarrow{CA} \cdot \overrightarrow{BD}$ 的值.

3. 已知向量 $\vec{a}$ 与向量 $\vec{b}$ 垂直, $\angle(\vec{a}, \vec{c}) = \angle(\vec{b}, \vec{c}) = \dfrac{\pi}{3}$, 且 $|\vec{a}| = 1, |\vec{b}| = 2, |\vec{c}| = 3$, 计算:

(1) $(\vec{a} + \vec{b})^2$;   (2) $(\vec{a} + \vec{b})(\vec{a} - \vec{b})$;

(3) $(3\vec{a} - 2\vec{b})(\vec{b} - 3\vec{c})$;   (4) $(\vec{a} + 2\vec{b} - \vec{c})^2$.

4. 已知 $|\vec{a}| = 2, |\vec{b}| = 5, \angle(\vec{a}, \vec{b}) = 120°, \vec{c} = 3\vec{a} - \vec{b}, \vec{d} = \lambda\vec{a} + 17\vec{b}$, 问 λ 取何值时, $\vec{c} \perp \vec{d}$.

5. 将下列向量单位化:

(1) $\vec{a} = 5\vec{i} - 6\vec{j} + 3\vec{k}$;   (2) $\vec{b} = \dfrac{1}{2}\vec{i} - \dfrac{1}{3}\vec{k}$.

6. 用向量法证明:

(1) 三角形余弦定理;

(2) 平行四边形成为菱形的充要条件是对角线互相垂直;

(3) 半圆上的圆周角为直角;

(4) 三角形三边的垂直平分线共点, 且这点到三个顶点的距离相等.

1.8 两向量的向量积

1. 向量积的概念

定义 1.8.1 两个向量 $\vec{a}, \vec{b}$ 的向量积是一个向量, 记作 $\vec{a} \times \vec{b}$, 它的模是

$$|\vec{a} \times \vec{b}| = |\vec{a}| |\vec{b}| \sin\angle(\vec{a}, \vec{b}),$$ (1.8-1)

它的方向与 $\vec{a},\vec{b}$ 都垂直,且按照 $\vec{a},\vec{b},\vec{a}\times\vec{b}$ 的顺序构成右手标架 $\{O;\vec{a},\vec{b},\vec{a}\times\vec{b}\}$,如图 1-41 所示.

注:(1) 向量积也叫作**外积**,或**叉积**.

(2) 力学中的力矩就是向量积的一个实例. 如图 1-42 所示,设有一轴心过 O 点的圆盘,力 $\vec{f}$ 作用在圆盘上的 A 点,$\theta=\angle(\overrightarrow{OA},\vec{f})$,$\vec{f}$ 在与半径 OA 垂直的方向上的分力为 $\vec{f}_1$,那么 $\vec{f}$ 产生的力矩 $\vec{m}$ 的大小为 $|\vec{f}_1||\overrightarrow{OA}|=|\vec{f}||\vec{r}|\sin\theta$,力矩的方向就是右手法则确定的方向. 也就是说

$$\vec{m}=\vec{r}\times\vec{f}.$$

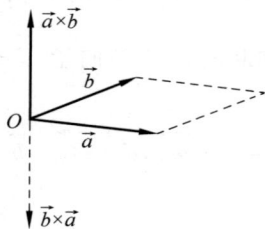

图 1-41 两个向量的向量积   图 1-42 力矩示意图

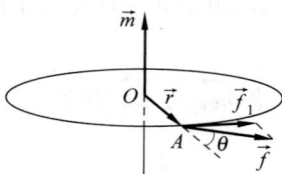

因为平行四边形的面积等于底乘高,也可以转换成它的两邻边长的积乘其夹角的正弦,所以由(1.8-1)式,我们可得如下的结论.

定理 1.8.1 若两向量 $\vec{a},\vec{b}$ 不共线,则它们向量积的模等于以 $\vec{a}$ 与 $\vec{b}$ 为邻边的平行四边形的面积,即

$$S_{\square}=|\vec{a}\times\vec{b}|. \tag{1.8-2}$$

注:该定理刻画了向量积模的**几何意义**.

定理 1.8.2 向量 $\vec{a}$ 与 $\vec{b}$ 共线的充要条件是 $\vec{a}\times\vec{b}=\vec{0}$.

证明 若向量 $\vec{a}$ 与 $\vec{b}$ 共线,则 $\vec{a}//\vec{b}$,则 $\angle(\vec{a},\vec{b})=0$ 或 $\angle(\vec{a},\vec{b})=\pi$,所以 $\vec{a}\times\vec{b}=\vec{0}$.

若 $\vec{a}\times\vec{b}=\vec{0}$,则 $|\vec{a}\times\vec{b}|=|\vec{a}||\vec{b}|\sin\angle(\vec{a},\vec{b})=0$,从而可知 $|\vec{a}|=0$ 或 $|\vec{b}|=0$ 或 $\sin\angle(\vec{a},\vec{b})=0$. 若 $|\vec{a}|=0$ 或 $|\vec{b}|=0$ 可得 $\vec{a}=\vec{0}$ 或 $\vec{b}=\vec{0}$,因为零向量可以看成与任何向量共线,所以向量 $\vec{a}$ 与 $\vec{b}$ 共线;若 $\sin\angle(\vec{a},\vec{b})=0$,则有 $\angle(\vec{a},\vec{b})=0$ 或 $\angle(\vec{a},\vec{b})=\pi$,从而都有向量 $\vec{a}$ 与 $\vec{b}$ 共线.

综上,定理得证.

2. 向量积的运算律

下面我们讨论向量的向量积的运算规律.

定理 1.8.3 向量积满足下面的运算规律:

(1) 反交换律

$$\vec{a}\times\vec{b}=-\vec{b}\times\vec{a}; \tag{1.8-3}$$

（2）关于数因子的结合律

$$\lambda(\vec{a} \times \vec{b}) = (\lambda \vec{a}) \times \vec{b} = \vec{a} \times (\lambda \vec{b}); \tag{1.8-4}$$

（3）分配律

$$(\vec{a} + \vec{b}) \times \vec{c} = \vec{a} \times \vec{c} + \vec{b} \times \vec{c}. \tag{1.8-5}$$

证明　（1）当 $\vec{a}, \vec{b}$ 共线时，则有 $\vec{a} \times \vec{b} = \vec{0}, \vec{b} \times \vec{a} = \vec{0}$，故（1.8-3）式成立；

当 $\vec{a}, \vec{b}$ 不共线时，由向量积的定义 1.8.1 可知，$|\vec{a} \times \vec{b}| = |\vec{b} \times \vec{a}|$，向量 $\vec{a} \times \vec{b}$ 与向量 $\vec{b} \times \vec{a}$ 的方向都与向量 $\vec{a}, \vec{b}$ 垂直，且 $\vec{a}, \vec{b}, \vec{a} \times \vec{b}$ 与 $\vec{b}, \vec{a}, \vec{b} \times \vec{a}$ 分别构成右手标架 $\{O; \vec{a}, \vec{b}, \vec{a} \times \vec{b}\}$ 与 $\{O; \vec{b}, \vec{a}, \vec{b} \times \vec{a}\}$，由图 1-41 可知 $\vec{a} \times \vec{b}$ 与 $\vec{b} \times \vec{a}$ 的方向相反，故 $\vec{a} \times \vec{b} = -\vec{b} \times \vec{a}$，即（1.8-3）式成立.

（2）当 $\vec{a}, \vec{b}$ 共线或 $\lambda = 0$ 时，显然（1.8-4）式成立；

当 $\vec{a}, \vec{b}$ 线性无关且 $\lambda \neq 0$ 时，有

$$|\lambda(\vec{a} \times \vec{b})| = |\lambda||\vec{a}||\vec{b}|\sin\angle(\vec{a}, \vec{b}),$$

$$|(\lambda \vec{a}) \times \vec{b}| = |\lambda||\vec{a}||\vec{b}|\sin\angle(\lambda \vec{a}, \vec{b}),$$

$$|\vec{a} \times (\lambda \vec{b})| = |\lambda||\vec{a}||\vec{b}|\sin\angle(\vec{a}, \lambda \vec{b}),$$

所以三个向量 $\lambda(\vec{a} \times \vec{b}), (\lambda \vec{a}) \times \vec{b}, \vec{a} \times (\lambda \vec{b})$ 的模相等. 又当 $\lambda > 0$ 时，这三个向量的方向都与 $\vec{a} \times \vec{b}$ 同向，当 $\lambda < 0$ 时，这三个向量的方向都与 $\vec{a} \times \vec{b}$ 反向，总之它们的方向总是相同的，故（1.8-4）式成立.

为了证明向量积的分配律（1.8-5）式，我们先给出**作图法**[①]求向量 $\vec{a}$ 与向量 $\vec{c}^{\circ}$ 的向量积的方法.

如图 1-43(a)所示，归结 $\vec{c}^{\circ}$ 与 $\vec{a}$ 为同一始点 O，过 O 点作垂直于 $\vec{c}^{\circ}$ 的平面 π，作 $\overrightarrow{OA} = \vec{a}$，作 A 点在平面 π 上的射影为 A' 点，将射影向量 $\overrightarrow{OA'}$ 按顺时针方向（从 $\vec{c}^{\circ}$ 的终点往下看平面 π）旋转 $90°$ 得 $\overrightarrow{OA_1}$，则向量 $\overrightarrow{OA_1}$ 就是 $\vec{a}$ 与向量 $\vec{c}^{\circ}$ 的向量积，即 $\overrightarrow{OA_1} = \vec{a} \times \vec{c}^{\circ}$.

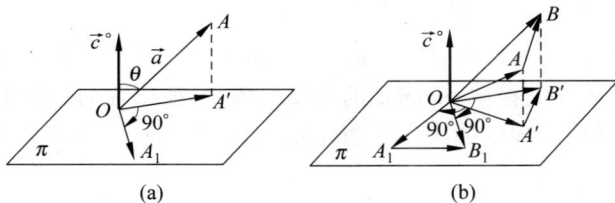

图 1-43　向量积的几何表示

这是因为由作图可知 $\overrightarrow{OA_1} \perp \vec{c}^{\circ}, \overrightarrow{OA_1} \perp \vec{a}$，且 $\{O; \vec{a}, \vec{c}^{\circ}, \overrightarrow{OA_1}\}$ 为右手标架，又

$$|\overrightarrow{OA_1}| = |\overrightarrow{OA'}| = |\vec{a}|\sin\theta = |\vec{a}||\vec{c}^{\circ}|\sin\angle(\vec{a}, \vec{c}^{\circ}),$$

所以 $\overrightarrow{OA_1} = \vec{a} \times \vec{c}^{\circ}$.

---

① 作图法：是根据题目的意思把抽象的知识通过图形表达出来，从而进行习题解答的一种解题方法.

(3) 当 $\vec{a}, \vec{b}, \vec{c}$ 线性相关时,则(1.8-5)式显然成立.

当 $\vec{a}, \vec{b}, \vec{c}$ 线性无关时,设 $\vec{c}^{\circ}$ 为 $\vec{c}$ 的单位向量. 如图 1-43(b)所示,设 $\overrightarrow{OA} = \vec{a}, \overrightarrow{AB} = \vec{b}$, 则 $\overrightarrow{OB} = \vec{a} + \vec{b}$,并设 $\overrightarrow{OA'}, \overrightarrow{A'B'}, \overrightarrow{OB'}$ 分别为 $\overrightarrow{OA}, \overrightarrow{AB}, \overrightarrow{OB}$ 在垂直于 $\vec{c}^{\circ}$ 的平面 π 上的射影向量,再将 $\overrightarrow{OA'}, \overrightarrow{A'B'}, \overrightarrow{OB'}$ 在平面 π 上按顺时针方向旋转 $90°$ 得 $\overrightarrow{OA_1}, \overrightarrow{A_1B_1}, \overrightarrow{OB_1}$. 由前面向量 $\vec{a}$ 与向量 $\vec{c}^{\circ}$ 的向量积的作图法可知 $\overrightarrow{OA_1} = \vec{a} \times \vec{c}^{\circ}, \overrightarrow{A_1B_1} = \vec{b} \times \vec{c}^{\circ}, \overrightarrow{OB_1} = (\vec{a} + \vec{b}) \times \vec{c}^{\circ}$, 又因为

$$\overrightarrow{OB_1} = \overrightarrow{OA_1} + \overrightarrow{A_1B_1},$$

所以

$$(\vec{a} + \vec{b}) \times \vec{c}^{\circ} = \vec{a} \times \vec{c}^{\circ} + \vec{b} \times \vec{c}^{\circ}.$$

在上式两边同乘 $|\vec{c}|$ 得

$$|\vec{c}| [(\vec{a} + \vec{b}) \times \vec{c}^{\circ}] = |\vec{c}| [\vec{a} \times \vec{c}^{\circ} + \vec{b} \times \vec{c}^{\circ}],$$

由(1.8-4)式与(1.3-5)式得

$$(\vec{a} + \vec{b}) \times |\vec{c}| \vec{c}^{\circ} = \vec{a} \times |\vec{c}| \vec{c}^{\circ} + \vec{b} \times |\vec{c}| \vec{c}^{\circ}.$$

再由(1.3-1)式可得 $\vec{c} = |\vec{c}| \vec{c}^{\circ}$,所以

$$(\vec{a} + \vec{b}) \times \vec{c} = \vec{a} \times \vec{c} + \vec{b} \times \vec{c},$$

故(1.8-5)式成立.

推论   设 $\vec{a}, \vec{b}, \vec{c}$ 是任意向量,λ, μ 为任意实数,则有

(1) $(\lambda \vec{a}) \times (\mu \vec{b}) = (\lambda \mu)(\vec{a} \times \vec{b})$;

(2) $\vec{c} \times (\vec{a} + \vec{b}) = \vec{c} \times \vec{a} + \vec{c} \times \vec{b}$.

请读者自证.

由于向量的向量积满足这些运算规律,因此它与向量的数量积一样,也可以像多项式的乘法那样进行展开运算,例如

$$(\lambda_1 \vec{a}_1 + \lambda_2 \vec{a}_2) \times (\mu_1 \vec{b}_1 - \mu_2 \vec{b}_2)$$
$$= \lambda_1 \mu_1 (\vec{a}_1 \times \vec{b}_1) - \lambda_1 \mu_2 (\vec{a}_1 \times \vec{b}_2) + \lambda_2 \mu_1 (\vec{a}_2 \times \vec{b}_1) - \lambda_2 \mu_2 (\vec{a}_2 \times \vec{b}_2).$$

但由于向量积不满足交换律,而满足的是反交换律,所以在向量积的运算像多项式乘法那样展开的过程中,其因子向量的次序不能任意颠倒,若交换了向量积的两个因子向量,就必须要改变符号.

3. 向量积的几何应用

例 1.8.1   证明:$(\vec{a} - \vec{b}) \times (\vec{a} + \vec{b}) = 2(\vec{a} \times \vec{b})$,并说明它的**几何意义**.

证明 $(\vec{a} - \vec{b}) \times (\vec{a} + \vec{b}) = (\vec{a} - \vec{b}) \times \vec{a} + (\vec{a} - \vec{b}) \times \vec{b} = \vec{a} \times \vec{a} - \vec{b} \times \vec{a} + \vec{a} \times \vec{b} - \vec{b} \times \vec{b} = \vec{0} - \vec{b} \times \vec{a} + \vec{a} \times \vec{b} - \vec{0} = \vec{a} \times \vec{b} + \vec{a} \times \vec{b} = 2(\vec{a} \times \vec{b})$.

从而有 $|(\vec{a} - \vec{b}) \times (\vec{a} + \vec{b})| = 2|\vec{a} \times \vec{b}|$,故它的几何意义是:以平行四边形的两条对角线保持原有的角度为邻边构成的平行四边形的面积等于原平行四边形的面积的 2 倍.

例 1.8.2 证明：对于任意向量 $\vec{a},\vec{b}$，都有

$$(\vec{a} \times \vec{b})^2 + (\vec{a} \cdot \vec{b})^2 = \vec{a}^2 \vec{b}^2. \tag{1.8-6}$$

证明 因为 $(\vec{a} \times \vec{b})^2 = \vec{a}^2\,\vec{b}^2 \sin^2 \angle(\vec{a},\vec{b})$，$(\vec{a} \cdot \vec{b})^2 = \vec{a}^2\,\vec{b}^2 \cos^2 \angle(\vec{a},\vec{b})$，所以

$$(\vec{a} \times \vec{b})^2 + (\vec{a} \cdot \vec{b})^2 = \vec{a}^2\vec{b}^2.$$

故(1.8-6)式成立.

注：(1.8-6)式给出了两个向量的向量积与两个向量的数量积之间的关系.

由(1.8-6)式，进一步可得

$$|\vec{a} \times \vec{b}| = \sqrt{|\vec{a}|^2|\vec{b}|^2 - (\vec{a} \cdot \vec{b})^2},$$

从而得到以向量 $\vec{a}$ 与 $\vec{b}$ 为邻边的平行四边形的面积为

$$S_{\square} = \sqrt{|\vec{a}|^2|\vec{b}|^2 - (\vec{a} \cdot \vec{b})^2}. \tag{1.8-7}$$

注：(1.8-7)式给出了利用数量积计算平行四边形面积的公式.

例 1.8.3 设 $\vec{a},\vec{b},\vec{c}$ 是两两互不共线的三个向量，证明：$\vec{a}+\vec{b}+\vec{c}=\vec{0}$ 的充要条件是

$$\vec{a} \times \vec{b} = \vec{b} \times \vec{c} = \vec{c} \times \vec{a}.$$

证明 若 $\vec{a}+\vec{b}+\vec{c}=\vec{0}$，则在该式的两边同时叉乘向量 $\vec{b}$ 得

$$\vec{a} \times \vec{b} + \vec{0} + \vec{c} \times \vec{b} = \vec{0},$$

即

$$\vec{a} \times \vec{b} = -\vec{c} \times \vec{b} = \vec{b} \times \vec{c}.$$

同理，在 $\vec{a}+\vec{b}+\vec{c}=\vec{0}$ 的两边同时叉乘向量 $\vec{c}$ 得

$$\vec{a} \times \vec{c} + \vec{b} \times \vec{c} + \vec{0} = \vec{0},$$

即

$$\vec{b} \times \vec{c} = -\vec{a} \times \vec{c} = \vec{c} \times \vec{a}.$$

由 $\vec{a} \times \vec{b} = \vec{b} \times \vec{c}$ 与 $\vec{b} \times \vec{c} = \vec{c} \times \vec{a}$ 得

$$\vec{a} \times \vec{b} = \vec{b} \times \vec{c} = \vec{c} \times \vec{a}.$$

若 $\vec{a} \times \vec{b} = \vec{b} \times \vec{c} = \vec{c} \times \vec{a}$，则由 $\vec{a} \times \vec{b} = \vec{b} \times \vec{c}$ 可得

$$\vec{a} \times \vec{b} + \vec{c} \times \vec{b} = \vec{0},$$

从而

$$\vec{a} \times \vec{b} + \vec{b} \times \vec{b} + \vec{c} \times \vec{b} = \vec{0},$$

即

$$(\vec{a} + \vec{b} + \vec{c}) \times \vec{b} = \vec{0}.$$

又因为 $\vec{a},\vec{b},\vec{c}$ 两两互不共线，所以 $\vec{b} \neq \vec{0}$，从而

$$(\vec{a} + \vec{b} + \vec{c}) \mathbin{/\!/} \vec{b}.$$

同理，由 $\vec{b} \times \vec{c} = \vec{c} \times \vec{a}$ 有 $\vec{b} \times \vec{c} + \vec{a} \times \vec{c} = \vec{0}$，从而

$$\vec{b} \times \vec{c} + \vec{a} \times \vec{c} + \vec{c} \times \vec{c} = \vec{0},$$

即

$$(\vec{a} + \vec{b} + \vec{c}) \times \vec{c} = \vec{0}.$$

又因为 $\vec{a}, \vec{b}, \vec{c}$ 两两互不共线,所以 $\vec{c} \neq \vec{0}$,从而

$$(\vec{a} + \vec{b} + \vec{c}) /\!/ \vec{c}.$$

因为 $\vec{b}, \vec{c}$ 不共线,所以由 $(\vec{a} + \vec{b} + \vec{c}) /\!/ \vec{b}$ 与 $(\vec{a} + \vec{b} + \vec{c}) /\!/ \vec{c}$ 得

$$\vec{a} + \vec{b} + \vec{c} = \vec{0}.$$

注:由 $\vec{a} + \vec{b} + \vec{c} = \vec{0}$ 可得 $\vec{a} \times \vec{b} = \vec{b} \times \vec{c} = \vec{c} \times \vec{a}$,进而得到 $|\vec{a} \times \vec{b}| = |\vec{b} \times \vec{c}| = |\vec{c} \times \vec{a}|$. 因为 $\vec{a}, \vec{b}, \vec{c}$ 是两两互不共线的三个向量且 $\vec{a} + \vec{b} + \vec{c} = \vec{0}$,所以三向量 $\vec{a}, \vec{b}, \vec{c}$ 首尾顺次连接可以构成一个三角形,所以可以得出由例 1.8.3 引出的**几何意义**是以三角形任意两边为邻边构成的平行四边形的面积相等,且等于原三角形面积的 2 倍.

4. 向量积的坐标表示

在右手直角标架 $\{O; \vec{i}, \vec{j}, \vec{k}\}$ 下,两向量的向量积也可以用它们的坐标来表示,且有下面的定理.

定理 1.8.4   若向量 $\vec{a} = (x_1, y_1, z_1), \vec{b} = (x_2, y_2, z_2)$,则

$$\vec{a} \times \vec{b} = (y_1 z_2 - y_2 z_1, z_1 x_2 - z_2 x_1, x_1 y_2 - x_2 y_1). \tag{1.8-8}$$

证明   因为 $\{O; \vec{i}, \vec{j}, \vec{k}\}$ 是右手直角标架,所以

$$\vec{i} \times \vec{i} = \vec{0}, \quad \vec{j} \times \vec{j} = \vec{0}, \quad \vec{k} \times \vec{k} = \vec{0},$$
$$\vec{i} \times \vec{j} = \vec{k}, \quad \vec{j} \times \vec{k} = \vec{i}, \quad \vec{k} \times \vec{i} = \vec{j}, \quad \vec{j} \times \vec{i} = -\vec{k}, \quad \vec{k} \times \vec{j} = -\vec{i}, \quad \vec{i} \times \vec{k} = -\vec{j}.$$

又因为 $\vec{a} = (x_1, y_1, z_1), \vec{b} = (x_2, y_2, z_2)$,即

$$\vec{a} = x_1 \vec{i} + y_1 \vec{j} + z_1 \vec{k}, \quad \vec{b} = x_2 \vec{i} + y_2 \vec{j} + z_2 \vec{k},$$

所以

$$\begin{aligned}
\vec{a} \times \vec{b} &= (x_1 \vec{i} + y_1 \vec{j} + z_1 \vec{k}) \times (x_2 \vec{i} + y_2 \vec{j} + z_2 \vec{k}) \\
&= x_1 y_2 (\vec{i} \times \vec{j}) + x_1 z_2 (\vec{i} \times \vec{k}) + y_1 x_2 (\vec{j} \times \vec{i}) + y_1 z_2 (\vec{j} \times \vec{k}) + \\
&\quad z_1 x_2 (\vec{k} \times \vec{i}) + z_1 y_2 (\vec{k} \times \vec{j}) \\
&= (y_1 z_2 - y_2 z_1) \vec{i} + (z_1 x_2 - z_2 x_1) \vec{j} + (x_1 y_2 - x_2 y_1) \vec{k} \\
&= (y_1 z_2 - y_2 z_1, z_1 x_2 - z_2 x_1, x_1 y_2 - x_2 y_1).
\end{aligned}$$

故定理得证.

注:因为

$$(y_1 z_2 - y_2 z_1) \vec{i} + (z_1 x_2 - z_2 x_1) \vec{j} + (x_1 y_2 - x_2 y_1) \vec{k}$$
$$= \begin{vmatrix} y_1 & z_1 \\ y_2 & z_2 \end{vmatrix} \vec{i} + \begin{vmatrix} z_1 & x_1 \\ z_2 & x_2 \end{vmatrix} \vec{j} + \begin{vmatrix} x_1 & y_1 \\ x_2 & y_2 \end{vmatrix} \vec{k} = \left(\begin{vmatrix} y_1 & z_1 \\ y_2 & z_2 \end{vmatrix}, \begin{vmatrix} z_1 & x_1 \\ z_2 & x_2 \end{vmatrix}, \begin{vmatrix} x_1 & y_1 \\ x_2 & y_2 \end{vmatrix} \right),$$

所以为了方便记忆,利用行列式按第一行展开,我们可以将(1.8-8)式写成如下形式上的三阶行列式[①]

---

① 形式上的三阶行列式:因为符号第一行的元素都是向量而不是数,所以只能说是形式上的.

$$\vec{a} \times \vec{b} = \begin{vmatrix} \vec{i} & \vec{j} & \vec{k} \\ x_1 & y_1 & z_1 \\ x_2 & y_2 & z_2 \end{vmatrix}, \tag{1.8-9}$$

或写成

$$\vec{a} \times \vec{b} = \left(\begin{vmatrix} y_1 & z_1 \\ y_2 & z_2 \end{vmatrix}, \begin{vmatrix} z_1 & x_1 \\ z_2 & x_2 \end{vmatrix}, \begin{vmatrix} x_1 & y_1 \\ x_2 & y_2 \end{vmatrix} \right). \tag{1.8-10}$$

例 1.8.4 已知向量 $\vec{a} = (3, -2, 1), \vec{b} = (-1, 5, 7)$，求 $\vec{a} \times \vec{b}$.

解 由(1.8-9)式可得

$$\vec{a} \times \vec{b} = \begin{vmatrix} \vec{i} & \vec{j} & \vec{k} \\ 3 & -2 & 1 \\ -1 & 5 & 7 \end{vmatrix}$$

$$= \begin{vmatrix} -2 & 1 \\ 5 & 7 \end{vmatrix} \vec{i} + \begin{vmatrix} 1 & 3 \\ 7 & -1 \end{vmatrix} \vec{j} + \begin{vmatrix} 3 & -2 \\ -1 & 5 \end{vmatrix} \vec{k}$$

$$= -19\vec{i} - 22\vec{j} + 13\vec{k} = (-19, -22, 13).$$

例 1.8.5 已知空间三点 $A(1, 2, 3), B(2, -1, 5)$,
$C(3, 2, -5)$，求

(1) 三角形 ABC 的面积；

(2) 三角形 ABC 的 AB 边上的高.

解 (1) 在三点 A, B, C 所确定的平面上，以 AB, AC 为
邻边构成平行四边形 $ABDC$，如图 1-44 所示，则由(1.8-2)式
可得，三角形 ABC 的面积

图 1-44　三角形及由其邻边构成的平行四边形

$$S = \frac{1}{2} S_{\square ABDC} = \frac{1}{2} \left| \overrightarrow{AB} \times \overrightarrow{AC} \right|.$$

因为 $A(1, 2, 3), B(2, -1, 5), C(3, 2, -5)$，所以 $\overrightarrow{AB} = (1, -3, 2), \overrightarrow{AC} = (2, 0, -8)$，故

$$\overrightarrow{AB} \times \overrightarrow{AC} = \begin{vmatrix} \vec{i} & \vec{j} & \vec{k} \\ 1 & -3 & 2 \\ 2 & 0 & -8 \end{vmatrix} = 24\vec{i} + 12\vec{j} + 6\vec{k},$$

从而

$$\left| \overrightarrow{AB} \times \overrightarrow{AC} \right| = \sqrt{24^2 + 12^2 + 6^2} = 6\sqrt{21}.$$

所以

$$S = \frac{1}{2} \left| \overrightarrow{AB} \times \overrightarrow{AC} \right| = 3\sqrt{21}.$$

(2) 设 CH 为三角形 ABC 的 AB 边上的高，则

$$\left| \overrightarrow{CH} \right| = \frac{S_{\square ABDC}}{\left| \overrightarrow{AB} \right|} = \frac{\left| \overrightarrow{AB} \times \overrightarrow{AC} \right|}{\left| \overrightarrow{AB} \right|}.$$

又因为 $\left| \overrightarrow{AB} \right| = \sqrt{1^2 + (-3)^2 + 2^2} = \sqrt{14}$，所以

$$\left| \overrightarrow{CH} \right| = \frac{6\sqrt{21}}{\sqrt{14}} = 3\sqrt{6}.$$

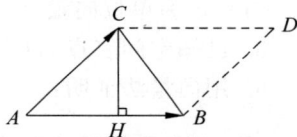

习题 1.8

1. 已知 $|\vec{a}|=1,|\vec{b}|=5,\vec{a}\cdot\vec{b}=3$，求：

(1) $|\vec{a}\times\vec{b}|$；   (2) $[(\vec{a}+\vec{b})\times(\vec{a}-\vec{b})]^2$；

(3) $[(\vec{a}-2\vec{b})\times(\vec{b}-2\vec{a})]^2$.

2. 证明：

(1) $(\vec{a}\times\vec{b})^2 \leqslant \vec{a}^2\,\vec{b}^2$，并说明什么情形下等号成立；

(2) 如果 $\vec{a}\times\vec{b}=\vec{c}\times\vec{d},\vec{a}\times\vec{c}=\vec{b}\times\vec{d}$，那么 $\vec{a}-\vec{d}$ 与 $\vec{b}-\vec{c}$ 共线.

3. 已知向量 $\vec{a}=(2,2,-1),\vec{b}=(1,-2,-1)$，计算 $2\vec{a}\times3\vec{b}$.

4. 已知向量 $\vec{a}=(2,-3,1),\vec{b}=(1,-2,3)$，求与 $\vec{a},\vec{b}$ 都垂直，且满足如下之一条件的向量 $\vec{c}$：

(1) $\vec{c}$ 为单位向量；   (2) $\vec{c}\cdot\vec{d}=10,\vec{d}=(2,1,-7)$.

5. 已知空间三点 $A(5,1,-1),B(0,-4,3),C(1,-3,7)$，求三角形 ABC 的三条高.

6. 用向量法证明：

(1) 三角形的正弦定理：$\dfrac{a}{\sin A}=\dfrac{b}{\sin B}=\dfrac{c}{\sin C}$；

(2) 三角形面积的海伦(Heron)公式：
$$S^2=p(p-a)(p-b)(p-c).$$

其中，a,b,c 分别为三角形三个内角 A,B,C 所对的边的边长，$p=\dfrac{1}{2}(a+b+c)$.

1.9   三向量的混合积

三个向量 $\vec{a},\vec{b},\vec{c}$ 进行数量积与向量积的混合运算时，因为两个向量的数量积是数，就只能与最后一个向量进行数乘向量，而不能进行数量积与向量积的运算，如 $(\vec{a}\cdot\vec{b})\cdot\vec{c}$ 与 $(\vec{a}\cdot\vec{b})\times\vec{c}$ 就都没有意义. 因此三个向量 $\vec{a},\vec{b},\vec{c}$ 进行数量积与向量积的混合运算时，只有先进行两个向量的向量积运算后，再进行数量积运算，即 $(\vec{a}\times\vec{b})\cdot\vec{c}$，这就是三向量的混合积，或再进行向量积运算，即 $(\vec{a}\times\vec{b})\times\vec{c}$. 在这一节，我们将讨论三向量的混合积，以及它与空间平行六面体体积间的关系；混合积的性质、运算与应用，并给出三元线性方程组的克莱姆(Cramer)法则的证明.

1. 混合积的概念及其性质

定义 1.9.1   给定空间中的三个向量 $\vec{a},\vec{b},\vec{c}$，如果先作其中两个向量(如 $\vec{a}$ 与 $\vec{b}$)的向量积，再作所得向量与第三个向量($\vec{c}$)的数量积，最后得到的这个数叫作三向量的一个**混合**

积,此混合积记为 $(\vec{a} \times \vec{b}) \cdot \vec{c}$,记作 $(\vec{a}, \vec{b}, \vec{c})$ 或 $(\vec{a}\vec{b}\vec{c})$.

混合积具有如下的一些性质.

定理 1.9.1 若三向量 $\vec{a}, \vec{b}, \vec{c}$ 不共面,则混合积 $(\vec{a} \times \vec{b}) \cdot \vec{c}$ 的绝对值等于以 $\vec{a}, \vec{b}, \vec{c}$ 为相邻棱的平行六面体的体积 V,即

$$| (\vec{a} \times \vec{b}) \cdot \vec{c} | = V, \tag{1.9-1}$$

而且当标架 $\{O; \vec{a}, \vec{b}, \vec{c}\}$ 为右手系时,$(\vec{a} \times \vec{b}) \cdot \vec{c} = V$;当标架 $\{O; \vec{a}, \vec{b}, \vec{c}\}$ 为左手系时,$(\vec{a} \times \vec{b}) \cdot \vec{c} = -V$.

证 因为三向量 $\vec{a}, \vec{b}, \vec{c}$ 不共面,所以把它们平移到共同的始点可以构成以 $\vec{a}, \vec{b}, \vec{c}$ 为相邻棱的平行六面体,如图 1-45(a)(b)所示,则它的底面是以 $\vec{a}, \vec{b}$ 为邻边的平行四边形,且其面积为 $S = |\vec{a} \times \vec{b}|$,设 $\angle (\vec{a} \times \vec{b}, \vec{c}) = \theta$,则

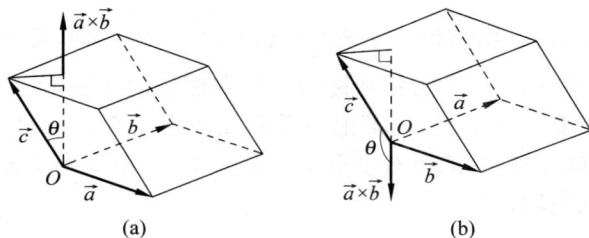

图 1-45　三向量的混合积图示

(1) 当 $\{O; \vec{a}, \vec{b}, \vec{c}\}$ 为右手系时,即如图 1-45(a)所示,则有 $0 \leqslant \theta < \dfrac{\pi}{2}$,且平行六面体的高为 $h = |\vec{c}| \cos \angle (\vec{a} \times \vec{b}, \vec{c})$,所以

$$V = Sh = |\vec{a} \times \vec{b}| |\vec{c}| \cos \angle (\vec{a} \times \vec{b}, \vec{c}) = (\vec{a} \times \vec{b}) \cdot \vec{c};$$

(2) 当 $\{O; \vec{a}, \vec{b}, \vec{c}\}$ 为左手系时,即如图 1-45(b)所示,则有 $\dfrac{\pi}{2} < \theta < \pi$,且平行六面体的高为 $h = -|\vec{c}| \cos \angle (\vec{a} \times \vec{b}, \vec{c})$,所以

$$V = Sh = |\vec{a} \times \vec{b}| [-|\vec{c}| \cos \angle (\vec{a} \times \vec{b}, \vec{c})]$$

$$= -|\vec{a} \times \vec{b}| |\vec{c}| \cos \angle (\vec{a} \times \vec{b}, \vec{c}) = -(\vec{a} \times \vec{b}) \cdot \vec{c}.$$

综上可得,$| (\vec{a} \times \vec{b}) \cdot \vec{c} | = V$,故结论成立.

定理 1.9.2 三向量 $\vec{a}, \vec{b}, \vec{c}$ 共面的充要条件是 $(\vec{a} \times \vec{b}) \cdot \vec{c} = 0$.

证明 若 $\vec{a}, \vec{b}, \vec{c}$ 共面,且 $\vec{a} \times \vec{b} = \vec{0}$ 或 $\vec{c} = \vec{0}$,显然都有 $(\vec{a} \times \vec{b}) \cdot \vec{c} = 0$;下证当 $\vec{a} \times \vec{b} \neq \vec{0}$ 且 $\vec{c} \neq \vec{0}$ 时,定理也成立.

若 $\vec{a}, \vec{b}, \vec{c}$ 共面,由向量积的定义 1.8.1 可知,$\vec{a} \times \vec{b} \perp \vec{a}$,$\vec{a} \times \vec{b} \perp \vec{b}$,所以

$$\vec{a} \times \vec{b} \perp \vec{c},$$

从而$(\vec{a}\times\vec{b})\cdot\vec{c}=0$.

若$(\vec{a}\times\vec{b})\cdot\vec{c}=0$,则由定理 1.7.4 可得,$\vec{a}\times\vec{b}\perp\vec{c}$.另一方面,由向量积的定义 1.8.1 可知,$\vec{a}\times\vec{b}\perp\vec{a}$,$\vec{a}\times\vec{b}\perp\vec{b}$,从而三个向量$\vec{a},\vec{b},\vec{c}$垂直于同一非零向量$\vec{a}\times\vec{b}$,故三个向量$\vec{a},\vec{b},\vec{c}$共面.

推论 对于三向量的混合积,若有两个因子相同,则其值为零,即

$$(\vec{a}\times\vec{a})\cdot\vec{c}=(\vec{a}\times\vec{b})\cdot\vec{b}=(\vec{c}\times\vec{b})\cdot\vec{c}=0. \tag{1.9-2}$$

三个向量$\vec{a},\vec{b},\vec{c}$的混合积共有 6 个,且它们之间有如下关系.

定理 1.9.3 轮换混合积的三个因子不改变其值,对调任意两个因子要改变混合积的符号,即

$$(\vec{a}\times\vec{b})\cdot\vec{c}=(\vec{b}\times\vec{c})\cdot\vec{a}=(\vec{c}\times\vec{a})\cdot\vec{b}$$
$$=-(\vec{b}\times\vec{a})\cdot\vec{c}=-(\vec{c}\times\vec{b})\cdot\vec{a}=-(\vec{a}\times\vec{c})\cdot\vec{b}. \tag{1.9-3}$$

证明 若$\vec{a},\vec{b},\vec{c}$共面,则结论显然成立;若$\vec{a},\vec{b},\vec{c}$不共面,轮换或对调因子,所得的混合积的绝对值都等于以$\vec{a},\vec{b},\vec{c}$为相邻棱的平行六面体的体积.又因为轮换$\vec{a},\vec{b},\vec{c}$的顺序时,绝不会把右手系变为左手系,也不把左手系变为右手系,因而轮换因子混合积不变;而对调任意两个因子的位置,却能将右手系变为左手系,或左手系变为右手系,所以此时的混合积要改变符号.故定理得证.

推论 若三向量$\vec{a},\vec{b},\vec{c}$为空间中的任意向量,则有

$$(\vec{a}\times\vec{b})\cdot\vec{c}=\vec{a}\cdot(\vec{b}\times\vec{c}). \tag{1.9-4}$$

证明 利用(1.9-3)式与数量积的交换律可得$(\vec{a}\times\vec{b})\cdot\vec{c}=(\vec{b}\times\vec{c})\cdot\vec{a}=\vec{a}\cdot(\vec{b}\times\vec{c})$.

例 1.9.1 设三向量$\vec{a},\vec{b},\vec{c}$满足$\vec{a}\times\vec{b}+\vec{b}\times\vec{c}+\vec{c}\times\vec{a}=\vec{0}$,证明:$\vec{a},\vec{b},\vec{c}$共面.

证明 因为$\vec{a}\times\vec{b}+\vec{b}\times\vec{c}+\vec{c}\times\vec{a}=\vec{0}$,在此式的两边同时点乘向量$\vec{c}$得

$$(\vec{a}\times\vec{b}+\vec{b}\times\vec{c}+\vec{c}\times\vec{a})\cdot\vec{c}=\vec{0}\cdot\vec{c},$$

即

$$(\vec{a}\times\vec{b})\cdot\vec{c}+(\vec{b}\times\vec{c})\cdot\vec{c}+(\vec{c}\times\vec{a})\cdot\vec{c}=0,$$

由定理 1.9.2 的推论可知$(\vec{b}\times\vec{c})\cdot\vec{c}=(\vec{c}\times\vec{a})\cdot\vec{c}=0$,从而$(\vec{a}\times\vec{b})\cdot\vec{c}=0$,由定理 1.9.2 可得$\vec{a},\vec{b},\vec{c}$共面.

2. 向量混合积的坐标表示

在右手直角标架$\{O;\vec{i},\vec{j},\vec{k}\}$下,三向量的混合积也可以用向量的坐标来表示,且有如下结论.

定理 1.9.4 若向量$\vec{a}=(x_1,y_1,z_1),\vec{b}=(x_2,y_2,z_2),\vec{c}=(x_3,y_3,z_3)$,则

$$(\vec{a},\vec{b},\vec{c})=\begin{vmatrix} x_1 & y_1 & z_1 \\ x_2 & y_2 & z_2 \\ x_3 & y_3 & z_3 \end{vmatrix}. \tag{1.9-5}$$

证明　因为 $\vec{a}=(x_1,y_1,z_1),\vec{b}=(x_2,y_2,z_2)$,所以由(1.8-10)式可得

$$\vec{a}\times\vec{b}=\left(\begin{vmatrix}y_1&z_1\\y_2&z_2\end{vmatrix},\begin{vmatrix}z_1&x_1\\z_2&x_2\end{vmatrix},\begin{vmatrix}x_1&y_1\\x_2&y_2\end{vmatrix}\right),$$

再由(1.7-11)式可得

$$(\vec{a}\times\vec{b})\cdot\vec{c}=x_3\begin{vmatrix}y_1&z_1\\y_2&z_2\end{vmatrix}+y_3\begin{vmatrix}z_1&x_1\\z_2&x_2\end{vmatrix}+z_3\begin{vmatrix}x_1&y_1\\x_2&y_2\end{vmatrix},$$

从而根据定理 1.4.1,即行列式按第三行展开进行计算,则可将上式写成(1.9-5)式,故结论成立.

若三向量 $\vec{a}=(x_1,y_1,z_1),\vec{b}=(x_2,y_2,z_2),\vec{c}=(x_3,y_3,z_3)$,根据定理 1.9.2 与(1.9-5)式可得,$\vec{a},\vec{b},\vec{c}$ 共面的充要条件是

$$\begin{vmatrix}x_1&y_1&z_1\\x_2&y_2&z_2\\x_3&y_3&z_3\end{vmatrix}=0.$$

这个结论是定理 1.6.5 的内容.这里给出了定理 1.6.5 的另一种证明方法.

例 1.9.2　已知四面体 $ABCD$ 的四个顶点分别为 $A(0,0,0),B(6,0,6),C(4,3,0),D(2,-1,3)$,求此四面体的体积.

解　由图 1-46 知,四面体 $ABCD$ 的体积 V 等于以 AB,AC,AD 为邻棱的平行六面体的体积的六分之一,因此

$$V=\frac{1}{6}\left|(\overrightarrow{AB},\overrightarrow{AC},\overrightarrow{AD})\right|.$$

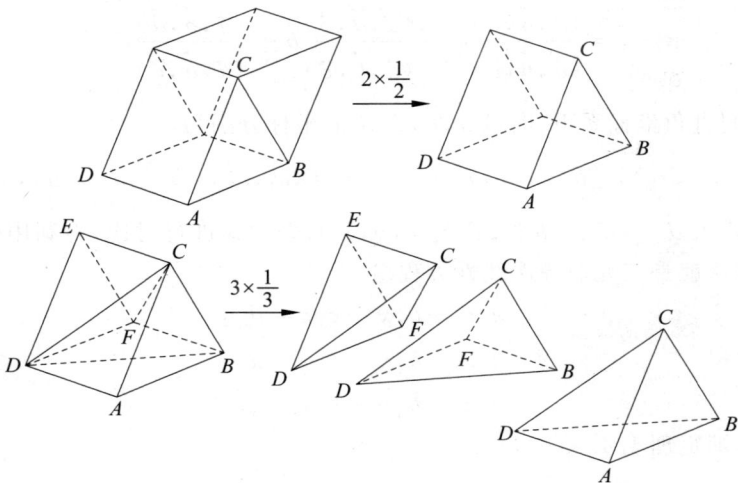

图 1-46　四面体与平行六面体之间的关系

而 $\overrightarrow{AB}=(6,0,6),\overrightarrow{AC}=(4,3,0),\overrightarrow{AD}=(2,-1,3)$,所以由(1.9-5)式可得

$$(\overrightarrow{AB},\overrightarrow{AC},\overrightarrow{AD})=\begin{vmatrix}6&0&6\\4&3&0\\2&-1&3\end{vmatrix}=-6,$$

从而

$$V = \frac{1}{6} \left| (\overrightarrow{AB}, \overrightarrow{AC}, \overrightarrow{AD}) \right| = 1.$$

例 1.9.3   设空间中三向量 $\vec{a}, \vec{b}, \vec{c}$ 不共面,求空间中向量 $\vec{d}$ 关于 $\vec{a}, \vec{b}, \vec{c}$ 的分解式.

解   因为 $\vec{a}, \vec{b}, \vec{c}$ 为不共面,根据定理 1.5.3,对于空间中的任意向量 $\vec{d}$ 都有

$$\vec{d} = x\vec{a} + y\vec{b} + z\vec{c}.$$

在上式的两边同时点乘向量 $\vec{b} \times \vec{c}$ 得

$$\vec{d} \cdot (\vec{b} \times \vec{c}) = (x\vec{a} + y\vec{b} + z\vec{c}) \cdot (\vec{b} \times \vec{c}),$$

由(1.9-4)式可得

$$(\vec{d}, \vec{b}, \vec{c}) = x(\vec{a}, \vec{b}, \vec{c}) + y(\vec{b}, \vec{b}, \vec{c}) + z(\vec{c}, \vec{b}, \vec{c}).$$

又因为 $(\vec{b}, \vec{b}, \vec{c}) = (\vec{c}, \vec{b}, \vec{c}) = 0$,所以

$$(\vec{d}, \vec{b}, \vec{c}) = x(\vec{a}, \vec{b}, \vec{c}).$$

因为 $\vec{a}, \vec{b}, \vec{c}$ 为不共面,所以 $(\vec{a}, \vec{b}, \vec{c}) \neq 0$,从而可得

$$x = \frac{(\vec{d}, \vec{b}, \vec{c})}{(\vec{a}, \vec{b}, \vec{c})}.$$

同理可得 $y = \dfrac{(\vec{a}, \vec{d}, \vec{c})}{(\vec{a}, \vec{b}, \vec{c})}, z = \dfrac{(\vec{a}, \vec{b}, \vec{d})}{(\vec{a}, \vec{b}, \vec{c})}$,即

$$\vec{d} = \frac{(\vec{d}, \vec{b}, \vec{c})}{(\vec{a}, \vec{b}, \vec{c})}\vec{a} + \frac{(\vec{a}, \vec{d}, \vec{c})}{(\vec{a}, \vec{b}, \vec{c})}\vec{b} + \frac{(\vec{a}, \vec{b}, \vec{d})}{(\vec{a}, \vec{b}, \vec{c})}\vec{c}.$$

如果在空间直角坐标系下,向量 $\vec{a}, \vec{b}, \vec{c}, \vec{d}$ 的坐标分别为

$$\vec{a} = (a_1, a_2, a_2), \quad \vec{b} = (b_1, b_2, b_2), \quad \vec{c} = (c_1, c_2, c_2), \quad \vec{d} = (d_1, d_2, d_3),$$

则将这些坐标代入 $\vec{d} = x\vec{a} + y\vec{b} + z\vec{c}$ 与 x, y, z 的表达式进行对比,再利用(1.9-5)式可以看出,上面的解法就是三元非齐次线性方程组

$$\begin{cases} a_1 x + b_1 y + c_1 z = d_1, \\ a_2 x + b_2 y + c_2 z = d_2, \\ a_3 x + b_3 y + c_3 z = d_3 \end{cases}$$

的克莱姆法则,即定理 1.4.3.

习题 1.9

1. 证明下列各题:

(1) $(\vec{a}, \vec{b}, \lambda\vec{c}) = \lambda(\vec{a}, \vec{b}, \vec{c})$;

(2) $(\vec{a}, \vec{b}, \vec{c}_1 + \vec{c}_2) = (\vec{a}, \vec{b}, \vec{c}_1) + (\vec{a}, \vec{b}, \vec{c}_2)$;

(3) $(\vec{a}+\vec{b},\vec{b}+\vec{c},\vec{c}+\vec{a})=2(\vec{a},\vec{b},\vec{c})$.

2. 设 $\overrightarrow{OA}=\vec{a},\overrightarrow{OB}=\vec{b},\overrightarrow{OC}=\vec{c}$, 证明: 向量

$$\vec{r}=(\vec{a}\times\vec{b})+(\vec{b}\times\vec{c})+(\vec{c}\times\vec{a})$$

垂直于三角形 ABC 确定的平面.

3. 设 $\vec{u}=a_1\vec{e_1}+b_1\vec{e_2}+c_1\vec{e_3},\vec{v}=a_2\vec{e_1}+b_2\vec{e_2}+c_2\vec{e_3},\vec{w}=a_3\vec{e_1}+b_3\vec{e_2}+c_3\vec{e_3}$, 证明:

$$(\vec{u},\vec{v},\vec{w})=\begin{vmatrix} a_1 & b_1 & c_1 \\ a_2 & b_2 & c_2 \\ a_3 & b_3 & c_3 \end{vmatrix}(\vec{e_1},\vec{e_2},\vec{e_3}).$$

4. 已知在空间直角坐标系下, 向量 $\vec{a}=(3,4,5),\vec{b}=(1,2,2),\vec{c}=(9,6,4)$, 求以它们为相邻棱的平行六面体的体积.

5. 已知在空间直角坐标系下的四点为 $A(1,4,5),B(1,0,2),C(3,1,7),D(0,2,9)$, 求 D 点到平面 ABC 的距离.

1.10　三向量的双重向量积

三向量的混合积是先作两个向量的向量积, 把所得向量与第三个向量作数量积所得到的一个数, 当然我们也可以将所得向量与第三个向量再作向量积, 最终得到一个向量, 本节我们将讨论三向量的这种乘积运算.

定义 1.10.1　给定空间中的三个向量 $\vec{a},\vec{b},\vec{c}$, 如果先作其中两个向量(如向量 $\vec{a}$ 与 $\vec{b}$)的向量积, 再作所得向量与第三个向量($\vec{c}$)的向量积, 最后得到的这个向量叫作三向量的一个**双重向量积**, 此双重向量积记为 $(\vec{a}\times\vec{b})\times\vec{c}$.

显然, 三个向量的双重向量积有 6 个, 且当三向量 $\vec{a},\vec{b},\vec{c}$ 中有零向量或 $\vec{a}$ 与 $\vec{b}$ 平行时, 都有 $(\vec{a}\times\vec{b})\times\vec{c}=\vec{0}$, 若 $\vec{a},\vec{b},\vec{c}$ 都是非零向量, 且 $\vec{a}$ 与 $\vec{b}$ 不平行, 则由向量积的定义可知 $\vec{a}\perp(\vec{a}\times\vec{b}),\vec{b}\perp(\vec{a}\times\vec{b})$, 且 $[(\vec{a}\times\vec{b})\times\vec{c}]\perp(\vec{a}\times\vec{b})$, 由于 $\vec{a}\times\vec{b}\neq\vec{0}$, 所以三向量 $(\vec{a}\times\vec{b})\times\vec{c},\vec{a},\vec{b}$ 共面. 对于空间中的任意三个向量 $\vec{a},\vec{b},\vec{c}$, 都有下面的结论.

定理 1.10.1　若 $\vec{a},\vec{b},\vec{c}$ 是空间的任意三个向量, 则

$$(\vec{a}\times\vec{b})\times\vec{c}=(\vec{a}\cdot\vec{c})\vec{b}-(\vec{b}\cdot\vec{c})\vec{a}. \tag{1.10-1}$$

证明　若 $\vec{a},\vec{b},\vec{c}$ 中有一个零向量, 或 $\vec{a}$ 与 $\vec{b}$ 平行, 或 $\vec{c}$ 与 $\vec{a},\vec{b}$ 都垂直, 则(1.10-1)式两边都是零向量, 定理显然成立. 下面就一般情况进行证明.

为了证明(1.10-1)式, 我们先证明当 $\vec{c}=\vec{a}$ 时(1.10-1)式成立, 即

$$(\vec{a}\times\vec{b})\times\vec{a}=(\vec{a}^2)\vec{b}-(\vec{a}\cdot\vec{b})\vec{a}.$$

因为 $(\vec{a}\times\vec{b})\times\vec{a},\vec{a},\vec{b}$ 共面, 且 $\vec{a}$ 与 $\vec{b}$ 不平行, 所以由定理 1.5.2 可设

$$(\vec{a}\times\vec{b})\times\vec{a}=\lambda\vec{a}+\mu\vec{b}.$$

在上式的两边分别点乘 $\vec{a}, \vec{b}$ 得

$$0 = \lambda \vec{a}^2 + \mu(\vec{a} \cdot \vec{b}),$$

$$(\vec{a} \times \vec{b})^2 = \lambda(\vec{a} \cdot \vec{b}) + \mu \vec{b}^2.$$

利用(1.8-6)式,即 $(\vec{a} \times \vec{b})^2 = \vec{a}^2 \vec{b}^2 - (\vec{a} \cdot \vec{b})^2$,可将 $(\vec{a} \times \vec{b})^2 = \lambda(\vec{a} \cdot \vec{b}) + \mu \vec{b}^2$ 写成

$$\vec{a}^2 \vec{b}^2 - (\vec{a} \cdot \vec{b})^2 = \lambda(\vec{a} \cdot \vec{b}) + \mu \vec{b}^2.$$

由上式结合 $0 = \lambda \vec{a}^2 + \mu(\vec{a} \cdot \vec{b})$ 可解得

$$\lambda = -\vec{a} \cdot \vec{b}, \quad \mu = \vec{a}^2,$$

将其代入 $(\vec{a} \times \vec{b}) \times \vec{a} = \lambda \vec{a} + \mu \vec{b}$ 中,即得到

$$(\vec{a} \times \vec{b}) \times \vec{a} = (\vec{a}^2)\vec{b} - (\vec{a} \cdot \vec{b})\vec{a}.$$

下证(1.10-1)式成立,因为三向量 $\vec{a}, \vec{b}, \vec{a} \times \vec{b}$ 不共面,所以对于空间中任意向量 $\vec{c}$,根据定理 1.5.3 可设

$$\vec{c} = x\vec{a} + y\vec{b} + z(\vec{a} \times \vec{b}),$$

从而有

$$\begin{aligned}
(\vec{a} \times \vec{b}) \times \vec{c} &= (\vec{a} \times \vec{b}) \times [x\vec{a} + y\vec{b} + z(\vec{a} \times \vec{b})] \\
&= x[(\vec{a} \times \vec{b}) \times \vec{a}] + y[(\vec{a} \times \vec{b}) \times \vec{b}] + \vec{0} \\
&= x[(\vec{a} \times \vec{b}) \times \vec{a}] - y[(\vec{b} \times \vec{a}) \times \vec{b}].
\end{aligned}$$

利用 $(\vec{a} \times \vec{b}) \times \vec{a} = (\vec{a}^2)\vec{b} - (\vec{a} \cdot \vec{b})\vec{a}$、(1.9-2)式与 $\vec{c} = x\vec{a} + y\vec{b} + z(\vec{a} \times \vec{b})$,可得

$$\begin{aligned}
(\vec{a} \times \vec{b}) \times \vec{c} &= x[(\vec{a}^2)\vec{b} - (\vec{a} \cdot \vec{b})\vec{a}] - y[(\vec{b}^2)\vec{a} - (\vec{a} \cdot \vec{b})\vec{b}] \\
&= [x(\vec{a}^2) + y(\vec{a} \cdot \vec{b})]\vec{b} - [x(\vec{a} \cdot \vec{b}) + y(\vec{b}^2)]\vec{a} \\
&= [\vec{a} \cdot (x\vec{a} + y\vec{b})]\vec{b} - [\vec{b} \cdot (x\vec{a} + y\vec{b})]\vec{a} \\
&= [\vec{a} \cdot (x\vec{a} + y\vec{b} + z(\vec{a} \times \vec{b}))]\vec{b} - [\vec{b} \cdot (x\vec{a} + y\vec{b} + z(\vec{a} \times \vec{b}))]\vec{a} \\
&= (\vec{a} \cdot \vec{c})\vec{b} - (\vec{b} \cdot \vec{c})\vec{a}.
\end{aligned}$$

即(1.10-1)式成立,故定理得证.

请读者利用向量的坐标对定理 1.10.1 进行证明.

由(1.10-1)式与向量积的反交换律(1.8-3)可得

$$\begin{aligned}
\vec{a} \times (\vec{b} \times \vec{c}) &= -(\vec{b} \times \vec{c}) \times \vec{a} \\
&= -[(\vec{b} \cdot \vec{a})\vec{c} - (\vec{a} \cdot \vec{c})\vec{b}] \\
&= (\vec{a} \cdot \vec{c})\vec{b} - (\vec{a} \cdot \vec{b})\vec{c},
\end{aligned}$$

即

$$\vec{a} \times (\vec{b} \times \vec{c}) = (\vec{a} \cdot \vec{c})\vec{b} - (\vec{a} \cdot \vec{b})\vec{c}. \tag{1.10-2}$$

显然,在一般情况下,有

$$(\vec{a} \times \vec{b}) \times \vec{c} \neq \vec{a} \times (\vec{b} \times \vec{c}).$$

所以向量积不满足结合律. 请读者

议一议 向量积是否满足消去律?

比较(1.10-1)式与(1.10-2)式可以得出,三向量的双重向量积具有便于记忆的如下规律.

三向量的双重向量积等于中间的向量与其余两个向量的数量积的乘积减去括号中另一个向量与其余两个向量的数量积的乘积.

如:$(\vec{r}\times\vec{s})\times\vec{t}=(\vec{r}\cdot\vec{t})\vec{s}-(\vec{s}\cdot\vec{t})\vec{r}$; $\vec{m}\times(\vec{n}\times\vec{p})=(\vec{m}\cdot\vec{p})\vec{n}-(\vec{m}\cdot\vec{n})\vec{p}$.

例 1.10.1 证明:拉格朗日(Lagrange)恒等式

$$(\vec{a}_1\times\vec{b}_1)\cdot(\vec{a}_2\times\vec{b}_2)=\begin{vmatrix}\vec{a}_1\cdot\vec{a}_2 & \vec{a}_1\cdot\vec{b}_2\\ \vec{b}_1\cdot\vec{a}_2 & \vec{b}_1\cdot\vec{b}_2\end{vmatrix}.$$

证明 利用(1.9-4)式与(1.10-1)式可得

$$(\vec{a}_1\times\vec{b}_1)\cdot(\vec{a}_2\times\vec{b}_2)=[(\vec{a}_1\times\vec{b}_1)\times\vec{a}_2]\cdot\vec{b}_2$$
$$=[(\vec{a}_1\cdot\vec{a}_2)\vec{b}_1-(\vec{b}_1\cdot\vec{a}_2)\vec{a}_1]\cdot\vec{b}_2$$
$$=(\vec{a}_1\cdot\vec{a}_2)(\vec{b}_1\cdot\vec{b}_2)-(\vec{b}_1\cdot\vec{a}_2)(\vec{a}_1\cdot\vec{b}_2),$$

所以$(\vec{a}_1\times\vec{b}_1)\cdot(\vec{a}_2\times\vec{b}_2)=\begin{vmatrix}\vec{a}_1\cdot\vec{a}_2 & \vec{a}_1\cdot\vec{b}_2\\ \vec{b}_1\cdot\vec{a}_2 & \vec{b}_1\cdot\vec{b}_2\end{vmatrix}.$

在例 1.10.1 中,取$\vec{a}=\vec{a}_1=\vec{a}_2,\vec{b}=\vec{b}_1=\vec{b}_2$,则有

$$(\vec{a}\times\vec{b})^2=\vec{a}^2\vec{b}^2-(\vec{a}\cdot\vec{b})^2.$$

这就是(1.8-6)式.

例 1.10.2 证明:雅可比(Jacobi)恒等式

$$(\vec{a}\times\vec{b})\times\vec{c}+(\vec{b}\times\vec{c})\times\vec{a}+(\vec{c}\times\vec{a})\times\vec{b}=\vec{0}.$$

证明 利用(1.10-1)式可知

$$(\vec{a}\times\vec{b})\times\vec{c}=(\vec{a}\cdot\vec{c})\vec{b}-(\vec{b}\cdot\vec{c})\vec{a},$$
$$(\vec{b}\times\vec{c})\times\vec{a}=(\vec{a}\cdot\vec{b})\vec{c}-(\vec{a}\cdot\vec{c})\vec{b},$$
$$(\vec{c}\times\vec{a})\times\vec{b}=(\vec{b}\cdot\vec{c})\vec{a}-(\vec{a}\cdot\vec{b})\vec{c}.$$

三式相加即得

$$(\vec{a}\times\vec{b})\times\vec{c}+(\vec{b}\times\vec{c})\times\vec{a}+(\vec{c}\times\vec{a})\times\vec{b}=\vec{0}.$$

例 1.10.3 证明:

$$(\vec{a}\times\vec{b})\times(\vec{c}\times\vec{d})=(\vec{a},\vec{c},\vec{d})\vec{b}-(\vec{b},\vec{c},\vec{d})\vec{a}=(\vec{a},\vec{b},\vec{d})\vec{c}-(\vec{a},\vec{b},\vec{c})\vec{d}.$$

证明 利用(1.10-1)式可知

$$(\vec{a}\times\vec{b})\times(\vec{c}\times\vec{d})=[\vec{a}\cdot(\vec{c}\times\vec{d})]\vec{b}-[\vec{b}\cdot(\vec{c}\times\vec{d})]\vec{a}$$
$$=(\vec{a},\vec{c},\vec{d})\vec{b}-(\vec{b},\vec{c},\vec{d})\vec{a}.$$

同理,利用(1.10-2)式可知

$$(\vec{a} \times \vec{b}) \times (\vec{c} \times \vec{d}) = [(\vec{a} \times \vec{b}) \cdot \vec{d}]\vec{c} - [(\vec{a} \times \vec{b}) \cdot \vec{c}]\vec{d}$$
$$= (\vec{a}, \vec{b}, \vec{d})\vec{c} - (\vec{a}, \vec{b}, \vec{c})\vec{d}.$$

故结论成立.

习题 1.10

1. 在空间直角标系下,已知向量 $\vec{a} = (1,0,1)$, $\vec{b} = (1,-2,0)$, $\vec{c} = (-1,2,1)$,计算 $(\vec{a} \times \vec{b}) \times \vec{c}$ 与 $\vec{a} \times (\vec{b} \times \vec{c})$.

2. 证明: $(\vec{a} \times \vec{b}) \times (\vec{a} \times \vec{c}) = (\vec{a}, \vec{b}, \vec{c})\vec{a}$.

3. 证明: $(\vec{a} \times \vec{b}, \vec{c} \times \vec{d}, \vec{e} \times \vec{f}) = (\vec{a}, \vec{b}, \vec{d})(\vec{c}, \vec{e}, \vec{f}) - (\vec{a}, \vec{b}, \vec{c})(\vec{d}, \vec{e}, \vec{f})$.

4. 证明:三向量 $\vec{a}, \vec{b}, \vec{c}$ 共面的充要条件是 $\vec{a} \times \vec{b}, \vec{b} \times \vec{c}, \vec{c} \times \vec{a}$ 共面.

第 2 章

轨迹与方程

若在平面上或空间中取定了直角坐标系后,则其中的点就与二元有序数组或与三元有序数组之间可以建立一一对应关系.由于线与面都可以看成点的轨迹,所以我们就可以借助点与有序数对之间的一一对应关系,进一步建立线、面与其方程之间的联系,把研究线与面的几何问题,转化为研究其方程的代数问题,从而为用代数的方法对一些线与面进行研究创造了条件.

2.1　平面曲线的方程

平面上每一条具体曲线都可以看成具有某种特征性质的点的集合.曲线上点的特征性质有两个方面的含义:第一方面,这条曲线上的点都具有这个特征性质;另一方面,凡是具有这个特征性质的点都在这条曲线上.若在平面上取定直角坐标系,则曲线上点的特征性质就可以体现为曲线上点的横坐标与纵坐标之间的相互制约关系式.下面讨论曲线的方程.

1. 平面曲线的普通方程

定义 2.1.1　平面上取定直角坐标系后,如果方程 $F(x,y)=0$ 与曲线 L 满足:

(1) 满足方程的 (x,y) 必是曲线 L 上某一点的坐标;

(2) 曲线 L 上的任意一点的坐标 (x,y) 都满足方程 $F(x,y)=0$,

那么方程 $F(x,y)=0$ 叫作这条平面曲线 L 的**普通方程**(或**一般方程**),简称**方程**,而这条曲线 L 叫作方程 $F(x,y)=0$ 的**图形**.

由平面曲线普通方程的定义,曲线就可以用代数方法来研究,即用"数"去研究"形".

对于给定的一条平面曲线,要求出它的方程,实际上就是要在给定直角坐标系 $O\text{-}xy$ 的条件下,将这条曲线上点的具体特征性质,想办法用曲线上的点的横坐标 x 和纵坐标 y 之间的关系式将其表达出来.

例 2.1.1　在平面 $O\text{-}xy$ 上,求圆心在坐标原点 O,半径为 R 的圆的方程.

解　在圆上任取一点 $P(x,y)$,则点 P 的特征性质为:它到圆心 O 的距离都等于 R,即 $|OP|=R$,由平面上两点间距离公式,得

$$\sqrt{(x-0)^2+(y-0)^2}=R,$$

两边平方化简得

$$x^2 + y^2 = R^2, \tag{2.1-1}$$

由于这两个方程同解,所以 $x^2 + y^2 = R^2$ 为所求圆的方程.

类似地,在平面 $O\text{-}xy$ 上,圆心为 (a,b)、半径为 R 的圆的方程为

$$(x - a)^2 + (y - b)^2 = R^2. \tag{2.1-2}$$

例 2.1.2 已知两点 $A(-2,-2), B(2,2)$,求满足条件

$$|PA| - |PB| = 4$$

的动点 P 的轨迹方程.

解 设动点 P 的坐标为 (x,y),由 $|PA| - |PB| = 4$,得

$$\sqrt{(x+2)^2 + (y+2)^2} - \sqrt{(x-2)^2 + (y-2)^2} = 4,$$

移项得

$$\sqrt{(x+2)^2 + (y+2)^2} = 4 + \sqrt{(x-2)^2 + (y-2)^2},$$

两边平方化简整理得

$$\sqrt{(x-2)^2 + (y-2)^2} = x + y - 2,$$

再平方化简整理得

$$xy = 2.$$

方程 $\sqrt{(x+2)^2 + (y+2)^2} - \sqrt{(x-2)^2 + (y-2)^2} = 4$ 与 $\sqrt{(x-2)^2 + (y-2)^2} = x + y - 2$ 同解,而方程 $xy = 2$ 与 $\sqrt{(x-2)^2 + (y-2)^2} = x + y - 2$ 不同解,但是方程 $xy = 2$ 附加上条件 $x + y - 2 \geq 0$ 后,方程 $xy = 2$ 就与 $\sqrt{(x-2)^2 + (y-2)^2} = x + y - 2$ 同解,从而附加条件的方程 $xy = 2$ 就与 $\sqrt{(x+2)^2 + (y+2)^2} - \sqrt{(x-2)^2 + (y-2)^2} = 4$ 同解,所以方程

$$xy = 2 \quad (x + y - 2 \geq 0)$$

为动点 P 的轨迹方程.

值得注意的是,条件 $x + y - 2 \geq 0$ 必不可少.

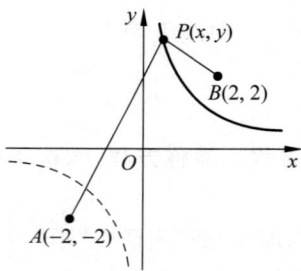

图 2-1 双曲线 $y = \dfrac{2}{x}$ 的两支

这是因为满足题设条件 $|PA| - |PB| = 4$ 的曲线仅是双曲线 $y = \dfrac{2}{x}$ 的一支,即图 2-1 中实线的一支.

$$y = \frac{2}{x} \quad (x + y - 2 \geq 0).$$

而图 2-1 中虚线的一支 $y = \dfrac{2}{x}(x + y - 2 < 0)$ 是不满足条件 $|PA| - |PB| = 4$ 的.

注:(1) 在求解方程的化简过程中必须保证是同解变形.

(2) 若在化简过程中有增添不符合题设条件的内容,需要将这些不符合题设条件的结论给除掉.

例 2.1.3 一动点 P 到点 $A(3,0)$ 的距离等于它到点 $B(-6,0)$ 的距离的一半,求此动点的轨迹方程,并指出此轨迹是什么图形.

解 设动点 P 的坐标为 (x,y),则由题意得

$$|PA| = \frac{1}{2}|PB|,$$

即

$$\sqrt{(x-3)^2 + (y-0)^2} = \frac{1}{2}\sqrt{(x+6)^2 + (y-0)^2},$$

两边平方化简整理得

$$x^2 - 12x + y^2 = 0, \qquad 即 (x-6)^2 + y^2 = 36.$$

此轨迹是圆心在点$(6,0)$,半径为 6 的圆.

下面请读者

🦀 **议一议**　平面上,到两定点的距离之商等于常数的点的轨迹是什么图形?

2. 平面曲线的参数方程

在几何中,一条曲线又可看作是一个点连续运动的轨迹,只是点在运动过程中的运动规律往往不是直接反映为它的两个坐标 x,y 之间的关系,而更为普遍的是体现为动点的位置与时间 t 之间的关系.在给定标架 $\{O;\vec{e}_1,\vec{e}_2\}$ 的平面上,当动点 P 按照某种规律运动时,与它对应的向径 $\overrightarrow{OP}$ 也随着时间 t 的不同而改变(大小和方向的改变),这样的动点所对应的向径 $\overrightarrow{OP}$ 就是一个**变向量**.

定义 2.1.2　如果对于闭区间 $[a,b]$ 上任意的 t,按照某一对应法则,都有唯一确定的向量 $\vec{r}(t)$ 与之对应,那么把 $\vec{r}$ 叫作 t 的**向量函数**,记为

$$\vec{r} = \vec{r}(t), \quad a \leqslant t \leqslant b.$$

向量函数 $\vec{r}(t)$ 在给定标架 $\{O;\vec{e}_1,\vec{e}_2\}$ 下,可以分解成 $\vec{e}_1,\vec{e}_2$ 的线性组合,即

$$\vec{r}(t) = x(t)\vec{e}_1 + y(t)\vec{e}_2, \quad a \leqslant t \leqslant b, \tag{2.1-3}$$

其中 $x(t),y(t)$ 是 $\vec{r}(t)$ 的坐标,它们分别都是变量 t 的实函数.

定义 2.1.3　如果向量函数(2.1-3)式与曲线 L 满足:

(1) 向径 $\vec{r}(t)(a \leqslant t \leqslant b)$ 的终点都在曲线 L 上;

(2) 曲线 L 上的任一点 $P(x(t),y(t))$ 都是向径 $\vec{r}(t)$ 的终点.

那么(2.1-3)式叫作曲线 L 的**向量式参数方程**,其中 t 是**参数**,曲线 L 是向量函数 $\vec{r} = \vec{r}(t)(a \leqslant t \leqslant b)$ 的**图形**.

曲线 L 也可以理解为当 t 在区间 $a \leqslant t \leqslant b$ 内变动时,向径 $\vec{r}(t)$ 的终点 $P(x(t),y(t))$ 描绘出来的图形,如图 2-2 所示.

若曲线 L 的参数方程是(2.1-3)式,即曲线 L 上点的向径 $\vec{r}(t)$ 的坐标为 $x(t),y(t)$,则曲线 L 的方程(2.1-3)也写成如下形式

$$\begin{cases} x = x(t), \\ y = y(t), \end{cases} \quad a \leqslant t \leqslant b. \tag{2.1-4}$$

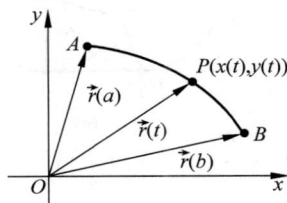

图 2-2　一元向量函数的图示

上式叫作曲线 L 的**坐标式参数方程**,其中 t 是**参数**.

如果能从曲线 L 的坐标式参数方程(2.1-4)中消去参数 t,那么就能得到关于 x 与 y 的关系式,该关系式就是该曲线 L 的普通方程 $F(x,y) = 0$.

例 2.1.4   一个圆在直线上无滑动地滚动,求圆周上一点的轨迹方程.

解   取此直线为 x 轴,过直线与圆相切的切点垂直于直线的直线为 y 轴,建立直角坐标系 $O\text{-}xy$,如图 2-3(a)所示.设圆的半径为 a,开始时动点 P 位于原点 O,经过一段时间后,圆与直线(x 轴)的切点移到 A 点,圆心移到 C 点,于是

$$\vec{r} = \overrightarrow{OP} = \overrightarrow{OA} + \overrightarrow{AC} + \overrightarrow{CP}.$$

设有向角 $\angle(\overrightarrow{CP}, \overrightarrow{CA}) = t$,则 $\vec{i}$ 到 $\overrightarrow{CP}$ 的有向角为 $\angle(\vec{i}, \overrightarrow{CP}) = -\dfrac{\pi}{2} - t$,从而由(1.7-18)式可得

$$\overrightarrow{CP} = a\cos\left(-\frac{\pi}{2} - t\right)\vec{i} + a\sin\left(-\frac{\pi}{2} - t\right)\vec{j} = -a\sin t\,\vec{i} - a\cos t\,\vec{j}.$$

又 $\left|\overrightarrow{OA}\right| = \overset{\frown}{AP} = at$,$\left|\overrightarrow{AC}\right| = a$,所以 $\overrightarrow{OA} = at\,\vec{i}$,$\overrightarrow{AC} = a\,\vec{j}$,从而

$$\vec{r} = a(t - \sin t)\vec{i} + a(1 - \cos t)\vec{j},$$

上式是动点 P 的向量式参数方程,其中参数为 t,且 $-\infty < t < +\infty$,通常统一写成

$$\vec{r}(t) = a(t - \sin t)\vec{i} + a(1 - \cos t)\vec{j}, \quad -\infty < t < +\infty. \tag{2.1-5}$$

设动点 P 的坐标为 (x, y),则该轨迹的坐标式参数方程为

$$\begin{cases} x = a(t - \sin t), \\ y = a(1 - \cos t), \end{cases} \quad -\infty < t < +\infty. \tag{2.1-6}$$

取 $t \in [0, \pi]$ 时,由(2.1-6)式消去参数 t,得到该轨迹的普通方程

$$x = a\arccos\frac{a - y}{a} - \sqrt{2ay - y^2}. \tag{2.1-7}$$

这个方程比它的参数方程要复杂得多,且该方程只表示的是该轨迹的其中一部分,没有表示全部轨迹.

当圆在直线上无滑动地每转动一周,圆周上的一点在一周后的运动情况总是相同的,因此曲线是由一系列完全相同的拱形线组成,我们把这种曲线叫作**旋轮线**或**摆线**,如图 2-3(b)所示.

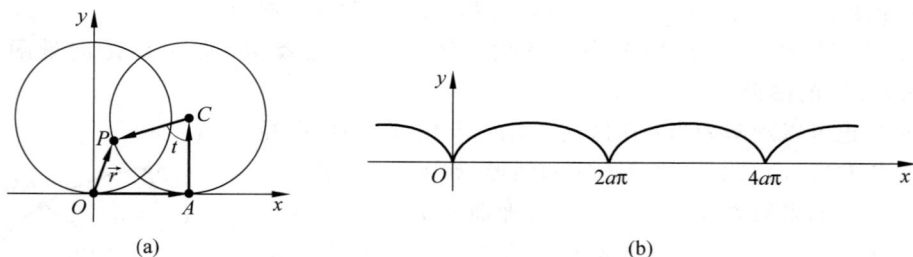

图 2-3   圆在直线上无滑动滚动与旋轮线

例 2.1.5   已知大圆半径为 a,小圆半径为 b.设大圆不动,而小圆在大圆内无滑动地滚动,动圆周上一点 P 的轨迹叫作**内旋轮线**或**内摆线**.求内旋轮线的方程.

解   以大圆的圆心为坐标原点建立直角坐标系 $O\text{-}xy$,如图 2-4(a)所示,设动点 P 开始运动时与 A 点重合,运动后大小圆的触点为 B,则

$$\vec{r} = \overrightarrow{OP} = \overrightarrow{OC} + \overrightarrow{CP}.$$

设 $\angle(\vec{i}, \overrightarrow{OC}) = \theta, \angle(\overrightarrow{CP}, \overrightarrow{CB}) = \varphi$，则由(1.7-18)式可得

$$\overrightarrow{OC} = (a-b)\cos\theta\vec{i} + (a-b)\sin\theta\vec{j}.$$

由于 $a\theta = \overparen{AB} = \overparen{PB} = b\varphi$，所以 $\varphi = \dfrac{a}{b}\theta$，于是

$$\angle(\vec{i}, \overrightarrow{CP}) = \theta - \varphi = \frac{b-a}{b}\theta,$$

从而由(1.7-18)式可得

$$\overrightarrow{CP} = b\cos\frac{b-a}{b}\theta\vec{i} + b\sin\frac{b-a}{b}\theta\vec{j},$$

从而得到内旋轮线的方程为

$$\vec{r}(\theta) = \left[(a-b)\cos\theta + b\cos\frac{b-a}{b}\theta\right]\vec{i} + \left[(a-b)\sin\theta + b\sin\frac{b-a}{b}\theta\right]\vec{j}, \quad (2.1\text{-}8)$$

(2.1-8)式是内旋轮线的向量式参数方程，其中 θ 是参数，且 $-\infty < \theta < +\infty$.

设动点 P 的坐标为 (x,y)，则由(2.1-8)式可得内旋轮线的坐标式参数方程为

$$\begin{cases} x = (a-b)\cos\theta + b\cos\dfrac{b-a}{b}\theta, \\ y = (a-b)\sin\theta + b\sin\dfrac{b-a}{b}\theta, \end{cases} \quad -\infty < \theta < +\infty. \quad (2.1\text{-}9)$$

特别地，当 $a = 4b$ 时，利用三倍角公式

$$\begin{cases} \cos3\theta = 4\cos^3\theta - 3\cos\theta, \\ \sin3\theta = 3\sin\theta - 4\sin^3\theta, \end{cases}$$

内摆线的方程(2.1-9)可化为

$$\begin{cases} x = a\cos^3\theta, \\ y = a\sin^3\theta, \end{cases} \quad -\infty < \theta < +\infty. \quad (2.1\text{-}10)$$

此特殊条件对应的这条曲线叫作**四尖点星形线**，如图 2-4(b)所示.

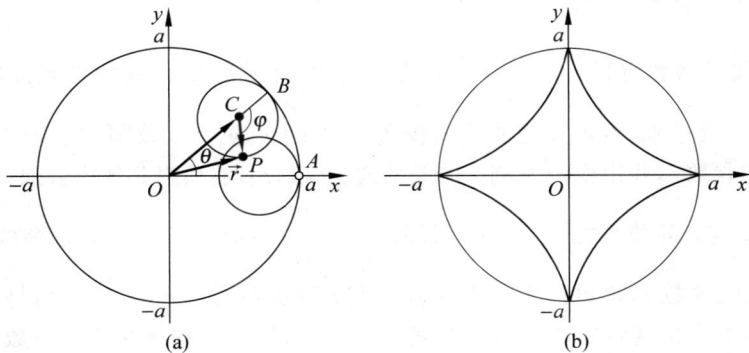

图 2-4 小圆在大圆内滚动与四尖点星形线

当 $a = 4b$ 时，内旋轮线是四尖点星形线，请读者

🐛 **议一议** 当 a 与 b 满足其他特殊数量关系时所对应的内旋轮线.

例 2.1.6 把线绕在一个固定的圆周上,将线头拉紧从圆周上解放出来,即放出部分与圆周相切,求线头轨迹的方程.

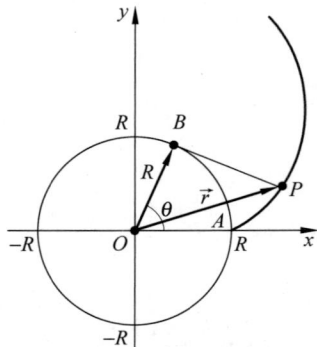

解 设圆的半径为 R,线头 P 的初始位置在圆周 A 点,以圆心为坐标原点 O,OA 为 x 轴建立直角坐标系 O-xy,如图 2-5 所示,经某一过程后切点移到 B 点,BP 为圆的切线,则

$$\vec{r} = \overrightarrow{OP} = \overrightarrow{OB} + \overrightarrow{BP},$$

设 $\angle(\vec{i}, \overrightarrow{OB}) = \theta$,则 $\angle(\vec{i}, \overrightarrow{BP}) = \theta - \dfrac{\pi}{2}$,从而由(1.7-18)式可得

$$\overrightarrow{OB} = R\cos\theta\,\vec{i} + R\sin\theta\,\vec{j}.$$

图 2-5 渐伸线图示

由于 $\left|\overrightarrow{BP}\right| = \overset{\frown}{AB} = R\theta$,所以

$$\overrightarrow{BP} = R\theta\left[\cos\left(\theta - \frac{\pi}{2}\right)\vec{i} + \sin\left(\theta - \frac{\pi}{2}\right)\vec{j}\right] = R\theta(\sin\theta\,\vec{i} - \cos\theta\,\vec{j}).$$

故轨迹的方程为

$$\vec{r} = \vec{r}(\theta) = R(\cos\theta + \theta\sin\theta)\vec{i} + R(\sin\theta - \theta\cos\theta)\vec{j}. \tag{2.1-11}$$

(2.1-11)式是该曲线的向量式参数方程,其中 θ 是参数,且 $-\infty < \theta < +\infty$.

设动点 P 的坐标为 (x, y),则由(2.1-11)式可得该曲线的坐标式参数方程为

$$\begin{cases} x = R(\cos\theta + \theta\sin\theta), \\ y = R(\sin\theta - \theta\cos\theta), \end{cases} \quad -\infty < \theta < +\infty. \tag{2.1-12}$$

此曲线叫作圆的**渐伸线**或**切展线**. 这种曲线在工业上常被采用,并称为**齿轮曲线**.

曲线的参数方程与普通方程表示的都是同一条曲线,那么两种方程之间有着怎样的关系呢? 接下来讨论平面曲线普通方程与参数方程之间的关系.

3. 普通方程与参数方程的互换

若能从曲线的参数方程 $\begin{cases} x = x(t), \\ y = y(t) \end{cases}$ $(a \leqslant t \leqslant b)$ 中消去参数 t,就能得到此曲线的普通方程 $F(x, y) = 0$;反过来,也可以把曲线的普通方程 $F(x, y) = 0$ 改写成参数方程,具体做法是:引入适当的参数 t,找出变量 x 与 t 的关系式 $x = x(t)$,然后将其代入普通方程 $F(x, y) = 0$ 中求出变量 y 与 t 的关系式 $y = y(t)$,那么 $\begin{cases} x = x(t), \\ y = y(t) \end{cases}$ $(a \leqslant t \leqslant b)$ 就是该曲线的参数方程.

当然,引入适当的参数 t,也可以先找出变量 y 与 t 的关系式 $y = y(t)$,然后将其代入普通方程 $F(x, y) = 0$ 中求出变量 x 与 t 的关系式 $x = x(t)$,从而得到该曲线的参数方程.

例 2.1.7 把椭圆的普通方程 $\dfrac{x^2}{a^2} + \dfrac{y^2}{b^2} = 1$ 改写为参数方程.

解 设 $x = a\cos\theta$,将其代入方程 $\dfrac{x^2}{a^2} + \dfrac{y^2}{b^2} = 1$ 解得

$$y = \pm b \sin\theta,$$

如果取 $y = -b \sin\theta$,令 $\theta = -t$,那么 $\begin{cases} x = a \cos\theta, \\ y = -b \sin\theta \end{cases}$ 可变形为 $\begin{cases} x = a \cos t, \\ y = b \sin t. \end{cases}$

所以取 θ 为参数,且 $-\pi < \theta \leqslant \pi$,那么椭圆的参数方程为

$$\begin{cases} x = a \cos\theta, \\ y = b \sin\theta, \end{cases} \quad -\pi < \theta \leqslant \pi.$$

在把曲线的普通方程转化为参数方程时,由于选取的参数可以不是唯一的,从而变量 x 与 t 的关系式 $x = x(t)$ 就可以有多种不同的表达形式,解出的变量 y 与 t 的关系式 $y = y(t)$ 也会随之改变,故同一曲线可以有不同的参数方程.例如在例 2.1.7 中,如果设 $y = kx + b$,将其代入原方程得

$$\frac{x^2}{a^2} + \frac{(kx+b)^2}{b^2} = 1,$$

从而解得

$$x = 0, \quad x = -\frac{2a^2bk}{b^2+a^2k^2}.$$

当在第二式中取 $k = 0$ 时,就可得到第一式 $x = 0$,所以可以舍去第一式,而取 $x = -\dfrac{2a^2bk}{b^2+a^2k^2}$,从而将其代入 $y = kx + b$ 中解得 $y = \dfrac{b(b^2-a^2k^2)}{b^2+a^2k^2}$,故有

$$\begin{cases} x = -\dfrac{2a^2bk}{b^2+a^2k^2}, \\ y = \dfrac{b(b^2-a^2k^2)}{b^2+a^2k^2}. \end{cases}$$

若在上两式中令 $t = -k$,则可得 $\begin{cases} x = \dfrac{2a^2bt}{b^2+a^2t^2}, \\ y = \dfrac{b(b^2-a^2t^2)}{b^2+a^2t^2}, \end{cases}$ 所以可得椭圆的另一个参数方程为

$$\begin{cases} x = \dfrac{2a^2bt}{b^2+a^2t^2}, \\ y = \dfrac{b(b^2-a^2t^2)}{b^2+a^2t^2}, \end{cases} \quad -\infty < t < +\infty. \tag{2.1-13}$$

在推导椭圆参数方程第二种表达式的过程中,设 $y = kx + b$,从**几何意义**上讲,此直线是取定椭圆 $\dfrac{x^2}{a^2} + \dfrac{y^2}{b^2} = 1$ 上一个顶点 $(0, b)$,作以 $(0, b)$ 为中心的直线束,而这时的椭圆的参数方程 (2.1-13) 恰为直线束中的直线与椭圆交点的坐标的一般表达式.但由于过顶点 $(0, b)$ 的直线,即 y 轴的斜率 k 不存在,所以椭圆的参数方程 (2.1-13) 还需要补上点 $(0, -b)$ 才与椭圆 $\dfrac{x^2}{a^2} + \dfrac{y^2}{b^2} = 1$ 相吻合.当然,补上点 $(0, -b)$ 也可以借助极限的思想理解成当 k 趋于无穷大时直线与椭圆的交点.

注：(1) 一条曲线的参数方程不唯一,但普通方程是唯一的.

由例 2.1.7 可知椭圆已有两种参数方程；而参数方程 $\begin{cases} x = a\cos\theta, \\ y = b\sin\theta \end{cases}$ 消去参数 θ 得普通方

程 $\dfrac{x^2}{a^2} + \dfrac{y^2}{b^2} = 1$,且参数方程 $\begin{cases} x = \dfrac{2a^2bt}{b^2 + a^2t^2}, \\ y = \dfrac{b(b^2 - a^2t^2)}{b^2 + a^2t^2} \end{cases}$ 消去参数 t 也得普通方程 $\dfrac{x^2}{a^2} + \dfrac{y^2}{b^2} = 1$.

(2) 一条平面曲线的参数方程与普通方程必须等价.

例如参数方程 $\begin{cases} x = t^4, \\ y = t^2 \end{cases}$ $(-\infty < t < +\infty)$ 与普通方程 $x = y^2$ 就不等价.

这是因为 $\begin{cases} x = t^4, \\ y = t^2 \end{cases}$ $(-\infty < t < +\infty)$ 中的 $y \geqslant 0$,而 $x = y^2$ 中的 $y \in (-\infty, +\infty)$. 这表明

参数方程 $\begin{cases} x = t^4, \\ y = t^2 \end{cases}$ $(-\infty < t < +\infty)$ 所表示的曲线只是曲线 $x = y^2$ 中 $y \geqslant 0$ 的部分. 只有限

制普通方程 $x = y^2$ 中 y 的范围为 $y \geqslant 0$,它们才等价,即参数方程 $\begin{cases} x = t^4, \\ y = t^2 \end{cases}$ $(-\infty < t < +\infty)$

与普通方程 $x = y^2 (y \geqslant 0)$ 等价.

(3) 曲线的参数方程不一定都能化为普通方程.

曲线的参数方程是解析几何联系实际的一个重要工具. 一方面,有的时候运用参数方程来表达曲线,要比用普通方程简单得多,比如在 $t \in [0, \pi]$ 时的参数方程(2.1-6)就比普通方程(2.1-7)要简单得多；另一方面,甚至有的曲线只能用参数方程来表示,而不能用普通方程表示,即不能用 x, y 的**初等函数**[①]来表示,例如参数方程

$$\begin{cases} x = e^t + t^2, \\ y = t + \sin t, \end{cases} \quad -\infty < t < +\infty$$

所表示的曲线就不能用普通方程来表示. 这是因为不能从此参数方程中消去参数 t.

(4) 普通方程转化成参数方程的最简单方法.

令 $x = t$,代入普通方程 $F(x, y) = 0$ 中解出 $y = y(t)$,即可得到曲线的参数方程为

$$\begin{cases} x = t, \\ y = y(t), \end{cases} \quad a \leqslant t \leqslant b.$$

习题 2.1

1. 已知三角形 ABC 底边的两个端点坐标分别为 $B(-3, 0), C(3, 0)$,顶点 A 在直线 $7x - 5y - 35 = 0$ 上移动,求三角形 ABC 的重心的轨迹.

2. 一动点 P 到点 $A(-2, 0)$ 的距离与它到点 $B(2, 0)$ 的距离的乘积等于 4,求此动点的轨迹方程.

---

① 初等函数：初等函数是由幂函数、指数函数、对数函数、三角函数、反三角函数与常数经过有限次的有理运算(加、减、乘、初、有理数次乘方、有理数次开方)及有限次函数复合所产生,并且能用一个解析式表示的函数.

3. 设直线 l 通过定点 $P_0(x_0,y_0)$，并且与非零向量 $\vec{v}=(m,n)$ 平行，证明：直线 l 的向量式参数方程为

$$\vec{r}=\vec{r}_0+t\vec{v}, \quad -\infty<t<+\infty,$$

其中 $\vec{r}_0=\overrightarrow{OP_0}$，$t$ 为参数；坐标式参数方程为

$$\begin{cases} x=x_0+tm, \\ y=y_0+tn, \end{cases} \quad -\infty<t<+\infty;$$

对称式（或标准式）方程为

$$\frac{x-x_0}{m}=\frac{y-y_0}{n}.$$

议一议　除已学直线方程的形式外，还可以怎样表示直线的方程？

4. 将下列平面曲线的参数方程转化为普通方程：

(1) $\begin{cases} x=at^2, \\ y=2at, \end{cases} \quad -\infty<t<+\infty;$ 　　　　(2) $\begin{cases} x=\sin t+5, \\ y=-2\cos t-1, \end{cases} \quad 0\leqslant t<2\pi;$

(3) $\begin{cases} x=R(3\sin t+\cos 3t), \\ y=R(3\sin t-\sin 3t), \end{cases} \quad 0\leqslant t<2\pi;$ (4) $\begin{cases} x=a\cos^3\theta, \\ y=b\sin^3\theta, \end{cases} \quad 0\leqslant\theta<2\pi.$

5. 把下列平面曲线的普通方程转化为参数方程：

(1) $y^2=x^3$；　　　　　　　　　　(2) $x^{\frac{1}{2}}+y^{\frac{1}{2}}=a^{\frac{1}{2}}(a>0)$；

(3) $x^3+y^3-3axy=0(a>0)$；　　　(4) $\dfrac{x^2}{a^2}-\dfrac{y^2}{b^2}=1(a,b>0)$.

6. 当一个圆沿着一个定圆的外部做无滑动的滚动时，动圆上一点的轨迹叫作外旋轮线. 如果分别用 a,b 表示定圆与动圆的半径，求外旋轮线的参数方程（当 $a=b$ 时的曲线叫作心脏线）.

2.2　曲面的方程

空间中每一张具体曲面也都可以看成具有某种特征性质的点的集合. 2.1 节我们讨论了平面曲线的方程，本节将讨论空间中曲面的方程.

1. 曲面的普通方程

定义 2.2.1　如果三元方程 $F(x,y,z)=0$ 与空间曲面 Σ 满足如下关系：

(1) 满足方程的有序数组 (x,y,z) 对应的点都在曲面 Σ 上；

(2) 曲面 Σ 上任一点的坐标 (x,y,z) 都满足方程 $F(x,y,z)=0$，

那么把方程 $F(x,y,z)=0$ 叫作曲面 Σ 的**普通方程**（或**一般方程**），曲面 Σ 叫作方程 $F(x,y,z)=0$ 的**图形**.

注：对于三元方程 $F(x,y,z)=0$，如果满足一定的条件，可以将其改写成二元函数（含有两个自变量的函数）$z=f(x,y)$.

在给定直角坐标系 $O\text{-}xyz$ 的空间中，一张曲面 Σ 可以由一个二元函数 $z=f(x,y)$ 所给出，如图 2-6 所示. 从几何上讲，一个三元方程 $F(x,y,z)=0$ 所表示的图形通常是空间中

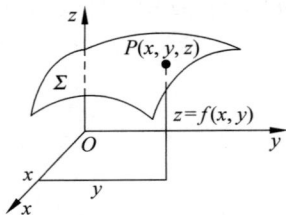

图 2-6 空间曲面与三元
方程图示

的一张曲面.

注:(1)如果三元方程 $F(x,y,z)=0$ 没有实数解时,那么我们就把它所表示的图形叫作**虚曲面**.例如方程

$$x^2 + y^2 + z^2 + 1 = 0$$

就没有实数解,它表示的曲面就是虚曲面.

(2)如果三元方程 $F(x,y,z)=0$ 只有一组实数解时,那么此时它所表示的图形就只表示空间中一点.例如

$$x^2 + y^2 + z^2 = 0$$

就只有一组实数解 $\begin{cases} x=0, \\ y=0, \\ z=0, \end{cases}$ 它就只表示空间直角坐标系的原点.

例 2.2.1 已知两点 $M_1(-1,2,3)$,$M_2(1,-1,2)$,求线段 M_1M_2 的垂直平分面方程.

解 空间中线段的垂直平分面可以看成空间中到两端点距离相等的点的集合,设点 $M(x,y,z)$ 是线段 M_1M_2 垂直平分面上的任一点,则点 M 的特征性质是

$$|M_1M| = |M_2M|,$$

即

$$\sqrt{(x+1)^2+(y-2)^2+(z-3)^2} = \sqrt{(x-1)^2+(y+1)^2+(z-2)^2},$$

化简整理得

$$2x - 3y - z + 4 = 0,$$

即为所求垂直平分面的方程.

例 2.2.2 求 O-xz 坐标面与 O-yz 坐标面所成二面角的平分面的方程.

解 设点 $M(x,y,z)$ 是二面角的平分面上任一点,则点 M 的特征性质是它到两个坐标面的距离相等,即

$$|y| = |x|,$$

即

$$y = \pm x,$$

也可以等价地写为

$$x \pm y = 0,$$

所以所求二面角的平分面的方程为

$$x + y = 0 \quad \text{与} \quad x - y = 0.$$

两个平分面的图形如图 2-7 所示.

例 2.2.3 求 O-yz 坐标面的方程.

解 设点 $M(x,y,z)$ 是 O-yz 坐标面上任一点,则点 M 的特征性质是它的横坐标恒为 0,即

$$x = 0,$$

所以 O-yz 坐标面的方程是 $x=0$.

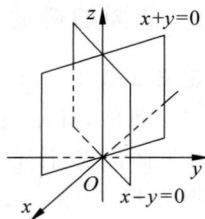

图 2-7 坐标面所成二面角
的平分面及其方程

同理可得,坐标面 O-xz 的方程是 $y=0$;坐标面 O-xy 的方程是 $z=0$.

例 2.2.4 求平行于坐标面 $O\text{-}xz$，且经过点 $P_0(a,b,c)$ 的平面的方程.

解 设点 $M(x,y,z)$ 是所求平面上任一点，则点 M 的特征性质是它的纵坐标恒与点 $P_0(a,b,c)$ 的纵坐标相等，即

$$y=b.$$

由例 2.2.1、例 2.2.2、例 2.2.3 和例 2.2.4 可以看出，这些平面的方程都是一次方程. 关于平面与方程之间有这样的结论：**平面的方程都是一次方程，一次方程表示的图形都是平面.** 对于这个结论的证明，将在本教材的第 3 章中给出.

例 2.2.5 求球心为 $C(a,b,c)$，半径为 R 的球面方程.

解 设点 $M(x,y,z)$ 是所求球面上任一点，则点 M 的特征性质是它到点 C 的距离恒等于 R，即 $|CM|=R$，亦即

$$\sqrt{(x-a)^2+(y-b)^2+(z-c)^2}=R,$$

化简得所求球面方程为

$$(x-a)^2+(y-b)^2+(z-c)^2=R^2. \tag{2.2-1}$$

特别地，球心在原点半径为 R 的球面方程为

$$x^2+y^2+z^2=R^2. \tag{2.2-2}$$

将球面方程(2.2-1)展开后得

$$x^2+y^2+z^2-2ax-2by-2cz+a^2+b^2+c^2-R^2=0,$$

由此可知，此球面方程是一个平方项的系数为 1，且不含 xy,yz,xz 交叉项的三元二次方程.

反过来，如果三元二次方程

$$Ax^2+By^2+Cz^2+Dxy+Eyz+Fxz+Gx+Hy+Mz+N=0,$$

当 $A=B=C\neq0,D=E=F=0$ 时，上式可化为

$$x^2+y^2+z^2+gx+hy+mz+n=0 \tag{2.2-3}$$

的形式，且其中常数 g,h,m,n 是由常数 A,B,C,G,H,M,N 所分别确定的，(2.2-3)式与

$$x^2+y^2+z^2-2ax-2by-2cz+a^2+b^2+c^2-R^2=0$$

的形式相同，所以它表示的图形也可能是球面，我们将其配方可写成

$$\left(x+\frac{g}{2}\right)^2+\left(y+\frac{h}{2}\right)^2+\left(z+\frac{m}{2}\right)^2=\frac{g^2+h^2+m^2-4n}{4},$$

从而可得

(1) 当 $\dfrac{g^2+h^2+m^2-4n}{4}>0$ 时，则(2.2-3)式表示实球面；

(2) 当 $\dfrac{g^2+h^2+m^2-4n}{4}=0$ 时，则(2.2-3)式表示空间一个点；

(3) 当 $\dfrac{g^2+h^2+m^2-4n}{4}<0$ 时，则(2.2-3)式表示无实图形.

注：(1) 如果把上面的点叫作点球，无实图形时叫作虚球面，那么这三种情形就可统称为球面；

(2) 球面的方程一定是一个平方项系数相等且交叉项消失的三元二次方程；反过来，任何一个平方项系数相等且交叉项消失的三元二次方程表示的图形一定是球面(实球面、点球或虚球面).

2. 曲面的参数方程

由定义 2.1.1 知道,平面曲线的参数方程是一个单参数的向量函数

$$\vec{r} = \vec{r}(t), \quad a \leqslant t \leqslant b,$$

或

$$\vec{r}(t) = x(t)\vec{e}_1 + y(t)\vec{e}_2, \quad a \leqslant t \leqslant b.$$

空间曲面的参数方程与平面曲线的参数方程非常类似.类似定义 2.1.2,给出二元向量函数的如下定义.

定义 2.2.2 如果在两个变量 u, v 的变动区域($a \leqslant u \leqslant b, c \leqslant v \leqslant d$)内任意取一对 u, v,按照某一对应法则,都有唯一确定的向量 $\vec{r}(u, v)$ 与之对应,那么把 $\vec{r}$ 叫作关于 u, v 的**二元向量函数**,记为

$$\vec{r} = \vec{r}(u, v)$$

或

$$\vec{r}(u, v) = x(u, v)\vec{e}_1 + y(u, v)\vec{e}_2 + z(u, v)\vec{e}_3, \tag{2.2-4}$$

其中 $x(u, v), y(u, v), z(u, v)$ 是变向量 $\vec{r}(u, v)$ 的坐标,它们都是关于 u, v 的实函数.

当取遍 u, v 变动区域($a \leqslant u \leqslant b, c \leqslant v \leqslant d$)内的所有值时,向径

$$\overrightarrow{OP} = \vec{r}(u, v) = x(u, v)\vec{e}_1 + y(u, v)\vec{e}_2 + z(u, v)\vec{e}_3$$

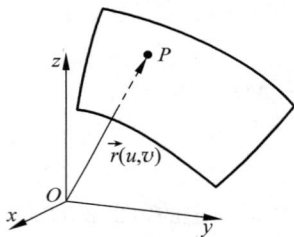

图 2-8 二元向量函数的图示

的终点 $P(x(u, v), y(u, v), z(u, v))$ 所形成的轨迹,一般是一张曲面,如图 2-8 所示.

定义 2.2.3 如果向量函数(2.2-4)与空间曲面 Σ 满足如下关系:

(1) 向径 $\vec{r}(u, v)$($a \leqslant u \leqslant b, c \leqslant v \leqslant d$)的终点都在曲面 Σ 上;

(2) 曲面 Σ 上的任一点 $P(x(u, v), y(u, v), z(u, v))$ 都是向径 $\vec{r}(u, v)$ 的终点.

那么(2.2-4)式叫作曲面 Σ 的**向量式参数方程**,其中 u, v 是**参数**,曲面 Σ 是向量函数 $\vec{r}(u, v)$($a \leqslant u \leqslant b, c \leqslant u \leqslant d$)的图形.

因为向径 $\vec{r}(u, v)$ 的坐标为($x(u, v), y(u, v), z(u, v)$),所以曲面 Σ 的参数方程(2.2-4)也可写成

$$\begin{cases} x = x(u, v), \\ y = y(u, v), \\ z = z(u, v). \end{cases} \tag{2.2-5}$$

(2.2-5)式叫作曲面的**坐标式参数方程**,其中 u, v 是参数,且 $a \leqslant u \leqslant b, c \leqslant v \leqslant d$.

例 2.2.6 求球心在原点,半径为 R 的球面的参数方程.

解 如图 2-9 所示,设 $P(x, y, z)$ 是球面上任一点,点 P 在 $O\text{-}xy$ 坐标面上的投影点为 Q,而点 Q 在 x 轴上的射影点为 S,则

$$\vec{r} = \overrightarrow{OP} = \overrightarrow{OS} + \overrightarrow{SQ} + \overrightarrow{QP}.$$

设 $\angle(\vec{i}, \overrightarrow{OQ}) = \theta, \angle(\overrightarrow{OQ}, \overrightarrow{OP}) = \varphi$,则有 $-\pi < \theta \leqslant \pi, -\dfrac{\pi}{2} \leqslant \varphi \leqslant \dfrac{\pi}{2}$,且

$$\overrightarrow{OS} = \left|\overrightarrow{OQ}\right|\cos\theta\,\vec{i} = R\cos\varphi\cos\theta\,\vec{i}, \quad \overrightarrow{SQ} = \left|\overrightarrow{OQ}\right|\sin\theta\,\vec{j} = R\cos\varphi\sin\theta\,\vec{j}, \quad \overrightarrow{QP} = R\sin\varphi\,\vec{k},$$

所以

$$\vec{r} = R\cos\varphi\cos\theta\,\vec{i} + R\cos\varphi\sin\theta\,\vec{j} + R\sin\varphi\,\vec{k}. \tag{2.2-6}$$

(2.2-6)式是所求球面的向量式参数方程,其中 θ,φ 是参数,且 $-\pi<\theta\leqslant\pi,-\dfrac{\pi}{2}\leqslant\varphi\leqslant\dfrac{\pi}{2}$.

由球面的向量式参数方程(2.2-6)可得球面的坐标式参数方程为

$$\begin{cases} x = R\cos\varphi\cos\theta, \\ y = R\cos\varphi\sin\theta, \quad -\pi<\theta\leqslant\pi, \quad -\dfrac{\pi}{2}\leqslant\varphi\leqslant\dfrac{\pi}{2}. \\ z = R\sin\varphi, \end{cases} \tag{2.2-7}$$

由球面的坐标式参数方程(2.2-7)消掉参数 θ,φ 得到该球面的一般方程(2.2-2),即

$$x^2 + y^2 + z^2 = R^2.$$

由方程 $x^2 + y^2 + z^2 = R^2$ 可知,可以用 x,y 的代数式表示 z,即

$$z = \pm\sqrt{R^2 - x^2 - y^2}.$$

我们把方程 $z = \sqrt{R^2 - x^2 - y^2}$ 所表示的图形叫作**上半球面**;而方程 $z = -\sqrt{R^2 - x^2 - y^2}$ 所表示的图形叫作**下半球面**.

请读者写出左球面、右球面、前球面和后球面的方程.

例 2.2.7 求以 z 轴为中心轴,半径为 R 的圆柱面的参数方程与一般方程.

解 如图 2-10 所示,设 $P(x,y,z)$ 是圆柱面上任一点,点 P 在 $O\text{-}xy$ 坐标面上的投影点为 Q,而点 Q 在 x 轴上的射影点为 S,则

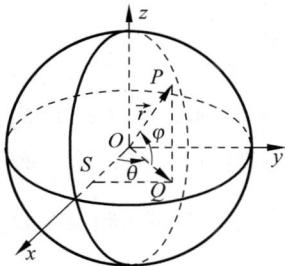

图 2-9　球面

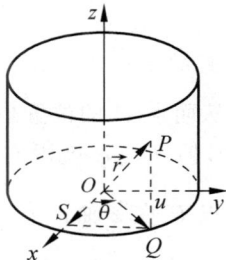

图 2-10　圆柱面

$$\vec{r} = \overrightarrow{OP} = \overrightarrow{OS} + \overrightarrow{SQ} + \overrightarrow{QP}.$$

设 $\angle(\vec{i},\overrightarrow{OQ}) = \theta,u = z$,则有 $-\pi<\theta\leqslant\pi,-\infty<u<+\infty$,且可得

$$\overrightarrow{OS} = \left|\overrightarrow{OQ}\right|\cos\theta\,\vec{i} = R\cos\theta\,\vec{i}, \quad \overrightarrow{SQ} = \left|\overrightarrow{OQ}\right|\sin\theta\,\vec{j} = R\sin\theta\,\vec{j}, \quad \overrightarrow{QP} = u\vec{k}$$

所以

$$\vec{r} = R\cos\theta\,\vec{i} + R\sin\theta\,\vec{j} + u\vec{k} \tag{2.2-8}$$

(2.2-8)式是所求圆柱面的向量式参数方程,其中 θ,u 是参数,且 $-\pi<\theta\leqslant\pi,-\infty<u<+\infty$.

由圆柱面的向量式参数方程(2.2-8)式可得圆柱面的坐标式参数方程为

$$\begin{cases} x = R\cos\theta, \\ y = R\sin\theta, \quad -\pi < \theta \leqslant \pi, \quad -\infty < u < +\infty. \\ z = u, \end{cases} \tag{2.2-9}$$

由圆柱面的坐标式参数方程(2.2-9)消掉参数 θ, u 得到圆柱面的一般方程为

$$x^2 + y^2 = R^2. \tag{2.2-10}$$

同理可得,以 y 轴为中心轴,半径为 R 的圆柱面的方程是 $x^2 + z^2 = R^2$;以 x 轴为中心轴,半径为 R 的圆柱面的方程是 $y^2 + z^2 = R^2$. 方程 $\left(x - \dfrac{a}{2}\right)^2 + y^2 = \dfrac{a^2}{4}$ 表示的曲面是对称轴为过点 $\left(\dfrac{a}{2}, 0, 0\right)$ 平行于 z 轴的直线、半径为 $R = \dfrac{a}{2}$ 的圆柱面. 请读者画出此圆柱面的图形.

3. 球坐标系与柱坐标系

在建立了空间直角坐标系 $O\text{-}xyz$ 的空间中,可以通过有序三个实数对 (x, y, z) 来确定一个点的位置. 在空间中与坐标原点的距离为 R 的任意一点 P,总可以看成在以原点为球心,半径为 R 的球面上. 当把球面半径 R 看成变量时,由(2.2-2)式就可以确定空间中一个点 P 的位置,图 2-11 所示. 如果把变量 R 改写成 ρ,并设

$$|OP| = \rho (\rho \geqslant 0), \quad \angle(\vec{i}, \overrightarrow{OQ}) = \theta (-\pi < \theta \leqslant \pi),$$

$$\angle(\overrightarrow{OQ}, \overrightarrow{OP}) = \varphi \left(-\frac{\pi}{2} \leqslant \varphi \leqslant \frac{\pi}{2}\right)$$

的值确定,那么

$$\begin{cases} x = \rho\cos\varphi\cos\theta, \\ y = \rho\cos\varphi\sin\theta, \\ z = \rho\sin\varphi \end{cases}$$

的值就随之确定,从而点 P 的位置也就确定了. 反过来,如果空间点 P 的位置确定,当点 P 为原点时,则 $\rho = 0$,但 θ 与 φ 就没有对应的唯一值;当点 P 在 z 轴上而不是原点时,那么 $\rho = |OP|$,$\varphi = \dfrac{\pi}{2}$(点 P 在 z 轴正半轴上)或 $\varphi = -\dfrac{\pi}{2}$(点 P 在 z 轴负半轴上)都是唯一确定的,但 θ 就没有对应的唯一值. 所以,如果空间中点 P 不在 z 轴上且位置已经确定,那么三个值 ρ, θ, φ 也就确定了. 因此,如果在建有空间直角坐标系 $O\text{-}xyz$ 的空间中,除去 z 轴上的点,其余的点就可以与有序三数组 ρ, θ, φ 建立一一对应关系,这种一一对应关系叫作空间点的**球坐标系**,或叫作**空间极坐标系**,如图 2-11 所示,并把有序三数组 ρ, θ, φ 叫作点的**球面坐标**或**空间极坐标**,记为 $P(\rho, \theta, \varphi)$,这里

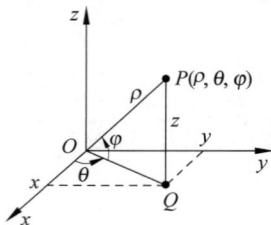

图 2-11   球坐标系

$$\rho > 0, \ -\pi < \theta \leqslant \pi, \ -\frac{\pi}{2} \leqslant \varphi \leqslant \frac{\pi}{2}.$$

当建立了空间直角坐标系与球坐标系后,空间中点 P 的直角坐标 (x, y, z) 与球坐标 (ρ, θ, φ) 之间就有如下关系:

$$\begin{cases} x = \rho\cos\varphi\cos\theta, \\ y = \rho\cos\varphi\sin\theta, \quad \rho > 0, -\pi < \theta \leqslant \pi, -\dfrac{\pi}{2} \leqslant \varphi \leqslant \dfrac{\pi}{2}. \\ z = \rho\sin\varphi, \end{cases} \tag{2.2-11}$$

或

$$\begin{cases} \rho = \sqrt{x^2 + y^2 + z^2}, \\ \cos\theta = \dfrac{x}{\sqrt{x^2 + y^2}}, \quad \sin\theta = \dfrac{y}{\sqrt{x^2 + y^2}}, \\ \varphi = \arcsin \dfrac{z}{\sqrt{x^2 + y^2 + z^2}}. \end{cases} \tag{2.2-12}$$

在建立了球坐标系的空间中,某些曲面在球坐标系下的方程将会变得比在直角坐标系下的方程简单.例如在直角坐标系下球心在坐标原点、半径为 R 的球面方程为

$$x^2 + y^2 + z^2 = R^2.$$

而该球面在球坐标系下的方程却为

$$\rho = R.$$

在球坐标系下,它的三个坐标面的方程分别为:

当 $\rho = \rho_0$（常数）时,坐标面为球面;

当 $\theta = \theta_0$（常数）时,坐标面为半平面;

当 $\varphi = \varphi_0$（常数）时,坐标面为锥面.球坐标系下的三个坐标面的图形如图 2-12 所示.

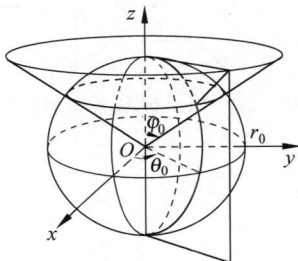

图 2-12　球坐标系下的坐标面

4. 柱坐标

由于圆柱面可以看成空间中到定直线的距离等于定长的点的集合,所以空间中到 z 轴距离为 R 的点,总可以把它看成在以 z 轴为轴、半径为 R 的圆柱面(2.2-9)上,因此,当把圆柱面的半径 R 看成变量时,并将其改写成 $\rho(\rho \geqslant 0)$ 来表示,那么由(2.2-9)式可知 ρ, θ, u 的值可以确定空间中一点的位置;反过来,如果空间点 P 的位置确定,当点 P 为原点时,根据的定义,那么 $\rho = 0, u = 0$,但 θ 就没有对应的唯一值;当点 P 在 z 轴上而不是原点时,那么点 P 在 z 轴正半轴上或点 P 在 z 轴负半轴上时,有 $\rho = 0, u = |OP|$ 或 $\rho = 0, u = -|OP|$,ρ

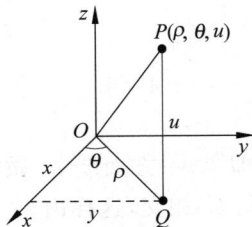

图 2-13　柱坐标系

与 u 都是唯一确定的,但 θ 就没有对应的唯一值.所以,如果空间中点 P 不在 z 轴上且位置已经确定,那么三个值 ρ, θ, u 也就确定了.因此,如果在建有空间直角坐标系的空间中,除去 z 轴上的点,其余的点就可以与有序三数组 ρ, θ, u 建立一一对应关系,这种一一对应关系叫作空间点的**柱坐标系**,如图 2-13 所示,并把有序三数组 ρ, θ, u 叫作点的**柱面坐标**,记为 $P(\rho, \theta, u)$,这里

$$\rho > 0, -\pi < \theta \leqslant \pi, -\infty < u < +\infty.$$

当建立了空间直角坐标系与柱面坐标系后,空间中点 P 的直角坐标 (x, y, z) 与柱坐标 (ρ, θ, u) 之间就有如下关系

$$\begin{cases} x = \rho\cos\theta, \\ y = \rho\sin\theta, \quad \rho > 0, -\pi < \theta \leqslant \pi, -\infty < u < +\infty. \\ z = u, \end{cases} \tag{2.2-13}$$

或

$$
\begin{cases}
\rho = \sqrt{x^2 + y^2}, \\
\cos\theta = \dfrac{x}{\sqrt{x^2 + y^2}}, \quad \sin\theta = \dfrac{y}{\sqrt{x^2 + y^2}}, \\
u = z.
\end{cases}
\tag{2.2-14}
$$

在建立了柱坐标系的空间中,某些曲面在柱坐标系下的方程将会变得比在直角坐标系下的方程简单. 例如在直角坐标系下以 z 轴为轴、R 为半径的圆柱面的方程为

$$x^2 + y^2 = R^2.$$

而它在柱坐标系下的方程却为

$$\rho = R.$$

在柱坐标系下,它的三个坐标面的方程分别为:

当 $\rho = \rho_0$ (常数) 时, 坐标面为圆柱面;

当 $\theta = \theta_0$ (常数) 时, 坐标面为半平面;

当 $u = u_0$ (常数) 时, 坐标面为平面. 柱坐标系下的三个坐

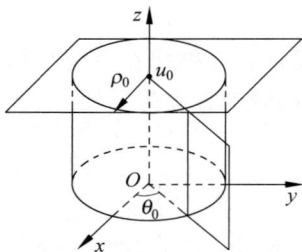

图 2-14 柱坐标系下的坐标面 标面的图形如图 2-14 所示.

习题 2.2

1. 求到点 $A(4,0,0)$ 与到坐标面 $O\text{-}xy$ 的距离相等的点的轨迹方程.

2. 在空间选择适当的坐标系,求下列点的轨迹方程:

(1) 到两个定点的距离之和等于常数的点的轨迹;

(2) 到两个定点的距离之差等于常数的点的轨迹;

(3) 到两个定点的距离之比等于常数的点的轨迹.

3. 求下列各球面的方程:

(1) 球心在原点且过点 $(6,-2,3)$;

(2) 一条直径的两个端点是 $(2,-3,5)$ 和 $(4,1,-3)$;

(3) 通过原点与 $(4,0,0),(1,3,0),(0,0,-4)$.

4. 求下列球面的球心与半径:

(1) $x^2 + y^2 + z^2 - 6x + 8y + 2z + 10 = 0$;(2) $x^2 + y^2 + z^2 + 2x - 4y - 4 = 0$.

5. 求球心在点 $C(a,b,c)$,半径为 R 的球面的参数方程.

6. 有两条相互相交的直线 l_1 与 l_2,其中 l_1 绕 l_2 做螺旋运动,即 l_1 一方面绕 l_2 做等速转动,另一方面又沿着 l_2 做等速直线运动,在运动中 l_1 永远保持与 l_2 相交,这样由 l_1 所画出的曲面叫作**螺旋面**,求出螺旋面的方程.

7. 已知四点 $(1,2,7),(4,3,3),(5,1,-6),(\sqrt{7},\sqrt{7},0)$,试求过这四点的球面方程.[①]

8. 消去下列曲面参数方程中的参数 u,v,化为一般方程:

---

① 此题是第 3 届全国大学生数学竞赛初赛题目(数学类,2011 年).

(1) $\begin{cases} x=u, \\ y=v, \\ z=\sqrt{1-u^2-v^2}, \end{cases} \quad u^2+v^2 \leqslant 1;$

(2) $\begin{cases} x=a\cos u, \\ y=a\sin u, \quad 0 \leqslant u < 2\pi, -\infty < v < +\infty. \\ z=v, \end{cases}$

9. 在球坐标系中,下列方程表示什么图形?

(1) $\rho=5$;   (2) $\varphi=0$;   (3) $\theta=\dfrac{\pi}{3}$.

10. 在柱坐标系中,下列方程表示什么图形?

(1) $\rho=2$;   (2) $\theta=\dfrac{\pi}{4}$;   (3) $u=-1$.

11. 在空间中给定两个不同点 P 和 Q. 过点 P 的直线 $l(P)$ 与过点 Q 的直线 $l(Q)$ 正交于点 M. 问:所有可能的正交点 M 构成何种曲面? 证明你的结论.①

2.3 空间曲线的方程

1. 空间曲线的普通方程

由于任意一条线都可以看成两个面的交线,故空间曲线就可以看成两个曲面的交线. 而由 2.2 节知,一张曲面的一般方程是一个三元方程,设这两个相交曲面的方程分别为 $F_1(x,y,z)=0$ 与 $F_2(x,y,z)=0$,且它们相交于曲线 L,如图 2-15 所示.

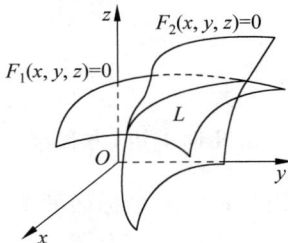

图 2-15 两个曲面所确定的曲线

定义 2.3.1 如果三元方程组

$$\begin{cases} F_1(x,y,z)=0, \\ F_2(x,y,z)=0 \end{cases} \tag{2.3-1}$$

与空间曲线 L 满足如下关系:

(1) 满足方程组(2.3-1)的有序数组 (x,y,z) 对应的点都在曲线 L 上;

(2) 曲线 L 上任一点的坐标 (x,y,z) 都满足方程组(2.3-1).

那么方程组(2.3-1)叫作空间曲线 L 的**普通方程**(或**一般方程**).

由于在空间中,过空间给定一条曲线的曲面有无数多个,任意选两个曲面对应的方程构成的方程组都是该曲线一般方程,这说明空间曲线的一般方程不唯一. 另一方面,虽然任意选两个曲面对应的方程构成的方程组都是该曲线的一般方程,那我们选哪两个曲面最好呢? 从代数的角度上讲,方程组可以进行同解变形,得到同解的方程组;而从几何的角度上讲,同解的方程组所表示的图形是同一几何图形. 所以空间曲线的一般方程可以用不同形式的方程组来表达,且表达同一条曲线的方程组是等价的.

---

① 此题是第 15 届全国大学生数学竞赛初赛题目(数学类 B 卷,2023 年).

例如：z 轴的方程可以表为

$$\begin{cases} x + y = 0, \\ x - y = 0. \end{cases}$$

由于方程组 $\begin{cases} x + y = 0, \\ x - y = 0 \end{cases}$ 与 $\begin{cases} x = 0, \\ y = 0 \end{cases}$ 同解，所以 z 轴的方程也可以表为

$$\begin{cases} x = 0, \\ y = 0. \end{cases}$$

显然后一个方程组比前一个方程组从形式上看要简单．所以从代数上讲，我们希望选两个简单方程构成的同解方程组作为空间曲线的一般方程；从几何上讲，我们选那两个简单方程所对应的曲面，作为通过该曲线的两个曲面最好．但究竟简单的那两个方程又是什么呢？这个问题的答案，将在后继的学习中得到解答．

例 2.3.1　求空间中在 $O\text{-}xy$ 坐标面上，半径为 R，圆心在坐标原点的圆的方程．

解　因为球面与平面相交的交线总是圆，所以此空间圆就可以看成一个球面与一个平面的交线．依题意，此圆可看成由球心在原点 O，半径为 R 的球面与 $O\text{-}xy$ 坐标面的交线，故所求圆的方程可表为

$$\begin{cases} x^2 + y^2 + z^2 = R^2, \\ z = 0. \end{cases}$$

因为方程组 $\begin{cases} x^2 + y^2 + z^2 = R^2, \\ z = 0 \end{cases}$ 与 $\begin{cases} x^2 + y^2 = R^2, \\ z = 0 \end{cases}$ 同解，故所求圆的方程也可以表示为

$$\begin{cases} x^2 + y^2 = R^2, \\ z = 0. \end{cases}$$

从几何上讲，方程组 $\begin{cases} x^2 + y^2 = R^2, \\ z = 0 \end{cases}$ 所表示的是将此圆看成半径为 R、以 z 轴为轴的圆柱面与 $O\text{-}xy$ 坐标面的交线．

例 2.3.2　方程组 $\begin{cases} z = \sqrt{a^2 - x^2 - y^2}, \\ \left(x - \dfrac{a}{2}\right)^2 + y^2 = 4 \end{cases}$ 表示曲线的直观图形．

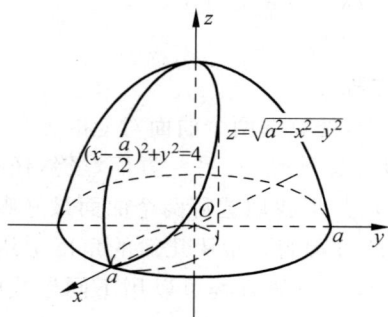

图 2-16　上半球面与圆柱面
　　　　的交线

解　方程 $z = \sqrt{a^2 - x^2 - y^2}$ 表示的曲面是球心在坐标原点、半径为 a 的上半球面，而方程 $\left(x - \dfrac{a}{2}\right)^2 + y^2 = 4$ 表示的曲面是轴为过点 $\left(\dfrac{a}{2}, 0, 0\right)$ 平行于 z 轴的直线、半径 $R = 2$ 的圆柱面，它们的交线如图 2-16 所示．

2. 空间曲线的参数方程

空间曲线除可以看成两个曲面的交线外，还可以看成具有某种特征性质的点的集合，还可以看成点在

空间中连续运动的轨迹.所以空间曲线的方程除一般方程外,还常常用另一种方程,即参数方程.

讨论空间曲线参数方程与讨论平面曲线的参数方程完全类似.在空间建立了空间直角坐标系 $\{O;\vec{i},\vec{j},\vec{k}\}$ 后,设向量函数

$$\vec{r}=\vec{r}(t)$$

或

$$\vec{r}(t)=x(t)\vec{i}+y(t)\vec{j}+z(t)\vec{k},\quad a\leqslant t\leqslant b. \tag{2.3-2}$$

类似于平面曲线的参数方程的定义,给出空间曲线参数方程的如下定义.

定义 2.3.2　如果向量函数(2.3-2)与空间曲线 L 满足:

(1) 向径 $\vec{r}(t)$ 的终点都在空间曲线 L 上;

(2) 空间曲线 L 上的任一点 $P(x(t),y(t),z(t))$ 都是向径 $\vec{r}(t)$ 的终点.

那么(2.3-2)式叫作空间曲线 L 的**向量式参数方程**,其中 t 是**参数**,且 $a\leqslant t\leqslant b$,空间曲线 L 是向量函数 $\vec{r}=\vec{r}(t)$ 的**图形**.

设空间曲线 L 上任一点 P 的坐标为 (x,y,z),则可由(2.3-2)式写出该曲线的**坐标式参数方程**为

$$\begin{cases} x=x(t), \\ y=y(t), \\ z=z(t), \end{cases} \tag{2.3-3}$$

其中 t 是参数,且 $a\leqslant t\leqslant b$.

例 2.3.3　一个质点一方面绕 z 轴做等角速度的圆周运动,另一方面平行于 z 轴做等速直线运动,求此质点运动的轨迹方程.

解　如图 2-17 所示,设质点运动的起点为 $A(a,0,0)$,角速度为 ω,匀速直线速度为 v,且 $\dfrac{v}{\omega}=b$,点 A 经过 t 秒后运动到点 $P(x,y,z)$.点 P 在 $O\text{-}xy$ 坐标面上的投影点为点 Q,则

$$\vec{r}=\overrightarrow{OP}=\overrightarrow{OQ}+\overrightarrow{QP}.$$

设 $\angle(\vec{i},\overrightarrow{OQ})=\omega t$,则由(1.7-18)式可得

$$\overrightarrow{OQ}=a\cos\omega t\,\vec{i}+a\sin\omega t\,\vec{j},$$

又因为 $\overrightarrow{QP}=vt\vec{k}=b\omega t\vec{k}$,所以

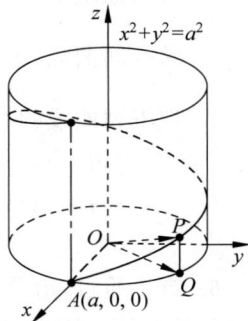

图 2-17　圆柱螺旋线

$$\vec{r}(t)=a\cos\omega t\,\vec{i}+a\sin\omega t\,\vec{j}+b\omega t\vec{k}.$$

这是该曲线的向量式参数方程,其中 t 是参数,且 $-\infty<t<+\infty$.也可以直接写成

$$\vec{r}(t)=a\cos\omega t\,\vec{i}+a\sin\omega t\,\vec{j}+b\omega t\vec{k},\quad -\infty<t<+\infty. \tag{2.3-4}$$

进而该曲线的坐标式参数方程为

$$\begin{cases} x=a\cos\omega t, \\ y=a\sin\omega t,\quad -\infty<t<+\infty. \\ z=b\omega t, \end{cases} \tag{2.3-5}$$

若令 $\omega t=\theta$,则(2.3-4)式与(2.3-5)式可以分别写成

$$\vec{r}(\theta) = a\cos\theta\,\vec{i} + a\sin\theta\,\vec{j} + b\theta\,\vec{k}, \quad -\infty < \theta < +\infty.$$

与

$$\begin{cases} x = a\cos\theta, \\ y = a\sin\theta, \quad -\infty < \theta < +\infty. \\ z = b\theta, \end{cases}$$

由上式消去参数 θ 得到该曲线的一般方程为

$$\begin{cases} x = a\cos\dfrac{z}{b}, \\ y = a\sin\dfrac{z}{b}. \end{cases} \tag{2.3-6}$$

由(2.3-6)式可以得到

$$x^2 + y^2 = a^2.$$

由于方程 $x^2 + y^2 = a^2$ 表示的几何图形是一个圆柱面,所以这说明所求曲线上的所有点都在这个圆柱面上,它的图形如图 2-17 所示,通常我们把此曲线叫作**圆柱螺旋线**.

习题 2.3

1. 平面 $x = C$ 与 $x^2 + y^2 - 2x = 0$ 的交线是什么图形?

2. 指出下列曲面与坐标面的交线是什么图形?

(1) $x^2 + y^2 + 16z^2 = 64$; 　　　　(2) $x^2 + 4y^2 - 16z^2 = 64$;

(3) $x^2 - 4y^2 - 16z^2 = 64$; 　　　　(4) $x^2 + 9y^2 = 10z$.

3. 写出曲线 $\vec{r}(t) = t\cos t\,\vec{i} + t\sin t\,\vec{j} + t\,\vec{k}\ (-\infty < t < +\infty)$ 与曲面 $x^2 + y^2 = 4$ 的交点.

4. 求空间曲线 $\begin{cases} y^2 - 4x = 0, \\ x + z^2 = 0 \end{cases}$ 的参数方程.

5. 把下列曲线的参数方程化为一般方程:

(1) $\begin{cases} x = 6t + 1, \\ y = (t+1)^2, \quad -\infty < t < +\infty; \\ z = 2t, \end{cases}$　(2) $\begin{cases} x = 3\sin t, \\ y = 5\sin t, \quad 0 \leqslant t < 2\pi. \\ z = 4\cos t, \end{cases}$

6. 有一质点,沿着已知圆锥面的一条直母线自圆锥的顶点起,做等速直线运动,另外,这条母线在圆锥面上,过圆锥顶点绕圆锥面的轴(旋转轴)做等速转动,这时质点在圆锥面上的轨迹叫作**圆锥螺线**,求出圆锥螺线的方程.

第 3 章

平面与空间直线

第 2 章研究了曲线与曲面的方程的求法,本章将研究具体的面与线,即平面与空间直线,它们是空间中最简单的几何图形,也是最基本的几何图形.这一章我们将用代数的方法定量地研究它们,从而建立平面与空间直线在直角标架下的方程,以及讨论它们的位置关系.

3.1 平面的方程

由高中知识知道,确定一个平面的几何条件有"不共线的三点""两条相交直线""两条平行直线""直线与直线外一点"以及"过一点与已知直线垂直"等,这些条件都可以确定唯一的一个平面.根据第 2 章的理论,我们清楚所确定的这些平面都应该有相应的方程.接下来我们讨论由几何条件确定的平面的方程.

1. 平面的点法式方程

在空间中,如果给定一个定点及一个非零向量,那么通过定点且垂直于该非零向量的平面就被唯一确定.下面我们来推导此平面的方程.为此,先给出如下定义.

定义 3.1.1   与平面垂直的非零向量叫作平面的一个**法向量**,通常记为 $\vec{n}$.

注:与平面垂直的任何一个非零向量都可以作为该平面的法向量.

设平面 π 通过的定点为 P_0,法向量为 $\vec{n}$.建立空间直角标架 $\{O; \vec{i}, \vec{j}, \vec{k}\}$,设点 P_0 对应的向量为 $\overrightarrow{OP_0} = \vec{r}_0$,平面 π 上任意一点 P 对应的向径为 $\overrightarrow{OP} = \vec{r}$,如图 3-1 所示.显然点 P 在平面 π 上的充要条件是 $\overrightarrow{P_0P} \perp \vec{n}$,即

$$(\vec{r} - \vec{r}_0) \cdot \vec{n} = 0, \tag{3.1-1}$$

(3.1-1)式叫作由点与法向量所确定的平面的**点法式向量式方程**.

图 3-1 平面的点法式图示

若设平面 π 上点 P_0 与 P 的坐标分别为 (x_0, y_0, z_0) 与 (x, y, z),法向量 $\vec{n}$ 的坐标为 (A, B, C),将这些坐标代入(3.1-1)式,得

$$A(x - x_0) + B(y - y_0) + C(z - z_0) = 0, \tag{3.1-2}$$

(3.1-2)式叫作由点与法向量所确定的平面的**点法式坐标式方程**.

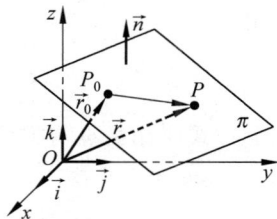

2. 平面的点位式方程

在空间中,给定一个定点与两个不共线的向量,那么通过定点且与这两个不共线的向量都平行的平面就被唯一确定.下面我们来具体推导此平面的方程.

设定点为 P_0,不共线的两个向量是 $\vec{a}$ 与 $\vec{b}$,它们所确定的平面为 π,则由于平面 π 与向量 $\vec{a}$ 平行,所以平面的法向量 $\vec{n}$ 与向量 $\vec{a}$ 垂直,同理,法向量 $\vec{n}$ 与向量 $\vec{b}$ 也垂直.又因为向量 $\vec{a}$ 与 $\vec{b}$ 不共线,所以平面的法向量 $\vec{n}$ 可以取为向量 $\vec{a} \times \vec{b}$,从而就可以转化成利用平面的点法式方程求出该平面的方程.

下面我们就从确定此平面的几何条件出发,推导出该平面的另外表现形式的方程.为此,先给出如下定义.

定义 3.1.2 与平面平行的两个不共线的向量叫作平面的**方位向量**,一般常记为 $\vec{a}, \vec{b}$.

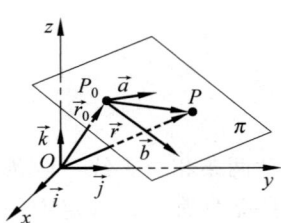

建立空间直角标架 $\{O; \vec{i}, \vec{j}, \vec{k}\}$,设点 P_0 对应的向量为 $\overrightarrow{OP_0} = \vec{r}_0$,平面 π 上任意一点 P 对应的向径为 $\overrightarrow{OP} = \vec{r}$,如图 3-2 所示.显然点 P 在平面 π 上的充要条件是向量 $\overrightarrow{P_0P}$ 与 $\vec{a}, \vec{b}$ 共面.又因为 $\vec{a}$ 与 $\vec{b}$ 不共线,且 $\overrightarrow{P_0P} = \vec{r} - \vec{r}_0$,所以由定理 1.5.2 中的(1.5-2)式可得

图 3-2 平面的点位式图示

$$\vec{r} - \vec{r}_0 = u\vec{a} + v\vec{b}, \quad -\infty < u, v < +\infty,$$

即

$$\vec{r} = \vec{r}_0 + u\vec{a} + v\vec{b}, \quad -\infty < u, v < +\infty. \tag{3.1-3}$$

(3.1-3)式叫作由点与方位向量所确定的平面的**点位式向量式参数方程**,其中 u, v 是参数,且 $-\infty < u, v < +\infty$.

设平面 π 上点 P_0 与 P 的坐标分别为 (x_0, y_0, z_0) 与 (x, y, z),且方位向量 $\vec{a}$ 与 $\vec{b}$ 的坐标分别为 (x_1, y_1, z_1) 与 (x_2, y_2, z_2),将这些坐标代入(3.1-3)式,得

$$\begin{cases} x = x_0 + ux_1 + vx_2, \\ y = y_0 + uy_1 + vy_2, \quad -\infty < u, v < +\infty. \\ z = z_0 + uz_1 + vz_2, \end{cases} \tag{3.1-4}$$

(3.1-4)式叫作由点与方位向量所确定的平面的**点位式坐标式参数方程**,其中 u, v 是参数,且 $-\infty < u, v < +\infty$.

在向量等式 $\vec{r} - \vec{r}_0 = u\vec{a} + v\vec{b}$ 的两边同时点乘 $\vec{a} \times \vec{b}$,利用混合积的性质可以消去参数 u, v,得

$$(\vec{r} - \vec{r}_0, \vec{a}, \vec{b}) = 0 \tag{3.1-5}$$

将相应的坐标代入(3.1-5)式,且写成行列式得

$$\begin{vmatrix} x - x_0 & y - y_0 & z - z_0 \\ x_1 & y_1 & z_1 \\ x_2 & y_2 & z_2 \end{vmatrix} = 0. \tag{3.1-6}$$

(3.1-3)式、(3.1-4)式、(3.1-5)式、(3.1-6)式都叫作由点与方位向量所确定的平面的**点位式方程**.

3. 平面的三点式方程

在空间中,不共线的三个点能确定唯一的一个平面,下面我们来推导此平面的方程.

建立空间直角标架 $\{O; \vec{i}, \vec{j}, \vec{k}\}$,如图 3-3 所示,设不共线的三点 M_1, M_2, M_3 的坐标分别为 (x_1, y_1, z_1),(x_2, y_2, z_2),(x_3, y_3, z_3),M 为所求平面上任意一点,且对应的向径为 $\overrightarrow{OM} = \vec{r} = (x, y, z)$,记 $\vec{r_i} = \overrightarrow{OM_i} = (x_i, y_i, z_i)$,$i = 1, 2, 3$,则可取平面的方位向量为

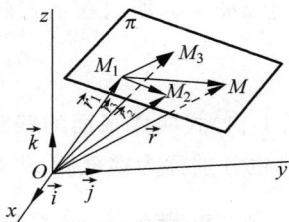

$$\vec{a} = \overrightarrow{M_1M_2} = \vec{r_2} - \vec{r_1} = (x_2 - x_1, y_2 - y_1, z_2 - z_1),$$

$$\vec{b} = \overrightarrow{M_1M_3} = \vec{r_3} - \vec{r_1} = (x_3 - x_1, y_3 - y_1, z_3 - z_1).$$

图 3-3　平面的三点式图示

由平面的点位式方程(3.1-3)可得所求平面的方程为

$$\vec{r} = \vec{r_1} + u(\vec{r_2} - \vec{r_1}) + v(\vec{r_3} - \vec{r_1}), \quad -\infty < u, v < +\infty. \tag{3.1-7}$$

(3.1-7)式叫作由三点所确定的平面的**三点式向量式参数方程**,其中 u, v 是参数,且

$$-\infty < u, \quad v < +\infty.$$

将相应的坐标代入(3.1-7)式得

$$\begin{cases} x = x_1 + u(x_2 - x_1) + v(x_3 - x_1), \\ y = y_1 + u(y_2 - y_1) + v(y_3 - y_1), \quad -\infty < u, v < +\infty. \\ z = z_1 + u(z_2 - z_1) + v(z_3 - z_1), \end{cases} \tag{3.1-8}$$

(3.1-8)式叫作由三点所确定的平面的**三点式坐标式参数方程**,其中 u, v 是参数,且

$$-\infty < u, \quad v < +\infty.$$

由(3.1-7)式、(3.1-8)式分别消去参数 u, v 得

$$\begin{vmatrix} x - x_1 & y - y_1 & z - z_1 \\ x_2 - x_1 & y_2 - y_1 & z_2 - z_1 \\ x_3 - x_1 & y_3 - y_1 & z_3 - z_1 \end{vmatrix} = 0; \tag{3.1-9}$$

上式可以改写为

$$\begin{vmatrix} x & y & z & 1 \\ x_1 & y_1 & z_1 & 1 \\ x_2 & y_2 & z_2 & 1 \\ x_3 & y_3 & z_3 & 1 \end{vmatrix} = 0. \tag{3.1-10}$$

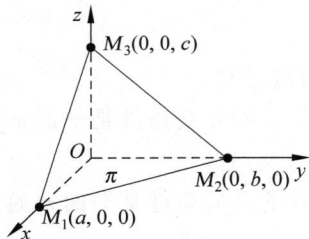

(3.1-7)式、(3.1-8)式、(3.1-9)式、(3.1-10)式都叫作平面的**三点式方程**.

作为三点式方程的特例,若这三点分别在三条坐标轴上,如图 3-4 所示.不妨设这三点为 $M_1(a, 0, 0)$,$M_2(0, b, 0)$,$M_3(0, 0, c)$(其中 $abc \neq 0$),即平面 π 与三条坐标轴的交点分别是 M_1, M_2, M_3,则由三点式方程(3.1-9)得

图 3-4　平面的截距式图示

$$\begin{vmatrix} x-a & y & z \\ -a & b & 0 \\ -a & 0 & c \end{vmatrix} = 0,$$

将行列式展开化简整理得

$$bcx + acy + abz = abc.$$

由于 $abc \neq 0$，所以在上式两边同时除以 abc，得

$$\frac{x}{a} + \frac{y}{b} + \frac{z}{c} = 1. \tag{3.1-11}$$

(3.1-11)式叫作平面的**截距式方程**，其中 a，b 与 c 分别叫作平面在 x 轴、y 轴与 z 轴上的**截距**，也分别称为**横截距**、**纵截距**和**竖截距**.

4. 平面的一般方程

因为空间中任意一个平面都可以用它上面的一点 $P_0(x_0, y_0, z_0)$ 和它的法向量 $\vec{n} = (A, B, C)$ 确定，所以任一平面的方程都可以用方程(3.1-2)来表示，将(3.1-2)式展开得

$$Ax + By + Cz + D = 0, \tag{3.1-12}$$

其中常数 A，B，C 不全为零，且常数 $D = -(Ax_0 + By_0 + Cz_0)$.

这表明空间中任一平面都可以用关于 x，y，z 的三元一次方程来表示.

反过来，任意一个关于 x，y，z 的三元一次方程(3.1-12)所表示的图形都是一张平面. 这是因为由于常数 A，B，C 不全为零，不失一般性，不妨设 $C \neq 0$，那么方程(3.1-12)就可以改写成

$$A(x - x_0) + B(y - y_0) + C\left(z - \left(\frac{-Ax_0 - By_0 - D}{C}\right)\right) = 0.$$

显然，上式表示的图形是由点 $M_0\left(x_0, y_0, \dfrac{-Ax_0 - By_0 - D}{C}\right)$ 与法向量 $\vec{n} = (A, B, C)$ 所确定的平面，这说明三元一次方程表示的图形是一张平面.

综上，可得到下面的定理.

定理 3.1.1 在空间直角坐标系下，任意一张平面的方程都是一次方程；反之，任意一个一次方程所表示的图形都是平面.

我们把方程(3.1-12)叫作平面的**一般方程**.

当平面一般方程(3.1-12)中的系数和常数取特殊值时，它所表示的平面 π 相对于坐标系的位置来说是特殊的，具体情况如下：

(1) 当方程(3.1-12)中常数项 D 为零的情形时：

$D = 0$ 的充要条件是平面 π 经过原点.

(2) 当方程(3.1-12)中一次项系数 A，B，C 中有一个为零的情形时：

① $A = 0$，$D \neq 0$ 的充要条件是平面 π 平行于 x 轴；$B = 0$，$D \neq 0$ 的充要条件是平面 π 平行于 y 轴；$C = 0$，$D \neq 0$ 的充要条件是平面 π 平行于 z 轴.

② $A = 0$，$D = 0$ 的充要条件是平面 π 通过 x 轴；$B = 0$，$D = 0$ 的充要条件是平面 π 通过 y 轴；$C = 0$，$D = 0$ 的充要条件是平面 π 通过 z 轴.

(3) 当方程(3.1-12)中一次项系数 A，B，C 中有两个为零的情形时：

① $A=0,B=0,D\neq0$ 的充要条件是平面 π 平行于 O-xy 坐标面；$B=0,C=0,D\neq0$ 的充要条件是平面 π 平行于 O-yz 坐标面；$A=0,C=0,D\neq0$ 的充要条件是平面 π 平行于 O-xz 坐标面.

② $A=0,B=0,D=0$ 的充要条件是平面 π 为 O-xy 坐标面；$B=0,C=0,D\neq0$ 的充要条件是平面 π 为 O-yz 坐标面；$A=0,C=0,D\neq0$ 的充要条件是平面 π 为 O-xz 坐标面.

例 3.1.1　求通过点 $P_1(2,-1,1),P_2(3,-2,1)$，且与 z 轴平行的平面方程.

解　因为所求平面平行于 z 轴，所以平面方程可设为
$$Ax+By+D=0.$$
已知平面通过点 $P_1(2,-1,1),P_2(3,-2,1)$，所以
$$\begin{cases}2A-B+D=0,\\3A-2B+D=0.\end{cases}$$
令 $A=1$，解得 $B=1,D=-1$，故所求平面方程为
$$x+y-1=0.$$

5. 平面的法式方程

由平面的点法式方程(3.1-12)，即
$$A(x-x_0)+B(y-y_0)+C(z-z_0)=0$$
可知一次项系数构成的有序数组正好是平面的法向量的坐标，即 $\vec{n}=(A,B,C)$. 而该平面的法向量不唯一，它所通过的点也可以是平面上的其他点. 不妨设 P_0 点为从原点引平面 π 的垂线的垂足，法向量取为与向径 $\overrightarrow{OP_0}$ 同向的单位向量 $\vec{n}^\circ$，如图 3-5 所示. 现在来推导平面方程的形式.

设原点到平面 π 的距离为 $p=\left|\overrightarrow{OP_0}\right|$，则 $\overrightarrow{OP_0}=p\vec{n}^\circ$. 再设 P 为平面上的任意一点，记 $\overrightarrow{OP}=\vec{r}$，则 $\overrightarrow{P_0P}\perp\vec{n}^\circ$，于是
$$\vec{n}^\circ\cdot(\vec{r}-p\vec{n}^\circ)=0,$$
即

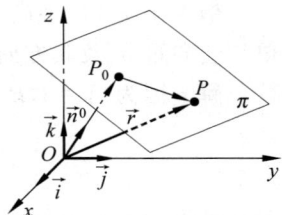

图 3-5　平面的法式图示

$$\vec{n}^\circ\cdot\vec{r}-p=0,\tag{3.1-13}$$
(3.1-13)式叫作平面的**向量式法式方程**.

若设 $\vec{r}=(x,y,z),\vec{n}^\circ=(\cos\alpha,\cos\beta,\cos\gamma)$，则(3.1-13)式可写成
$$(\cos\alpha)x+(\cos\beta)y+(\cos\gamma)z-p=0,\tag{3.1-14}$$
(3.1-14)式叫作平面的**坐标式法式方程**，(3.1-13)式与(3.1-14)式都称为平面的**法式方程**.

坐标式法式方程(3.1-14)有如下两个特征：

(1) 一次项系数是该平面单位法向量的坐标，它们的平方和等于 1；

(2) 常数项非正，且是原点到该平面的距离的相反数.

根据平面的法式方程(3.1-14)的两个特征，就可以将平面的一般方程(3.1-12)，即
$$Ax+By+Cz+D=0$$
化为法式方程. 事实上，因为该平面的法向量 $\vec{n}=(A,B,C)$，把(3.1-14)式与(3.1-12)式比

较可知, 只要以

$$\lambda = \pm \frac{1}{|\vec{n}|} = \pm \frac{1}{\sqrt{A^2 + B^2 + C^2}}$$

乘(3.1-12)式的两边, 就可将(3.1-12)式转化为

$$\pm \frac{Ax}{\sqrt{A^2 + B^2 + C^2}} \pm \frac{By}{\sqrt{A^2 + B^2 + C^2}} \pm \frac{Cz}{\sqrt{A^2 + B^2 + C^2}} \pm \frac{D}{\sqrt{A^2 + B^2 + C^2}} = 0,$$

$$(3.1\text{-}15)$$

其中 λ 的正负号选取一个, 使它满足 $-p = \lambda D \leqslant 0$ 即可, 或者说当 $D \neq 0$ 时, 取 λ 的符号与 D 的符号相反; 当 $D = 0$ 时, λ 的符号可以任意取其一即可.

我们在前面已经指出, 在直角坐标系 $O\text{-}xyz$ 下, 平面的一般方程

$$Ax + By + Cz + D = 0$$

中一次项的系数 A, B, C 为该平面的一个法向量的坐标, 在这里我们又看到 $-\lambda D = p$ 等于原点到该平面的距离. 平面的一般方程(3.1-12)乘上取定符号的 λ 以后, 便可以得到平面的**法式方程**(3.1-15), 通常我们把由平面一般方程(3.1-12)式到法式方程(3.1-15)式的过程叫作**平面方程的法式化**, 其中的因子

$$\lambda = \pm \frac{1}{\sqrt{A^2 + B^2 + C^2}} (\text{取定符号后})$$

叫作**法式化因子**.

例 3.1.2   把平面 π 的方程 $3x - 2y + 6z - 21 = 0$ 化为法式方程, 求原点指向平面 π 的单位法向量 $\vec{n}^\circ$ 及其方向余弦 $\cos\alpha, \cos\beta, \cos\gamma$, 并求原点到平面 π 的距离 p.

解   因为 $A = 3, B = -2, C = 6, D = -21 < 0$, 所以法式化因子取为

$$\lambda = \frac{1}{\sqrt{3^2 + (-2)^2 + 6^2}} = \frac{1}{7},$$

于是可得到该平面的法式方程为

$$\frac{3}{7}x - \frac{2}{7}y + \frac{6}{7}z - 3 = 0;$$

从而

$$\vec{n}^\circ = \left(\frac{3}{7}, -\frac{2}{7}, \frac{6}{7} \right),$$

所以方向余弦为

$$\cos\alpha = \frac{3}{7}, \quad \cos\beta = -\frac{2}{7}, \quad \cos\alpha = \frac{6}{7};$$

原点到平面 π 的距离 $p = 3$.

习题 3.1

1. 求下列平面的参数方程与一般方程:

(1) 通过 $P_1(3, 1, -1), P_2(1, -1, 0)$ 且平行于向量 $\vec{m} = (-1, 0, 2)$ 的平面;

(2) 通过 $P_1(1, -5, 1), P_2(3, 2, -2)$ 且垂直于 $O\text{-}xy$ 坐标面的平面;

（3）已知三点 $A(5,1,3)$，$B(1,6,2)$，$C(5,0,4)$，求通过直线 AB，且与三角形 ABC 所在平面垂直的平面.

2. 化平面方程 $x+2y-z+4=0$ 为截距式方程与参数式方程.

3. 已知两点 $P_1(1,2,a)$，$P_2(-2,1,3)$，平面 π 的方程为：$3x+y-2z+1=0$，且直线 P_1P_2 垂直于平面 π，求 a 的值.

4. 已知两点 $A(3,10,-5)$，$B(0,12,b)$，平面 π 的方程为：$7x+4y-z-1=0$，且直线 P_1P_2 平行于平面 π，求 b 的值.

5. 在空间直角坐标系 $O\text{-}xyz$ 下，设平面 $x+y+z-3=0$ 和平面 $x-2y-z+2=0$ 的交线为 L，求过点 $(1,2,3)$ 并与直线 L 垂直的平面方程.[①]

6. 在空间直角坐标系 $O\text{-}xyz$ 下，已知三角形 ABC 的三个顶点坐标分别为 $A(1,2,3)$，$B(2,3,1)$，$C(3,1,2)$.设点 M 为三角形 ABC 的重心.求过点 M 垂直于三角形 ABC，且与直线 BC 平行的平面方程.[②]

7. 化下列平面的一般方程为法式方程：

（1）$x-2y+5z-3=0$；　　　　　（2）$x-y+1=0$；

（3）$4x-4y+7z=0$；　　　　　　（4）$x+2=0$.

8. 求自坐标原点引平面 $2x+3y+6z-35=0$ 的垂线段之长与指向平面的单位法向量和方向余弦.

9. 设空间直角坐标系 $O\text{-}xyz$ 的坐标原点 O 到平面 $\pi:\dfrac{x}{a}+\dfrac{y}{b}+\dfrac{z}{c}=1$ 的距离为 p，证明：$\dfrac{1}{a^2}+\dfrac{1}{b^2}+\dfrac{1}{c^2}=\dfrac{1}{p^2}$.

10. 在空间直角坐标系 $O\text{-}xyz$ 下，设 $P(a,b,c)$ 为第一卦限中的点（即 $a,b,c>0$）.求过点 P 的平面 π 的方程，它分别交 x 轴、y 轴和 z 轴的正半轴于 A，B 和 C 三点，并使得点 P 恰为三角形 ABC 的重心.[③]

3.2　平面与点、平面与平面的相关位置

1. 平面与点的相关位置

空间中点与平面的相关位置有两种情形：（1）点在平面内；（2）点在平面外.从几何上讲，点在平面内的充要条件是平面通过该点；点在平面外的充要条件是平面不通过该点.而从代数上讲，点在平面内的充要条件是点的坐标满足平面的方程；点在平面外的充要条件是点的坐标不满足平面的方程.而当点在平面外时，点还有在平面不同的两个侧的区别，下面我们先讨论点到平面的距离.

定义 3.2.1　点与平面内的所有点的距离的最小值叫作**点到平面的距离**.

如果过该点作平面的垂线得到垂足，那么垂足与该点之间的距离就是点到平面的距离.

---

① 此题是第 14 届全国大学生数学竞赛初赛题目（数学类 B 卷，2022 年）.

② 此题是第 14 届全国大学生数学竞赛初赛第二次补赛题目（数学类 B 卷，2022 年）.

③ 此题是第 13 届全国大学生数学竞赛初赛补赛题目（数学类 B 卷，2021 年）.

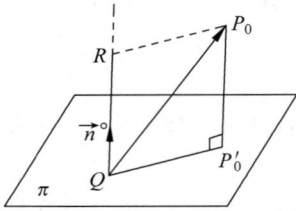

图 3-6   点到平面的距离图示

事实上,过 P_0 点作平面 π 的垂线,设垂足为 P_0',如图 3-6 所示,若 Q 为平面 π 内任意一点,则必有

$$\left| \overrightarrow{QP_0} \right| \geqslant \left| \overrightarrow{P_0'P_0} \right|,$$

当点 Q 为点 P_0' 时上式取等号,故点 P_0 到平面 π 的距离是

$$\left| \overrightarrow{P_0'P_0} \right|.$$

定理 3.2.1   若点 P_0 的坐标为 (x_0, y_0, z_0),平面 π 的方程为 $Ax + By + Cz + D = 0$,则点 P_0 到平面 π 的距离公式为

$$d = \frac{\left| Ax_0 + By_0 + Cz_0 + D \right|}{\sqrt{A^2 + B^2 + C^2}}. \tag{3.2-1}$$

证明   如图 3-6 所示,设 Q 为平面 π 内任意一点,且坐标为 (x_1, y_1, z_1),则有 $\overrightarrow{QP_0} = (x_0 - x_1, y_0 - y_1, z_0 - z_1)$,且 $Ax_1 + By_1 + Cz_1 + D = 0$,即 $D = -(Ax_1 + By_1 + Cz_1)$. 又因为平面 π 的方程为 $Ax + By + Cz + D = 0$,所以它的一个单位法向量为

$$\vec{n}^\circ = \left(\frac{A}{\sqrt{A^2 + B^2 + C^2}}, \frac{B}{\sqrt{A^2 + B^2 + C^2}}, \frac{C}{\sqrt{A^2 + B^2 + C^2}} \right),$$

由定理 1.7.1 的 (1.7-1) 式,可以得到点 P_0 到平面 π 的距离

$$d = | P_0 P_0' | = \left| \mathrm{prj}_{\vec{n}^\circ} \overrightarrow{QP_0} \right| = \left| \left| \overrightarrow{QP_0} \right| \cos\angle(\overrightarrow{QP_0}, \vec{n}^\circ) \right|$$

$$= \left| \left| \overrightarrow{QP_0} \right| \frac{\overrightarrow{QP_0} \cdot \vec{n}^\circ}{\left| \overrightarrow{QP_0} \right| |\vec{n}^\circ|} \right| = \left| \overrightarrow{QP_0} \cdot \vec{n}^\circ \right|$$

$$= \left| \frac{A(x_0 - x_1)}{\sqrt{A^2 + B^2 + C^2}} + \frac{B(y_0 - y_1)}{\sqrt{A^2 + B^2 + C^2}} + \frac{C(z_0 - z_1)}{\sqrt{A^2 + B^2 + C^2}} \right|$$

$$= \left| \frac{Ax_0 + By_0 + Cz_0 - Ax_1 - By_1 - Cz_1}{\sqrt{A^2 + B^2 + C^2}} \right|$$

$$= \left| \frac{Ax_0 + By_0 + Cz_0 + D}{\sqrt{A^2 + B^2 + C^2}} \right|.$$

2. 平面的侧和点关于平面的离差

我们知道,一张平面把空间分为两部分,每一部分都叫作**平面的侧**. 在建立了空间直角坐标系 O-xyz(图 1-25(b))的空间中,若平面 π 平行于 O-xy 坐标面,则把平面 π 的两个侧分别叫作平面的**上侧**与**下侧**;若平面 π 平行于 O-xz 坐标面,则把平面 π 的两个侧分别叫作平面的**左侧**与**右侧**;若平面 π 平行于 O-yz 坐标面,则把平面 π 的两个侧分别叫作平面的**前侧**与**后侧**等.

当点在平行于 O-xy 坐标面的平面 π 外时,那么有些点在平面的上侧,有些点在平面的下侧,我们如何判断点在是平面的上侧还是下侧呢? 为此我们先引入点关于平面的离差的概念.

定义 3.2.2 如果点 P_0 到平面 π 引垂线,其垂足为 P_0',那么向量 $\overrightarrow{P_0'P_0}$ 在平面 π 的单位法向量 $\vec{n}^\circ$ 上的射影叫作点 P_0 关于平面 π 的离差,记为 $\delta = \mathop{\mathrm{prj}}\limits_{\vec{n}} \overrightarrow{P_0'P_0}$.

容易看出,空间中的点 P_0 关于平面 π 的离差,当且仅当点 P_0 位于平面 π 的单位法向量 $\vec{n}^\circ$ 所指向的一侧时,$\overrightarrow{P_0'P_0}$ 与 $\vec{n}^\circ$ 方向相同,如图 3-7(a)所示,离差 $\delta > 0$;当 P_0 点位于平面 π 的另一侧时,$\overrightarrow{P_0'P_0}$ 与 $\vec{n}^\circ$ 方向相反,如图 3-7(b)所示,离差 $\delta < 0$;当且仅当点 P_0 在平面内 π 时,离差 $\delta = 0$.

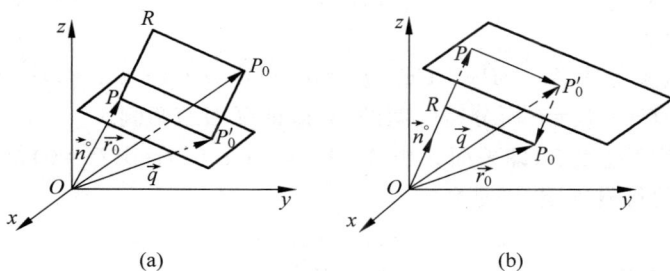

图 3-7 点关于平面的离差

定理 3.2.2 若点 P_0 的坐标为 (x_0, y_0, z_0),平面 π 的方程为 $\vec{n}^\circ \cdot \vec{r} - p = 0$,则点 P_0 关于平面 π 的离差为

$$\delta = \vec{n}^\circ \cdot \vec{r}_0 - p, \tag{3.2-2}$$

其中 $\vec{r}_0 = \overrightarrow{OP_0}$,$\vec{q} = \overrightarrow{OP_0'}$,$p = \left| \overrightarrow{OP} \right|$.

证明 根据定义 3.2.2 与定理 1.7.1 的(1.7-1)式可得

$$\delta = \mathop{\mathrm{prj}}\limits_{\vec{n}^\circ} \overrightarrow{P_0'P_0} = \vec{n}^\circ \cdot \overrightarrow{P_0'P_0}$$

$$= \vec{n}^\circ \cdot (\overrightarrow{OP_0} - \overrightarrow{OP_0'}) = \vec{n}^\circ \cdot (\vec{r}_0 - \vec{q}) = \vec{n}^\circ \cdot \vec{r}_0 - \vec{n}^\circ \cdot \vec{q},$$

而点 P_0' 在平面 π 上,因此 $\vec{n}^\circ \cdot \vec{q} = p$,所以

$$\delta = \vec{n}^\circ \cdot \vec{r}_0 - p.$$

推论 若点 P_0 的坐标为 (x_0, y_0, z_0),平面 π 的方程为 $x\cos\alpha + y\cos\beta + z\cos\gamma - p = 0$,则点 P_0 关于平面 π 的离差为

$$\delta = x_0 \cos\alpha + y_0 \cos\beta + z_0 \cos\gamma - p. \tag{3.2-3}$$

综上,我们可以利用点关于平面的离差准确地判断点与平面的相关位置,即对于位于平面 π 同侧的点,离差 δ 的符号相同;对于位于平面 π 异侧的点,离差 δ 的符号相反.

设平面 π 的一般方程为

$$Ax + By + Cz + D = 0,$$

那么空间中一点 $P_0(x_0, y_0, z_0)$ 关于平面 π 的离差为

$$\delta = \lambda(Ax_0 + By_0 + Cz_0 + D), \tag{3.2-4}$$

其中 λ 是平面 π 的法式化因子.

显然,点 $P_0(x_0, y_0, z_0)$ 关于平面 π 的离差的绝对值 $|\delta|$,就是点 $P_0(x_0, y_0, z_0)$ 到平面 π 的距离,所以由(3.2-4)式也可以得到点 P_0 到平面 π 的距离公式(3.2-1).

因为由(3.2-4)式可得

$$Ax_0 + By_0 + Cz_0 + D = \frac{1}{\lambda}\delta,$$

所以根据上式,对于给定方程为 $Ax + By + Cz + D = 0$ 的平面 π,它的法式化因子 λ 的符号是确定的,从而判断平面外的点 $P_0(x_0, y_0, z_0)$ 在平面 π 的哪一侧,我们也可以根据

$$Ax_0 + By_0 + Cz_0 + D \tag{3.2-5}$$

的符号来判别,同一侧的点对应(3.2-5)式的符号相同,即满足 $Ax + By + Cz + D > 0$ 的点在平面的同一侧;而对于另一侧的点,则有 $Ax + By + Cz + D < 0$;在平面上的点满足 $Ax + By + Cz + D = 0$.

所以三元一次不等式 $Ax + By + Cz + D > 0$ 与 $Ax + By + Cz + D < 0$ 表示的**几何意义**是平面 $Ax + By + Cz + D = 0$ 所分得空间的部分,即平面的两侧.

如果平面 π 不经过原点,即平面 π 由 $Ax + By + Cz + D = 0(D \neq 0)$ 给出,这时原点所在的侧由常数项 D 的符号确定. 于是令

$$f(x, y, z) = Ax + By + Cz + D,$$

对于空间中任意一点 $P_0(x_0, y_0, z_0)$,则点 P_0 与原点在同侧的充要条件是 $f(x_0, y_0, z_0)D > 0$.

例 3.2.1　求由平面 $\pi_1: 2x - y + 2z - 3 = 0$ 与 $\pi_2: 3x + 2y - 6z - 1 = 0$ 所构成的二面角的角平分面的方程,在此二面角内有点 $M(1, 2, -3)$.

解　设二面角的角平分面上的任意一点为 $P(x, y, z)$,则

$$\frac{|2x - y + 2z - 3|}{\sqrt{2^2 + (-1)^2 + 2^2}} = \frac{|3x + 2y - 6z - 1|}{\sqrt{3^2 + 2^2 + (-6)^2}},$$

即

$$\frac{|2x - y + 2z - 3|}{3} = \frac{|3x + 2y - 6z - 1|}{7},$$

整理得

$$\pi_3: 5x - 13y + 32z - 18 = 0, \quad \pi_4: 23x - y - 4z - 24 = 0.$$

令 $f(x, y, z) = 2x - y + 2z - 3, g(x, y, z) = 3x + 2y - 6z - 1$,则在平面 π_3 内取一点 $P\left(0, 0, \frac{9}{16}\right)$,有

$$f(1, 2, -3) = -9 < 0, \quad f\left(0, 0, \frac{9}{16}\right) = -\frac{15}{8} < 0.$$

从而可知点 $M(1, 2, -3)$ 与 $P\left(0, 0, \frac{9}{16}\right)$ 在平面 π_1 的同侧.同理由

$$g(1, 2, -3) = 24 > 0, \quad g\left(0, 0, \frac{9}{16}\right) = -\frac{35}{8} < 0,$$

从而可知点 $M(1, 2, -3)$ 与 $P\left(0, 0, \frac{9}{16}\right)$ 在平面 π_2 的异侧.

结合图 3-8,综上可知点 M, P 分别在平面 π_1 与 π_2 形成的相邻的二面角内,如果所求平面是 π_3,则 M, P 应该在平面 π_1 与 π_2 形成的同一个二面角内,或分别在对顶的二面角内,矛盾.从而所求平面应该是 π_4,所以所求平面方程为

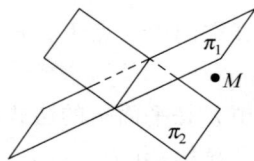

图 3-8　二面角及之外的一点

$$23x - y - 4z - 24 = 0.$$

3. 两平面的相关位置

空间两平面的相关位置有三种情形：(1)相交；(2)平行；(3)重合. 从几何上讲,空间两平面相交的充要条件是它们有且仅有一条交线；空间两平面平行的充要条件是它们没有交线；空间两平面重合的充要条件是它们有无穷多个交线. 接下来利用空间两平面的方程,从代数的角度来讨论它们之间的相关位置,给出判断的充要条件,并讨论一些相关问题.

定理 3.2.3 若两平面的方程为
$$\pi_1: A_1 x + B_1 y + C_1 z + D_1 = 0, \quad \pi_2: A_2 x + B_2 y + C_2 z + D_2 = 0,$$
则有如下结论：

(1) π_1 与 π_2 相交的充要条件是 $A_1 : B_1 : C_1 \neq A_2 : B_2 : C_2$；　　　　(3.2-6)

(2) π_1 与 π_2 平行的充要条件是 $\dfrac{A_1}{A_2} = \dfrac{B_1}{B_2} = \dfrac{C_1}{C_2} \neq \dfrac{D_1}{D_2}$；　　　　(3.2-7)

(3) π_1 与 π_2 重合的充要条件是 $\dfrac{A_1}{A_2} = \dfrac{B_1}{B_2} = \dfrac{C_1}{C_2} = \dfrac{D_1}{D_2}$.　　　　(3.2-8)

证明 由方程组
$$\begin{cases} A_1 x + B_1 y + C_1 z + D_1 = 0, \\ A_2 x + B_2 y + C_2 z + D_2 = 0 \end{cases}$$
的解即知结论成立.

两平面相交时会形成夹角,下面我们来研究两平面间的夹角.

设两平面 π_1, π_2 间的夹角用 $\angle(\pi_1, \pi_2)$ 来表示,在直角坐标系下,设两平面 π_1, π_2 的法向量分别为
$$\vec{n}_1 = (A_1, B_1, C_1), \quad \vec{n}_2 = (A_2, B_2, C_2),$$
且它们的夹角记为 $\angle(\vec{n}_1, \vec{n}_2)$,则有
$$\angle(\pi_1, \pi_2) = \angle(\vec{n}_1, \vec{n}_2) \quad \text{或} \quad \angle(\pi_1, \pi_2) = \pi - \angle(\vec{n}_1, \vec{n}_2),$$
如图 3-9 所示. 又因为 $\cos\angle(\vec{n}_1, \vec{n}_2) = \dfrac{\vec{n}_1 \cdot \vec{n}_2}{|\vec{n}_1||\vec{n}_2|}$,所以

图 3-9 两平面的夹角

$$\cos\angle(\pi_1, \pi_2) = \pm \frac{|\vec{n}_1 \cdot \vec{n}_2|}{|\vec{n}_1| \cdot |\vec{n}_2|} = \pm \frac{A_1 A_2 + B_1 B_2 + C_1 C_2}{\sqrt{A_1^2 + B_1^2 + C_1^2}\sqrt{A_2^2 + B_2^2 + C_2^2}}. \quad (3.2\text{-}9)$$

(3.2-9)式叫作**两平面间的夹角的余弦公式**.

定理 3.2.4 若两平面的方程为
$$\pi_1: A_1 x + B_1 y + C_1 z + D_1 = 0, \quad \pi_2: A_2 x + B_2 y + C_2 z + D_2 = 0,$$
则它们垂直的充要条件是
$$A_1 A_2 + B_1 B_2 + C_1 C_2 = 0. \quad (3.2\text{-}10)$$

例 3.2.2 求两平面 $\pi_1: x + y - 11 = 0$ 与 $\pi_2: 3x + 8 = 0$ 间的夹角.

解 因为 $\vec{n}_1 = (1, 1, 0), \vec{n}_2 = (3, 0, 0)$,所以由(3.2-9)式可得
$$\cos\angle(\pi_1, \pi_2) = \pm \frac{|\vec{n}_1 \cdot \vec{n}_2|}{|\vec{n}_1||\vec{n}_2|} = \pm \frac{3}{3\sqrt{2}} = \pm \frac{\sqrt{2}}{2},$$

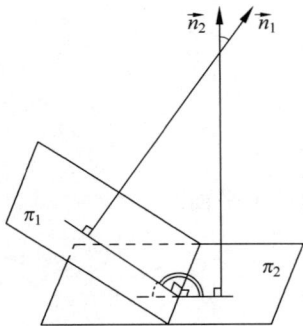

故两平面间的夹角为 $\dfrac{\pi}{4}$ 或 $\dfrac{3\pi}{4}$.

例 3.2.3 设三个平行平面的方程为

$$\pi_i : Ax + By + Cz + D_i = 0, \quad i = 1, 2, 3,$$

点 L, P, Q 依次在平面 π_1, π_2, π_3 上,求三角形 LPQ 的重心的轨迹的方程,并指出该轨迹是什么图形.

解 设 L, P, Q 三点的坐标分别为 $(x_1, y_1, z_1), (x_2, y_2, z_2), (x_3, y_3, z_3)$,则
$Ax_1 + By_1 + Cz_1 + D_1 = 0, Ax_2 + By_2 + Cz_2 + D_2 = 0, Ax_3 + By_3 + Cz_3 + D_3 = 0$,
即

$$Ax_1 + By_1 + Cz_1 = -D_1, \quad Ax_2 + By_2 + Cz_2 = -D_2, \quad Ax_3 + By_3 + Cz_3 = -D_3.$$

设三角形 LPQ 的重心为 $G(x, y, z)$,则由 (1.6-9) 式可知

$$x = \frac{x_1 + x_2 + x_3}{3}, \quad y = \frac{y_1 + y_2 + y_3}{3}, \quad z = \frac{z_1 + z_2 + z_3}{3},$$

于是有

$$
\begin{aligned}
Ax + By + Cz &= \frac{Ax_1 + Ax_2 + Ax_3}{3} + \frac{By_1 + By_2 + By_3}{3} + \frac{Cz_1 + Cz_2 + Cz_3}{3} \\
&= \frac{1}{3}(Ax_1 + By_1 + Cz_1) + \frac{1}{3}(Ax_2 + By_2 + Cz_2) + \frac{1}{3}(Ax_3 + By_3 + Cz_3) \\
&= -\frac{1}{3}(D_1 + D_2 + D_3),
\end{aligned}
$$

所以所求轨迹的方程为

$$Ax + By + Cz + \frac{D_1 + D_2 + D_3}{3} = 0.$$

由该轨迹的方程可知,轨迹所表示的图形是平行于已知三平面的一个平面.

习题 3.2

1. 求下列平面的一般方程:

(1) 通过点 $P_1(2, -1, 1)$ 和 $P_2(3, -2, 1)$ 且分别平行于三个坐标面的平面;

(2) 通过点 $P(3, 2, -4)$ 且在 x 轴和 y 轴上截距分别为 -2 和 3 的平面;

(3) 与平面 $5x + y - 2z + 3 = 0$ 垂直且分别通过三条坐标轴的平面;

(4) 已知两点 $P_1(3, -1, 2)$ 和 $P_2(4, -2, -1)$,通过 P_1 且垂直于 P_1P_2 的平面;

(5) 坐标原点 O 在所求平面的正投影为 $P(2, 9, -6)$;

(6) 过点 $P_1(3, -5, 1)$ 和 $P_2(4, 1, 2)$ 且垂直于 $x - 8y + 3z - 1 = 0$ 的平面.

2. 判别下列各对平面的相关位置:

(1) $\pi_1 : x + 2y - 4z + 1 = 0$ 与 $\pi_2 : \dfrac{x}{4} + \dfrac{y}{2} - z - 3 = 0$;

(2) $\pi_1 : 2x - y - 2z - 5 = 0$ 与 $\pi_2 : x + 3y - z - 1 = 0$;

(3) $\pi_1 : 6x + 2y - 4z + 3 = 0$ 与 $\pi_2 : 9x + 3y - 6z - \dfrac{9}{2} = 0$.

3. 求下列各对平面间的夹角：

(1) $\pi_1: 2x - y + 2z - 3 = 0$ 与 $\pi_2: x + 2y - z - 1 = 0$；

(2) $\pi_1: 2x - 3y + 6z - 12 = 0$ 与 $\pi_2: x + 2y + 2z - 7 = 0$.

4. 求过 z 轴且与平面 $2x + y - \sqrt{5}z - 7 = 0$ 间的夹角是 $60°$ 的平面方程.

5. 证明：两平行平面 $\pi_1: Ax + By + Cz + D_1 = 0$ 与 $\pi_2: Ax + By + Cz + D_2 = 0$ 之间的距离公式为

$$d = \frac{|D_2 - D_1|}{\sqrt{A^2 + B^2 + C^2}}.$$

3.3 　空间直线的方程

由中学知识知道,确定一条直线的几何条件有："两点""一个点和直线的方向向量"等,这些条件都可以确定唯一的一条直线.根据第 2 章的理论可知,它们所确定的直线都应该有相应的方程.接下来我们讨论由几何条件确定的空间直线的方程.

1. 直线的一般方程

由 2.3 节可知,空间直线可以看作两个平面的交线,如图 3-10 所示,所以如果两相交平面 π_1 与平面 π_2 的方程分别为

$\pi_1: A_1 x + B_1 y + C_1 z + D_1 = 0, \quad \pi_2: A_2 x + B_2 y + C_2 z + D_2 = 0,$

那么线性方程组

$$\begin{cases} A_1 x + B_1 y + C_1 z + D_1 = 0, \\ A_2 x + B_2 y + C_2 z + D_2 = 0 \end{cases} \quad (*)$$

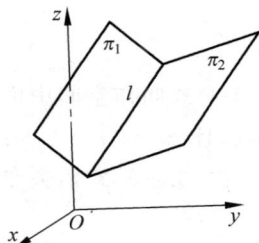

图 3-10　两平面的交线

所表示的图形就是空间中的一条直线.不妨设为直线 l,因为直线 l 上的任意一点都同在这两个平面内,所以它的坐标满足线性方程组 $(*)$；反过来,坐标满足线性方程组 $(*)$ 的点同在两个平面内,从而一定在这两个平面的交线 l 上.由此我们给出如下的定义.

定义 3.3.1　如果空间直线 l 上的点的坐标 (x, y, z) 都满足线性方程组

$$\begin{cases} A_1 x + B_1 y + C_1 z + D_1 = 0, \\ A_2 x + B_2 y + C_2 z + D_2 = 0, \end{cases} \quad (3.3\text{-}1)$$

满足线性方程组(3.3-1)的三元有序数组 (x, y, z) 所对应的点都在直线 l 上,那么线性方程组(3.3-1)叫作直线 l 的**一般方程**.

注：空间直线一般方程的**几何意义**是空间直线可以看成两个平面的交线.

因为空间直线可以看成两个平面的交线,又由于过一条直线的平面有无穷多个,所以从中任意选取两个平面的方程构成的方程组都能表示这条直线,那么这些表示直线的方程组中,选哪一个方程组更好呢？为此,我们换个角度,通过确定空间直线的其他几何条件所对应的直线方程来回答这个问题,如直线是由过一定点且与一个非零常向量平行的条件所确定的.下面我们讨论这种条件所确定的直线的方程.

2. 直线的点向式方程

过直线外一点有且仅有一条直线与已知直线平行,即直线和直线外一点确定了一条唯一直线.下面我们求在空间中满足此条件的空间直线的方程.为此先给出如下定义.

定义 3.3.2   与直线平行的一个非零向量叫作直线的**方向向量**,通常记为 $\vec{v}$.

下面讨论在空间中,过定点 P_0 且方向向量为 $\vec{v}$ 的直线 l 的方程.

建立空间标架 $\{O;\vec{e}_1,\vec{e}_3,\vec{e}_3\}$,如图 3-11 所示,在直线 l 上任取一点 P,则 $\overrightarrow{P_0P}/\!/\vec{v}$,从而有

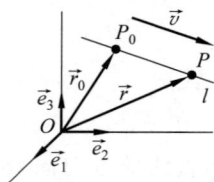

$$\overrightarrow{P_0P} = t\vec{v}, \quad -\infty < t < +\infty.$$

若记 $\overrightarrow{OP_0}=\vec{r}_0,\overrightarrow{OP}=\vec{r}$,则上式可转化为 $\vec{r}-\vec{r}_0=t\vec{v}$,即

$$\vec{r}=\vec{r}_0+t\vec{v}, \quad -\infty < t < +\infty. \tag{3.3-2}$$

图 3-11   过定点与一非零向量平行的直线图示

(3.3-2)式叫作空间中由点和方向向量所确定的直线 l 的**点向式向量式参数方程**,其中 t 是参数,且 $-\infty<t<+\infty$.

如果设点 $P(x,y,z)$,$P_0(x_0,y_0,z_0)$,$\vec{v}=(m,n,p)$,那么 $\vec{r}=(x,y,z)$,$\vec{r}_0=(x_0,y_0,z_0)$,从而由(3.3-2)式可得

$$\begin{cases} x=x_0+tm, \\ y=y_0+tn, \quad -\infty < t < +\infty. \\ z=z_0+tp, \end{cases} \tag{3.3-3}$$

(3.3-3)式叫作空间中由点和方向向量所确定的直线 l 的**点向式坐标式参数方程**,其中 t 是参数,且 $-\infty<t<+\infty$.

由(3.3-3)式消去参数 t,得

$$\frac{x-x_0}{m}=\frac{y-y_0}{n}=\frac{z-z_0}{p}. \tag{3.3-4}$$

(3.3-4)式叫作空间中由点和方向向量所确定的直线 l 的**对称式方程**或**标准方程**.

注:由直线的标准方程(3.3-4),我们可以看出直线是过点 $P_0(x_0,y_0,z_0)$,且它的一个方向向量为 $\vec{v}=(m,n,p)$.

例 3.3.1   求通过两点 $P_1(x_1,y_1,z_1)$,$P_2(x_2,y_2,z_2)$ 的直线方程.

解   设 $P(x,y,z)$ 为所求直线上的任意一点,$\vec{r}=\overrightarrow{OP}$,$\vec{r}_1=\overrightarrow{OP_1}$,$\vec{r}_2=\overrightarrow{OP_2}$,因为直线通过 P_1 与 P_2 两点,所以可取 $\vec{v}=\overrightarrow{P_1P_2}=(x_2-x_1,y_2-y_1,z_2-z_1)$ 作为所求直线的方向向量,则由(3.3-2)式、(3.3-3)式、(3.3-4)式分别可得所求直线的向量式参数方程为

$$\vec{r}=\vec{r}_1+t\vec{v}=\vec{r}_1+t(\vec{r}_2-\vec{r}_1), \quad -\infty < t < +\infty; \tag{3.3-5}$$

直线的坐标式参数方程为

$$\begin{cases} x=x_1+(x_2-x_1)t, \\ y=y_1+(y_2-y_1)t, \quad -\infty < t < +\infty; \\ z=z_1+(z_2-z_1)t, \end{cases} \tag{3.3-6}$$

直线的对称式或标准方程为

$$\frac{x-x_1}{x_2-x_1}=\frac{y-y_1}{y_2-y_1}=\frac{z-z_1}{z_2-z_1}. \tag{3.3-7}$$

(3.3-5)式、(3.3-6)式与(3.3-7)式都叫作空间直线的**两点式方程**.

在直角坐标系下,当直线的方向向量取为单位向量

$$\vec{v}^{\circ}=(\cos\alpha,\cos\beta,\cos\gamma)$$

时,则由(3.3-2)式、(3.3-3)式、(3.3-4)式可得直线 l 的向量式参数方程为

$$\vec{r}=\vec{r}_0+t\vec{v}^{\circ},\quad -\infty<t<+\infty; \tag{3.3-8}$$

直线 l 的坐标式参数方程为

$$\begin{cases} x=x_0+t\cos\alpha, \\ y=y_0+t\cos\beta, \quad -\infty<t<+\infty; \\ z=z_0+t\cos\gamma, \end{cases} \tag{3.3-9}$$

直线 l 的对称式或标准方程为

$$\frac{x-x_0}{\cos\alpha}=\frac{y-y_0}{\cos\beta}=\frac{z-z_0}{\cos\gamma}. \tag{3.3-10}$$

这时(3.3-8)式中的参数 t 的绝对值 $|t|$ 有其相应的**几何意义**,即 $|t|$ 恰是直线上动点 P 与定点 P_0 之间距离,即 $\left|\overrightarrow{P_0P}\right|=|t|$. 这是因为

$$\left|\overrightarrow{P_0P}\right|=|\vec{r}-\vec{r}_0|=|t|.$$

直线的方向向量 $\vec{v}^{\circ}$ 的方向角 α,β,γ 与方向余弦 $\cos\alpha,\cos\beta,\cos\gamma$ 分别叫作直线 l 的**方向角**与**方向余弦**;直线的方向向量的坐标 m,n,p 以及与它们成比例的一组数的三个数 $M,N,P(M:N:P=m:n:p)$ 叫作直线 l 的**方向数**. 由于与直线平行的任何非零向量都可以作为直线的方向向量,所以 $\pi-\alpha,\pi-\beta,\pi-\gamma$ 与 $-\cos\alpha,-\cos\beta,-\cos\gamma$ 也分别可以看作直线 l 的**方向角**与**方向余弦**. 可以证明,直线(3.3-4)的方向数与方向余弦之间有如下的关系:

$$\cos\alpha=\frac{m}{\sqrt{m^2+n^2+p^2}},\quad \cos\beta=\frac{n}{\sqrt{m^2+n^2+p^2}},$$

$$\cos\gamma=\frac{m}{\sqrt{m^2+n^2+p^2}};$$

或

$$\cos\alpha=-\frac{m}{\sqrt{m^2+n^2+p^2}},\quad \cos\beta=-\frac{n}{\sqrt{m^2+n^2+p^2}},$$

$$\cos\gamma=-\frac{m}{\sqrt{m^2+n^2+p^2}}.$$

在本教材中所讨论的直线不是有向直线,而两个非零向量 $\vec{v}=(m,n,p)$ 与 $\vec{v}_1=(m_1,n_1,p_1)$ 平行的充要条件是

$$\frac{m}{m_1}=\frac{n}{n_1}=\frac{p}{p_1},\quad 或\quad m:n:p=m_1:n_1:p_1.$$

所以我们将用 $m:n:p$ 来表示与非零向量 $\vec{v}=(m,n,p)$ 平行的直线的方向(数);同理,在平面上用 $m:n$ 表示与非零向量 $\vec{v}=(m,n)$ 平行的直线的方向(数).

下面讨论如何在直角坐标系下将直线的一般方程转化为标准方程.

因为由直线的一般方程(3.3-1)可知,相交两平面 π_1,π_2 的法向量分别为

$$\vec{n}_1=(A_1,B_1,C_1),\quad \vec{n}_2=(A_2,B_2,C_2),$$

且它们不平行,而相交平面 π_1,π_2 所确定的直线 l 的方向向量 $\vec{v}$ 满足

$$\vec{v}\perp\vec{n}_1 \text{ 且} \vec{v}\perp\vec{n}_2,$$

所以直线 l 的方向向量可取为 $\vec{v}=\vec{n}_1\times\vec{n}_2$,即

$$\vec{v}=\left(\begin{vmatrix}B_1 & C_1\\B_2 & C_2\end{vmatrix},\begin{vmatrix}C_1 & A_1\\C_2 & A_2\end{vmatrix},\begin{vmatrix}A_1 & B_1\\A_2 & B_2\end{vmatrix}\right),$$

且 $\begin{vmatrix}B_1 & C_1\\B_2 & C_2\end{vmatrix},\begin{vmatrix}C_1 & A_1\\C_2 & A_2\end{vmatrix},\begin{vmatrix}A_1 & B_1\\A_2 & B_2\end{vmatrix}$ 不全为零. 不失一般性,不妨设 $\begin{vmatrix}A_1 & B_1\\A_2 & B_2\end{vmatrix}\neq 0$,那就可

以任意取定 z 的值,如取 $z=z_0$,代入线性方程组(3.3-1),可解得 $x=x_0$,$y=y_0$,从而得到线性方程组(3.3-1)的一个**特解**[①](x_0,y_0,z_0),即点 $P_0(x_0,y_0,z_0)$ 就是直线 l 上的一点,于是得到直线 l 的标准方程为

$$\frac{x-x_0}{\begin{vmatrix}B_1 & C_1\\B_2 & C_2\end{vmatrix}}=\frac{y-y_0}{\begin{vmatrix}C_1 & A_1\\C_2 & A_2\end{vmatrix}}=\frac{z-z_0}{\begin{vmatrix}A_1 & B_1\\A_2 & B_2\end{vmatrix}}.$$

这样就将直线的一般方程转化成了标准方程.

例 3.3.2   把直线 l 的一般方程

$$\begin{cases}x-3y+3z-4=0,\\x-2y-z=0\end{cases}$$

化为标准方程,指出直线过的一个点及其一个方向向量.

解   因为相交两平面的法向量分别为

$$\vec{n}_1=(1,-3,3),\quad \vec{n}_2=(1,-2,-1),$$

所以直线 l 的方向向量可取为

$$\vec{v}=\vec{n}_1\times\vec{n}_2=(1,-3,3)\times(1,-2,-1)=(9,4,1).$$

又令 $y=0$,代入方程组可解得 $x=1$,$z=1$,即点 $(1,0,1)$ 在直线 l 上,所以直线 l 的标准方程为

$$\frac{x-1}{9}=\frac{y}{4}=\frac{z-1}{1}.$$

所以直线 l 过的一个点为 $P_0(1,0,1)$,且一个方向向量为 $\vec{v}=(9,4,1)$.

下面请读者

🐝**议一议**   如何将直线的标准式方程转化为一般方程?

显然,由例 3.3.2 可知,该直线 l 的标准方程 $\dfrac{x-1}{9}=\dfrac{y}{4}=\dfrac{z-1}{1}$ 是一个连等式,它等价于

方程组 $\begin{cases}\dfrac{x-1}{9}=\dfrac{y}{4},\\[2mm]\dfrac{y}{4}=\dfrac{z-1}{1},\end{cases}$ 即 $\begin{cases}4x-9y-4=0,\\y-4z+4=0.\end{cases}$ 而方程组 $\begin{cases}4x-9y-4=0,\\y-4z+4=0\end{cases}$ 中第一个方程所表示的平

---

① 特解:方程组有无穷多解时的一个具体解.

面平行于 z 轴,即垂直于 O-xy 坐标面,而第二个方程表示的平面平行于 x 轴,即垂直于 O-yz 坐标面.显然方程组 $\begin{cases} 4x - 9y - 4 = 0, \\ y - 4z + 4 = 0 \end{cases}$ 是例 3.3.2 中直线 l 的一般方程的特殊情形.这种特殊的方程是下面给出的直线的另一种方程.

3. 直线的射影式方程

定义 3.3.3　如果空间直线的一般方程是两张垂直于坐标面的平面方程构成的,那么此方程叫作该直线的**射影式方程**.

下面讨论如何将直线的标准方程转化为射影式方程.

直线的标准方程为(3.3-4)式,即

$$\frac{x - x_0}{m} = \frac{y - y_0}{n} = \frac{z - z_0}{p},$$

且直线的方向向量的坐标 m,n,p 不全为零,不妨设 $p \neq 0$,则上式可以等价地改写成

$$\begin{cases} \dfrac{x - x_0}{m} = \dfrac{z - z_0}{p}, \\ \dfrac{y - y_0}{n} = \dfrac{z - z_0}{p}, \end{cases}$$

进一步经过整理可写成

$$\begin{cases} px - mz + D_1 = 0, \\ py - nz + D_2 = 0, \end{cases} \tag{3.3-11}$$

其中,$D_1 = mz_0 - px_0$,$D_2 = nz_0 - py_0$.显然,线性方程组(3.3-11)中的第一个方程 $px - mz + D_1 = 0$ 所表示的平面是过该直线且平行于 y 轴的平面,即垂直于 O-xz 坐标面,第二个方程 $py - nz + D_2 = 0$ 所表示的平面是过该直线且平行于 x 轴的平面,即垂直于 O-yz 坐标面,所以(3.3-11)式就是该直线的射影式方程.而我们把线性方程组(3.3-11)中第一个方程

$$px - mz + D_1 = 0 \tag{3.3-12}$$

叫作空间直线(3.3-4)对 O-xz 坐标面射影的**射影平面**,而直线

$$\begin{cases} px - mz + D_1 = 0, \\ y = 0 \end{cases} \tag{3.3-13}$$

叫作空间直线(3.3-4)在 O-xz 坐标面上的**射影直线**.类似地,直线(3.3-4)还有另外两个射影平面和另外两条射影直线,请读者自行写出.

如图 3-12 所示,在直角标架 $\{O; \vec{i}, \vec{j}, \vec{k}\}$ 下,若直线 l 的射影式方程为

$$\begin{cases} ax + by + c = 0, \\ dy + ez + f = 0, \end{cases}$$

则它在 O-xy 坐标面上的射影直线方程为

$$l_1: \begin{cases} ax + by + c = 0, \\ z = 0; \end{cases}$$

它在 O-yz 坐标面上的射影直线方程为

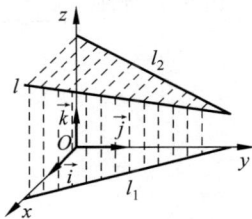

图 3-12　射影式方程的图示

$$l_2: \begin{cases} dy + ez + f = 0, \\ x = 0. \end{cases}$$

显然直线 l 的射影式方程是一种特殊的一般方程,即第一个方程不含 z(对应的平面垂直于 $O\text{-}xy$ 坐标面),第二个方程不含 x(对应的平面垂直于 $O\text{-}yz$ 坐标面).

我们也可以由直线 l 的一般方程(3.3-1),即

$$\begin{cases} A_1 x + B_1 y + C_1 z + D_1 = 0, \\ A_2 x + B_2 y + C_2 z + D_2 = 0 \end{cases}$$

得到直线的射影式方程.

这是因为直线的方向向量坐标 $\begin{vmatrix} B_1 & C_1 \\ B_2 & C_2 \end{vmatrix}$, $\begin{vmatrix} C_1 & A_1 \\ C_2 & A_2 \end{vmatrix}$, $\begin{vmatrix} A_1 & B_1 \\ A_2 & B_2 \end{vmatrix}$ 不全为零,不妨设 $\begin{vmatrix} A_1 & B_1 \\ A_2 & B_2 \end{vmatrix} \neq 0$,由两个方程经依次消去变元 x,y,得到 $F_1(y,z)=0$,$F_2(x,z)=0$,则线性方程组

$$\begin{cases} F_1(y,z) = 0, \\ F_2(x,z) = 0 \end{cases}$$

就是直线 l 的射影式方程.

例 3.3.3   把直线 l 的一般方程

$$\begin{cases} x - 3y + 3z - 4 = 0, \\ x - 2y - z = 0 \end{cases}$$

化为射影式方程以及标准方程.

解   由方程组的第二式减去第一式得

$$y - 4z + 4 = 0,$$

由方程组的第二式的 3 倍减去第一式的 2 倍得

$$x - 9z + 8 = 0.$$

所以方程组

$$\begin{cases} y - 4z + 4 = 0, \\ x - 9z + 8 = 0 \end{cases}$$

为直线 l 的射影式方程.

由于方程组 $\begin{cases} y - 4z + 4 = 0, \\ x - 9z + 8 = 0 \end{cases}$ 等价于方程组 $\begin{cases} z = \dfrac{y+4}{4}, \\ z = \dfrac{x+8}{9}, \end{cases}$ 所以直线 l 的标准方程为

$$\frac{x+8}{9} = \frac{y+4}{4} = \frac{z}{1}.$$

习题 3.3

1. 求下列各直线的方程:

(1) 通过点 $P_1(-3,0,1)$ 和 $P_2(2,-5,1)$ 的直线;

(2) 通过点 $P_0(x_0,y_0,z_0)$ 且平行于两相交平面 $\pi_i:A_ix+B_iy+C_iz+D_i=0(i=1,2)$ 的直线；

(3) 通过点 $P_0(1,0,-2)$ 且与两直线 $\dfrac{x-1}{1}=\dfrac{y}{1}=\dfrac{z+1}{-1}$ 和 $\dfrac{x}{1}=\dfrac{y-1}{-1}=\dfrac{z+1}{0}$ 都垂直的直线；

(4) 通过点 $P_0(2,-3,-5)$ 且与平面 $6x-3y-5z+2=0$ 垂直的直线.

2. 求下列各点的坐标：

(1) 在直线 $\dfrac{x-1}{2}=\dfrac{y-8}{1}=\dfrac{z-8}{3}$ 上与原点相距 25 个单位的点；

(2) 关于直线 $\begin{cases}x-y-4z+12=0,\\2x+y-2z+3=0\end{cases}$ 与点 $P(2,0,-1)$ 对称的点.

3. 求下列各平面的方程：

(1) 通过点 $P_0(2,0,-1)$ 且过直线 $\dfrac{x+1}{2}=\dfrac{y}{-1}=\dfrac{z-2}{3}$ 的平面；

(2) 通过直线 $\dfrac{x-2}{1}=\dfrac{y+3}{-5}=\dfrac{z+1}{-1}$ 且与直线 $\begin{cases}2x-y+z-3=0,\\x+2y-z-5=0\end{cases}$ 平行的平面；

(3) 通过直线 $\dfrac{x-1}{2}=\dfrac{y+2}{-3}=\dfrac{z-2}{-1}$ 且与平面 $3x+2y-z-5=0$ 垂直的平面；

(4) 通过直线 $\begin{cases}5x+8y-3z+9=0,\\2x-4y+z-1=0\end{cases}$ 分别对三个坐标面的射影平面.

4. 化下列直线的一般方程为射影方程与标准方程，并求出直线的方向余弦：

(1) $\begin{cases}2x+y-z+1=0,\\2x-y+2z-3=0;\end{cases}$ (2) $\begin{cases}x+z-6=0,\\2x-4y-z+6=0;\end{cases}$

(3) $\begin{cases}x+y-z=0,\\x=2.\end{cases}$

3.4 直线与平面、直线与点的相关位置

空间直线与平面的相关位置有三种情形：(1)直线与平面相交；(2)直线与平面平行；(3)直线在平面内.从几何上讲,直线与平面相交的充要条件是直线与平面有且仅有一个交点；直线与平面平行的充要条件是直线与平面没有交点；直线在平面内的充要条件是直线与平面有无穷多个交点.接下来利用直线的方程与平面的方程,从代数的角度来讨论直线与平面之间的相关位置判断的充要条件.

1. 直线与平面的相关位置

设直线 l 与平面 π 的方程分别为

$$l:\dfrac{x-x_0}{m}=\dfrac{y-y_0}{n}=\dfrac{z-z_0}{p},\quad \pi:Ax+By+Cz+D=0.$$

为了求出直线与平面之间位置关系的条件,我们先来求出直线与平面的交点,即解线性方程组

$$\begin{cases} \dfrac{x-x_0}{m} = \dfrac{y-y_0}{n} = \dfrac{z-z_0}{p}, \\ Ax+By+Cz+D=0. \end{cases}$$

将方程组中的直线方程改写为坐标式参数方程

$$\begin{cases} x=x_0+tm, \\ y=y_0+tn, \\ z=z_0+tp, \end{cases} \quad -\infty < t < +\infty.$$

把上式代入平面方程化简整理得到一个关于 t 的**形式上的**[①]一元一次方程

$$(Am+Bn+Cp)t+Ax_0+By_0+Cz_0+D=0,$$

即

$$(Am+Bn+Cp)t = -(Ax_0+By_0+Cz_0+D). \tag{3.4-1}$$

从而得到直线与平面的位置关系有以下三种：

① 当 $Am+Bn+Cp \neq 0$ 时，方程(3.4-1)有唯一解

$$t = -\dfrac{Ax_0+By_0+Cz_0+D}{Am+Bn+Cp},$$

这说明，此时直线 l 与平面 π 有唯一交点，即直线与平面相交；

② 当 $Am+Bn+Cp=0$，$Ax_0+By_0+Cz_0+D \neq 0$ 时，方程(3.4-1)无解，这说明，此时直线 l 与平面 π 没有交点，即直线 l 与平面 π 平行；

③ 当 $Am+Bn+Cp=0$，$Ax_0+By_0+Cz_0+D=0$ 时，方程(3.4-1)有无数多个解，这说明，此时直线 l 与平面 π 有无数个交点，即直线 l 在平面 π 内.

综上可得，关于直线与平面的相关位置有如下定理.

定理 3.4.1　若空间直线 l 与平面 π 的方程分别为

$$l: \dfrac{x-x_0}{m} = \dfrac{y-y_0}{n} = \dfrac{z-z_0}{p}, \quad \pi: Ax+By+Cz+D=0,$$

则它们相关位置的条件为：

(1) 直线 l 与平面 π 相交的充要条件是 $Am+Bn+Cp \neq 0$；

(2) 直线 l 与平面 π 平行的充要条件是

$$Am+Bn+Cp=0, \text{且 } Ax_0+By_0+CZ_0+D \neq 0;$$

(3) 直线 l 在平面 π 内的充要条件是 $Am+Bn+Cp=0$，且 $Ax_0+By_0+CZ_0+D=0$.

在直角坐标系下，因为直线 l 的方向向量为 $\vec{v}=(m,n,p)$，平面 π 的法向量为 $\vec{n}=(A,B,C)$，因此直线 l 与平面 π 的相互位置关系，也可以从**几何直观**上理解为：

(1) 直线 l 与平面 π 相交的条件

$$Am+Bn+Cp \neq 0,$$

就是直线 l 的方向向量 $\vec{v}$ 不垂直于平面 π 的法向量 $\vec{n}$；

---

① 形式上的：只是表面形式上是，而实质上是不是取决于参数的取值，如此处是否为一元一次方程取决于一次项的系数 $Am+Bn+Cp$ 的值是否为零：若不为零就是；若为零就不是.

（2）直线 l 与平面 π 平行的条件
$$Am + Bn + Cp = 0, \quad Ax_0 + By_0 + Cz_0 + D \neq 0,$$
就是直线 l 的方向向量 $\vec{v}$ 垂直于平面 π 的法向量 $\vec{n}$，且直线 l 上的点 (x_0, y_0, z_0) 不在平面 π 内；

（3）直线 l 在平面 π 内的条件
$$Am + Bn + Cp = 0, \quad Ax_0 + By_0 + Cz_0 + D = 0,$$
就是直线 l 的方向向量 $\vec{v}$ 垂直于平面 π 的法向量 $\vec{n}$，且直线 l 上的点 (x_0, y_0, z_0) 在平面 π 内．

当直线 l 与平面 π 相交时，会讨论它们的交点及其夹角．交点在本节前段的讨论中已经解决，下面我们来讨论它们的夹角．

定义 3.4.1　当直线与平面不垂直时，直线与平面间的**夹角**是指这直线和它在这个平面内的射影直线所构成的锐角 φ（如图 3-13 所示）；而当直线与平面垂直时，规定它们间的夹角 φ 为直角．

直线 l 与平面 π 间的夹角可以转化成由直线 l 的方向向量 $\vec{v}$ 和平面的法向量 $\vec{n}$ 的夹角．

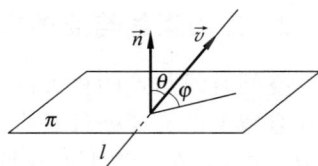
图 3-13　直线与平面的夹角图示

若将 $\vec{v}$ 与 $\vec{n}$ 的夹角记为 $\angle(\vec{v}, \vec{n}) = \theta$，则 $\varphi = \dfrac{\pi}{2} - \theta$，或 $\varphi = \theta - \dfrac{\pi}{2}$，即有 $\varphi = \left| \dfrac{\pi}{2} - \theta \right|$，所以
$$\sin\varphi = |\cos\theta| = \frac{|\vec{v} \cdot \vec{n}|}{|\vec{v}||\vec{n}|} = \frac{|Am + Bn + Cp|}{\sqrt{m^2 + n^2 + p^2}\sqrt{A^2 + B^2 + C^2}}. \tag{3.4-2}$$

(3.4-2)式叫作**直线与平面的夹角的正弦公式**.

由直线与平面的夹角的正弦公式(3.4-2)可以直接得到，若空间直线 l 与平面 π 平行或直线 l 在平面 π 内，则都有
$$Am + Bn + Cp = 0.$$

若直线 l 与平面 π 垂直，则可知直线 l 的方向向量 $\vec{v}$ 平行于平面的 π 法向量 $\vec{n}$，从而有
$$\frac{A}{m} = \frac{B}{n} = \frac{C}{p}. \tag{3.4-3}$$

例 3.4.1　判断直线 $l: \dfrac{x}{-1} = \dfrac{y-1}{1} = \dfrac{z-1}{2}$ 与平面 $\pi: 2x + y - z - 3 = 0$ 的位置关系，若相交，求出它们的交点与夹角 φ.

解　由直线 $l: \dfrac{x}{-1} = \dfrac{y-1}{1} = \dfrac{z-1}{2}$ 的方向向量 $\vec{v} = (-1, 1, 2)$，平面 $\pi: 2x + y - z - 3 = 0$ 的法向量 $\vec{n} = (2, 1, -1)$，得
$$\vec{v} \cdot \vec{n} = (-1) \times 2 + 1 \times 1 + 2 \times (-1) = -3 \neq 0,$$
故直线 l 与平面 π 相交．

将直线 l 的方程 $\dfrac{x}{-1} = \dfrac{y-1}{1} = \dfrac{z-1}{2}$ 改写为坐标式参数方程

$$\begin{cases} x = -t, \\ y = 1 + t, \qquad -\infty < t < +\infty. \\ z = 1 + 2t, \end{cases}$$

将上式代入平面 π 的方程解得 $t = -1$,所以直线 l 与平面 π 的交点为 $P_0(1, 0, -1)$.

由直线与平面的夹角的正弦公式(3.4-2),则有

$$\sin\varphi = \frac{|\vec{v} \cdot \vec{n}|}{|\vec{v}||\vec{n}|} = \frac{|-3|}{\sqrt{(-1)^2 + 1^2 + 2^2}\sqrt{2^2 + 1^2 + (-1)^2}} = \frac{1}{2},$$

又因为 $0 \leqslant \varphi \leqslant \dfrac{\pi}{2}$,所以

$$\varphi = \frac{\pi}{6}.$$

2. 空间直线与点的相关位置

空间直线与点的相关位置有两种情形:(1)点在直线上;(2)点在直线外.从几何上讲,点在直线上的充要条件是直线通过该点;点在直线外的充要条件是直线不通过该点;而从代数上讲,点在直线上的充要条件是点的坐标满足直线的方程;点在直线外的充要条件是点的坐标不满足直线的方程.当点在直线外时,我们会关注的是该点到直线的距离.

定义 3.4.2   点与空间直线上的所有点的距离的最小值叫作**点到空间直线的距离**.

显然,与点到平面的距离一样,过该点作与空间直线垂直相交的直线,得到垂足,那么该点与垂足之间的距离即为该点到空间直线的距离.但在空间中过直线外一点作该直线的垂线有无数条,此处需要求的是垂直相交的那一条,如何求出这条垂线的方程呢?这个问题留给读者思考.

下面介绍求点到空间直线的距离的另一种方法.

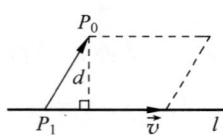
图 3-14   点到空间直线的距离的图示

在空间直角坐标系 $O\text{-}xyz$ 下,设点 $P_0(x_0, y_0, z_0)$ 是直线 $l: \dfrac{x - x_1}{m} = \dfrac{y - y_1}{n} = \dfrac{z - z_1}{p}$ 外的一点,显然直线 l 的方向向量为 $\vec{v} = (m, n, p)$,且经过点 $P_1(x_1, y_1, z_1)$,将 $\vec{v}$ 的起点平移到点 P_1,则以 $\vec{v}$ 和 $\overrightarrow{P_1 P_0}$ 为邻边的平行四边形的面积等于 $|\vec{v} \times \overrightarrow{P_1 P_0}|$,显然点 P_0 到直线 l 的距离 d 就是这个平行四边形的对应于以 $|\vec{v}|$ 为底的高,如图 3-14 所示,从而

$$d = \frac{|\vec{v} \times \overrightarrow{P_1 P_0}|}{|\vec{v}|}$$

$$= \frac{\sqrt{\begin{vmatrix} y_0 - y_1 & z_0 - z_1 \\ n & p \end{vmatrix}^2 + \begin{vmatrix} z_0 - z_1 & x_0 - x_1 \\ p & m \end{vmatrix}^2 + \begin{vmatrix} x_0 - x_1 & y_0 - y_1 \\ m & n \end{vmatrix}^2}}{\sqrt{m^2 + n^2 + p^2}}.$$

$$(3.4\text{-}4)$$

(3.4-4)式叫作**点到空间直线的距离公式**.

例 3.4.2   求点 $P_0(2, 3, -1)$ 到直线 $l: \begin{cases} 2x - 2y + z + 3 = 0, \\ 3x - 2y + 2z + 17 = 0 \end{cases}$ 的距离 d.

解 将直线 l 的方程化成标准方程为

$$\frac{x+1}{2}=\frac{y+6}{1}=\frac{z+13}{-2},$$

从而知点 $P_1(-1,-6,-13)$ 在直线 l 上,所以 $\overrightarrow{P_1P_0}=(3,9,12)$. 又因为直线 l 的方向向量 $\vec{v}=(2,1,-2)$,从而可得 $\vec{v}\times\overrightarrow{P_1P_0}=(30,-30,15)$. 于是由点到直线的距离公式(3.4-4)可得

$$d=\frac{|\vec{v}\times\overrightarrow{P_1P_0}|}{|\vec{v}|}=\frac{\sqrt{30^2+(-30)^2+15^2}}{\sqrt{2^2+1^2+(-2)^2}}=15.$$

议一议 求点到空间直线的距离的其他方法.

习题 3.4

1. 判别下列直线与平面的相关位置:

(1) $\dfrac{x-3}{-2}=\dfrac{y+4}{-7}=\dfrac{z}{3}$ 与 $4x-2y-2z-3=0$;

(2) $\dfrac{x}{3}=\dfrac{y}{-2}=\dfrac{z}{7}$ 与 $3x-2y+7z-8=0$;

(3) $\begin{cases}5x-3y+2z-5=0,\\2x-y-z-1=0\end{cases}$ 与 $4x-3y+7z-7=0$;

(4) $\begin{cases}x=t,\\y=-2t+9,\\z=9t-4\end{cases}$ 与 $3x-4y+7z-10=0$.

2. 确定 m,n 的值,使其满足下列条件:

(1) 直线 $\dfrac{x-1}{4}=\dfrac{y+2}{3}=\dfrac{z}{1}$ 与平面 $mx+3y-5z+1=0$ 平行;

(2) 直线 $\begin{cases}x=2t+2,\\y=-4t-5,\\z=3t-1\end{cases}$ 与平面 $mx+ny+6z-7=0$ 垂直.

3. 判定直线 $l:\begin{cases}A_1x+B_1y+C_1z+D_1=0,\\A_2x+B_2y+C_2z+D_2=0\end{cases}$ 与平面

$$\pi:(A_1+A_2)x+(B_1+B_2)y+(C_1+C_2)z=0$$

的相关位置.

4. 求点 $P_0(1,-5,-13)$ 到直线 $\begin{cases}2x-2y+z+3=0,\\3x-2y+2z+17=0\end{cases}$ 的距离.

5. 设空间直线与空间直角坐标系 $O\text{-}xyz$ 的三个坐标面的夹角分别为 α,β,γ,求证:

$$\cos^2\alpha+\cos^2\beta+\cos^2\gamma=2.$$

6. 设 $N(0,0,1)$ 是球面 $S:x^2+y^2+z^2=1$ 的北极点. $A(a_1,a_2,0),B(b_1,b_2,0)$, $C(c_1,c_2,0)$ 为 $O\text{-}xy$ 坐标面上的不同三点. 设连接 N 与 A,B,C 的三条直线依次交球面于点 A_1,B_1,C_1.

(1) 求连接 N 与 A 两点的直线方程；

(2) 求点 A_1,B_1,C_1 的坐标；

(3) 给定点 $A(1,-1,0),B(-1,1,0),C(1,1,0)$，求四面体 $NA_1B_1C_1$ 的体积. [①]

3.5　空间两直线的相关位置

空间中两直线的相关位置有两种情形：(1) 异面；(2) 共面. 而共面又包含相交、平行、重合这三种. 从几何上讲，空间两直线异面的充要条件是两直线不在同一平面内；空间两直线共面的充要条件是两直线在同一平面内；空间两直线相交的充要条件是两直线有且仅有一个交点；空间两直线平行的充要条件是两直线共面且没有交点；空间两直线重合的充要条件是两直线有无穷多个交点. 本节将利用空间中两直线的方程，从代数的角度来讨论它们之间的相关位置判断的充要条件，以及一些相关的问题.

1. 空间两直线的相关位置

设空间两直线 l_1 与 l_2 的方程分别为

$$l_1: \frac{x-x_1}{m_1}=\frac{y-y_1}{n_1}=\frac{z-z_1}{p_1}, \quad l_2: \frac{x-x_2}{m_2}=\frac{y-y_2}{n_2}=\frac{z-z_2}{p_2}.$$

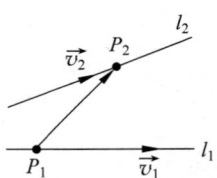

显然，直线 l_1 的位置由它通过的点 $P_1(x_1,y_1,z_1)$ 和方向向量 $\vec{v}_1=(m_1,n_1,p_1)$ 决定，直线 l_2 的位置由它通过的点 $P_2(x_2,y_2,z_2)$ 和方向向量 $\vec{v}_2=(m_2,n_2,p_2)$ 决定. 从图 3-15 可以看出空间两直线 l_1 与 l_2 的位置关系取决于三向量 $\overrightarrow{P_1P_2},\vec{v}_1,\vec{v}_2$ 的位置关系. 当且仅当三向量 $\overrightarrow{P_1P_2},\vec{v}_1,\vec{v}_2$ 不共面时，直线 l_1 与 l_2 异面；当且仅当三向量 $\overrightarrow{P_1P_2},\vec{v}_1,\vec{v}_2$ 共面时，直线 l_1 与 l_2 共面. 在共面的情形下，如果 $\vec{v}_1$ 与 $\vec{v}_2$ 不平行，那么直线 l_1 与 l_2 相交；如果 $\vec{v}_1$ 与 $\vec{v}_2$ 平行但不平行于 $\overrightarrow{P_1P_2}$，那么直线 l_1 与 l_2 平行；如果 $\vec{v}_1$ 平行于 $\vec{v}_2$ 且平行于 $\overrightarrow{P_1P_2}$，那么直线 l_1 与 l_2 重合. 于是可得到如下的定理.

图 3-15　空间两条直线图示

定理 3.5.1　若空间两直线 l_1 与 l_2 的方程分别为

$$l_1: \frac{x-x_1}{m_1}=\frac{y-y_1}{n_1}=\frac{z-z_1}{p_1}, \quad l_2: \frac{x-x_2}{m_2}=\frac{y-y_2}{n_2}=\frac{z-z_2}{p_2},$$

则有：

(1) 直线 l_1 与 l_2 异面的充要条件是

$$\Delta=(\overrightarrow{P_1P_2},\vec{v}_1,\vec{v}_2)=\begin{vmatrix} x_2-x_1 & y_2-y_1 & z_2-z_1 \\ m_1 & n_1 & p_1 \\ m_2 & n_2 & p_2 \end{vmatrix}\neq 0; \quad\quad (3.5\text{-}1)$$

[①]　此题是第 12 届全国大学生数学竞赛初赛题目(数学类 A 卷，2020 年).

(2) 直线 l_1 与 l_2 相交的充要条件是

$$\Delta = 0 \text{ 且 } m_1 : n_1 : p_1 \neq m_2 : n_2 : p_2; \tag{3.5-2}$$

(3) 直线 l_1 与 l_2 平行的充要条件是

$$m_1 : n_1 : p_1 = m_2 : n_2 : p_2 \neq (x_2 - x_1) : (y_2 - y_1) : (z_2 - z_1); \tag{3.5-3}$$

(4) 直线 l_1 与 l_2 重合的充要条件是

$$m_1 : n_1 : p_1 = m_2 : n_2 : p_2 = (x_2 - x_1) : (y_2 - y_1) : (z_2 - z_1). \tag{3.5-4}$$

2. 空间两直线的夹角

定义 3.5.1 平行于空间两直线的两个向量间的角,叫作**空间两直线的夹角**,我们把空间两直线 l_1 与 l_2 的夹角记为 $\angle(l_1, l_2)$.

空间两直线 l_1 与 l_2 的夹角 $\angle(l_1, l_2)$ 与它们方向向量之间的夹角 $\angle(\vec{v}_1, \vec{v}_2)$ 有如下关系:

$$\angle(l_1, l_2) = \angle(\vec{v}_1, \vec{v}_2) \quad \text{或} \quad \angle(l_1, l_2) = \pi - \angle(\vec{v}_1, \vec{v}_2).$$

由定义 3.5.1 与前面的讨论,可得下面的结论.

定理 3.5.2 若空间两直线 l_1 与 l_2 的方程分别为

$$l_1 : \frac{x - x_1}{m_1} = \frac{y - y_1}{n_1} = \frac{z - z_1}{p_1}, \quad l_2 : \frac{x - x_2}{m_2} = \frac{y - y_2}{n_2} = \frac{z - z_2}{p_2},$$

则两直线 l_1 与 l_2 的夹角的余弦为

$$\cos\angle(l_1, l_2) = \pm \frac{\vec{v}_1 \cdot \vec{v}_2}{|\vec{v}_1||\vec{v}_2|} = \pm \frac{m_1 m_2 + n_1 n_2 + p_1 p_2}{\sqrt{m_1^2 + n_1^2 + p_1^2}\sqrt{m_2^2 + n_2^2 + p_2^2}}. \tag{3.5-5}$$

注:(3.5-5)式叫作**空间两直线的夹角的余弦公式**.

推论 若空间两直线 l_1 与 l_2 的方程分别为

$$l_1 : \frac{x - x_1}{m_1} = \frac{y - y_1}{n_1} = \frac{z - z_1}{p_1}, \quad l_2 : \frac{x - x_2}{m_2} = \frac{y - y_2}{n_2} = \frac{z - z_2}{p_2},$$

则直线 l_1 与 l_2 垂直的充要条件是

$$m_1 m_2 + n_1 n_2 + p_1 p_2 = 0. \tag{3.5-6}$$

3. 空间两直线间的距离与公垂线的方程

定义 3.5.2 空间两直线上的点间的最短距离,叫作**这两条直线间的距离**.我们把空间两直线 l_1 与 l_2 间的距离记为 $d(l_1, l_2)$.

显然,由定义 3.5.2 可知,两条相交直线间的距离为零,两重合直线间距离也是零;而两条平行直线间的距离等于其中一条直线上的任意一点到另一条直线的距离.所以我们只需讨论两条异面直线之间的距离.

定义 3.5.3 与两条异面直线都垂直且相交的直线叫作这两条异面直线的**公垂线**,两个交点之间的线段叫作这两条异面直线的**公垂线段**,公垂线段的长叫作**公垂线的长**.

定理 3.5.3 两条异面直线间的距离等于它们公垂线的长.

证明 设两条异面直线 l_1, l_2 与公垂线 l_0 的交点分别为 Q_1, Q_2,并在直线 l_1 与 l_2 上分别任取一个点 P_1 与 P_2,如图 3-16 所示,于是公垂线的长

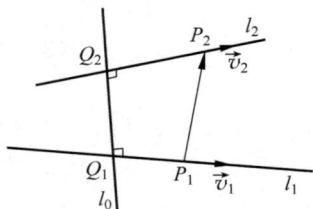

图 3-16　两条异面直线的
公垂线段图示

$$\begin{aligned}
\mid Q_1 Q_2 \mid &= \Big| \operatorname{prj}_{\overrightarrow{Q_1 Q_2}} \overrightarrow{P_1 P_2} \Big| \\
&= \Big| \big| \overrightarrow{P_1 P_2} \big| \cos\angle(\overrightarrow{P_1 P_2}, \overrightarrow{Q_1 Q_2}) \Big| \\
&= \big| \overrightarrow{P_1 P_2} \big| \big| \cos\angle(\overrightarrow{P_1 P_2}, \overrightarrow{Q_1 Q_2}) \big| \leqslant \big| \overrightarrow{P_1 P_2} \big|,
\end{aligned}$$

由定义 3.5.2 可知, $\mid Q_1 Q_2 \mid$ 是两条异面直线 l_1 与 l_2 间的距离. 故结论成立.

定理 3.5.4　若空间两条异面直线 l_1 与 l_2 的方程分别为

$$l_1: \frac{x-x_1}{m_1} = \frac{y-y_1}{n_1} = \frac{z-z_1}{p_1}, \quad l_2: \frac{x-x_2}{m_2} = \frac{y-y_2}{n_2} = \frac{z-z_2}{p_2},$$

则直线 l_1 与 l_2 间的距离计算公式为

$$d(l_1, l_2) = \frac{\big| (\overrightarrow{P_1 P_2}, \vec{v}_1, \vec{v}_2) \big|}{\mid \vec{v}_1 \times \vec{v}_2 \mid}, \tag{3.5-7}$$

其中点 $P_1(x_1, y_1, z_1)$ 在直线 l_1 上,点 $P_2(x_2, y_2, z_2)$ 在直线 l_2 上, $\vec{v}_1 = (m_1, n_1, p_1)$, $\vec{v}_2 = (m_2, n_2, p_2)$.

证明　由于两条异面直线 l_1 与 l_2 的公垂线与它们都垂直相交,所以公垂线的方向向量可取为 $\vec{v}_1 \times \vec{v}_2$,由定理 3.5.3 及其证明过程可知,两条异面直线 l_1 与 l_2 间的距离等于它们公垂线的长,且

$$\begin{aligned}
d(l_1, l_2) &= \big| \overrightarrow{P_1 P_2} \big| \big| \cos\angle(\overrightarrow{P_1 P_2}, \vec{v}_1 \times \vec{v}_2) \big| \\
&= \big| \overrightarrow{P_1 P_2} \big| \left| \frac{\overrightarrow{P_1 P_2} \cdot (\vec{v}_1 \times \vec{v}_2)}{\big| \overrightarrow{P_1 P_2} \big| \mid \vec{v}_1 \times \vec{v}_2 \mid} \right| \\
&= \big| \overrightarrow{P_1 P_2} \big| \frac{\big| \overrightarrow{P_1 P_2} \cdot (\vec{v}_1 \times \vec{v}_2) \big|}{\big| \overrightarrow{P_1 P_2} \big| \mid \vec{v}_1 \times \vec{v}_2 \mid} \\
&= \frac{\big| \overrightarrow{P_1 P_2} \cdot (\vec{v}_1 \times \vec{v}_2) \big|}{\mid \vec{v}_1 \times \vec{v}_2 \mid} = \frac{\big| (\overrightarrow{P_1 P_2}, \vec{v}_1, \vec{v}_2) \big|}{\mid \vec{v}_1 \times \vec{v}_2 \mid}.
\end{aligned}$$

故定理得证.

两条异面直线 l_1 与 l_2 间的距离公式(3.5-7)也可以用坐标表示为

$$d(l_1, l_2) = \frac{\left\| \begin{matrix} x_2-x_1 & y_2-y_1 & z_2-z_1 \\ m_1 & n_1 & p_1 \\ m_2 & n_2 & p_2 \end{matrix} \right\|}{\sqrt{\left| \begin{matrix} n_1 & p_1 \\ n_2 & p_2 \end{matrix} \right|^2 + \left| \begin{matrix} p_1 & m_1 \\ p_2 & m_2 \end{matrix} \right|^2 + \left| \begin{matrix} m_1 & n_1 \\ m_2 & n_2 \end{matrix} \right|^2}}. \tag{3.5-8}$$

因为 $\big| (\overrightarrow{P_1 P_2}, \vec{v}_1, \vec{v}_2) \big|$ 表示以 $\overrightarrow{P_1 P_2}, \vec{v}_1, \vec{v}_2$ 为相邻棱的平行六面体的体积,即

$$V = \big| (\overrightarrow{P_1 P_2}, \vec{v}_1, \vec{v}_2) \big|,$$

而 $\mid \vec{v}_1 \times \vec{v}_2 \mid$ 表示的是以 $\vec{v}_1, \vec{v}_2$ 为邻边的平行四边形的面积,即

$$S=|\vec{v}_1\times\vec{v}_2|,$$

所以由定理 3.5.4 中的距离公式 $d(l_1,l_2)=\dfrac{|(\overrightarrow{P_1P_2},\vec{v}_1,\vec{v}_2)|}{|\vec{v}_1\times\vec{v}_2|}$ 可以看出,两条异面直线 l_1 与 l_2 间的距离是以 $\vec{v}_1,\vec{v}_2$ 为邻边的平行四边形作为底面的、以 $\overrightarrow{P_1P_2},\vec{v}_1,\vec{v}_2$ 为相邻棱的平行六面体的高,如图 3-17 所示.

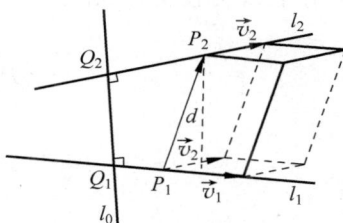

图 3-17　平行六面体与两条异面直线间距离的图示

接下来我们讨论两条异面直线

$$l_1:\frac{x-x_1}{m_1}=\frac{y-y_1}{n_1}=\frac{z-z_1}{p_1}\quad 与\quad l_2:\frac{x-x_2}{m_2}=\frac{y-y_2}{n_2}=\frac{z-z_2}{p_2}$$

的公垂线的方程.

设 l_1 与 l_2 的公垂线为 l_0,则公垂线 l_0 的方向向量可以取为 $\vec{v}_1\times\vec{v}_2$,而公垂线 l_0 可看成由 l_0 与 l_1 所确定的平面 π_1 和由 l_0 与 l_2 所确定的平面 π_2 的交线,如图 3-17 所示.而点 $P_1(x_1,y_1,z_1)$ 在直线 l_1 上,点 $P_2(x_2,y_2,z_2)$ 在直线 l_2 上,从而由平面的点位式方程(3.1-9)可得到平面 π_1 与平面 π_2 的方程,联立两个平面的方程所得的方程组就是所求公垂线的方程,即

$$l_0:\begin{cases}\begin{vmatrix}x-x_1 & y-y_1 & z-z_1\\ m_1 & n_1 & p_1\\ m & n & p\end{vmatrix}=0,\\[20pt]\begin{vmatrix}x-x_2 & y-y_2 & z-z_2\\ m_2 & n_2 & p_2\\ m & n & p\end{vmatrix}=0,\end{cases}\tag{3.5-9}$$

其中,$m=\begin{vmatrix}n_1 & p_1\\ n_2 & p_2\end{vmatrix}$,$n=\begin{vmatrix}p_1 & m_1\\ p_2 & m_2\end{vmatrix}$,$p=\begin{vmatrix}m_1 & n_1\\ m_2 & n_2\end{vmatrix}$ 是公垂线的方向数,即向量 $\vec{v}_1\times\vec{v}_2$ 的坐标.

例 3.5.1　求通过点 $P_0(1,1,1)$ 与两直线

$$l_1:\frac{x}{1}=\frac{y}{2}=\frac{z}{3},\quad l_2:\frac{x-1}{2}=\frac{y-2}{1}=\frac{z-3}{4}$$

都相交的直线方程.

解　设所求直线的方向向量 $\vec{v}=(m,n,p)$,则所求直线方程为

$$\frac{x-1}{m}=\frac{y-1}{n}=\frac{z-1}{p}.$$

已知直线 l_1 与 l_2 的方向向量分别为 $\vec{v}_1=(1,2,3),\vec{v}_2=(2,1,4)$,且直线 l_1 经过点 $P_1(0,0,0)$,直线 l_2 经过点 $P_2(1,2,3)$,从而由所求直线与直线 l_1 相交可得

$$(\overrightarrow{P_0P_1},\vec{v}_1,\vec{v})=\begin{vmatrix}-1 & -1 & -1\\ 1 & 2 & 3\\ m & n & p\end{vmatrix}=0,$$

即

$$m-2n+p=0.$$

由所求直线与直线 l_2 相交可得

$$(\overrightarrow{P_0P_2}, \vec{v}_2, \vec{v}) = \begin{vmatrix} 0 & 1 & 2 \\ 2 & 1 & 4 \\ m & n & p \end{vmatrix} = 0,$$

即

$$m + 2n - p = 0.$$

由方程组 $\begin{cases} m - 2n + p = 0, \\ m + 2n - p = 0 \end{cases}$ 解得

$$m : n : p = 0 : 2 : 4 = 0 : 1 : 2.$$

又因为 $0:1:2 \neq 1:2:3$，即 $\vec{v}$ 不平行 $\vec{v}_1$；且 $0:1:2 \neq 2:1:4$，即 $\vec{v}$ 不平行 $\vec{v}_2$，所以所求直线方程为

$$\frac{x-1}{0} = \frac{y-1}{1} = \frac{z-1}{2}.$$

🐝 **议一议** 过一定点与两条直线都相交的直线方程.

例 3.5.2 判断两直线

$$l_1: \frac{x}{1} = \frac{y}{-1} = \frac{z+1}{0}, \quad l_2: \frac{x-1}{1} = \frac{y-1}{1} = \frac{z-1}{0}$$

的位置关系,若共面,进一步判断是相交、平行还是重合;若为异面直线,求它们间的距离以及公垂线的方程.

解 因为直线 l_1 与直线 l_2 的方向向量分别为 $\vec{v}_1 = (1, -1, 0)$, $\vec{v}_2 = (1, 1, 0)$,且直线 l_1 经过点 $P_1(0, 0, -1)$,直线 l_2 经过点 $P_2(1, 1, 1)$,所以

$$\Delta = (\overrightarrow{P_1P_2}, \vec{v}_1, \vec{v}_2) = \begin{vmatrix} 1 & 1 & 2 \\ 1 & -1 & 0 \\ 1 & 1 & 0 \end{vmatrix} = 4 \neq 0,$$

故两直线为异面直线.

因为直线 l_1 与直线 l_2 的公垂线 l_0 的方向向量可以取为

$$\vec{v} = \vec{v}_1 \times \vec{v}_2 = \begin{vmatrix} \vec{i} & \vec{j} & \vec{k} \\ 1 & -1 & 0 \\ 1 & 1 & 0 \end{vmatrix} = (0, 0, 2),$$

所以由(3.5-7)式可得直线 l_1 与直线 l_2 间的距离为

$$d(l_1, l_2) = \frac{|(\overrightarrow{P_1P_2}, \vec{v}_1, \vec{v}_2)|}{|\vec{v}_1 \times \vec{v}_2|} = \frac{|4|}{2} = 2.$$

由(3.5-9)式可得直线 l_1 与直线 l_2 的公垂线 l_0 的方程为

$$\begin{cases} \begin{vmatrix} x & y & z+1 \\ 1 & -1 & 0 \\ 0 & 0 & 2 \end{vmatrix} = 0, \\ \begin{vmatrix} x-1 & y-1 & z-1 \\ 1 & 1 & 0 \\ 0 & 0 & 2 \end{vmatrix} = 0, \end{cases}$$

即
$$\begin{cases} x + y = 0, \\ x - y = 0, \end{cases}$$

也可以表示为
$$\begin{cases} x = 0, \\ y = 0, \end{cases}$$

即直线 l_1 与直线 l_2 的公垂线是 z 轴.

习题 3.5

1. 确定 λ 的值,使得下列两条直线相交:

(1) $\begin{cases} 3x - y + 2z - 6 = 0, \\ x + 4y + \lambda z - 15 = 0 \end{cases}$ 与 z 轴;　(2) $\dfrac{x-1}{1} = \dfrac{y+1}{2} = \dfrac{z-1}{\lambda}$ 与 $x + 1 = y - 1 = z$.

2. 判别下列各对直线的位置关系,如果是相交或平行,求出它们所在的平面;如果是异面,求出它们间的距离:

(1) $\begin{cases} x - 2y + 2z = 0, \\ 3x + 2y - 6 = 0 \end{cases}$ 与 $\begin{cases} x + 2y - z - 11 = 0, \\ 3x + z - 14 = 0; \end{cases}$　(2) $\begin{cases} 2x + z - 3 = 0, \\ 3x + 2y - 6 = 0 \end{cases}$ 与 $\begin{cases} 3x + 2y - 25 = 0, \\ 2x + z - 14 = 0; \end{cases}$

(3) $\begin{cases} x = 1 + t, \\ y = 7 - 2t, \\ z = -2 + t \end{cases}$ 与 $\dfrac{x-1}{4} = \dfrac{y-7}{7} = \dfrac{z+2}{-5}.$

3. 求两条异面直线 $\dfrac{x-3}{2} = \dfrac{y}{1} = \dfrac{z-1}{0}$ 与 $\dfrac{x+1}{1} = \dfrac{y-2}{0} = \dfrac{z}{1}$ 的公垂线方程.

4. 求下列各对直线的夹角:

(1) $\dfrac{x-1}{3} = \dfrac{y+2}{6} = \dfrac{z-5}{2}$ 与 $\dfrac{x}{2} = \dfrac{y-3}{9} = \dfrac{z+1}{6};$

(2) $\begin{cases} 3x - 4y - 2z = 0, \\ 2x + y - 2z = 0 \end{cases}$ 与 $\begin{cases} 4x + y - 6z - 2 = 0, \\ y - 3z + 2 = 0. \end{cases}$

5. 求过点 $P(2,1,0)$ 且与直线 $\dfrac{x-5}{3} = \dfrac{y}{2} = \dfrac{z+25}{-2}$ 垂直且相交的直线.

6. 若空间直线与空间直角坐标系 $O\text{-}xyz$ 的三条坐标轴间的夹角分别为 α, β, γ,证明:
$$\sin^2\alpha + \sin^2\beta + \sin^2\gamma = 2.$$

7. 已知空间两条直线
$$l_1: \frac{x-4}{1} = \frac{y-3}{-2} = \frac{z-8}{1}, \quad l_2: \frac{x+1}{7} = \frac{y+1}{-6} = \frac{z+1}{1}.$$

(1) 证明:l_1 和 l_2 异面;

(2) 求 l_1 和 l_2 公垂线的标准方程;

(3) 求连接 l_1 上任一点和 l_2 上任一点线段中点的轨迹的一般方程.[①]

---

① 此题是第 6 届全国大学生数学竞赛初赛题目(数学类,2014 年).

3.6   平   面   束

在平面内过定点的所有直线构成的集合,我们把它叫作平面内的**中心直线束**,如果要求经过该点且倾斜角为某一定值的直线,我们就可以从这个直线束中选出符合倾斜角等于这个值的直线.同理,在空间中,为了寻求经过定直线 l 且满足某种属性 Q 的平面,我们只需在经过直线 l 的所有平面构成的集合中寻找出具有该属性 Q 的平面.同样,为了寻求平行于平面 π 且满足该属性的平面,我们也只需在平行于平面 π 的所有平面构成的集合中寻找出具有该属性的平面.这就是我们为什么要给出平面束的原因.

1. 平面束的概念

空间中经过一条定直线的平面有无数多个,平行于一定平面的平面也有无数多个,为此我们给出如下的定义.

定义 3.6.1   空间中通过同一条直线的所有的平面构成的集合叫作**有轴平面束**,其中这条直线叫作有轴平面束的**轴**.

定义 3.6.2   空间中平行于同一个平面的所有平面构成的集合叫作**平行平面束**,其中这个平面叫作平行平面束的**底**.

有轴平面束与平行平面束都是无穷集合.对于有轴平面束中的平面,我们可以给出一个含参数的三元一次方程来表示.对于平行平面束,也有同样的结论.

定理 3.6.1   若两个平面 π_1 与平面 π_2 的方程分别为

$$\pi_1: A_1 x + B_1 y + C_1 z + D_1 = 0, \quad \pi_2: A_2 x + B_2 y + C_2 z + D_2 = 0,$$

且交于直线 l,则以直线 l 为轴的有轴平面束的方程为

$$\lambda(A_1 x + B_1 y + C_1 z + D_1) + \mu(A_2 x + B_2 y + C_2 z + D_2) = 0, \qquad (3.6\text{-}1)$$

其中 λ, μ 是不全为零的任意实数.

证明   第一步先证明当 λ, μ 是不全为零的任意实数时,(3.6-1)式表示的图形是一个平面.

不妨设 $\lambda \neq 0$,将(3.6-1)式改写成

$$(\lambda A_1 + \mu A_2)x + (\lambda B_1 + \mu B_2)y + (\lambda C_1 + \mu C_2)z + (\lambda D_1 + \mu D_2) = 0,$$

从而可得上式一次方程中系数不全为零.这是因为如果它们全为零,即

$$\lambda A_1 + \mu A_2 = \lambda B_1 + \mu B_2 = \lambda C_1 + \mu C_2 = 0,$$

则有

$$\frac{A_1}{A_2} = \frac{B_1}{B_2} = \frac{C_1}{C_2} = -\frac{\mu}{\lambda},$$

这与平面 π_1 和平面 π_2 相交的已知条件矛盾,所以系数 $\lambda A_1 + \mu A_2, \lambda B_1 + \mu B_2, \lambda C_1 + \mu C_2$ 不全为零,即方程(3.6-1)是一个一次方程,故根据定理 3.1.1 可知,(3.6-1)式所表示的图形是一个平面.

因为平面 π_1 与平面 π_2 的交线 l 上的点的坐标同时满足平面 π_1 与平面 π_2 的方程,从而必满足方程组(3.6-1),所以(3.6-1)式总代表通过直线的平面,即(3.6-1)式总表示以直线 l 为轴的平面束中的平面.

第二步证明以直线 l 为轴的有轴平面束中任意一个平面 π,我们都能确定 λ,μ 使得平面 π 的方程为(3.6-1)式的形式.

在平面 π 上任意选取不属于轴 l 上的一点 $P_0(x_0,y_0,z_0)$,那么由(3.6-1)式表示的平面通过点 $P_0(x_0,y_0,z_0)$ 的条件是

$$\lambda(A_1x_0+B_1y_0+C_1z_0+D_1)+\mu(A_2x_0+B_2y_0+C_2z_0+D_2)=0,$$

所以

$$\lambda:\mu=(A_2x_0+B_2y_0+C_2z_0+D_2):[-(A_1x_0+B_1y_0+C_1z_0+D_1)],$$

由于点 $P_0(x_0,y_0,z_0)$ 不在直线 l 上,所以

$$A_2x_0+B_2y_0+C_2z_0+D_2,\quad A_1x_0+B_1y_0+C_1z_0+D_1$$

不会全为零,故可以取

$$\lambda=A_2x_0+B_2y_0+C_2z_0+D_2,\quad \mu=-(A_1x_0+B_1y_0+C_1z_0+D_1)$$

就是不全为零的两个实数,则经过直线 l 且经过点 $P_0(x_0,y_0,z_0)$ 的平面方程为

$$(A_2x_0+B_2y_0+C_2z_0+D_2)(A_1x+B_1y+C_1z+D_1)-$$
$$(A_1x_0+B_1y_0+C_1z_0+D_1)(A_2x+B_2y+C_2z+D_2)=0$$

的形式.

综上可知定理得证.

在定理 3.6.1 中,给出了求经过直线 l 且具有属性 Q(过直线 l 外一点 $P_0(x_0,y_0,z_0)$)的平面方程的方法,即由属性 Q 来确定平面束中的参数 λ,μ 的值即可.值得注意的是,所有与 λ,μ 成比例的两个实数所确定的平面是同一个平面,即 $\lambda_1:\mu_1=\lambda:\mu$,则平面

$$\lambda_1(A_1x+B_1y+C_1z+D_1)+\mu_1(A_2x+B_2y+C_2z+D_2)=0$$

与平面

$$\lambda(A_1x+B_1y+C_1z+D_1)+\mu(A_2x+B_2y+C_2z+D_2)=0$$

是同一个平面.

定理 3.6.2 若平面 π 的方程为

$$Ax+By+Cz+D=0,$$

则以 π 为底的平行平面束方程为

$$Ax+By+Cz+\lambda=0,$$

其中 λ 是任意的实数.

证明 对于任意的实数 λ,方程 $Ax+By+Cz+\lambda=0$ 所表示的平面都与平面 π 平行,所以平面 $Ax+By+Cz+\lambda=0$ 是以平面 π 为底的平面束中的一个平面.

任意与平面 π 平行的平面的方程都可以表为

$$Ax+By+Cz+\lambda=0.$$

所以定理成立.

2. 平面束的应用

例 3.6.1   求经过直线 l：$\begin{cases} 2x-y-2z+1=0, \\ x+2y-z-13=0, \end{cases}$ 且与平面 π：$x+y+z-1=0$ 垂直的平面方程.

解   设所求平面的方程为

$$\lambda(2x-y-2z+1)+\mu(x+2y-z-13)=0,$$

即

$$(2\lambda+\mu)x+(-\lambda+2\mu)y+(-2\lambda-\mu)z+\lambda-13\mu=0,$$

由于所求平面与已知平面 π：$x+y+z-1=0$ 垂直，所以

$$(2\lambda+\mu)+(-\lambda+2\mu)+(-2\lambda-\mu)=0,$$

即

$$-\lambda+2\mu=0,$$

取 $\lambda=2,\mu=1$ 得所求平面方程为

$$2(2x-y-2z+1)+(x+2y-z-13)=0,$$

即

$$5x-5z-11=0.$$

例 3.6.2   求与平面 $x-2y-3z+4=0$ 平行且在 z 轴上的截距为 2 的平面方程.

解   设所求平面方程为

$$x-2y-3z+\lambda=0,$$

因为所求平面在 z 轴上的截距为 2，即平面经过点 $(0,0,2)$，从而有

$$-6+\lambda=0,$$

所以 $\lambda=6$，故所求平面方程是

$$x-2y-3z+6=0.$$

例 3.6.3   已知两条直线 l_1 与 l_2 的方程分别为

$$l_1：\begin{cases} A_1x+B_1y+C_1z+D_1=0, \\ A_2x+B_2y+C_2z+D_2=0, \end{cases}$$

$$l_2：\begin{cases} A_3x+B_3y+C_3z+D_3=0, \\ A_4x+B_4y+C_4z+D_4=0. \end{cases}$$

证明：l_1 与 l_2 共面的充要条件是 $\begin{vmatrix} A_1 & B_1 & C_1 & D_1 \\ A_2 & B_2 & C_2 & D_2 \\ A_3 & B_3 & C_3 & D_3 \\ A_4 & B_4 & C_4 & D_4 \end{vmatrix}=0.$

证明   由定理 3.6.1 可得，经过直线 l_1 的任意平面方程可设为

$$\lambda_1(A_1x+B_1y+C_1z+D_1)+\mu_1(A_2x+B_2y+C_2z+D_2)=0, \quad (3.6\text{-}2)$$

其中 λ_1,μ_1 是不全为零的任意实数；经过直线 l_2 的平面方程可设为

$$\lambda_2(A_3x+B_3y+C_3z+D_3)+\mu_2(A_4x+B_4y+C_4z+D_4)=0, \quad (3.6\text{-}3)$$

其中 λ_2, μ_2 不全为零. 所以直线 l_1 与 l_2 共面的充要条件是存在不全为零的实数 λ_1, μ_1 与 λ_2, μ_2, 使得方程(3.6-2)与方程(3.6-3)所表示的两个平面是同一个平面, 也就是说方程(3.6-2)与方程(3.6-3)的左端仅相差一个非零常数 k 倍, 即

$$\lambda_1 (A_1 x + B_1 y + C_1 z + D_1) + \mu_1 (A_2 x + B_2 y + C_2 z + D_2)$$
$$\equiv k [\lambda_2 (A_3 x + B_3 y + C_3 z + D_3) + \mu_2 (A_4 x + B_4 y + C_4 z + D_4)],$$

化简整理得

$$(\lambda_1 A_1 + \mu_1 A_2 - k\lambda_2 A_3 - k\mu_2 A_4) x + (\lambda_1 B_1 + \mu_1 B_2 - k\lambda_2 B_3 - k\mu_2 B_4) y +$$
$$(\lambda_1 C_1 + \mu_1 C_2 - k\lambda_2 C_3 - k\mu_2 C_4) z + (\lambda_1 D_1 + \mu_1 D_2 - k\lambda_2 D_3 - k\mu_2 D_4) \equiv 0,$$

由于对于任意 x, y, z 等式都成立, 所以必有

$$\begin{cases} \lambda_1 A_1 + \mu_1 A_2 - k\lambda_2 A_3 - k\mu_2 A_4 = 0, \\ \lambda_1 B_1 + \mu_1 B_2 - k\lambda_2 B_3 - k\mu_2 B_4 = 0, \\ \lambda_1 C_1 + \mu_1 C_2 - k\lambda_2 C_3 - k\mu_2 C_4 = 0, \\ \lambda_1 D_1 + \mu_1 D_2 - k\lambda_2 D_3 - k\mu_2 D_4 = 0, \end{cases}$$

因为 $\lambda_1, \mu_1, \lambda_2, \mu_2$ 不全为零, 所以由定理 1.4.4 的推论 2, 可得

$$\begin{vmatrix} A_1 & A_2 & -kA_3 & -kA_4 \\ B_1 & B_2 & -kB_3 & -kB_4 \\ C_1 & C_2 & -kC_3 & -kC_4 \\ D_1 & D_2 & -kD_3 & -kD_4 \end{vmatrix} = 0.$$

又因为 $k \neq 0$, 所以由行列式的性质 1.4.3, 可得

$$\begin{vmatrix} A_1 & A_2 & A_3 & A_4 \\ B_1 & B_2 & B_3 & B_4 \\ C_1 & C_2 & C_3 & C_4 \\ D_1 & D_2 & D_3 & D_4 \end{vmatrix} = 0,$$

又由行列式的性质 1.4.1 可得, 两直线 l_1 与 l_2 共面的充要条件是

$$\begin{vmatrix} A_1 & B_1 & C_1 & D_1 \\ A_2 & B_2 & C_2 & D_2 \\ A_3 & B_3 & C_3 & D_3 \\ A_4 & B_4 & C_4 & D_4 \end{vmatrix} = 0.$$

习题 3.6

1. 求通过直线 $l: \begin{cases} 4x - y + 3z - 1 = 0, \\ x + 5y - z + 2 = 0 \end{cases}$ 且满足下列条件之一的平面方程:

(1) 通过原点;
(2) 与 y 轴平行;

(3) 与点 $(1, -1, 1)$ 的距离等于 1;
(4) 与平面 $2x - y + 5z - 3 = 0$ 垂直.

2. 求通过直线 $l:\begin{cases} x+5y+z=0, \\ x-z+4=0 \end{cases}$ 且与平面 $\pi:x-4y+8z+12=0$ 的夹角为 $\dfrac{\pi}{4}$ 的平面的方程.

3. 求与平面 $\pi:x-2y+3z-4=0$ 平行,且满足下列条件之一的平面的方程:

(1) 通过点 $(1,-2,3)$;   (2) 与原点的距离等于 1;

(3) 与三坐标面围成的四面体体积为 6;   (4) 在 y 轴截距等于 -3.

第4章

常见二次曲面

第 3 章我们讨论了特殊的面与线的方程,即平面与空间直线的方程,又根据方程讨论了点与平面、点与直线、平面与平面、直线与直线,以及直线与平面之间的位置关系及其相关内容.本章将继续讨论特殊的曲面,即常见二次曲面,它们分别是柱面、锥面、旋转曲面、椭球面、双曲面与抛物面等二次曲面.在这些曲面中,一方面有些曲面具有较为明显的几何特征,另一方面有的曲面的方程具有特殊的简单形式.对于前者,我们从图形的几何特征出发,去求解它们的方程,从而可以研究其相应的性质;而对于后者,我们从特殊方程出发,去研究它所表示图形的性质,从而可以得出其相应的图形.

4.1 柱 面

1. 柱面及其方程

定义 4.1.1 在空间中,平行于定方向且与一条定曲线相交的一族平行直线所生成的曲面叫作**柱面**.其中定方向叫作柱面的**方向**,定曲线叫作柱面的**准线**,也叫**导线**,平行直线族中的每一条直线都叫作柱面的**直母线**,简称**母线**.

如果柱面的定方向是 $\vec{v}$,定曲线是 L,定直线是 l,那么此柱面的图形如图 4-1 所示.

注:(1) 柱面可以理解为:由与一条定曲线都相交的一族平行直线构成的曲面,即由平行直线所构成的曲面一定是柱面;

(2) 柱面可以看成由平行直线构成且具有与某条定曲线相交的这一特殊性质的集合,即柱面是空间中的具有某一特性的平行直线束.

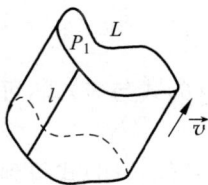

图 4-1 柱面图示

由柱面的定义可知,柱面由它的方向和准线唯一确定.若一个柱面的准线为

$$L: \begin{cases} F_1(x,y,z)=0, \\ F_2(x,y,z)=0, \end{cases}$$

其方向为 $\vec{v}=(m,n,p)$,则该柱面就被唯一确定.下面我们来推导此柱面的方程.

在准线 L 上任取一点 $P_1(x_1,y_1,z_1)$,则有

$$\begin{cases} F_1(x_1,y_1,z_1)=0, & \text{(1)} \\ F_2(x_1,y_1,z_1)=0, & \text{(2)} \end{cases}$$

且过点 P_1 的母线方程为

$$\frac{x-x_1}{m}=\frac{y-y_1}{n}=\frac{z-z_1}{p}. \tag{3}$$

由(1)式、(2)式与(3)式中的等式消去参数 x_1,y_1,z_1,最后得到一个三元方程

$$F(x,y,z)=0,$$

该方程就是我们所要求的柱面的方程.

由第 2 章我们知道,点运动成线,线运动成面,所以也可以给出柱面的如下定义.

定义 4.1.2 在空间中,平行于定方向且与定曲线相交的定直线沿定曲线保持方向不变且连续运动所生成的曲面叫作**柱面**.其中定方向叫作柱面的**方向**,定曲线叫作柱面的**准线**,定直线及其运动过程中任意位置对应的直线都叫作柱面的**直母线**,简称**母线**.

例 4.1.1 设柱面的准线方程为

$$L:\begin{cases}x^2+y^2+z^2=1,\\2x^2+2y^2+z^2=2,\end{cases}$$

母线的方向为 $\vec{v}=(-1,0,1)$,求此柱面的方程.

解 在准线 L 上任取一点 $P_1(x_1,y_1,z_1)$,则有

$$\begin{cases}x_1^2+y_1^2+z_1^2=1,\tag{4}\\2x_1^2+2y_1^2+z_1^2=2.\tag{5}\end{cases}$$

且过点 P_1 的母线方程为

$$\frac{x-x_1}{-1}=\frac{y-y_1}{0}=\frac{z-z_1}{1}.$$

令 $\dfrac{x-x_1}{-1}=\dfrac{y-y_1}{0}=\dfrac{z-z_1}{1}=t$,则有 $\begin{cases}x_1=x+t,\\y_1=y,\\z_1=z-t,\end{cases}$ 将其代入(4)式、(5)式,得

$$\begin{cases}(x+t)^2+y^2+(z-t)^2=1,\tag{6}\\2(x+t)^2+2y^2+(z-t)^2=2.\tag{7}\end{cases}$$

由(6)式与(7)式,可得

$$t=z.$$

将其代入(6)式得到所求柱面方程为

$$(x+z)^2+y^2=1,$$

即

$$x^2+y^2+z^2+2xz-1=0.$$

请读者画出该柱面的图形.

例 4.1.2 已知圆柱面的轴为 $l:\dfrac{x}{1}=\dfrac{y-1}{-2}=\dfrac{z+1}{-2}$,点 $P_0(1,-2,1)$ 在此柱面上,求此圆柱面的方程.

解法 1 因为圆柱面的母线平行于轴 l,所以母线的方向向量即可取为轴 l 的方向向量 $\vec{v}=(1,-2,-2)$,如果能求出圆柱面的准线的方程,即圆的方程,那么就可以按照例 4.1.1 求柱面的方法,求出此圆柱面的方程.

　　由于球面与平面的交线一定是圆,所以该圆柱面的准线,可以看成以轴 l 上的点 $P_1(0,1,-1)$ 为球心,点 $P_1(0,1,-1)$ 到点 $P_0(1,-2,1)$ 的距离 $\left|\overrightarrow{P_0P_1}\right|=\sqrt{14}$ 为半径的球面 $x^2+(y-1)^2+(z+1)^2=14$ 与过点 P_0 且垂直于轴 l 的平面 π:$x-2y-2z-3=0$ 的交线,即准线方程为

$$\begin{cases} x^2+(y-1)^2+(z+1)^2=14, \\ x-2y-2z-3=0. \end{cases}$$

在准线上任取一点 $M_1(x_1,y_1,z_1)$,则

$$\begin{cases} x_1^2+(y_1-1)^2+(z_1+1)^2=14, & (8) \\ x_1-2y_1-2z_1-3=0. & (9) \end{cases}$$

且过点 M_1 的母线方程为

$$\frac{x-x_1}{1}=\frac{y-y_1}{-2}=\frac{z-z_1}{-2}.$$

令 $\dfrac{x-x_1}{1}=\dfrac{y-y_1}{-2}=\dfrac{z-z_1}{-2}=t$,则可得

$$\begin{cases} x_1=x-t, \\ y_1=y+2t, \\ z_1=z+2t, \end{cases}$$

将其代入(8)式与(9)式可得

$$\begin{cases} (x-t)^2+(y+2t-1)^2+(z+2t+1)^2=14, & (10) \\ (x-t)-2(y+2t)-2(z+2t)-3=0, & (11) \end{cases}$$

由(11)式可得

$$t=\frac{1}{9}(x-2y-2z-3),$$

将其代入(10)式,消去参数 t,从而得所求圆柱面方程为

$$8x^2+5y^2+5z^2+4xy+4xz-8yz-18y+18z-99=0.$$

　　解法 2　利用圆柱面上点的特征性质,即圆柱面上的点到轴的距离都等于定长.

　　母线的方向向量 $\vec{v}=(1,-2,-2)$,点 $P_1(0,1,-1)$ 在轴上,点 $P_0(1,-2,1)$ 在圆柱面上,于是 $\overrightarrow{P_1P_0}=(1,-3,2)$.因此由点到空间直线的距离公式(3.4-4)可得圆柱面上点 $P_0(1,-2,1)$ 到轴的距离

$$\begin{aligned} d(P_0,l) &=\frac{\left|\overrightarrow{P_1P_0}\times\vec{v}\right|}{|\vec{v}|} \\ &=\frac{\sqrt{\begin{vmatrix} -3 & 2 \\ -2 & -2 \end{vmatrix}^2+\begin{vmatrix} 2 & 1 \\ -2 & 1 \end{vmatrix}^2+\begin{vmatrix} 1 & -3 \\ 1 & -2 \end{vmatrix}^2}}{\sqrt{1^2+(-2)^2+(-2)^2}}=\sqrt{13}. \end{aligned}$$

设点 $P(x,y,z)$ 为圆柱面上的任意一点,则该点到轴 l 的距离等于点 $P_0(1,-2,1)$ 到轴 l 的距离,即 $d(P,l)=d(P_0,l)$,所以

$$d(P,l)=\frac{\left|\overrightarrow{P_1P}\times\vec{v}\right|}{|\vec{v}|}$$

$$= \frac{\sqrt{\begin{vmatrix} y-1 & z+1 \\ -2 & -2 \end{vmatrix}^2 + \begin{vmatrix} z+1 & x \\ -2 & 1 \end{vmatrix}^2 + \begin{vmatrix} x & y-1 \\ 1 & -2 \end{vmatrix}^2}}{\sqrt{1^2 + (-2)^2 + (-2)^2}} = \sqrt{13},$$

化简整理得所求圆柱面的方程为

$$8x^2 + 5y^2 + 5z^2 + 4xy + 4xz - 8yz - 18y + 18z - 99 = 0.$$

2. 柱面方程的判定法

如果方程

$$8x^2 + 5y^2 + 5z^2 + 4xy + 4xz - 8yz - 18y + 18z - 99 = 0$$

不是根据确定圆柱面的条件求出来的,而是直接给出的,我们就很难判断出它所表示的几何图形是一个圆柱面!那么我们如何判定一个方程所表示的几何图形是圆柱面呢?

这个问题的研究需要用到一般二次曲面的理论,可参考文献[5]的第 6 章. 但如果方程比较特殊,那么该方程所表示的图形是比较容易判断的,例如在 2.2 节中,我们知道在空间直角坐标系 O -xyz 下,方程

$$x^2 + y^2 = R^2$$

所表示的几何图形就是对称轴为 z 轴、半径为 R 的圆柱面,简单地说,就是母线平行于 z 轴的圆柱面. 此方程的特征之一是只含两个元,即 x 与 y. 那么在空间直角坐标系 O -xyz 下,只含两个元的方程所表示的图形是否一定是柱面呢? 关于此问题,有如下的定理.

定理 4.1.1 在空间直角坐标系下,只含有两个元的方程所表示的图形是柱面,且它的母线平行于所缺元对应的同名坐标轴.

证明 不失一般性,不妨设给定的二元方程为

$$F(x, y) = 0. \tag{12}$$

下证该方程所表示的图形是母线平行于 z 轴的柱面.

取方程 $F(x, y) = 0$ 所表示的曲面与 O -xy 坐标面的交线

$$\begin{cases} F(x, y) = 0, \\ z = 0 \end{cases}$$

为准线,以 z 轴的方向为母线的方向,来推导由它们所确定的柱面方程.

设 $P_1(x_1, y_1, z_1)$ 为准线上任意一点,则有

$$\begin{cases} F(x_1, y_1) = 0, \\ z_1 = 0. \end{cases} \tag{13}$$

过点 P_1 的直母线方程为

$$\frac{x - x_1}{0} = \frac{y - y_1}{0} = \frac{z}{1},$$

即

$$\begin{cases} x_1 = x, \\ y_1 = y. \end{cases}$$

将其代入(13)式消去参数 x_1, y_1,就得到母线平行于 z 轴的柱面方程为

$$F(x, y) = 0.$$

该方程就是事先给定的方程(12),所以方程 $F(x,y)=0$ 所表示的几何图形就是一个母线平行于 z 轴的柱面.

同理可证,在空间直角坐标系下,二元方程 $G(y,z)=0$ 与 $H(x,z)=0$ 所表示的几何图形都是柱面,且它们的母线分别平行于 x 轴与 y 轴.

注:(1) 由定理 4.1.1 可知,在空间直角坐标系下,二元方程所表示的柱面的准线可取为该方程所表示的柱面与方程所缺元对应坐标轴垂直的坐标面的交线,即二元方程 $F(x,y)=0,G(y,z)=0,H(x,z)=0$ 所表示的柱面的准线方程可以分别取为

$$\begin{cases} F(x,y)=0, \\ z=0, \end{cases} \quad \begin{cases} G(x,z)=0, \\ y=0, \end{cases} \quad \begin{cases} H(y,z)=0, \\ x=0. \end{cases}$$

例如,在空间直角坐标系 $O\text{-}xyz$ 下,二元方程

$$\frac{x^2}{a^2}+\frac{y^2}{b^2}=1; \tag{4.1-1}$$

$$\frac{x^2}{a^2}-\frac{y^2}{b^2}=1; \tag{4.1-2}$$

$$y^2=2px \tag{4.1-3}$$

所表示的图形都是母线平行于 z 轴的柱面,且它们的准线分别是这三个柱面与 $O\text{-}xy$ 坐标面的交线

$$\begin{cases} \dfrac{x^2}{a^2}+\dfrac{y^2}{b^2}=1, \\ z=0, \end{cases} \quad \begin{cases} \dfrac{x^2}{a^2}-\dfrac{y^2}{b^2}=1, \\ z=0, \end{cases} \quad \begin{cases} y^2=2px, \\ z=0, \end{cases}$$

即准线分别是椭圆、双曲线与抛物线,所以我们把这三种柱面分别叫作**椭圆柱面**、**双曲柱面**与**抛物柱面**,它们的图形分别如图 4-2(a)(b)(c)所示.由于椭圆柱面、双曲柱面与抛物柱面的方程都是二次的,所以它们都是**二次柱面**.

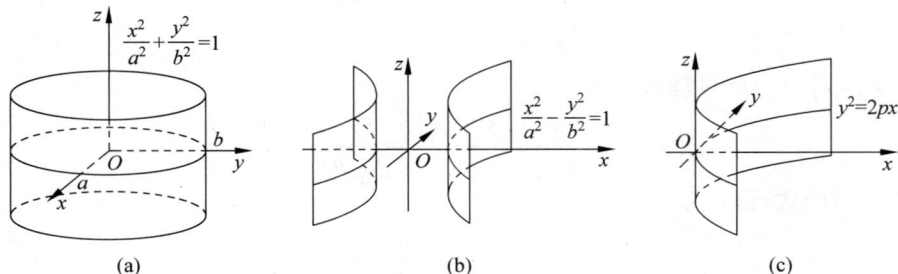

图 4-2　三种柱面图示

(2) 画二元方程所表示的柱面图形时,为了体现它的直观性,通常将其轴方向画为竖直方向.

请读者思考:母线平行于坐标轴的柱面的方程是否一定是二元方程?

显然柱面方程并不都是二元方程,例如:例 4.1.1 和例 4.1.2 中所求出的方程都是三元方程,但它们所表示的图形仍然是柱面.那么在三维空间中,若给定一个不是二元的方程,那如何判断它所表示的图形是柱面呢? 我们通过下面这个例题给出判断方程所表示的几何图形是柱面的其他方法.

例 4.1.3 证明：方程 $(x-z)^2+(y+z-1)^2=1$ 所表示的曲面是柱面.

证法 1 由原方程变形可得 $(x-z)^2=1-(y+z-1)^2$，即
$$(x-z)^2=(y+z)(2-y-z).$$

从而曲面方程可表为
$$\begin{cases} x-z=\lambda(y+z), \\ \lambda(x-z)=2-y-z. \end{cases}$$

化简整理得
$$\begin{cases} x-\lambda y-(1+\lambda)z=0, \\ \lambda x+y+(1-\lambda)z-2=0. \end{cases}$$

显然上个方程组表示的图形是取决于参数 $\lambda(\lambda\in\mathbb{R})$ 的一族直线，也就是说该曲面是由这族直线构成的. 由于每一条直线都有方向向量，且方向向量为
$$\vec{v}_\lambda=(1,-\lambda,-(1+\lambda))\times(\lambda,1,1-\lambda)$$
$$=(\lambda^2+1,-(\lambda^2+1),\lambda^2+1)=(\lambda^2+1)(1,-1,1),$$

即这族直线中的每一直线的方向向量都平行于非零常向量 $\vec{v}_0=(1,-1,1)$，所以这族直线是一族平行直线，从而曲面是由一族平行直线构成的，故此方程所表示的曲面就是柱面.

注：例 4.1.3 的证法 1 告诉我们，要判断由已知方程所表示的曲面是柱面，只要能说明该曲面是由一族平行直线构成的即可.

证法 2 取该曲面与 $O\text{-}xy$ 坐标面的交线 $\begin{cases} (x-z)^2+(y+z-1)^2=1, \\ z=0, \end{cases}$ 即
$$\begin{cases} x^2+(y-1)^2=1, \\ z=0 \end{cases}$$

为准线，以 $\vec{v}=(m,n,p)$ 为母线的方向来建立柱面，并求出其方程.

在准线上任取一点 $P_1(x_1,y_1,z_1)$，则有
$$\begin{cases} x_1^2+(y_1-1)^2=1, & (14) \\ z_1=0. & (15) \end{cases}$$

过点 $P_1(x_1,y_1,z_1)$ 的母线方程为
$$\frac{x-x_1}{m}=\frac{y-y_1}{n}=\frac{z-z_1}{p}. \tag{16}$$

由(15)式与(16)式可得
$$\begin{cases} x_1=x-\dfrac{m}{p}z, \\ y_1=y-\dfrac{n}{p}z, \end{cases}$$

将其代入(14)式得柱面方程为
$$\left(x-\frac{m}{p}z\right)^2+\left(y-\frac{n}{p}z-1\right)^2=1,$$

将此方程与原方程
$$(x-z)^2+(y+z-1)^2=1$$

比较可得，只要取 $\dfrac{m}{p}=1,\dfrac{n}{p}=-1$，即取 $m:n:p=1:-1:1$ 时，那么这个构造柱面的方

程即为原方程.

故原方程表示的图形是一个以 $\begin{cases} x^2+(y-1)^2=1, \\ z=0 \end{cases}$ 为准线, $\vec{v}=(1,-1,1)$ 为方向的

柱面.

注：例 4.1.3 的证法 2 告诉我们,要证一个方程表示的曲面是柱面,只需证明原方程与以某条定曲线为准线,某个定方向为母线方向的柱面方程完全一致即可.

现在可以根据柱面准线和方向求出此柱面的一般方程,也会证明一个方程所表示的图形是柱面,下面请读者

🐝**议一议**　准线为 $\vec{r}(u)=(x(u),y(u),z(u))$, 母线的方向平行于向量 $\vec{s}=(m,n,p)$ 的柱面的参数方程.

3. 空间曲线的射影柱面与射影曲线

设空间曲线的一般方程为

$$L: \begin{cases} F(x,y,z)=0, \\ G(x,y,z)=0. \end{cases} \tag{17}$$

利用方程组(17)的两个方程依次分别消去一个变元 x,y,z,可得

$$F_1(y,z)=0, \quad F_2(x,z)=0, \quad F_3(x,y)=0. \tag{18}$$

由定理 4.1.1 知,这三个方程所表示的图形分别是母线平行于 x 轴,y 轴,z 轴的柱面,且它们都通过曲线 L.这三个柱面的母线分别平行于 x 轴,y 轴,z 轴,等价于柱面的母线垂直于 $O\text{-}yz$ 坐标面,$O\text{-}xz$ 坐标面,$O\text{-}xy$ 坐标面,从**几何直观**上,也可以说柱面分别垂直于 $O\text{-}yz$ 坐标面,$O\text{-}xz$ 坐标面,$O\text{-}xy$ 坐标面.在(18)式中任取两个方程构成方程组,比如

$$\begin{cases} F_2(x,z)=0, \\ F_3(x,y)=0. \end{cases} \tag{19}$$

那么方程组(17)与方程组(19)是两个同解方程组,也就是说方程组(17)所表示的图形与方程组(19)所表示的图形是同一条曲线,且方程组(19)中的两柱面 $F_2(x,z)=0$, $F_3(x,y)=0$ 都通过已知曲线(17).

定义 4.1.3　把过空间曲线 $L: \begin{cases} F(x,y,z)=0, \\ G(x,y,z)=0 \end{cases}$ 且母线垂直于 $O\text{-}xy$ 坐标面的柱面 $F_3(x,y)=0$ 叫作**空间中曲线 L 对 $O\text{-}xy$ 坐标面的射影柱面**；而方程组(19),即

$$\begin{cases} F_2(x,z)=0, \\ F_3(x,y)=0 \end{cases}$$

叫作**空间曲线 L 的射影式方程**；射影柱面与坐标面的交线,如曲线

$$\begin{cases} F_3(x,y)=0, \\ z=0 \end{cases}$$

叫作**空间曲线 L 在 $O\text{-}xy$ 坐标面上的射影曲线**.

由定义 4.1.3 可知,柱面 $F_1(y,z)=0$ 与 $F_2(x,z)=0$ 分别是过空间中曲线 L 向 $O\text{-}yz$ 坐标面与 $O\text{-}xz$ 坐标面所引的射影柱面；方程组

$$\begin{cases} F_3(x,y)=0, \\ F_1(y,z)=0, \end{cases} \quad \text{与} \quad \begin{cases} F_1(y,z)=0, \\ F_2(x,z)=0 \end{cases}$$

也是空间曲线 L 的射影式方程；而曲线

$$\begin{cases} F_1(y,z)=0, \\ x=0 \end{cases} \quad 与 \quad \begin{cases} F_2(x,z)=0, \\ y=0 \end{cases}$$

分别是空间曲线 L 在 $O\text{-}yz$ 坐标面与 $O\text{-}xz$ 坐标面上的射影曲线.

例 4.1.4　绘制抛物柱面 $z=4-x^2$ 的图形.

解　因为抛物柱面 $z=4-x^2$ 的母线平行于 y 轴，所以准线可取为曲线 $\begin{cases} z=4-x^2, \\ y=0, \end{cases}$ 即

$O\text{-}xz$ 坐标面上顶点在 $(0,0,4)$、对称轴为 z 轴、焦参数 $p=\dfrac{1}{2}$、开口向 z 轴反方向的抛物

线. 所以可以按如下步骤将抛物柱面的图形绘制出来：

（1）画出空间右手直角坐标系 $O\text{-}xyz$，如图 4-3(a)所示；

（2）在 $O\text{-}xz$ 坐标面内绘制出上顶点在 $(0,0,4)$、与 z 轴交点为 $(\pm 2,0,0)$ 的抛物线，如图 4-3(b)所示；

（3）过此抛物线上一些特殊点（如点 A,B,C,D,E 等）处作平行于 y 轴且长度相等的直线段（如点 $A_1A_2,B_1B_2,C_1C_2,D_1D_2,E_1E_2$ 等），如图 4-3(c)所示；

（4）再过抛物线上其他每一点处，作平行于 y 轴且长度等于已作出直线段的长度的直线段，则这些直线就构成了抛物柱面的图形，如图 4-3(d)所示.

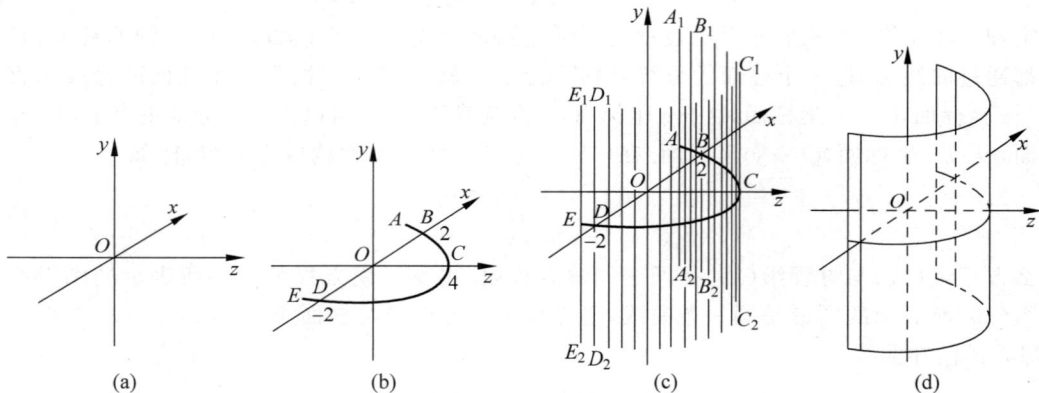

图 4-3　绘制抛物柱面的步骤

注：（1）在绘制柱面图形时，为了显现柱面的直观性，常将母线方向画为竖直.

（2）这种绘制曲面的方法需要绘制无穷多条直线段，这是完成不了的，在本章后面将具体介绍图形的绘制.

例 4.1.5　讨论空间曲线 L：$\begin{cases} 2x^2+z^2+4y=4z, \\ x^2+3z^2-8y=12z \end{cases}$ 所表示的几何图形.

解　由于不清楚曲线 L 的一般方程中的每一个方程分别表示的图形是什么曲面，现考虑由该方程组分别消去元 z,y 得方程

$$x^2+4y=0 \quad 与 \quad x^2+z^2=4z,$$

所以可得曲线 L 的射影式方程为

$$L：\begin{cases} x^2+4y=0, \\ x^2+z^2=4z. \end{cases}$$

而由曲线 L 射影式方程中的第一个方程所表示的图形是准线为

$$\begin{cases} x^2 + 4y = 0, \\ z = 0, \end{cases}$$

且母线平行于 z 轴的抛物柱面；第二个方程所表示的图形是准线为

$$\begin{cases} x^2 + (z-2)^2 = 4, \\ y = 0, \end{cases}$$

且母线平行于 y 轴的圆柱面. 因此原曲线可以看成这两个柱面的交线，按照例 4.1.4 的方法，分别绘制出这两个柱面的图形，可以得到它们交线的形状如图 4-4 所示.

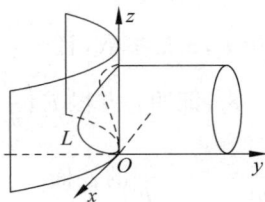

图 4-4　两曲线的几何图形图示

从例 4.1.5 可以看到，利用空间曲线的两个射影柱面的方程组成方程组来表示这条曲线，即用空间曲线的射影式方程来表示曲线的方程，一方面，能让我们很好地认识空间曲线的构形，从而便于我们理解空间曲线的形状，同时，很容易得出此空间曲线在坐标面上的射影曲线方程；另一方面，回答了 2.3 节提出的问题：即过空间曲线有无数张曲面，任意选出两个曲面的方程组成的方程组都是该曲线的一般方程，那么选哪两个曲面最好呢？答案是选过该曲线向坐标面所引的任意两个射影柱面最好！

习题 4.1

1. 已知柱面的准线方程为 $\begin{cases} (x-1)^2 + (y+3)^2 + (z-2)^2 = 25, \\ x+y-z+2 = 0, \end{cases}$ 求出分别满足下列条件的柱面方程：

　(1) 母线的方向数为 $1, 0, 0$；　　　　　(2) 母线平行于直线 $l: \dfrac{x}{1} = \dfrac{y}{1} = \dfrac{z-c}{0}$.

2. 设柱面的准线方程为 $\begin{cases} x = y^2 + z^2, \\ x = 2z, \end{cases}$ 母线垂直于准线所在的平面，求该柱面的方程.

3. 求过三条平行直线
$$x = y = z, \quad x+1 = y = z-1 \quad \text{与} \quad x-1 = y+1 = z-2$$
的圆柱面的方程. [①]

4. 证明下列方程表示的曲面是柱面：

　(1) $(x+y)(y+z) = x+2y+z$；　　　　(2) $x^2 + y^2 + z^2 + 2xz - 1 = 0$.

5. 画出下列方程所表示的柱面：

　(1) $4x^2 + 9y^2 = 36$；　　　　　　　　(2) $y^2 - z^2 = 4$；

　(3) $y^2 = 4z$；　　　　　　　　　　　　(4) $x^2 - 2x + z = 0$.

6. 求下列空间曲线对三个坐标面的射影柱面与射影曲线的方程：

　(1) $\begin{cases} x^2 + y^2 - z = 0, \\ z = x+1; \end{cases}$　　　　(2) $\begin{cases} x^2 + z^2 - 3yz - 2x + 3z - 3 = 0, \\ y - z + 1 = 0; \end{cases}$

---

① 此题是第 1 届全国大学生数学竞赛初赛题目（数学类，2009 年）.

(3) $\begin{cases} x+2y+6z=5, \\ 3x-2y-10z=7; \end{cases}$ 　　　　　(4) $\begin{cases} x^2+y^2+z^2=1, \\ x^2+(y-1)^2+(z-1)^2=1. \end{cases}$

7. 已知柱面的准线为 $\vec{r}(u)=(x(u),y(u),z(u))$，母线的方向平行于向量 $\vec{s}=(m,n,p)$，证明：此柱面的向量式参数方程与坐标式参数方程分别为

$$\vec{r}(u,v)=\vec{r}(u)+v\vec{s}, \quad \text{与} \quad \begin{cases} x(u,v)=x(u)+vm, \\ y(u,v)=y(u)+vn, \\ z(u,v)=z(u)+vp, \end{cases}$$

其中 u,v 是参数，且 $-\infty<u,v<+\infty$.

8. 证明：方程 $F\left(\dfrac{x}{m}-\dfrac{y}{n},\dfrac{y}{n}-\dfrac{z}{p},\dfrac{z}{p}-\dfrac{x}{m}\right)=0$ 所表示的曲面是一个母线平行于直线 $l:\dfrac{x}{m}=\dfrac{y}{n}=\dfrac{z}{p}$ 的柱面.

9. 在空间中给定直线 l 及直线外定点 P. 设 M 是过点 P 且与直线 l 相切的球面的球心. 问：所有可能的球心 M 构成何种曲面？证明你的结论. [①]

4.2　锥　　面

由 4.1 节知道，柱面可以看成空间中特殊的平行直线束. 本节我们继续研究空间中的特殊的中心直线束.

1. 锥面的方程

定义 4.2.1　在空间中，通过定点且与定曲线相交的一族直线所生成的曲面叫作**锥面**，这个定点叫作锥面的**顶点**，这条定曲线叫作锥面的**准线**，而这族直线都叫作锥面的**直母线**，简称**母线**.

显然，锥面的准线不唯一，凡是与所有母线都相交的曲线都是该锥面的准线.

类似柱面的定义 4.1.2，我们可以给出锥面如下的第二定义.

定义 4.2.2　在空间中，通过定点且与定曲线相交的定直线沿定曲线连续运动所生成的曲面叫作**锥面**，这个定点叫作锥面的**顶点**，这条定曲线叫作锥面的**准线**，而这条定直线及其运动的任何位置对应的直线都叫作锥面的**直母线**，简称**母线**.

如图 4-5 就是顶点为定点 P_0，准线为定曲线 L 的锥面的图形.

由锥面的定义可知，锥面由它的顶点和准线唯一确定. 若一个锥面的顶点为 $P_0(x_0,y_0,z_0)$，准线为

$$L: \begin{cases} F_1(x,y,z)=0, \\ F_2(x,y,z)=0, \end{cases}$$

则该锥面就被唯一确定. 下面我们来推导此锥面的方程.

在准线上任取一点 $P_1(x_1,y_1,z_1)$，则有

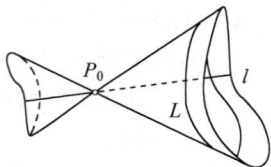

图 4-5　锥面图示

①　此题是第 15 届全国大学生数学竞赛初赛题目(数学类 A 卷，2023 年).

$$\begin{cases} F_1(x_1,y_1,z_1)=0, & (1) \\ F_2(x_1,y_1,z_1)=0, & (2) \end{cases}$$

且过点 P_1 的母线方程为

$$\frac{x-x_0}{x_1-x_0}=\frac{y-y_0}{y_1-y_0}=\frac{z-z_0}{z_1-z_0}. \tag{3}$$

由(1)式,(2)式,(3)式中的等式消去参数 x_1,y_1,z_1,得到一个三元方程

$$F(x,y,z)=0.$$

这个方程就是以点 P_0 为顶点,以曲线 L 为准线的锥面的方程.

例 4.2.1 设锥面的顶点为坐标原点,准线为 $L:\begin{cases}\dfrac{x^2}{a^2}+\dfrac{y^2}{b^2}=1,\\ z=c,\end{cases}$ 求此锥面的方程.

解 在准线 L 上任取一点 $P_1(x_1,y_1,z_1)$,则有

$$\begin{cases} \dfrac{x_1^2}{a^2}+\dfrac{y_1^2}{b^2}=1, & (4) \\[2mm] z_1=c, & (5) \end{cases}$$

且过点 P_1 的母线方程为

$$\frac{x}{x_1}=\frac{y}{y_1}=\frac{z}{z_1}. \tag{6}$$

由(5)式与(6)式可得

$$x_1=\frac{cx}{z},\quad y_1=\frac{cy}{z},$$

将其代入(4)式得所求锥面方程为

$$\frac{c^2x^2}{a^2z^2}+\frac{c^2y^2}{b^2z^2}=1,$$

将其改写为

$$\frac{x^2}{a^2}+\frac{y^2}{b^2}-\frac{z^2}{c^2}=0. \tag{4.2-1}$$

请读者画出这个锥面的图形.

例 4.2.2 设锥面的顶点为坐标原点,准线为 $L:\begin{cases}\dfrac{x^2}{a^2}-\dfrac{y^2}{b^2}=1,\\ z=c,\end{cases}$ 求此锥面的方程.

解 在准线 L 上任取一点 $P_1(x_1,y_1,z_1)$,则有

$$\begin{cases} \dfrac{x_1^2}{a^2}-\dfrac{y_1^2}{b^2}=1, \\[2mm] z_1=c, \end{cases} \tag{7}$$

且过点 P_1 的母线方程为

$$\frac{x}{x_1} = \frac{y}{y_1} = \frac{z}{z_1}.$$

由(5)式、(6)式、(7)式消去参数 x_1, y_1, z_1 得所求锥面方程为

$$\frac{c^2 x^2}{a^2 z^2} - \frac{c^2 y^2}{b^2 z^2} = 1,$$

即

$$\frac{x^2}{a^2} - \frac{y^2}{b^2} - \frac{z^2}{c^2} = 0. \tag{4.2-2}$$

请读者画出这个锥面的图形.

例 4.2.3 设锥面的顶点为坐标原点,准线为 $L:\begin{cases} y^2 = 2px, \\ z = c, \end{cases}$ 求此锥面的方程.

解 在准线 L 上任取一点 $P_1(x_1, y_1, z_1)$,则有

$$\begin{cases} y_1^2 = 2px_1, \\ z_1 = c, \end{cases} \tag{8}$$

且过点 P_1 的母线方程为

$$\frac{x}{x_1} = \frac{y}{y_1} = \frac{z}{z_1}.$$

由(5)式、(6)式、(8)式消去参数 x_1, y_1, z_1 得所求锥面方程为

$$\left(\frac{cy}{z}\right)^2 = 2p\frac{cx}{z},$$

即

$$y^2 = \frac{2p}{c}xz. \tag{4.2-3}$$

请读者画出这个锥面的图形.

例 4.2.1、例 4.2.2、例 4.2.3 中的锥面方程(4.2-1)式、(4.2-2)式与(4.2-3)式都是二次,所以这三个锥面都叫作**二次锥面**.

例 4.2.4 已知圆锥面的顶点为 $P_0(1,2,3)$,轴垂直于平面 $\pi: 2x + 2y - z + 1 = 0$,母线与轴成 $30°$ 角,求此圆锥面的方程.

解法 1 利用寻找准线,结合顶点进行推导的方法求该圆锥面的方程.

分析 因为圆锥面的准线可以选为圆,所以此圆锥面的准线可选取为平面 π 上,以过顶点 P_0 与平面 π 垂直的直线与平面 π 的交点 M_0 为圆心,顶点 P_0 到平面 π 的距离 d 的 $\frac{\sqrt{3}}{3}$ 倍为半径的圆,所以此圆的方程可以写为已知平面 π 与球心是 M_0、半径为 $\frac{\sqrt{3}}{3}d$ 的球面构成的方程组,从而按例 4.2.1 的步骤就可以求出此圆锥面的方程.请读者写出具体的解题过程.

解法 2 利用圆锥面上点的特征性质(即圆锥面上的点和顶点的连线与轴的夹角等于定值)来推导该圆锥面的方程.

设点 $P(x,y,z)$ 是所求圆锥面上的任意一点,则过点 P 的母线 P_0P 的方向向量为

$$\vec{v}=(x-1,y-2,z-3),$$

而轴的方向向量可以取为平面 π 的法向量 $\vec{n}=(2,2,-1)$,由题设知

$$\cos30°=\pm\frac{\vec{n}\cdot\vec{v}}{|\vec{n}||\vec{v}|},$$

由此得

$$\frac{2(x-1)+2(y-2)-(z-3)}{\sqrt{(x-1)^2+(y-2)^2+(z-3)^2}\sqrt{2^2+2^2+(-1)^2}}=\pm\frac{\sqrt{3}}{2},$$

化简整理得

$$11(x-1)^2+11(y-2)^2+23(z-3)^2-32(x-1)(y-2)+$$
$$16(x-1)(z-3)+16(y-2)(z-3)=0.$$

2. 锥面方程的判定法

如果方程

$$11(x-1)^2+11(y-2)^2+23(z-3)^2-32(x-1)(y-2)+$$
$$16(x-1)(z-3)+16(y-2)(z-3)=0$$

不是根据确定圆锥面的条件求出来的,而是直接给出的,我们就很难判断出它所表示的几何图形是一个圆锥面! 那么我们如何判定一个方程所表示的几何图形是锥面呢?

这个问题的研究需要用到一般二次曲面的理论,可参考文献[5]的第 6 章.但如果方程比较特殊,那么该方程所表示的几何图形是比较容易判断的,如方程(4.2-1)、方程(4.2-2)与方程(4.2-3),即

$$\frac{x^2}{a^2}+\frac{y^2}{b^2}-\frac{z^2}{c^2}=0,\quad \frac{x^2}{a^2}-\frac{y^2}{b^2}-\frac{z^2}{c^2}=0 \quad 与 \quad y^2=\frac{2p}{c}xz$$

所表示的几何图形都是锥面,三个方程除都是二次方程外,还具有一个共同的特征,为此我们给出如下定义.

定义 4.2.3 设 λ 为实数,$f(x,y,z)$ 为三元函数,如果对于任意实数 t,都有

$$f(tx,ty,tz)=t^\lambda f(x,y,z) \tag{4.2-4}$$

成立,那么把函数 $f(x,y,z)$ 叫作 **λ 次齐次函数**.而相应的方程 $f(x,y,z)=0$ 叫作 **λ 次齐次方程**.

注:这里 t 的取值需要保证 t^λ 有意义.

例如,三元函数 $f(x,y,z)=x^2+5xy+z^2$ 是 2 次齐次函数.这是因为

$$f(tx,ty,tz)=t^2(x^2+5xy+z^2)=t^2f(x,y,z).$$

而三元函数 $g(x,y,z)=x^2+5xy+z^2+1$ 就不是齐次函数.显然,例 4.2.1,例 4.2.2 与例 4.2.3 中所求得的三个锥面的方程 $\frac{x^2}{a^2}+\frac{y^2}{b^2}-\frac{z^2}{c^2}=0,\frac{x^2}{a^2}-\frac{y^2}{b^2}-\frac{z^2}{c^2}=0$ 与 $y^2=\frac{2p}{c}xz$ 都是二次齐次方程,而它们所表示的几何图形都是以坐标原点为顶点的锥面.那么在空间直角坐标系 $O-xyz$ 下,关于 x,y,z 的齐次方程所表示的图形是否都是顶点在坐标原点的锥面呢? 关于此问题,有如下的定理.

定理 4.2.1   在空间直角坐标系 O-xyz 下,一个关于 x,y,z 的齐次方程所表示的图形是顶点在坐标原点的锥面.

证明   设方程 $F(x,y,z)=0$ 是关于 x,y,z 的 λ 次齐次方程,则由定义 4.2.3 可知

$$F(tx,ty,tz)=t^{\lambda}F(x,y,z).$$

从而当 $t=0$ 时,有

$$F(0,0,0)=0,$$

故坐标原点在方程 $F(x,y,z)=0$ 所表示的曲面上.

设点 $P_0(x_0,y_0,z_0)$ 是该曲面上异于坐标原点 O 的任意一点,则过原点 O 与点 P_0 的直线 OP_0 的方程为

$$\frac{x}{x_0}=\frac{y}{y_0}=\frac{z}{z_0},$$

令 $\dfrac{x}{x_0}=\dfrac{y}{y_0}=\dfrac{z}{z_0}=t$,则对于直线 OP_0 上任意点 $P(x,y,z)$ 都有 $\begin{cases}x=x_0t,\\y=y_0t,\\z=z_0t,\end{cases}$ 将其代入齐次函数 $F(x,y,z)$ 中,即有

$$F(x,y,z)=F(tx_0,ty_0,tz_0)=t^{\lambda}F(x_0,y_0,z_0).$$

又因为 P_0 是曲面上异于坐标原点 O 的一点,所以有 $F(x_0,y_0,z_0)=0$,从而将其代入上式可得

$$F(x,y,z)=F(tx_0,ty_0,tz_0)=t^{\lambda}F(x_0,y_0,z_0)=t^{\lambda}\cdot 0=0,$$

这说明直线 OP_0 上的所有点都在此齐次方程 $F(x,y,z)=0$ 所表示的曲面上,即整条直线都在齐次方程 $F(x,y,z)=0$ 所表示的曲面上.由点 P_0 的任意性可知,该曲面是由过坐标原点的直线构成的,即是一张顶点在坐标原点的锥面,故关于 x,y,z 的齐次方程 $F(x,y,z)=0$ 所表示的几何图形是以坐标原点为顶点的锥面.

注:(1) 由定理 4.2.1 可知,锥面除二次锥面外还有其他次数的锥面.

这是因为只要是齐次方程所表示的几何图形就一定是锥面,如方程 $x+y+z=0$ 所表示的图形也可看成是顶点在坐标原点的锥面,而方程是齐一次的,所以是一次锥面.

(2) 并非任何一个锥面的方程都是关于 x,y,z 的齐次方程.

例如:方程 $x+y+z+1=0$ 不是齐次方程,但是它所表示的图形也是一个锥面.另外,因为同一曲面可以有不同形式的方程,而与齐次方程同解的方程不一定是齐次方程.如方程 $x+y+z=0$ 与方程 $2^{x+y+z}=1$ 同解,且 $2^{x+y+z}=1$ 并不是齐次方程,但它们所表示的图形都是顶点在坐标原点的同一锥面,即过原点的平面.

议一议   在空间直角坐标系 O-xyz 下,顶点在坐标原点的一个锥面的所有方程中,是否一定存在一个关于 x,y,z 的齐次方程呢?

推论   在空间直角坐标系 O-xyz 下,一个关于 $x-x_0,y-y_0,z-z_0$ 的齐次方程所表示的图形是顶点在点 (x_0,y_0,z_0) 的锥面.

由例 4.2.4 所求出的锥面方程为

$$11(x-1)^2+11(y-2)^2+23(z-3)^2-32(x-1)(y-2)+$$

$$16(x-1)(z-3)+16(y-2)(z-3)=0,$$

可以验证它是一个关于 $x-1,y-2,z-3$ 的二次齐次方程,由定理 4.2.1 的推论可以判定该方程所表示的图形是顶点在点 $(1,2,3)$ 的锥面,这与例 4.2.4 相吻合.

请读者探索:判定一个方程所表示的图形是锥面的其他方法.

习题 4.2

1. 已知锥面的顶点为坐标原点,准线为 $L:\begin{cases} x^2-2z+1=0,\\ y-z+1=0, \end{cases}$ 求此锥面方程.

2. 已知锥面的顶点为 $P_0(3,-1,-2)$,准线为 $L:\begin{cases} x^2+y^2-z^2-1=0,\\ x-y+z=0, \end{cases}$ 求此锥面方程.

3. 已知锥面的顶点为坐标原点,准线为 $L:\begin{cases} f(x,y)=0,\\ z=h\neq 0, \end{cases}$ 求此锥面方程.

4. 求以空间直角坐标系 $O\text{-}xyz$ 的三个坐标轴为母线的圆锥面的方程.

5. 求顶点为 $P_0(1,2,4)$,轴与平面 $\pi:2x+2y+z=0$ 垂直,且经过点 $P_1(3,2,1)$ 的圆锥面的方程.

6. 已知锥面的准线为 $\vec{r}(u)=(x(u),y(u),z(u))$,顶点 P_0 的向径为 $\vec{r}_0=(x_0,y_0,z_0)$,证明:此锥面的向量式参数方程与坐标式参数方程分别为

$$\vec{r}(u,v)=v\vec{r}(u)+(1-v)\vec{r}_0,$$

与

$$\begin{cases} x=vx(u)+(1-v)x_0,\\ y=vy(u)+(1-v)y_0,\\ z=vz(u)+(1-v)z_0, \end{cases}$$

其中 u,v 为参数,且 $-\infty<u,v<+\infty$.

7. 设球面 $S:x^2+y^2+z^2=1$,求以 $M_0(0,0,a)(a\in\mathbb{R},|a|>1)$ 为顶点的与 S 相切的锥面方程.[①]

4.3　旋　转　曲　面

由本章前两节可知,柱面与锥面都可以看成定直线绕着定曲线做某种特殊运动所得的轨迹,而圆柱面与圆锥面都看成一条定直线绕另一条定直线旋转一周所生成的曲面.本节我们将研究定曲线绕定直线旋转一周所生成的曲面.

1. 旋转曲面的方程

定义 4.3.1　在空间中,一条定曲线绕着定直线旋转一周所生成的曲面叫作**旋转曲面**.

---

① 此题是第 13 届全国大学生数学竞赛初赛题目(数学类 B 卷,2021 年).

定曲线叫作旋转曲面的**母线**,定直线叫作旋转曲面的**旋转轴**,简称**轴**.

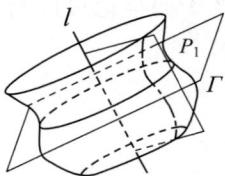

图 4-6 是定曲线 Γ 绕着定直线 l 旋转一周所生成的旋转曲面.过轴 l 作的每一个半平面都与旋转面相交得到一条曲线,且这些曲线在旋转中都是彼此重合的,我们把这些曲线叫作旋转曲面的**经线**,如图 4-6 中点横线就是其中的一条经线;母线 Γ 上的任意一点 P_1 在旋转一周后都形成一个圆,这个圆也可以看成通过母线上点 P_1 作与轴垂直的平面与旋转曲面的交线,我们把这些圆叫作旋转曲面的**纬圆**或**纬线**,如图 4-6 中过点 P_1 的圆就是其中的一个纬圆.

图 4-6   旋转曲面与它的经线和纬线图示

由定义 4.3.1 可知,旋转曲面由母线和轴唯一确定.在空间直角坐标系 $O\text{-}xyz$ 下,若旋转面的母线方程与旋转轴的方程分别为

$$\Gamma: \begin{cases} F_1(x,y,z)=0, \\ F_2(x,y,z)=0, \end{cases}$$

与

$$l: \frac{x-x_0}{m}=\frac{y-y_0}{n}=\frac{z-z_0}{p}.$$

则该旋转面就被唯一确定.下面我们来推导此旋转面的方程.

在母线上任取一点 $P_1(x_1,y_1,z_1)$,则有

$$\begin{cases} F_1(x_1,y_1,z_1)=0, \quad (1) \\ F_2(x_1,y_1,z_1)=0. \quad (2) \end{cases}$$

又因为过点 P_1 的纬圆总可以看成过点 P_1 且垂直于轴的平面与以旋转轴上的点 P_0 为球心、$|P_0P_1|$ 为半径的球面的交线,如图 4-7 所示.所以过点 P_1 的纬圆方程为

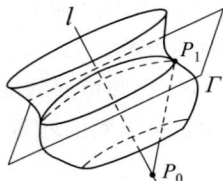

图 4-7   由旋转轴及母线求旋转曲面图示

$$\begin{cases} m(x-x_1)+n(y-y_1)+p(z-z_1)=0, & (3) \\ (x-x_0)^2+(y-y_0)^2+(z-z_0)^2=(x_1-x_0)^2+(y_1-y_0)^2+(z_1-z_0)^2. & (4) \end{cases}$$

由(1)式、(2)式、(3)式与(4)式消去参数 x_1,y_1,z_1 所得到的三元方程

$$F(x,y,z)=0$$

就是以直线 l 为轴、曲线 Γ 为母线的旋转面的方程.

例 4.3.1   求直线 $\dfrac{x}{2}=\dfrac{y}{1}=\dfrac{z-1}{0}$ 绕直线 $x=y=z$ 旋转所得的旋转面的方程.

解   在母线上任取一点 $P_1(x_1,y_1,z_1)$,则有

$$\frac{x_1}{2}=\frac{y_1}{1}=\frac{z_1-1}{0}. \tag{5}$$

因为轴 $x=y=z$ 通过坐标原点,所以过点 P_1 的纬圆方程为

$$\begin{cases} (x-x_1)+(y-y_1)+(z-z_1)=0, & (6) \\ x^2+y^2+z^2=x_1^2+y_1^2+z_1^2. & (7) \end{cases}$$

由(5)式可得 $\begin{cases} x_1=2y_1, \\ z_1=1, \end{cases}$ 将其代入(6)式得

$$y_1 = \frac{x+y+z-1}{3},$$

将其代入(7)式得所求旋转曲面的方程为

$$x^2 + y^2 + z^2 = \frac{(x+y+z-1)^2}{9} + \frac{4(x+y+z-1)^2}{9} + 1,$$

化简整理得

$$2(x^2+y^2+z^2) - 5(xy+yz+xz) + 5(x+y+z) - 7 = 0.$$

请读者思考该旋转曲面的图形的形状,同时再

议一议 一条直线绕另一条直线旋转所得的旋转曲面的图形.

2. 以坐标轴为旋转轴的旋转曲面的方程

由于旋转曲面的经线都是平面曲线,所以我们可以选一条经线作为旋转曲面的母线.在直角坐标系下,选坐标轴为旋转轴,再取坐标轴所在的坐标面上的曲线作为母线,由此而得到的旋转面具有其特殊的构形,从而方程也相应具有特殊的形式.

如图 4-8 所示,取旋转轴为 y 轴,即

$$\frac{x}{0} = \frac{y}{1} = \frac{z}{0},$$

母线为 y 轴所在的 O-yz 坐标面上的一条曲线

$$\Gamma: \begin{cases} F(y,z)=0, \\ x=0. \end{cases}$$

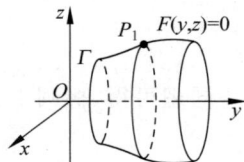

图 4-8 旋转轴为坐标轴
的旋转曲面图示

下面来推导此旋转曲面的方程.

在母线上任取一点 $P_1(0,y_1,z_1)$,则有

$$\begin{cases} F(y_1,z_1)=0, \\ x_1=0. \end{cases}$$

过点 P_1 的纬圆方程为

$$\begin{cases} y-y_1=0, \\ x^2+y^2+z^2=y_1^2+z_1^2, \end{cases}$$

由上两式可得

$$\begin{cases} y_1=y, \\ z_1=\pm\sqrt{x^2+z^2}, \end{cases}$$

将其代入 $F(y_1,z_1)=0$ 中得所求旋转曲面的方程为

$$F(y,\pm\sqrt{x^2+z^2})=0.$$

同理可得,把该曲线绕 z 轴旋转所得的旋转曲面的方程为

$$F(\pm\sqrt{x^2+y^2},z)=0.$$

对于其他另外两个坐标面内的曲线,绕坐标面的坐标轴旋转所得旋转曲面的方程可以类似地求出,请读者自行推导.

由上面的推导过程可以得到此类旋转曲面的方程有如下的规律.

当坐标平面内的一条曲线绕此坐标面的一条坐标轴旋转时,为了求出所得旋转曲面的方程,只要将曲线在坐标面里的方程保留与旋转轴同名的变元不变,而以其他两个变元平方

和的平方根来代替方程中的另一个变元即可.

🔮 **议一议** 该规律为什么不写成定理?

例 4.3.2 将椭圆 $\Gamma:\begin{cases} \dfrac{x^2}{a^2}+\dfrac{y^2}{b^2}=1(a>b), \\ z=0 \end{cases}$ 分别绕长轴(x 轴)与短轴(y 轴)旋转,求所

得旋转曲面的方程.

解 当绕长轴(x 轴)旋转时,则与旋转轴同名的变元是 x,在方程 $\dfrac{x^2}{a^2}+\dfrac{y^2}{b^2}=1$ 中保留变

元 x 不变,用 $\pm\sqrt{y^2+z^2}$ 代换方程中的另一个变元 y,即可得到所求旋转曲面的方程为

$$\frac{x^2}{a^2}+\frac{(\pm\sqrt{y^2+z^2})^2}{b^2}=1,$$

即

$$\frac{x^2}{a^2}+\frac{y^2}{b^2}+\frac{z^2}{b^2}=1. \tag{4.3-1}$$

同理可得,椭圆 $\Gamma:\begin{cases} \dfrac{x^2}{a^2}+\dfrac{y^2}{b^2}=1(a>b), \\ z=0 \end{cases}$ 绕短轴(y 轴)旋转所得旋转曲面的方程为

$$\frac{x^2}{a^2}+\frac{y^2}{b^2}+\frac{z^2}{a^2}=1. \tag{4.3-2}$$

方程(4.3-1)所表示的几何图形叫作**长形旋转椭球面**,其图形如图 4-9(a)所示;方程(4.3-2)所表示的几何图形叫作**扁形旋转椭球面**,其图形如图 4-9(b)所示.

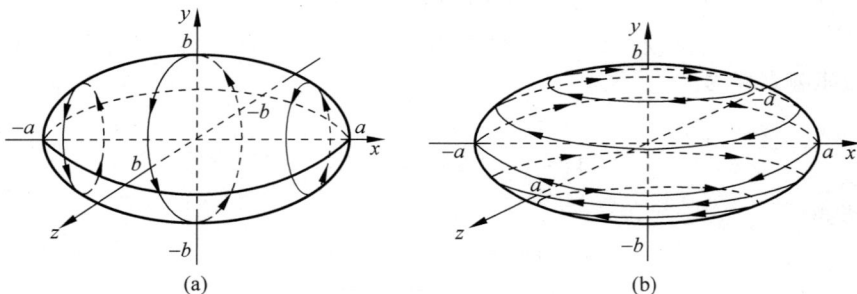

图 4-9 椭圆绕长轴、短轴旋转所得的旋转曲面

注:(1)长形旋转椭球面与扁形旋转椭球面统称为旋转椭球面;
(2)原椭圆的两个焦点也叫旋转椭球面的焦点.

例 4.3.3 将双曲线 $\Gamma:\begin{cases} \dfrac{y^2}{b^2}-\dfrac{z^2}{c^2}=1, \\ x=0 \end{cases}$ 分别绕虚轴(z 轴)与实轴(y 轴)旋转,求所得旋

转曲面的方程.

解 此双曲线绕虚轴(z 轴)旋转所得旋转曲面的方程为

$$\frac{x^2}{b^2}+\frac{y^2}{b^2}-\frac{z^2}{c^2}=1. \tag{4.3-3}$$

方程(4.3-3)所表示的几何图形叫作**单叶旋转双曲面**,如图 4-10(a)所示;此双曲线绕实轴(y 轴)旋转所得旋转曲面的方程为

$$-\frac{x^2}{c^2}+\frac{y^2}{b^2}-\frac{z^2}{c^2}=1. \tag{4.3-4}$$

方程(4.3-4)所表示的图形叫作**双叶旋转双曲面**,如图 4-10(b)所示.

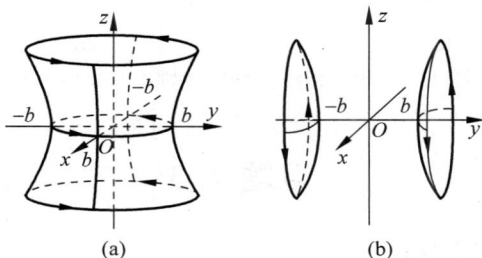

图 4-10　双曲线绕虚轴、实轴旋转所得的旋转曲面

单叶旋转双曲面与双叶旋转双曲面统称为旋轴双曲面.

例 4.3.4　将抛物线 $\Gamma:\begin{cases}y^2=2pz,\\x=0\end{cases}$ 绕它的对称轴(z 轴)旋转,求所得旋转曲面的方程.

解　此抛物线绕 z 轴旋转所得旋转曲面的方程为

$$x^2+y^2=2pz. \tag{4.3-5}$$

方程(4.3-5)所表示的几何图形叫作**旋转抛物面**,如图 4-11 所示.

请读者求出此抛物线绕 y 轴旋转所得旋转曲面的方程.

例 4.3.5　将圆 $\Gamma:\begin{cases}(y-b)^2+z^2=a^2(b>a>0),\\x=0\end{cases}$ (如图 4-12(a)所示)绕 z 轴旋转,求所得旋转曲面的方程.

解　因为圆是绕 z 轴旋转,所以将方程 $(y-b)^2+z^2=a^2$ 中的变元 z 保留不变,$\pm\sqrt{y^2+z^2}$ 代换方程中的另一个变元 y,得旋转曲面的方程为

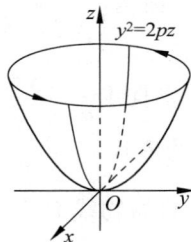

图 4-11　抛物线绕其对称轴旋转所得的旋转曲面

$$\left(\pm\sqrt{x^2+y^2}-b\right)^2+z^2=a^2,$$

化简整理得

$$x^2+y^2+z^2+b^2-a^2=\pm2b\sqrt{x^2+y^2},$$

即

$$(x^2+y^2+z^2+b^2-a^2)^2=4b^2(x^2+y^2). \tag{4.3-6}$$

方程(4.3-6)所表示的几何图形像救生圈,我们把它叫作**环面**,如图 4-12(b)所示.

请读者写出此圆绕 y 轴旋转所得旋转曲面的方程.

议一议　(1)此环面的表面积与体积怎么计算?

(2)若去掉例 4.3.5 中圆方程 $\Gamma:\begin{cases}(y-b)^2+z^2=a^2,b>a>0,\\x=0\end{cases}$ 中 $b>a$ 的条件限制,讨论所得旋转曲面的形状.

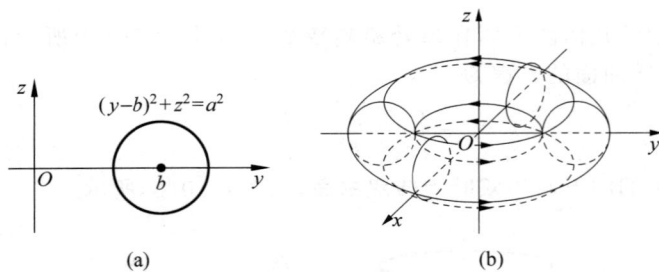

图 4-12   圆与圆绕 z 轴旋转所得的旋转曲面

习题 4.3

1. 求下列旋转曲面的方程：

(1) 直线 $\dfrac{x-1}{1}=\dfrac{y+1}{1}=\dfrac{z-1}{2}$ 绕直线 $\dfrac{x}{1}=\dfrac{y}{-1}=\dfrac{z-1}{2}$ 旋转；

(2) 直线 $\dfrac{x}{2}=\dfrac{y}{1}=\dfrac{z-1}{-1}$ 绕直线 $\dfrac{x}{1}=\dfrac{y}{-1}=\dfrac{z-1}{2}$ 旋转；

(3) 直线 $\dfrac{x-1}{2}=\dfrac{y}{-3}=\dfrac{z}{3}$ 绕 z 轴旋转；

(4) 曲线 $\begin{cases} z=\dfrac{1}{y}, \\ x=0 \end{cases}$ 绕 z 轴旋转.

2. 将直线 $\dfrac{x}{\alpha}=\dfrac{y-\beta}{0}=\dfrac{z}{1}$ 绕 z 轴旋转，求所得旋转曲面的方程，并就 α 和 β 的可能值讨论曲面的形状.

3. 将抛物线 $\Gamma:\begin{cases} y^2=2pz, \\ x=0 \end{cases}$ 绕 y 轴旋转，求所得旋转面的方程.

4. 已知曲线 Γ 的参数方程为 $\begin{cases} x=x(u), \\ y=y(u), \\ z=z(u), \end{cases} a\leqslant u\leqslant b$，将曲线 Γ 绕 z 轴旋转，求所得旋转曲面的参数方程.

5. 设空间中有两个球面 B_1 和 B_2，B_2 包含 B_1 在所围球体的内部，两球面之间的闭区域为 D. 设 B 是包含在 D 的一个球体，它与球面 B_1 和 B_2 均相切. 问：

(1) B 的球心轨迹构成的曲面 S 是何种曲面；

(2) B_1 球心和 B_2 的球心是曲面 S 的何种点.[①]

4.4   椭 球 面

在本章前三节的研究中，根据先给定确定曲面的几何条件，我们推导出了曲面的方程，而这些方程中，有些形式相对较为特殊，或相对较为简洁，但有的曲面对应的方程尤为烦琐.

---

① 此题是第 11 届全国大学生数学竞赛初赛题目（数学类 B 卷，2019 年）.

从本节开始我们将先给定方程,从方程出发去研究它所表示的曲面的形状以及该曲面的相关性质.为了研究讨论的相对方便,我们事先给定的方程形式上相对较为特殊.

1. 椭球面的标准方程

定义 4.4.1　在空间直角坐标系 $O\text{-}xyz$ 下,由方程

$$\frac{x^2}{a^2}+\frac{y^2}{b^2}+\frac{z^2}{c^2}=1 \tag{4.4-1}$$

所表示的曲面叫作**椭球面**,或**椭圆面**,方程(4.4-1)叫作**椭球面的标准方程**,其中 a,b,c 为任意的正常数,通常假定 $a\geqslant b\geqslant c$.

下面我们从方程(4.4-1)出发,利用方程的结构特征来讨论该方程所表示的椭球面的一些性质,进而得到椭球面的几何图形.

2. 椭球面的性质

(1) 椭球面的对称性

由于方程(4.4-1)中只含有坐标元 x,y,z 的平方项,所以当 (x,y,z) 满足方程(4.4-1)时,则 $(\pm x,\pm y,\pm z)$ 中正负号任意选取进行组合所对应的数对都满足方程(4.4-1),这说明当点 $P(x,y,z)$ 在椭球面上时,点 P 关于坐标原点、坐标轴和坐标面的对称点也在椭球面上,所以椭球面关于坐标原点、坐标轴、坐标面都对称,我们把坐标原点、坐标轴和坐标面分别叫作椭球面的**对称中心**、**对称轴**和**对称面**,也叫椭球面的**中心**、**主轴**和**主平面**.

(2) 椭球面与坐标轴的交点

由方程(4.4-1)可知,椭球面与 x 轴,y 轴,z 轴的交点坐标分别为 $(\pm a,0,0)$,$(0,\pm b,0)$,$(0,0,\pm c)$,这些交点都叫作椭球面的**顶点**,即椭球面共有 6 个顶点.同一条对称轴上的两个顶点之间的线段以及它们的长度 $2a,2b$ 与 $2c$ 都叫作椭球面的**轴**,而轴的一半,即中心与各顶点之间的线段及它们的长度 a,b 与 c 都叫作椭球面的**半轴**,当 $a>b>c$ 时,$2a,2b$ 与 $2c$ 分别叫作椭球面的**长轴**、**中轴**与**短轴**,而 a,b 与 c 分别叫作椭球面的**长半轴**、**中半轴**与**短半轴**.当 a,b,c 中有任何两个相等时,椭球面就是旋转椭球面;而当 $a=b=c$ 时,椭球面就是球面;当 a,b,c 互不相等时,椭球面就叫作**三轴椭球面**,通常所说的椭球面指的是三轴椭球面.

(3) 椭球面的范围

由方程(4.4-1)可知,椭球面上所有的点 $P(x,y,z)$ 都满足

$$|x|\leqslant a,\quad |y|\leqslant b,\quad |z|\leqslant c.$$

所以这张椭球面是被封闭在一个长方体的内部,而这个长方体是由六个平面 $x=\pm a,y=\pm b,z=\pm c$ 所围成的,且椭球面内切于这个长方体.

(4) 椭球面与坐标面的交线

椭球面(4.4-1)与 $O\text{-}xy$ 坐标面的交线方程为

$$\begin{cases}\dfrac{x^2}{a^2}+\dfrac{y^2}{b^2}=1,\\[2mm] z=0,\end{cases} \tag{1}$$

它是一个椭圆,如图 4-13 所示.同理,椭球面(4.4-1)与 $O\text{-}xz$ 坐标面,$O\text{-}yz$ 坐标面的交线也是椭圆,它们的方程分别为

$$\begin{cases} \dfrac{x^2}{a^2} + \dfrac{z^2}{c^2} = 1, \\ y = 0. \end{cases} \tag{2}$$

$$\begin{cases} \dfrac{y^2}{b^2} + \dfrac{z^2}{c^2} = 1, \\ x = 0; \end{cases} \tag{3}$$

它们的图形如图 4-13 所示.这三个交线椭圆(1)、(2)、(3)都是椭球面与坐标面的交线,我们把它们叫作椭球面的**主椭圆**,或**主截线**,即曲面与坐标面的交线叫作曲面的主截线,而曲面的全体主截线构成的图形叫作该曲面的**主轮廓线**.通常情况下,由曲面的主轮廓线可以大致感知该曲面的形状,即该曲面的大致框架图.如椭球面的主轮廓线就可以构成椭球面的框架图,如图 4-13 所示.

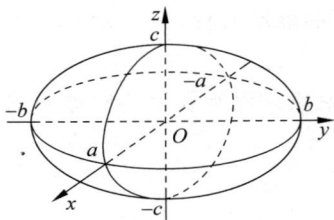

图 4-13 椭球面及其主轮廓线

(5) 椭球面与平行于坐标面的平面的交线

椭球面(4.4-1)与平行于 O-xy 坐标面的平面 $z = h$ $(h \neq 0)$ 的交线方程为 $\begin{cases} \dfrac{x^2}{a^2} + \dfrac{y^2}{b^2} + \dfrac{z^2}{c^2} = 1, \\ z = h, \end{cases}$

即

$$\begin{cases} \dfrac{x^2}{a^2} + \dfrac{y^2}{b^2} = 1 - \dfrac{h^2}{c^2}, \\ z = h. \end{cases} \tag{4}$$

此方程组所表示的几何图形分为以下 3 种情形:

① 当 $|h| > c$ 时,方程组(4)无解,这说明此类平面与椭球面不相交;

② 当 $|h| = c$ 时,方程组(4)的解为 $(0, 0, c)$ 与 $(0, 0, -c)$,结合椭球面的范围,这说明这两个平面与椭球面分别相切于这两个点;

③ 当 $|h| < c$ 时,方程组(4)有无穷多个解,这说明这个平面与椭球面相交,且交线是一个椭圆.由于方程组(4)可同解变形为

$$\begin{cases} \dfrac{x^2}{\left(a\sqrt{1 - \dfrac{h^2}{c^2}}\right)^2} + \dfrac{y^2}{\left(b\sqrt{1 - \dfrac{h^2}{c^2}}\right)^2} = 1, \\ z = h, \end{cases}$$

所以这个交线椭圆的两个半轴长分别是 $a\sqrt{1 - \dfrac{h^2}{c^2}}$,$b\sqrt{1 - \dfrac{h^2}{c^2}}$,

且顶点为 $\left(\pm a\sqrt{1 - \dfrac{h^2}{c^2}}, 0, h\right)$ 与 $\left(0, \pm b\sqrt{1 - \dfrac{h^2}{c^2}}, h\right)$,容易知道这四个顶点在主椭圆(2)与(3)上,如图 4-14 中所示的点横线[①].这样椭球面就可以看成由一个椭圆的变动(大小和位置都改变)而生成的,而这个椭圆在变动的过程中始终保持它所

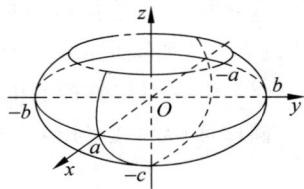

图 4-14 椭球面与平行于坐标面的平面的交线

---

① 点横线:由点与小线段依次间隔出现所构成的线.

在的平面与 $O\text{-}xy$ 坐标面平行,且四个顶点分别在另外两个主椭圆(2)与(3)上滑动.由此,我们可以较为清楚地感受椭球面的大致图形,如图 4-13 所示.图 4-13 的椭球面就是中心在坐标原点、主轴是坐标轴、主平面是坐标面的椭球面(4.4-1)的图形.

同理,椭球面(4.4-1)与平行于 $O\text{-}xz$ 坐标面、$O\text{-}yz$ 坐标面的平面的交线方程分别为

$$\begin{cases}\dfrac{x^2}{a^2}+\dfrac{y^2}{b^2}+\dfrac{z^2}{c^2}=1,\\ y=h,\end{cases} \quad |h|<b \quad \text{与} \quad \begin{cases}\dfrac{x^2}{a^2}+\dfrac{y^2}{b^2}+\dfrac{z^2}{c^2}=1,\\ x=h,\end{cases} \quad |h|<a,$$

即

$$\begin{cases}\dfrac{x^2}{a^2}+\dfrac{z^2}{c^2}=1-\dfrac{h^2}{b^2},\\ y=h,\end{cases} \quad |h|<b \quad \text{与} \quad \begin{cases}\dfrac{y^2}{b^2}+\dfrac{z^2}{c^2}=1-\dfrac{h^2}{a^2},\\ x=h,\end{cases} \quad |h|<a,$$

它们都是椭圆.

通过上面从椭球面的标准方程出发,利用它与平行于 $O\text{-}xy$ 坐标面的平面的交线形状,我们基本认清了椭球面的大致形状.从方程出发,为了能够认清空间曲面的大致形状,考虑该方程所表示的曲面与一组平行平面的交线的形状,当我们对这些平面曲线的形状都清楚时,从而就能想象出曲面整体的大致形状.像这种利用平行平面与方程所表示的曲面的交线的形状来研究方程所表示曲面图形的方法,叫作**平行截割法**,也叫**平行截口法**.

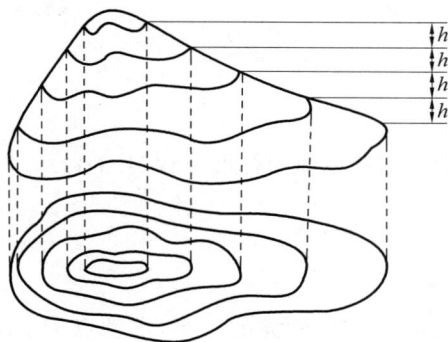

图 4-15 等高线地形图

这种方法在地形图绘制人员的工作中会用到.如一名地形图绘制人员要绘制一座高山的地形图,可利用一组等距的平行于底面的平面来截割,得到一组截口曲线,这也就是测出间隔同样高度的曲线,即等高线,然后将这些等高线垂直投影到平面上,就得到一组投影曲线,这就是**等高地形图**,如图 4-15 所示.通过等高地形图,此山的大致形状,便由等高线地形图显示出来,即在相邻两条等高线靠得越近的地方,说明那里的坡度就越大,山势就越陡;在相邻两条等高线离得越远的地方,说明那里的坡度就越小,地势较为平坦.从而,通过等高地形图我们就可以得到此山地形地貌的大致认识.

例 4.4.1 已知椭球面的轴与空间坐标系的坐标轴重合,且通过椭圆

$$\begin{cases}\dfrac{x^2}{9}+\dfrac{y^2}{16}=1,\\ z=0\end{cases}$$

与点 $P(1,2,\sqrt{23})$,求这个椭球面的方程.

解 因为椭球面的轴与坐标轴重合,所以所求椭球面的方程可设为

$$\dfrac{x^2}{a^2}+\dfrac{y^2}{b^2}+\dfrac{z^2}{c^2}=1,$$

其中 a,b,c 为大于零的待定系数,则它与 $O\text{-}xy$ 坐标面的交线是椭圆

$$\begin{cases} \dfrac{x^2}{a^2} + \dfrac{y^2}{b^2} = 1, \\ z = 0. \end{cases}$$

由已知该椭球面通过椭圆 $\begin{cases} \dfrac{x^2}{9} + \dfrac{y^2}{16} = 1, \\ z = 0, \end{cases}$ 将其与上方程组比较可得

$$a^2 = 9, \quad b^2 = 16.$$

又因为点 $P(1, 2, \sqrt{23})$ 在椭球面上,所以有

$$\frac{1}{9} + \frac{4}{16} + \frac{23}{c^2} = 1,$$

解得 $c^2 = 36$,故所求椭球面方程为

$$\frac{x^2}{9} + \frac{y^2}{16} + \frac{z^2}{36} = 1.$$

3. 椭球面的参数方程

椭球面的方程除用标准方程(4.4-1),即普通方程来表示外,也可以用参数方程

$$\begin{cases} x = a\cos\theta\cos\varphi, \\ y = b\cos\theta\sin\varphi, \\ z = c\sin\theta \end{cases} \tag{4.4-2}$$

来表示,其中 θ, φ 为参数,且 $-\dfrac{\pi}{2} \leqslant \theta \leqslant \dfrac{\pi}{2}$,$0 \leqslant \varphi < 2\pi$.

从椭球面的参数方程(4.4-2)中消去参数 θ, φ,就得到椭球面的标准方程(4.4-1).

习题 4.4

1. 设动点 P 到点 $(1, 0, 0)$ 的距离等于点 P 到平面 $x = 4$ 的距离的一半,求动点 P 的轨迹的方程.

2. 设由椭球面 $\dfrac{x^2}{a^2} + \dfrac{y^2}{b^2} + \dfrac{z^2}{c^2} = 1$ 的中心沿一定方向到曲面上的一点的距离是 r,且定方向的方向余弦分别为 m, n, p,证明:$\dfrac{m^2}{a^2} + \dfrac{n^2}{b^2} + \dfrac{p^2}{c^2} = \dfrac{1}{r^2}$.

3. 设由椭球面 $\dfrac{x^2}{a^2} + \dfrac{y^2}{b^2} + \dfrac{z^2}{c^2} = 1$ 的中心引三条两两相互垂直的射线,分别交椭球面于 P_1, P_2, P_3 三点,若设 $|\overrightarrow{OP_1}| = r_1$,$|\overrightarrow{OP_2}| = r_2$,$|\overrightarrow{OP_3}| = r_3$,证明:

$$\frac{1}{a^2} + \frac{1}{b^2} + \frac{1}{c^2} = \frac{1}{r_1^2} + \frac{1}{r_2^2} + \frac{1}{r_3^2}.$$

4. 已知椭球面 $\dfrac{x^2}{a^2} + \dfrac{y^2}{b^2} + \dfrac{z^2}{c^2} = 1 (a > b > c > 0)$,求过 x 轴并与椭球面的交线是圆的平面方程.

5. 设 S 是空间中一个椭球面. 设方向为常向量 $\vec{v}$ 的一束平行光线照射 S,其中的部分光线与 S 相切,它们的切点在 S 上形成一条曲线 Γ. 证明：Γ 落在一张过椭圆中心的平面上.[①]

6. 已知椭球面 $S_0: \dfrac{x^2}{a^2}+\dfrac{y^2}{b^2}+\dfrac{z^2}{c^2}=1(a>b)$ 的外切柱面 $S_\varepsilon(\varepsilon=1$ 或 $-1)$ 平行于已知直线 $l_\varepsilon: \dfrac{x-2}{0}=\dfrac{y-1}{\varepsilon\sqrt{a^2-b^2}}=\dfrac{z-3}{c}$. 试求与 S_ε 交于一个圆周的平面的法向量. 注：本题中外切柱面指的是每一条直母线均与已知椭球面相切的柱面.[②]

4.5 双 曲 面

1. 单叶双曲面的标准方程

定义 4.5.1 在空间直角坐标系 O-xyz 下,由方程

$$\frac{x^2}{a^2}+\frac{y^2}{b^2}-\frac{z^2}{c^2}=1 \tag{4.5-1}$$

所表示的曲面叫作**单叶双曲面**,方程(4.5-1)叫作**单叶双曲面的标准方程**,其中 a,b,c 为任意的正常数.

2. 单叶双曲面的性质

（1）单叶双曲面的对称性

因为方程(4.5-1)中只含有坐标 x,y,z 的平方项,所以单叶双曲面关于坐标原点、坐标轴、坐标面都对称,我们把坐标原点、坐标轴和坐标面分别叫作单叶双曲面的**对称中心**、**对称轴**和**对称面**,也叫单叶双曲面的**中心**、**主轴**和**主平面**.

（2）单叶双曲面与坐标轴的交点

由方程(4.5-1)可知,单叶双曲面与 z 轴不相交,但与 x 轴相交于点 $(\pm a,0,0)$,与 y 轴相交于点 $(0,\pm b,0)$,这四点叫作单叶双曲面的**顶点**,即单叶双曲面共有 4 个顶点. 若 $a=b$,则单叶双曲面(4.5-1)就是单叶旋转双曲面(4.3-3),所以单叶旋转双曲面是单叶双曲面的特殊情形.

（3）单叶双曲面的范围

由方程(4.5-1)可知,单叶双曲面上任意一点 $P(x,y,z)$ 都满足

$$\frac{x^2}{a^2}+\frac{y^2}{b^2}=1+\frac{z^2}{c^2}\geqslant 1,$$

这说明单叶双曲面上所有的点都不在圆柱面 $\dfrac{x^2}{a^2}+\dfrac{y^2}{b^2}=1$ 以内.

（4）单叶双曲面与坐标面的交线

单叶双曲面(4.5-1)与 O-xy 坐标面, O-xz 坐标面, O-yz 坐标面的交线方程分别是

---

① 此题是第 8 届全国大学生数学竞赛初赛题目(数学类,2016 年).
② 此题是第 12 届全国大学生数学竞赛初赛题目(数学类 B 卷,2020 年).

$$\begin{cases} \dfrac{x^2}{a^2} + \dfrac{y^2}{b^2} = 1, \\ z = 0, \end{cases} \tag{1}$$

$$\begin{cases} \dfrac{x^2}{a^2} - \dfrac{z^2}{c^2} = 1, \\ y = 0, \end{cases} \tag{2}$$

$$\begin{cases} \dfrac{y^2}{b^2} - \dfrac{z^2}{c^2} = 1, \\ x = 0, \end{cases} \tag{3}$$

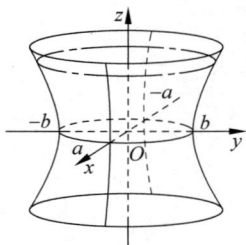

图 4-16   单叶双曲面及
其主轮廓线

方程(1)表示的曲线是 $O\text{-}xy$ 坐标面上的椭圆,叫作单叶双曲面的**主椭圆**,也常叫作**腰椭圆**,如图 4-16 所示;方程(2)与方程(3)所表示的曲线分别是 $O\text{-}xz$ 坐标面与 $O\text{-}yz$ 坐标面上的双曲线,叫作单叶双曲面的**主双曲线**,它们有相同的虚轴与虚轴长,如图 4-16 所示.单叶双曲面的主椭圆、两对主双曲线叫作单叶双曲面的**主轮廓线**.

(5) 单叶双曲面与平行于坐标面的平面的交线

单叶双曲面(4.5-1)与平行于 $O\text{-}xy$ 坐标面的平面 $z=h(h \neq 0)$ 的交线方程为

$$\begin{cases} \dfrac{x^2}{a^2} + \dfrac{y^2}{b^2} = 1 + \dfrac{h^2}{c^2}, \\ z = h, \end{cases} \tag{4}$$

该方程组无论 h 取何值,它所表示的交线图形都是椭圆,且它的两个半轴长分别是 $a\sqrt{1+\dfrac{h^2}{c^2}}$ 与 $b\sqrt{1+\dfrac{h^2}{c^2}}$,两轴的端点分别为 $\left(\pm a\sqrt{1+\dfrac{h^2}{c^2}}, 0, h\right)$ 与 $\left(0, \pm b\sqrt{1+\dfrac{h^2}{c^2}}, h\right)$,可以验证两对端点分别在主双曲线(2)与主双曲线(3)上,如图 4-16 所示的点横线. 这样,单叶双曲面就可以看成由一个椭圆的变动(大小和位置都改变)而形成的,而这个椭圆在变动过程中始终保持它所在的平面与 $O\text{-}xy$ 坐标面平行,且四个顶点分别在两对主双曲线(2)与主双曲线(3)上滑动. 由此,我们可以较为清楚地感受到单叶双曲面的大致图形,如图 4-16 所示. 图 4-16 就是中心在坐标原点、主轴是坐标轴、主平面是坐标面的单叶双曲面(4.5-1)的图形.

同理,单叶双曲面(4.5-1)与平行于 $O\text{-}xz$ 坐标面的平面 $y=h$ 的交线方程为

$$\begin{cases} \dfrac{x^2}{a^2} - \dfrac{z^2}{c^2} = 1 - \dfrac{h^2}{b^2}, \\ y = h, \end{cases} \tag{5}$$

此方程组所表示的几何图形分为以下 3 种情形:

① 当 $|h| < b$ 时,截线(5)是双曲线,它的实轴平行于 x 轴,实半轴长为 $a\sqrt{1-\dfrac{h^2}{b^2}}$,虚轴平行于 z 轴,虚半轴长为 $c\sqrt{1-\dfrac{h^2}{b^2}}$,且双曲线(5)的两个顶点 $\left(\pm a\sqrt{1-\dfrac{h^2}{b^2}}, h, 0\right)$ 在腰椭圆(1)上,如图 4-17(a)所示.

② 当 $|h|=b$ 时,截线(5)为两对相交直线,它们的方程分别为

$$\begin{cases} \dfrac{x^2}{a^2} - \dfrac{z^2}{c^2} = 0, \\ y = b, \end{cases} \quad 与 \quad \begin{cases} \dfrac{x^2}{a^2} - \dfrac{z^2}{c^2} = 0, \\ y = -b, \end{cases}$$

即

$$\begin{cases} \dfrac{x}{a} \pm \dfrac{z}{c} = 0, \\ y = b, \end{cases} \quad 与 \quad \begin{cases} \dfrac{x}{a} \pm \dfrac{z}{c} = 0, \\ y = -b. \end{cases}$$

故当 $h=b$ 时,这两条直线相交于点 $(0,b,0)$,如图 4-17(b)所示;故当 $h=-b$ 时,这两条直线相交于点 $(0,-b,0)$.

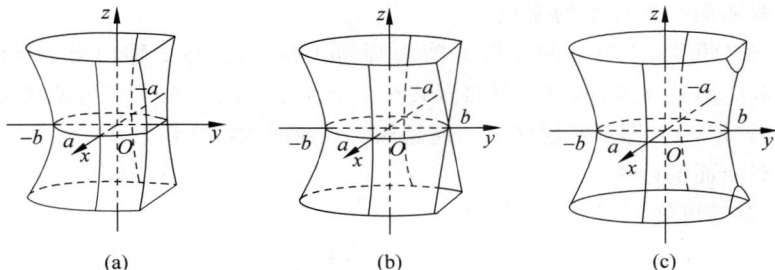

图 4-17　单叶双曲面与平行于坐标面的平面的交线

③ 当 $|h|>b$ 时,截线(5)是双曲线,且它的实轴平行于 z 轴,实半轴长为 $c\sqrt{\dfrac{h^2}{b^2}-1}$,虚轴平行于 x 轴,虚半轴长为 $a\sqrt{\dfrac{h^2}{b^2}-1}$,且双曲线(5)的两个顶点 $\left(0,h,\pm c\sqrt{\dfrac{h^2}{b^2}-1}\right)$ 在双曲线(3)上,如图 4-17(c)所示.

单叶双曲面(4.5-1)与平行于 O-yz 坐标面的平面 $x=h$ 的交线的相关结果,与单叶双曲面(4.5-1)与平行于 O-xz 坐标面的平面 $y=h$ 的交线得到的相关结果完全类似,我们在此就不列举,请读者自行完成.

🌐 **议一议**　写出单叶双曲面 $\dfrac{x^2}{a^2} + \dfrac{y^2}{b^2} - \dfrac{z^2}{c^2} = 1$ 的参数方程.

在空间直角坐标系 O-xyz 下,方程

$$\dfrac{x^2}{a^2} - \dfrac{y^2}{b^2} + \dfrac{z^2}{c^2} = 1 \quad 与 \quad -\dfrac{x^2}{a^2} + \dfrac{y^2}{b^2} + \dfrac{z^2}{c^2} = 1$$

所表示的曲面都是单叶双曲面.这两个方程与方程(4.5-1)的特征是一样的,即方程右端都是 1,方程左端的三个二次项前的符号只有一项为负,其余两项为正.如果有两项为负,则所表示的曲面就是下面将要研究的双叶双曲面.

3. 双叶双曲面的标准方程

定义 4.5.2　在空间直角坐标系 O-xyz 下,由方程

$$\frac{x^2}{a^2} + \frac{y^2}{b^2} - \frac{z^2}{c^2} = -1 \qquad (4.5\text{-}2)$$

所表示的曲面叫作**双叶双曲面**,方程(4.5-2)叫作**双叶双曲面的标准方程**,其中 a,b,c 为任意的正常数.

4. 双叶双曲面的性质

(1) 双叶双曲面的对称性

因为方程(4.5-2)中只含有坐标 x,y,z 的平方项,所以双叶双曲面关于坐标原点、坐标轴、坐标面都对称,我们把坐标原点、坐标轴和坐标面分别叫作双叶双曲面的**对称中心**、**对称轴**和**对称面**,也叫单叶双曲面的**中心**、**主轴**和**主平面**.

(2) 双叶双曲面与坐标轴的交点

由方程(4.5-2)可知,双叶双曲面与 x 轴、y 轴都不相交,只与 z 轴相交于点 $(0,0,\pm c)$,这两点叫作双叶双曲面的顶点,即双叶双曲面共有 2 个顶点. 若 $a=b$,则双叶双曲面(4.5-2)就是双叶旋转双曲面(4.3-4),即双叶旋转双曲面是双叶双曲面的特殊情形.

(3) 双叶双曲面的范围

由方程(4.5-2)可知

$$z^2 = c^2 + c^2 \left(\frac{x^2}{a^2} + \frac{y^2}{b^2} \right) \geqslant c^2,$$

即双叶双曲面上的所有点的第三坐标 z 都满足 $|z| \geqslant c$,因此曲面分为两部分 $z \geqslant c$ 与 $z \leqslant -c$,即双叶双曲面不在两个平行平面 $z = c$ 与 $z = -c$ 所夹的区域之内,被分成两部分,故叫作双叶双曲面.

(4) 双叶双曲面与坐标面的交线

双叶双曲面(4.5-2)与 $O\text{-}xz$ 坐标面,$O\text{-}yz$ 坐标面的交线方程分别是

$$\begin{cases} \dfrac{z^2}{c^2} - \dfrac{x^2}{a^2} = 1, \\ y = 0, \end{cases} \qquad (6)$$

与

$$\begin{cases} \dfrac{z^2}{c^2} - \dfrac{y^2}{b^2} = 1, \\ x = 0, \end{cases} \qquad (7)$$

它们都是双曲线,叫作双叶双曲面(4.5-2)的主双曲线,它们的图形如图 4-18 所示;而双叶双曲面与 $O\text{-}xy$ 坐标面没有交线.

(5) 双叶双曲面与平行于坐标面的平面的交线

双叶双曲面(4.5-2)与平行于 $O\text{-}xy$ 坐标面的平面 $z = h(h \neq 0)$ 的交线方程为

$$\begin{cases} \dfrac{x^2}{a^2} + \dfrac{y^2}{b^2} = \dfrac{h^2}{c^2} - 1, \\ z = h. \end{cases}$$

此方程组所表示的几何图形分为以下 3 种情形:

① 当 $|h|<c$ 时,双叶双曲面(4.5-2)与平面 $z=h$ 没有交点;

② 当 $|h|=c$ 时,双叶双曲面(4.5-2)与平面 $z=h$ 交于顶点;

③ 当 $|h|>c$ 时,双叶双曲面(4.5-2)与平面 $z=h$ 的交线是椭圆,椭圆的两个半轴长分

别为 $a\sqrt{\dfrac{h^2}{c^2}-1}$ 与 $b\sqrt{\dfrac{h^2}{c^2}-1}$,两轴的端点分别为 $\left(\pm a\sqrt{\dfrac{h^2}{c^2}-1},0,h\right)$ 与 $\left(0,\pm b\sqrt{\dfrac{h^2}{c^2}-1},h\right)$,

可以验证两对端点分别在双曲线(6)与双曲线(7)上,如图 4-18 所示的点横线.这样双叶双
曲面就可以看成由一个椭圆的变动(大小和位置都改变)
而形成的,而这个椭圆在变动过程中始终保持它所在的平
面与 $O\text{-}xy$ 坐标面平行,且四个顶点分别在两对主双曲线
(6)与主双曲线(7)上滑动.由此,我们可以较为清楚地感
受单叶双曲面的大致图形,如图 4-18 所示.图 4-18 就是中
心在坐标原点、主轴是坐标轴、主平面是坐标面的双叶双
曲面(4.5-2)的图形.

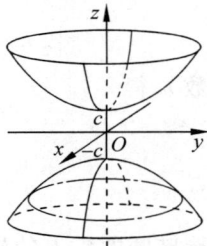

图 4-18　双叶双曲面及其主截线以及它
与平行于坐标面的平面的交线

请读者写出双叶双曲面 $\dfrac{x^2}{a^2}+\dfrac{y^2}{b^2}-\dfrac{z^2}{c^2}=-1$ 的参数
方程.

另外,在空间直角坐标系 $O\text{-}xyz$ 下,方程

$$\frac{x^2}{a^2}-\frac{y^2}{b^2}+\frac{z^2}{c^2}=-1 \quad 与 \quad -\frac{x^2}{a^2}+\frac{y^2}{b^2}+\frac{z^2}{c^2}=-1$$

所表示的曲面都是双叶双曲面.

单叶双曲面与双叶双曲面统称为双曲面.

例 4.5.1　用一组平行平面 $z=h$(h 是任意实数)截割单叶双曲面

$$\frac{x^2}{a^2}+\frac{y^2}{b^2}-\frac{z^2}{c^2}=1, \quad a>b$$

得一族椭圆,求这些椭圆的焦点的轨迹方程.

解　这族椭圆的方程为

$$\begin{cases}\dfrac{x^2}{a^2}+\dfrac{y^2}{b^2}=1+\dfrac{h^2}{c^2}, \\[2mm] z=h,\end{cases}$$

即

$$\begin{cases}\dfrac{x^2}{\left(a\sqrt{1+\dfrac{h^2}{c^2}}\right)^2}+\dfrac{y^2}{\left(b\sqrt{1+\dfrac{h^2}{c^2}}\right)^2}=1, \\[4mm] z=h.\end{cases}$$

因为 $a>b$，所以椭圆的长半轴长与短半轴长分别为 $a\sqrt{1+\dfrac{h^2}{c^2}}$ 与 $b\sqrt{1+\dfrac{h^2}{c^2}}$，从而椭圆的焦点的坐标为 $\left(\pm\sqrt{(a^2-b^2)\left(1+\dfrac{h^2}{c^2}\right)},0,h\right)$，即

$$\begin{cases} x=\pm\sqrt{(a^2-b^2)\left(1+\dfrac{h^2}{c^2}\right)}, \\ y=0, \\ z=h. \end{cases}$$

消去参数 h 得

$$\begin{cases} \dfrac{x^2}{a^2-b^2}-\dfrac{z^2}{c^2}=1, \\ y=0. \end{cases}$$

显然这族椭圆的焦点的轨迹是一条在 $O\text{-}xz$ 坐标面上实轴为 x 轴、虚轴是 z 轴的双曲线，它的图形如图 4-19 中所示的两条点横线．

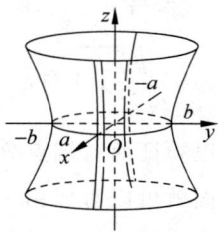

图 4-19 单叶双曲面与平行于坐标面 $O\text{-}xy$ 的平面的截线所得椭圆族焦点的轨迹图示

习题 4.5

1. 画出下列双曲面的图形：

(1) $\dfrac{x^2}{16}-\dfrac{y^2}{9}+\dfrac{z^2}{4}=1$； (2) $\dfrac{x^2}{16}-\dfrac{y^2}{9}+\dfrac{z^2}{4}=-1$．

2. 给定方程 $\dfrac{x^2}{m-k}+\dfrac{y^2}{n-k}+\dfrac{z^2}{p-k}=1(m>n>p>0)$，讨论当 k 取异于 m,n,p 的各种值时，方程所表示的几何图形．

3. 已知单叶双曲面 $\dfrac{x^2}{4}+\dfrac{y^2}{9}-\dfrac{z^2}{4}=1$，若一个平面平行于 $O\text{-}yz$ 坐标面且与此单叶双曲面的交线是一对相交直线，求出该平面的方程．

4. 设动点 P 到点 $(4,0,0)$ 的距离等于点 P 到平面 $x=1$ 的距离的两倍，求动点 P 的轨迹的方程．

5. 求单叶双曲面 $\dfrac{x^2}{16}+\dfrac{y^2}{4}-\dfrac{z^2}{5}=1$ 与平面 $x-2y+3=0$ 的交线向 $O\text{-}xz$ 坐标面所引的射影柱面的方程．

6. 设直线 l_1 与 l_2 为互不垂直的两条异面直线，点 C 是 l_1 与 l_2 的公垂线段的中点，A,B 两点分别在直线 l_1 与 l_2 上滑动，且 $\angle ACB=90°$，证明：直线 AB 的轨迹是一个单叶双曲面．[①]

7. 在空间直角坐标系 $O\text{-}xyz$ 下，已知单叶双曲面 S 的方程为 $x^2+y^2-z^2=1$．求过点 $P(1,1,1)$ 落在单叶双曲面 S 上的两条直线的夹角．[②]

---

① 此题是第 11 届全国大学生数学竞赛初赛题目（数学类 B 卷，2019 年）．
② 此题是第 14 届全国大学生数学竞赛初赛题目（数学类 A 卷，2022 年）．

4.6 抛 物 面

1. 椭圆抛物面的标准方程

定义 4.6.1　在空间直角坐标系 O-xyz 下,由方程

$$\frac{x^2}{a^2} + \frac{y^2}{b^2} = 2z \tag{4.6-1}$$

所表示的曲面叫作**椭圆抛物面**,方程(4.6-1)叫作**椭圆抛物面的标准方程**,其中 a,b 为任意的正常数.

2. 椭圆抛物面的性质

(1) 椭圆抛物面的对称性

因为方程(4.6-1)中含有坐标 x,y 的平方项与 z 的一次项,所以椭圆抛物面是关于坐标轴 z 轴、O-xz 坐标面、O-yz 坐标面对称,我们把 z 轴叫作椭圆抛物面的**对称轴**,O-xz 坐标面与 O-yz 坐标面都叫作椭圆抛物面的**对称面**,椭圆抛物面没有对称中心.

(2) 椭圆抛物面与坐标轴的交点

由方程(4.6-1)可知,椭圆抛物面与 x 轴、y 轴、z 轴都相交于坐标原点$(0,0,0)$,这点叫作椭圆抛物面的**顶点**,即椭圆抛物面只有 1 个顶点.若 $a = b$,则椭圆抛物面(4.6-1)就是旋转抛物面(4.3-5),所以旋转抛物面是椭圆抛物面的特殊情形.

(3) 椭圆抛物面的范围

由方程(4.6-1)可知

$$z = \frac{1}{2}\left(\frac{x^2}{a^2} + \frac{y^2}{b^2}\right) \geqslant 0,$$

所以椭圆抛物面位于 O-xy 坐标面及其上侧.

(4) 椭圆抛物面与坐标面的交线

椭圆抛物面(4.6-1)与 O-xy 坐标面相交于坐标原点$(0,0,0)$;

椭圆抛物面(4.6-1)与 O-xz 坐标面、O-yz 坐标面的交线方程分别为

$$\begin{cases} x^2 = 2a^2 z, \\ y = 0, \end{cases} \tag{1}$$

与

$$\begin{cases} y^2 = 2b^2 z, \\ x = 0, \end{cases} \tag{2}$$

它们是两条抛物线,是椭圆抛物面的**主抛物线**,如图 4-20(a)所示.

(5) 椭圆抛物面与平行于坐标面的平面的交线

椭圆抛物面(4.6-1)与平行于 O-xy 坐标面的平面 $z = h$($h \neq 0$)的交线方程为

$$\begin{cases} \dfrac{x^2}{2a^2 h} + \dfrac{y^2}{2b^2 h} = 1, \\ z = h. \end{cases}$$

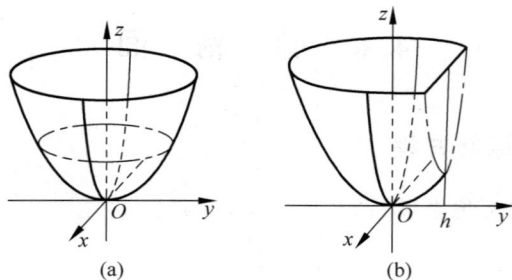

图 4-20 椭圆抛物面及其主截线以及它与平行于坐标面的平面的交线

此方程组所表示的几何图形分为以下两种情形:

① 当 $h < 0$ 时,椭圆抛物面与该平面没有交点;

② 当 $h > 0$ 时,椭圆抛物面与该平面的交线是椭圆,椭圆的两个半轴长分别为 $a\sqrt{2h}$ 与 $b\sqrt{2h}$,两轴的端点分别为 $(\pm a\sqrt{2h}, 0, h)$ 与 $(0, \pm b\sqrt{2h}, h)$,可以验证两对端点分别在椭圆抛物面(4.6-1)的主抛物线(1)与(2)上,如图 4-20(a)中所示的点横线. 这样,椭圆抛物面就可以看成由一个椭圆的变动(大小和位置都改变)而形成的,而这个椭圆在变动过程中始终保持它所在的平面与 O-xy 坐标面平行,且四个顶点分别在两对主抛物线(1)与(2)上滑动. 由此,我们可以较为清楚地感受椭圆抛物面的大致图形,如图 4-20(a)所示. 图 4-20(a)就是对称轴是 z 轴,对称面是 O-xz 坐标面与 O-yz 坐标面的椭圆抛物面(4.6-1)的图形.

椭圆抛物面(4.6-1)与平行于 O-xz 坐标面的平面 $y = h$($h \neq 0$)的交线方程为

$$\begin{cases} x^2 = 2a^2\left(z - \dfrac{h^2}{2b^2}\right), \\ y = h. \end{cases}$$

这是一条抛物线,抛物线的顶点为 $\left(0, h, \dfrac{h^2}{2b^2}\right)$,对称轴为直线 $\begin{cases} x = 0, \\ y = h, \end{cases}$ 可以验证其顶点在椭圆抛物面(4.6-1)的主抛物线(2)上,其图形如图 4-20(b)中所示的点横线. 该抛物线与主抛物线(1)具有相同的焦参数 $2a^2$,且其顶点在主抛物线(2)上,由此也可将椭圆抛物面看成由平行于 O-xz 坐标面的平面上的主抛物线(1)沿主抛物线(2)上下滑动而形成的曲面,此主抛物线在滑动的过程中始终保持它所在的平面与 O-xz 坐标面平行,且顶点在主抛物线(2)上.

同理,椭圆抛物面(4.6-1)与平行于 O-yz 坐标面的平面的交线也是一条抛物线,它与主抛物线(2)具有相同的焦参数 $2b^2$,且其顶点在主抛物线(1)上,由此也可将椭圆抛物面看成由平行于 O-yz 坐标面的平面上的主抛物线(2)沿主抛物线(1)上下滑动而形成的曲面,此主抛物线在滑动的过程中始终保持它所在的平面与 O-yz 坐标面平行,且顶点在主抛物线(1)上.

3. 双曲抛物面的标准方程

定义 4.6.2 在空间直角坐标系 O-xyz 下,由方程

$$\frac{x^2}{a^2} - \frac{y^2}{b^2} = 2z \qquad\qquad (4.6\text{-}2)$$

所表示的曲面叫作**双曲抛物面**,方程(4.6-2)叫作**双曲抛物面的标准方程**,其中 a,b 为任意的正常数.

4. 双曲抛物面的性质

(1) 双曲抛物面的对称性

因为方程(4.6-2)中含有坐标 x,y 的平方项与 z 的一次项,所以双曲抛物面是关于坐标轴 z 轴、$O\text{-}xz$ 坐标面、$O\text{-}yz$ 坐标面对称,我们把 z 轴叫作双曲抛物面的**对称轴**,$O\text{-}xz$ 坐标面与 $O\text{-}yz$ 坐标面都叫作双曲抛物面的**对称面**,双曲抛物面也没有对称中心.

(2) 双曲抛物面与坐标轴的交点

由方程(4.6-2)可知,双曲抛物面与 x 轴、y 轴、z 轴都相交于坐标原点 $(0,0,0)$.

(3) 双曲抛物面的范围

由方程(4.6-2)可知 x,y,z 都可以取任意实数,所以双曲抛物面的图形没有被限制范围.

(4) 双曲抛物面与坐标面的交线

双曲抛物面(4.6-2)与 $O\text{-}xy$ 坐标面的交线方程为

$$\begin{cases} \dfrac{x^2}{a^2} - \dfrac{y^2}{b^2} = 0, \\ z = 0, \end{cases}$$

即

$$\begin{cases} \dfrac{x}{a} - \dfrac{y}{b} = 0, \\ z = 0, \end{cases} \qquad 与 \qquad \begin{cases} \dfrac{x}{a} + \dfrac{y}{b} = 0, \\ z = 0. \end{cases}$$

它们是相交于坐标原点 $(0,0,0)$ 的一对直线,如图 4-21 中 $O\text{-}xy$ 坐标面内的两条直线.

双曲抛物面(4.6-2)与 $O\text{-}xz$ 坐标面、$O\text{-}yz$ 坐标面的交线方程分别为

$$\begin{cases} x^2 = 2a^2 z, \\ y = 0, \end{cases} \qquad\qquad (3)$$

与

$$\begin{cases} y^2 = -2b^2 z, \\ x = 0, \end{cases} \qquad\qquad (4)$$

它们是两条抛物线,是双曲抛物面的**主抛物线**,它们所在的平面相互垂直,有相同的顶点和对称轴,但两条抛物线的开口不同,抛物线(3)的开口方向沿 z 轴正方向,抛物线(4)的开口方向沿 z 轴反方向,如图 4-21 所示的两条抛物线.

(5) 双曲抛物面与平行于坐标面的平面的交线

双曲抛物面(4.6-2)与平行于 $O\text{-}xy$ 坐标面的平面 $z = h(h \neq 0)$ 的交线方程为

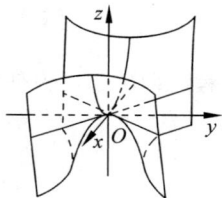

图 4-21 双曲抛物面

$$\begin{cases} \dfrac{x^2}{2a^2h} - \dfrac{y^2}{2b^2h} = 1, \\ z = h. \end{cases} \tag{5}$$

此方程组所表示的几何图形分为以下两种情形：

① 当 $h > 0$ 时，交线（5）是双曲线，且实轴与 x 轴平行，虚轴与 y 轴平行，顶点（$\pm a\sqrt{2h}$，0，h）在主抛物线（3）上，它们的图形如图 4-22(a) 所示；

② 当 $h < 0$ 时，交线（5）是双曲线，且实轴与 y 轴平行，虚轴与 x 轴平行，顶点 $(0, \pm b\sqrt{2|h|}, h)$ 在主抛物线（4）上，它们的图形如图 4-22(a) 所示.

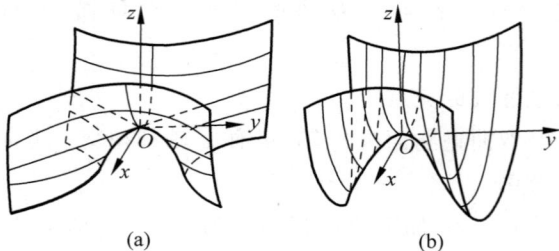

(a)　　　　　　(b)

图 4-22　双曲抛物面与平行于坐标面的平面的交线

因此双曲抛物面(4.6-2)被 $O\text{-}xy$ 坐标面分割成上下两部分，且上部分沿 x 轴的两个方向上升，下部分沿 y 轴的两个方向下降，曲面的大体形状像一只马鞍子，所以双曲抛物面也叫作**马鞍曲面**，简称**马鞍面**，它的图形如图 4-21 所示.

双曲抛物面的形状相对前面的曲面较为复杂，为了进一步弄清它的结构，我们如果用平行于 $O\text{-}xz$ 坐标面的平面 $y = h$ 来截双曲抛物面(4.6-2)，得到的截线方程为

$$\begin{cases} x^2 = 2a^2\left(z + \dfrac{h^2}{2b^2}\right), \\ y = h, \end{cases}$$

这是一条抛物线，且它与主抛物线（3）的焦参数都是 $2a^2$，由此可见双曲抛物面是由平行于 $O\text{-}xz$ 坐标面的平面上的抛物线沿主抛物线（4）上下滑动而形成的曲面，它的图形如图 4-22(b) 所示.

椭圆抛物面与双曲抛物面统称为**抛物面**.

在前面研究的球面、椭球面、单叶双曲面与双叶双曲面这些曲面都是有中心的，且它们的方程都是二次的，像这种有中心的曲面叫作**有心二次曲面**；而椭圆抛物面与双曲抛物面都没有中心，且它们的方程都是二次的，像这种没有中心的曲面叫作**无心二次曲面**.

习题 4.6

1. 已知椭圆抛物面的顶点在坐标原点，对称面为 $O\text{-}xz$ 坐标面与 $O\text{-}yz$ 坐标面，且过点(1,2,6)和$\left(\dfrac{1}{3}, -1, 1\right)$，求这个椭圆抛物面的方程.

2. 适当选取空间直角坐标系,求下列轨迹的方程:

(1) 到一定点和一定平面的距离之比等于常数的点的轨迹;

(2) 已知两条异面直线间的距离为 $2a$,夹角为 2α,求到这两条异面直线等距离的点的轨迹.

3. 写出椭圆抛物面 $\dfrac{x^2}{a^2}+\dfrac{y^2}{b^2}=2z$ 与双曲抛物面 $\dfrac{x^2}{a^2}-\dfrac{y^2}{b^2}=2z$ 的参数方程.

4. 设 Γ 为椭圆抛物面 $z=3x^2+4y^2+1$. 从原点作 Γ 的切锥面. 求此切锥面的方程.[①]

5. 在空间直角坐标系 $O\text{-}xyz$ 下,设单叶双曲面 S 的方程为 $x^2+y^2-z^2=1$,求 S 上所有可能的点 $P(a,b,c)$,使得过点且落在单叶双曲面 S 上的两条直线均平行于平面

$$x+y-z=0.[②]$$

4.7 特殊的直纹面

在本章前面的研究中,我们已经知道了柱面与锥面都可以看成由一族直线生成的曲面. 这种由直线生成的曲面叫作**直纹曲面**,简称**直纹面**,生成直纹曲面的直线叫作该曲面的**直母线**. 由 4.5 节与 4.6 节知道,单叶双曲面与双曲抛物面上都含有直线,那么它们是否也可以看成是由一族直线形成的呢? 本节主要讨论这个问题,同时将证明单叶双曲面与双曲抛物面都是特殊的直纹面.

1. 单叶双曲面的直母线

单叶双曲面的方程为

$$\frac{x^2}{a^2}+\frac{y^2}{b^2}-\frac{z^2}{c^2}=1, \tag{1}$$

其中 a,b,c 是任意正常数. 把方程(1)改写为

$$\frac{x^2}{a^2}-\frac{z^2}{c^2}=1-\frac{y^2}{b^2},$$

即

$$\left(\frac{x}{a}+\frac{z}{c}\right)\left(\frac{x}{a}-\frac{z}{c}\right)=\left(1+\frac{y}{b}\right)\left(1-\frac{y}{b}\right). \tag{2}$$

现引入一个不为零的参数 u,考察由(2)式得到的下面三个方程组

$$\begin{cases} \dfrac{x}{a}+\dfrac{z}{c}=u\left(1+\dfrac{y}{b}\right), \\ \dfrac{x}{a}-\dfrac{z}{c}=\dfrac{1}{u}\left(1-\dfrac{y}{b}\right); \end{cases} \tag{3}$$

---

① 此题是第 4 届全国大学生数学竞赛初赛题目(数学类,2012 年).

② 此题是第 14 届全国大学生数学竞赛初赛第二次补赛题目(数学类 A 卷,2022 年).

$$\begin{cases} \dfrac{x}{a} + \dfrac{z}{c} = 0, \\[2mm] 1 - \dfrac{y}{b} = 0; \end{cases} \tag{4}$$

$$\begin{cases} \dfrac{x}{a} - \dfrac{z}{c} = 0, \\[2mm] 1 + \dfrac{y}{b} = 0; \end{cases} \tag{5}$$

方程组(4)可以理解成方程组(3)中参数 $u \to 0$ 的情形,而方程组(5)可以理解成方程组(3)中参数 $u \to \infty$ 的情形,显然无论参数 u 取何值,方程组(3)、(4)、(5)表示的图形都是直线,我们把方程组(3)、(4)、(5)合起来组成的一族直线叫作 u **族直线**.

下面证明这族直线可以形成单叶双曲面(1).

显然,直线族中的任何一条直线上的点都在单叶双曲面(1)上,这是因为,由方程组(3)左右两边分别相乘即可得到方程组(1),所以方程组(3)所表示的直线上的点都在单叶双曲面(1)上;而满足(4)与(5)的点显然满足(2),从而就满足(1),因此直线(4)与(5)上的点也都在单叶双曲面(1)上.

反过来,设 $P_0(x_0, y_0, z_0)$ 是单叶双曲面(1)上的任意一点,从而有

$$\left(\frac{x_0}{a} + \frac{z_0}{c}\right)\left(\frac{x_0}{a} - \frac{z_0}{c}\right) = \left(1 + \frac{y_0}{b}\right)\left(1 - \frac{y_0}{b}\right). \tag{6}$$

显然 $1 + \dfrac{y_0}{b}$ 与 $1 - \dfrac{y_0}{b}$ 不能同时为零,因此不失一般性,不妨设 $1 + \dfrac{y_0}{b} \neq 0$.

如果 $\dfrac{x_0}{a} + \dfrac{z_0}{c} \neq 0$,那么取 u 的值,使得

$$\frac{x_0}{a} + \frac{z_0}{c} = u\left(1 + \frac{y_0}{b}\right),$$

由(6)式便得

$$\frac{x_0}{a} - \frac{z_0}{c} = \frac{1}{u}\left(1 - \frac{y_0}{b}\right),$$

所以点 $P_0(x_0, y_0, z_0)$ 在直线(3)上.

如果 $\dfrac{x_0}{a} + \dfrac{z_0}{c} = 0$,由于已设 $1 + \dfrac{y_0}{b} \neq 0$,那么由(6)式知必有 $1 - \dfrac{y_0}{b} = 0$,即有

$$\begin{cases} \dfrac{x_0}{a} + \dfrac{z_0}{c} = 0, \\[2mm] 1 - \dfrac{y_0}{b} = 0, \end{cases}$$

所以点 $P_0(x_0, y_0, z_0)$ 在直线(4)上.

综上可知,单叶双曲面(1)上的任意一点 $P_0(x_0, y_0, z_0)$ 一定在 u 族直线中的某一条直线上.

这样就证明了单叶双曲面(1)是由 u 族直线所生成,因此单叶双曲面(1)是直纹曲面,而 u 族直线是单叶双曲面(1)的一族直母线,叫作单叶双曲面(1)的 u **族直母线**.

在方程组(3)中取 $u=1$,得直母线的方程为

$$\begin{cases} \dfrac{x}{a} + \dfrac{z}{c} = 1 + \dfrac{y}{b}, \\[2mm] \dfrac{x}{a} - \dfrac{z}{c} = 1 - \dfrac{y}{b}, \end{cases}$$

两方程相加得 $x=a$,两方程相减得 $\dfrac{y}{b}=\dfrac{z}{c}$,于是得该直母线的射影式方程为

$$\begin{cases} x = a, \\[2mm] \dfrac{y}{b} = \dfrac{z}{c}, \end{cases}$$

该直母线的标准方程为

$$\frac{x-a}{0} = \frac{y}{b} = \frac{z}{c}.$$

故通过在方程组(3)中取 u 的不同的值,就得到 u 族直线中的不同直线,从而得到单叶双曲面(1)的 u 族直线的分布图,u 族直线大概的分布情况如图 4-23(a)所示.

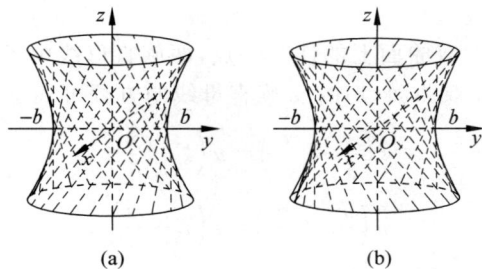

图 4-23 单叶双曲面的直母线

同样可以证明,对于由直线族

$$\begin{cases} \dfrac{x}{a} + \dfrac{z}{c} = v\left(1 - \dfrac{y}{b}\right), \\[2mm] \dfrac{x}{a} - \dfrac{z}{c} = \dfrac{1}{v}\left(1 + \dfrac{y}{b}\right), \end{cases} \tag{7}$$

(其中 v 为参数,且不为零)与两条直线(相当于方程组(7)中 $v \to 0$ 与 $v \to \infty$ 的两种情形)

$$\begin{cases} \dfrac{x}{a} + \dfrac{z}{c} = 0, \\[2mm] 1 + \dfrac{y}{b} = 0 \end{cases} \tag{8}$$

和

$$\begin{cases} \dfrac{x}{a} - \dfrac{z}{c} = 0, \\[2mm] 1 - \dfrac{y}{b} = 0 \end{cases} \tag{9}$$

合在一起组成的直线族是单叶双曲面(1)的另一族直母线,我们把它叫作单叶双曲面(1)的 v **族直母线**.

在方程组(7)中取 $v=1$,得直母线的方程为

$$\begin{cases} \dfrac{x}{a} + \dfrac{z}{c} = 1 - \dfrac{y}{b}, \\[2mm] \dfrac{x}{a} - \dfrac{z}{c} = 1 + \dfrac{y}{b}, \end{cases}$$

该直母线的标准方程为

$$\frac{x-a}{0} = \frac{y}{-b} = \frac{z}{c},$$

故通过在方程组(7)中取 v 的不同的值,就得到 v 族直线中的不同直线,从而得到单叶双曲面(1)的 v 族直线的分布图,v 族直线大概的分布情况如图 4-23(b)所示.

显然,单叶双曲面(1)上 u 族直线中的直母线 $\dfrac{x-a}{0} = \dfrac{y}{b} = \dfrac{z}{c}$ 与它的 v 族直线中的直母线 $\dfrac{x-a}{0} = \dfrac{y}{-b} = \dfrac{z}{c}$ 都过点 $(a,0,0)$. 对于单叶双曲面这一性质的刻画,有如下的结论.

定理 4.7.1 对于单叶双曲面上的任意一点,两族直母线中各有一条通过该点.

为了避免取极限,单叶双曲面(1)的 u 族直母线的方程可表示为

$$\begin{cases} s\left(\dfrac{x}{a} + \dfrac{z}{c}\right) = u\left(1 + \dfrac{y}{b}\right), \\[2mm] u\left(\dfrac{x}{a} - \dfrac{z}{c}\right) = s\left(1 - \dfrac{y}{b}\right), \end{cases} \tag{4.7-1}$$

其中 u,s 是不同时为零的参数. 当 $u \neq 0, s \neq 0$ 时,在方程组(4.7-1)中的每一个方程的两边同时除以 s,就得到方程组(3);当 $u=0$ 时,方程组(4.7-1)就变成方程组(4);当 $s=0$ 时,方程组(4.7-1)就变成方程组(5).

同理,单叶双曲面(1)的 v 族直母线的方程可表示为

$$\begin{cases} t\left(\dfrac{x}{a} + \dfrac{z}{c}\right) = v\left(1 - \dfrac{y}{b}\right), \\[2mm] v\left(\dfrac{x}{a} - \dfrac{z}{c}\right) = t\left(1 + \dfrac{y}{b}\right), \end{cases} \tag{4.7-2}$$

其中 v,t 是不同时为零的参数. 对于参数 v,t 的讨论与前面的讨论类似,这里不再重复讨论.

这里必须指出,方程组(4.7-1)与方程组(4.7-2)中的直线分别依赖于 $u:s$ 与 $v:t$ 的值.

2. 双曲抛物面的直母线

双曲抛物面的方程为

$$\frac{x^2}{a^2} - \frac{y^2}{b^2} = 2z, \tag{10}$$

其中 a,b 是任意正常数.把方程(10)改写为

$$\left(\frac{x}{a}+\frac{y}{b}\right)\left(\frac{x}{a}-\frac{y}{b}\right)=2z.$$

同样可以证明双曲抛物面(10)也有两族直母线,即 u 族直母线与 v 族直母线,且它们的方程分别为

$$\begin{cases}\dfrac{x}{a}+\dfrac{y}{b}=2u,\\[2mm]u\left(\dfrac{x}{a}-\dfrac{y}{b}\right)=z\end{cases}\tag{4.7-3}$$

与

$$\begin{cases}\dfrac{x}{a}-\dfrac{y}{b}=2v,\\[2mm]v\left(\dfrac{x}{a}+\dfrac{y}{b}\right)=z.\end{cases}\tag{4.7-4}$$

在方程组(4.7-3)中取 $u=0$ 得一条直母线

$$\begin{cases}\dfrac{x}{a}+\dfrac{y}{b}=0,\\[2mm]z=0,\end{cases}$$

转化成标准方程为

$$\frac{x}{a}=\frac{y}{-b}=\frac{z}{0}.$$

故通过在方程组(4.7-3)中取 u 的不同的值,就得到 u 族直线中的不同直线,从而得到双曲抛物面(10)的 u 族直母线的分布图,u 族直线大概的分布情况如图 4-24(a)所示.

在方程组(4.7-4)中取 $v=0$ 得直母线

$$\begin{cases}\dfrac{x}{a}-\dfrac{y}{b}=0,\\[2mm]z=0,\end{cases}$$

转化成标准方程为

$$\frac{x}{a}=\frac{y}{b}=\frac{z}{0},$$

故通过在方程组(4.7-4)中取 v 的不同的值,就得到 v 族直线中的不同直线,从而得到双曲抛物面(10)的 v 族直母线的分布图,v 族直线大概的分布情况如图 4-24(b)所示.

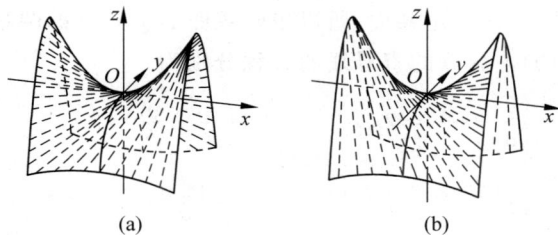

(a)　　　　　　(b)

图 4-24　双曲抛物面的直曲线

显然,双曲抛物面(10)上 u 族直线中的直母线 $\dfrac{x}{a}=\dfrac{y}{-b}=\dfrac{z}{0}$ 与 v 族直线中的直母线

$\dfrac{x}{a}=\dfrac{y}{b}=\dfrac{z}{0}$ 都过坐标原点 $(0,0,0)$. 对于双曲抛物面这一性质的刻画,有如下的结论.

定理 4.7.2　对于双曲抛物面上的任意一点,两族直母线中各有一条通过该点.

单叶双曲面与双曲抛物面的直母线还具有如下的一些性质.

定理 4.7.3　单叶双曲面上异族的任意两条直母线必共面;而双曲抛物面上异族的任意两条直母线必相交.

证明　因为单叶双曲面(1)上异族的直母线的方程分别为

$$
\begin{cases}
s\left(\dfrac{x}{a}+\dfrac{z}{c}\right)=u\left(1+\dfrac{y}{b}\right),\\[2mm]
u\left(\dfrac{x}{a}-\dfrac{z}{c}\right)=s\left(1-\dfrac{y}{b}\right)
\end{cases}
\quad\text{与}\quad
\begin{cases}
t\left(\dfrac{x}{a}+\dfrac{z}{c}\right)=v\left(1-\dfrac{y}{b}\right),\\[2mm]
v\left(\dfrac{x}{a}-\dfrac{z}{c}\right)=t\left(1+\dfrac{y}{b}\right).
\end{cases}
$$

从而这 4 个线性方程的系数与常数项构成的行列式为

$$
\begin{vmatrix}
\dfrac{s}{a} & -\dfrac{u}{b} & \dfrac{s}{c} & -u\\[2mm]
\dfrac{u}{a} & \dfrac{s}{b} & -\dfrac{u}{c} & s\\[2mm]
\dfrac{t}{a} & \dfrac{v}{b} & \dfrac{t}{c} & -v\\[2mm]
\dfrac{v}{a} & -\dfrac{t}{b} & -\dfrac{v}{c} & -t
\end{vmatrix}
=-\dfrac{1}{abc}
\begin{vmatrix}
s & -u & s & u\\
u & s & -u & s\\
t & v & t & v\\
v & -t & -v & t
\end{vmatrix}
$$

$$
=-\dfrac{4}{abc}
\begin{vmatrix}
s & 0 & s & -u\\
0 & s & -u & s\\
t & v & t & v\\
0 & 0 & -v & -t
\end{vmatrix}
$$

$$
=-\dfrac{4}{abc}
\begin{vmatrix}
s & 0 & 0 & -u\\
0 & s & -u & 0\\
t & v & 0 & 0\\
0 & 0 & -v & -t
\end{vmatrix}
$$

$$
=-\dfrac{4}{abc}(svut-svut)=0.
$$

根据例 3.6.3 可知,这两直线一定共面,所以单叶双曲面上异族的两条直母线必共面.

因为双曲抛物面(10)上异族的直母线的方程分别为

$$
\begin{cases}
\dfrac{x}{a}+\dfrac{y}{b}=2u,\\[2mm]
u\left(\dfrac{x}{a}-\dfrac{y}{b}\right)=z
\end{cases}
\quad\text{与}\quad
\begin{cases}
\dfrac{x}{a}-\dfrac{y}{b}=2v,\\[2mm]
v\left(\dfrac{x}{a}+\dfrac{y}{b}\right)=z.
\end{cases}
$$

易得 u 族直线过点 $P_1(0,2bu,-u^2)$ 且方向向量可取为 $\vec{v}_u=(a,-b,2u)$, v 族直线过点 $P_2(0,-2bv,-2v^2)$ 且方向向量 $\vec{v}_v=(a,b,2v)$,从而有

$$\left(\overrightarrow{P_1P_2},\vec{v}_u,\vec{v}_v\right)=\begin{vmatrix} 0 & -2b(v-u) & -2(v^2-u^2) \\ a & -b & 2u \\ a & b & 2v \end{vmatrix}=0,$$

所以它们共面. 又因为 $\vec{v}_u$ 与 $\vec{v}_v$ 不平行,所以它们相交.

故定理得证.

定理 4.7.4　单叶双曲面或双曲抛物面上同族的任意两条直母线必异面;且双曲抛物面上同族的全体直母线平行于同一平面.

这个定理的证明留给读者自行完成.

例 4.7.1　求过单叶双曲面 $\dfrac{x^2}{9}+\dfrac{y^2}{4}-\dfrac{z^2}{16}=1$ 上的点 $(6,2,8)$ 的直母线的方程.

解　单叶双曲面 $\dfrac{x^2}{9}+\dfrac{y^2}{4}-\dfrac{z^2}{16}=1$ 的 u 族的直母线方程为

$$\begin{cases} s\left(\dfrac{x}{3}+\dfrac{z}{4}\right)=u\left(1+\dfrac{y}{2}\right), \\ u\left(\dfrac{x}{3}-\dfrac{z}{4}\right)=s\left(1-\dfrac{y}{2}\right), \end{cases}$$

把点 $(6,2,8)$ 代入方程,解得

$$s:u=1:2,$$

所以该单叶双曲面上过点 $(6,2,8)$ 的 u 族的直母线方程为

$$\begin{cases} \left(\dfrac{x}{3}+\dfrac{z}{4}\right)=2\left(1+\dfrac{y}{2}\right), \\ 2\left(\dfrac{x}{3}-\dfrac{z}{4}\right)=\left(1-\dfrac{y}{2}\right), \end{cases}$$

即

$$\begin{cases} 4x-12y+3z-24=0, \\ 4x+3y-3z-6=0. \end{cases}$$

而单叶双曲面 $\dfrac{x^2}{9}+\dfrac{y^2}{4}-\dfrac{z^2}{16}=1$ 的 v 族的直母线方程为

$$\begin{cases} t\left(\dfrac{x}{3}+\dfrac{z}{4}\right)=v\left(1-\dfrac{y}{2}\right), \\ v\left(\dfrac{x}{3}-\dfrac{z}{4}\right)=t\left(1+\dfrac{y}{2}\right), \end{cases}$$

把点 $(6,2,8)$ 代入方程,解得

$$t=0,$$

所以该单叶双曲面上过点 $(6,2,8)$ 的 v 族的直母线方程为

$$\begin{cases} y-2=0, \\ 4x-3z=0. \end{cases}$$

关于直纹面的有关性质及其相关知识可以查阅参考文献[4].

习题 4.7

1. 求下列直纹曲面的直母线的方程：

(1) $x^2 - y^2 - z^2 = 0$；　　　　　　(2) $z = axy$.

2. 求下列直线族所成的曲面（其中 λ 为参数）：

(1) $\dfrac{x - \lambda^2}{1} = \dfrac{y}{-1} = \dfrac{z - \lambda}{0}$；　　　　(2) $\begin{cases} x + 2\lambda y + 4z - 4\lambda = 0, \\ \lambda x - 2y - 4\lambda z - 4 = 0. \end{cases}$

3. 求双曲抛物面 $\dfrac{x^2}{16} - \dfrac{y^2}{4} = z$ 上平行于平面 $3x + 2y - 4z = 0$ 的直母线方程.

4. 求与两直线 $\dfrac{x - 6}{3} = \dfrac{y}{2} = \dfrac{z - 1}{1}$，$\dfrac{x}{3} = \dfrac{y - 8}{2} = \dfrac{z + 4}{-2}$ 都相交，且与平面 $2x + 3y - 5 = 0$ 平行的直线的轨迹方程.

5. 求与下列三条直线

$$\frac{x - 1}{0} = \frac{y}{1} = \frac{z}{1}, \quad \frac{x + 1}{0} = \frac{y}{1} = \frac{z}{-1}, \quad \frac{x - 2}{-3} = \frac{y + 1}{4} = \frac{z + 2}{5}$$

都共面的直线所构成的曲面方程.

6. 证明：单叶双曲面 $\dfrac{x^2}{a^2} + \dfrac{y^2}{b^2} - \dfrac{z^2}{c^2} = 1$ 上的任意一条直母线在 $O\text{-}xy$ 坐标面上的射影一定是其腰椭圆的切线.

7. 求单叶双曲面 $\dfrac{x^2}{a^2} + \dfrac{y^2}{b^2} - \dfrac{z^2}{c^2} = 1$ 上相互垂直的两条直母线的交点的轨迹方程.

8. 证明：当 $a \neq b$ 时，若双曲抛物面 $\dfrac{x^2}{a^2} - \dfrac{y^2}{b^2} = 2z$ 上两条直母线相互垂直，则它们的交点必在一双曲线上.

9. 在空间直角坐标系 $O\text{-}xyz$ 下，设马鞍面 S 的方程为 $x^2 - y^2 = 2z$，设 π 为平面 $z = \alpha x + \beta y + \gamma$，其中 α, β, γ 为给定常数，求马鞍面 S 上点 P 的坐标，使得过点 P 且落在马鞍面 S 上的直线均平行于 π.[①]

10. 已知单叶双曲面 S 的方程为 $x^2 + y^2 - z^2 = 1$.

(1) 求 S 上经过点 $M_0(1, -1, 1)$ 的两条不同族的直母线方程；

(2) 求 S 上相互垂直的直母线交点的轨迹.[②]

4.8　数 学 制 图

由 2.2 节知道，在空间直角坐标系 $O\text{-}xyz$ 下，二元函数 $z = f(x, y)((x, y) \in D)$ 所表示的图形通常是空间中一张曲面；由 2.3 节知道，一般地，两张曲面的交线是一条曲线. 在本章的前 7 节中，我们研究了一些特殊曲面，也给出了一些特殊曲面的图形，那如何绘制出

---

①　此题是第 10 届全国大学生数学竞赛初赛题目（数学类，2018 年）.

②　此题是第 16 届全国大学生数学竞赛初赛题目（数学类 B 卷，2024 年）.

这些曲面的图形呢？为了绘制出一张曲面，或曲面与曲面的交线，以及曲面与曲面所围成的空间几何体，我们就得知道**绘图的方法**，而对于已画出来的图形，例如要理解已画出的曲面、曲线以及空间几何体及其各自的性质，我们就需要掌握**识图的方法**.

绘图的实质是将三维空间中的几何形体通过在平面上的图形把它描绘出来；而识图的实质是通过平面上的图形把它在三维空间中的几何形体想象出来，这就是所谓的空间想象能力，即

绘图：从空间几何形体到平面图形；识图：从平面图形到空间几何形体.

所以说，知道了绘图的方法，就会获得识图的方法. 要绘制好空间几何形体的图形，就得知道绘图的一些规定.

1. 绘图的规定

（1）空间直角坐标系的规定

在绘制空间几何形体的图形的过程中，必须首先绘制出空间直角坐标系，规定通常情况都用右手直角坐标系. 绘制出空间直角坐标系的具体形状，实质上就是给出观察者的位置，如图 4-25(a)与图 4-25(b)所呈现的空间直角坐标系，体现的是观察者分别在第一卦限与第四卦限；而观察者的位置，决定了绘制空间几何形体的平面图形的形状与质量.

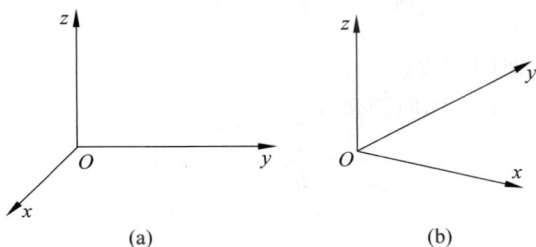

图 4-25　空间直角坐标系

（2）几何要素的规定

三维空间中的几何要素有点、线、面、体，而平面上的几何要素就只有点、线、面. 在绘制空间几何形体的平面图形的过程中，规定用平面上的点表示空间中的点；用平面上的线表示空间中的线；用平面上的封闭曲线(框图)表示空间中的面(如常用一个平行四边形或一个三角形表示一张平面)；而用平面上多条封闭曲线的一个组合表示空间中的体.

（3）虚实线的规定

在绘制空间几何形体的平面图形的过程中，把观察者能看得见的线绘制成实线，而被遮挡看不见的线绘制成虚线.

2. 曲面的绘制

（1）主截线能体现的曲面

在绘制曲面时，如果曲面的主截线能够体现出该曲面的轮廓，即曲面可以由曲面与三个坐标面的交线所体现，那么绘制此图形时只需作出该曲面的主截线即可.

例 4.8.1　绘制椭球面 $\dfrac{x^2}{a^2}+\dfrac{y^2}{b^2}+\dfrac{z^2}{c^2}=1$ 的图形.

解 ① 画出空间右手直角坐标系 O-xyz,如图 4-26(a)所示;

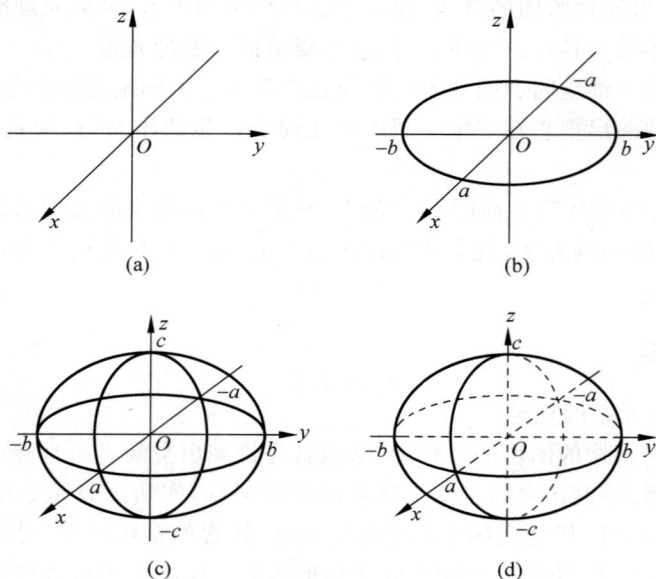

图 4-26 绘制椭球面的过程

② 画出曲面与坐标面的交线:
首先画出曲面与 O-xy 坐标面的交线

$$\begin{cases} \dfrac{x^2}{a^2} + \dfrac{y^2}{b^2} + \dfrac{z^2}{c^2} = 1, \\ z = 0 \end{cases}$$

的图形,这条交线 $\begin{cases} \dfrac{x^2}{a^2} + \dfrac{y^2}{b^2} = 1, \\ z = 0 \end{cases}$ 是 O-xy 坐标面上的椭圆,如图 4-26(b)所示;

同理,分别画出曲面与 O-xz 坐标面上和 O-yz 坐标面的交线

$$\begin{cases} \dfrac{x^2}{a^2} + \dfrac{z^2}{c^2} = 1, \\ y = 0, \end{cases} \quad 与 \quad \begin{cases} \dfrac{y^2}{b^2} + \dfrac{z^2}{c^2} = 1, \\ x = 0 \end{cases}$$

的图形,这两条交线都是椭圆,如图 4-26(c)所示;

③ 将看不见的线处理为虚线,最后就可得到椭球面的图形,如图 4-26(d)所示.

在绘制方程、方程组或不等式组所表示的几何图形时,有的图形绘制较为复杂,为了减少绘制图形过程的复杂性,有时我们常常只绘制该图形在第一卦限中的部分,然后根据方程、方程组或不等式组的特征得到所对应图形的特性(如对称性),再结合空间想象可以得到其全图. 只作出在第一卦限的部分图形叫作全图的**简图**. 例如例 4.8.1 中的椭球面的简图如图 4-27 所示,通过此简图,借助椭球面方程得出椭球面是关于三个对称面对称的,从而由简图关于 O-yz 坐标面对称,再把两部分关于 O-xz 坐标面对称得到椭球面在 O-xy 坐标面上方的部分,再将这部分图形关于 O-xy 坐标面对称,就得到椭球面的整体图形.

（2）借助过渡线才能确定的曲面

当方程所表示的曲面不能由它的主截线体现时（例如圆柱面的三对主截线分别是一个圆和两组平行线，它们就不能构成封闭的框图），我们必须再添加其他线，我们把这种线叫作**过渡线**。添加过渡线，使这些线形成封闭曲线，从而得到所作曲面的图形。为此，过渡线通常选取曲面与平行于坐标面的平面的交线。

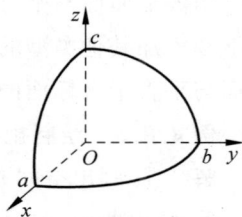

图 4-27　椭球面的简图

例 4.8.2　绘制椭圆抛物面 $z = \dfrac{x^2}{a^2} + \dfrac{y^2}{b^2}$ 的图形。

解　① 画出空间右手直角坐标系 $O\text{-}xyz$，如图 4-28(a)所示；

② 画出曲面与坐标面的交线：

分别画出曲面与 $O\text{-}xz$ 坐标面上和 $O\text{-}yz$ 坐标面的交线

$$\begin{cases} z = \dfrac{x^2}{a^2} + \dfrac{y^2}{b^2}, \\ y = 0, \end{cases} \text{和} \quad \begin{cases} z = \dfrac{x^2}{a^2} + \dfrac{y^2}{b^2}, \\ x = 0, \end{cases} \text{即} \begin{cases} z = \dfrac{x^2}{a^2}, \\ y = 0 \end{cases} \text{和} \quad \begin{cases} z = \dfrac{y^2}{b^2}, \\ x = 0 \end{cases}$$

的图形，这两条交线都是抛物线，如图 4-28(a)所示；

③ 画出曲面与平行于坐标面的平面的交线：

画出曲面与平行于 $O\text{-}xy$ 坐标面的平面 $z = 1$ 的交线

$$\begin{cases} z = \dfrac{x^2}{a^2} + \dfrac{y^2}{b^2}, \\ z = 1, \end{cases} \text{即} \begin{cases} \dfrac{x^2}{a^2} + \dfrac{y^2}{b^2} = 1, \\ z = 1 \end{cases}$$

的图形，这条交线是椭圆，如图 4-28(b)所示；

④ 将看不见的线处理为虚线，最后就可得到椭圆抛物面的图形，如图 4-28(c)所示。

椭圆抛物面的简图如图 4-28(d)所示。

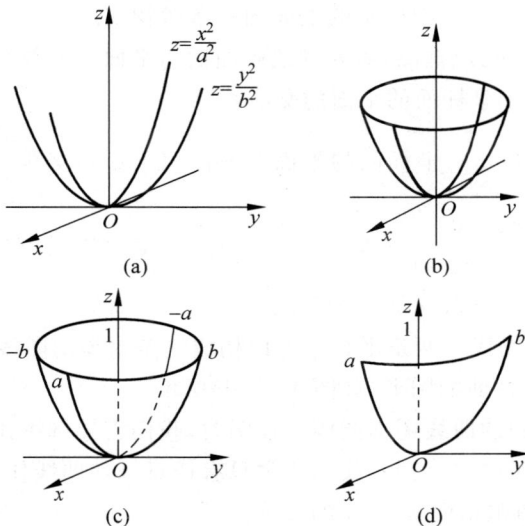

图 4-28　绘制椭圆抛物面的过程

当添加曲面与平行于坐标面的平面的交线作为过渡线都还不能构成框图时,我们就需要继续添加其他类型的过渡线,添加后使得这些线能够形成封闭曲线.为此,我们通常选取曲面与垂直于坐标面的平面的交线作为新添加的过渡线.

例 4.8.3   绘制抛物柱面 $y=x^2$ 的图形.

解   ① 画出空间右手直角坐标系 O -xyz,如图 4-29(a)所示.

② 画出曲面与坐标面的交线:

画出曲面与 O -xy 坐标面的交线 $\begin{cases} y=x^2, \\ z=0 \end{cases}$ 的图形,该交线是 O -xy 坐标面上的抛物线,如图 4-29(a)所示;

再画出曲面与 O -yz 坐标面的交线 $\begin{cases} y=x^2, \\ x=0 \end{cases}$ 的图形,该交线是 z 轴;

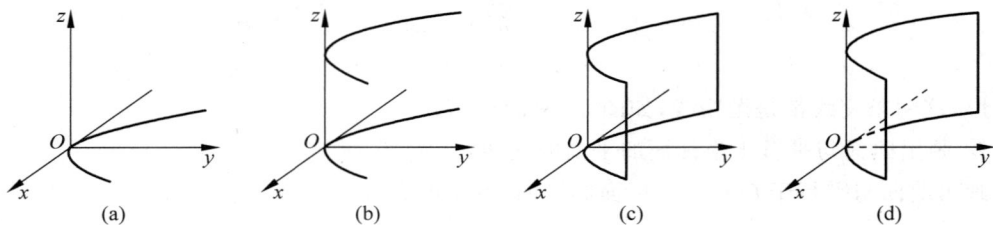

图 4-29   绘制抛物柱面的过程

同理,曲面与 O -xz 坐标面的交线也是 z 轴.

③ 画出曲面与平行于坐标面的平面的交线:

画出曲面与平行于 O -xy 坐标面的平面 $z=1$ 的交线 $\begin{cases} y=x^2, \\ z=1 \end{cases}$ 的图形,该交线是平面 $z=1$ 上的抛物线,如图 4-29(b)中所示的上面的一条抛物线.

前面所画交线还没有构成框图,需要继续画曲面与平面的交线.

④ 画出曲面与垂直于坐标面的平面的交线:

画出曲面与垂直于 O -xy 坐标面的平面 $x+y-2=0$ 的交线 $\begin{cases} y=x^2, \\ x+y-2=0 \end{cases}$ 的图形,该交线 $\begin{cases} x+2=0, \\ x+y-2=0 \end{cases}$ 与 $\begin{cases} x-1=0, \\ x+y-2=0 \end{cases}$ 是平面 $x+y-2=0$ 上分别过点 $(-2,4,0)$ 与 $(1,1,0)$ 且平行于 z 轴的两条平行线,如图 4-29(c)所示.

⑤ 由前面的两条抛物线与两条平行线可以构成一条封闭的曲线,将看不见的线处理为虚线,最后就可得到抛物柱面的图形,如图 4-29(d)所示.

当前面三种方法得到的曲线还不能构成框图时,我们需要继续添加其他过渡线,添加后使得这些线能够形成封闭曲线.为此,我们通常只有任意添加曲线作为过渡线.

例 4.8.4   绘制双曲抛物面 $z=xy$ 的图形.

解   ① 画出空间右手直角坐标系 O -xyz,如图 4-30(a)所示.

② 画出曲面与坐标面的交线:

首先画出曲面与 $O\text{-}xy$ 坐标面的交线 $\begin{cases} z=xy, \\ z=0 \end{cases}$ 的图形,该交线 $\begin{cases} y=0, \\ z=0 \end{cases}$ 或 $\begin{cases} x=0, \\ z=0 \end{cases}$ 是

$O\text{-}xy$ 坐标面上的 x 轴与 y 轴;

同理,该曲面与 $O\text{-}yz$ 坐标面和 $O\text{-}xz$ 坐标面的交线分别是 y 轴和 x 轴.

③ 画出曲面与平行于坐标面的平面的交线:

首先画出曲面与平行于 $O\text{-}xy$ 坐标面的平面 $z=1$ 的交线 $\begin{cases} z=xy, \\ z=1 \end{cases}$ 的图形,该交线

$\begin{cases} xy=1, \\ z=1 \end{cases}$ 是平面 $z=1$ 上的双曲线形,如图 4-30(a)中所示的 $O\text{-}xy$ 坐标面上方的两条双

曲线;

再画出曲面与平行于 $O\text{-}xy$ 坐标面的平面 $z=-1$ 的交线 $\begin{cases} z=xy, \\ z=-1 \end{cases}$ 的图形,该交线

$\begin{cases} xy=-1, \\ z=-1 \end{cases}$ 是平面 $z=-1$ 上的双曲线形,如图 4-30(a)中所示的 $O\text{-}xy$ 坐标面下方的两条

双曲线.

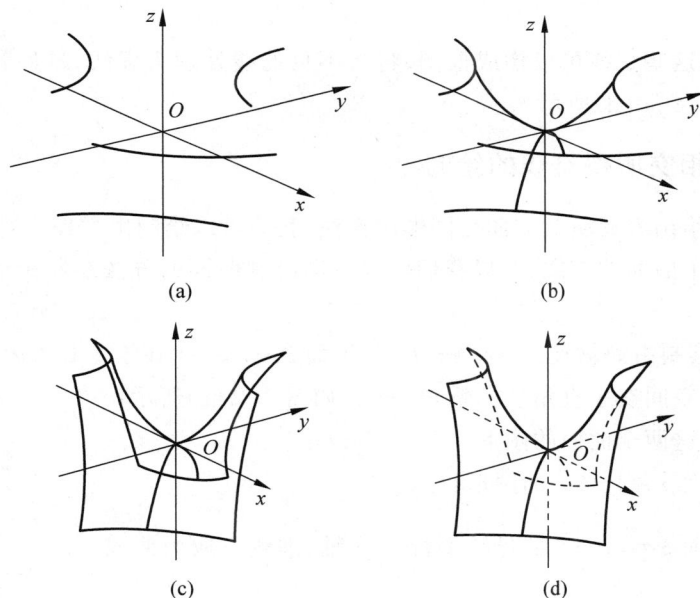

图 4-30　绘制双曲抛物面的过程

④ 画出曲面与垂直于坐标面的平面的交线:

先画出曲面与垂直于 $O\text{-}xy$ 坐标面的平面 $y=x$ 的交线 $\begin{cases} z=xy, \\ y=x \end{cases}$ 的图形,该交线

$\begin{cases} z=x^2, \\ y=x \end{cases}$ 是平面 $y=x$ 上开口向上的抛物线,如图 4-30(b)中所示;

再画出曲面与垂直于 $O\text{-}xy$ 坐标面的平面 $y=-x$ 的交线 $\begin{cases} z=xy, \\ y=-x \end{cases}$ 的图形,该交线

$\begin{cases} z = -x^2, \\ y = -x \end{cases}$ 是平面 $y = -x$ 上开口向下的抛物线,如图 4-30(b) 中所示.

前面所画交线还没有构成框图,需要继续画曲面与平面的交线.

⑤ 画出曲面与其他平面的交线:

先画出曲面与垂直于 O-xy 坐标面的平面 $x+y-1=0$ 的交线 $\begin{cases} z = xy, \\ x+y-1=0 \end{cases}$ 的图形,

该交线 $\begin{cases} x+y-1=0, \\ z = -\left(x-\dfrac{1}{2}\right)^2 + \dfrac{1}{4} \end{cases}$ 是平面 $x+y-1=0$ 上开口向下的抛物线,如图 4-30(c) 中

所示;

再画出曲面与垂直于 O-xy 坐标面的平面 $x+y+1=0$ 的交线 $\begin{cases} z = xy, \\ x+y+1=0 \end{cases}$ 的图形,

该交线 $\begin{cases} x+y+1=0, \\ z = -\left(x-\dfrac{1}{2}\right)^2 + \dfrac{1}{4} \end{cases}$ 是平面 $x+y+1=0$ 上开口向下的抛物线,如图 4-30(c) 中

所示.

⑥ 由前面的这些交线可以构成框图,将看不见的线处理为虚线,最后就可得到双曲抛物面的图形,如图 4-30(d) 所示.

3. 面与面相交所得交线的绘制

根据前面对给出方程所对应曲面图形的作法,我们可以绘制出方程所对应的图形. 由于曲线可以看成两个曲面的交线,所以我们可以借助绘制曲面的方法绘制出曲面与曲面相交所得交线的图形.

例 4.8.5 绘制由抛物柱面 $z = 4 - x^2$ 与平面 $2x + y = 4$ 在第一卦限内的交线图形.

解 ① 画出空间右手直角坐标系 O-xyz,如图 4-31(a) 所示;

② 分别画出这两个曲面的图形:

画出抛物柱面 $z = 4 - x^2$ 的图形:

因为抛物柱面 $z = 4 - x^2$ 的母线平行于 y 轴,准线可取为曲线 $\begin{cases} z = 4 - x^2, \\ y = 0, \end{cases}$ 即 O-xz 坐标面上顶点在 $(0,0,4)$、对称轴为 z 轴、焦参数 $p = \dfrac{1}{2}$、开口向 z 轴反方向的抛物线,可以按照前面作曲面的方法绘出此抛物柱面的图形,如图 4-31(a) 中所示.

画出平面 $2x + y = 4$ 的图形:

因为平面 $2x + y = 4$ 也可以看成柱面,且它平行于 z 轴,且它与 O-xy 坐标面的交线 $\begin{cases} 2x + y - 4 = 0, \\ z = 0 \end{cases}$ 是一条通过点 $(2,0,0)$ 与 $(0,4,0)$ 的直线,可以按照前面作曲面的方法绘出平面的图形,如图 4-31(a) 所示.

③ 画出抛物柱面与平面的交线上一个点:

在抛物线弧 $\overset{\frown}{AB}$ 上任取一点 M,过点 M 作抛物柱面的母线 MN,再作 $MP /\!/ z$ 轴,交 x 轴于点 P,过点 P 作 $PQ /\!/ y$ 轴,交 BD 于点 Q,再过点 Q 作直线 $QS /\!/ MP$,交 MN 于点 R,则点 R 即为交线上的一个点,如图 4-31(b)所示.

④ 画出抛物柱面与平面的交线:

由点 R 的任意性,重复相同的作法,就可得到交线上的一系列的点,把这些点连接起来所得到的线就是抛物柱面与平面的交线,如图 4-31(c)中所示的弧线 $\overset{\frown}{BE}$.

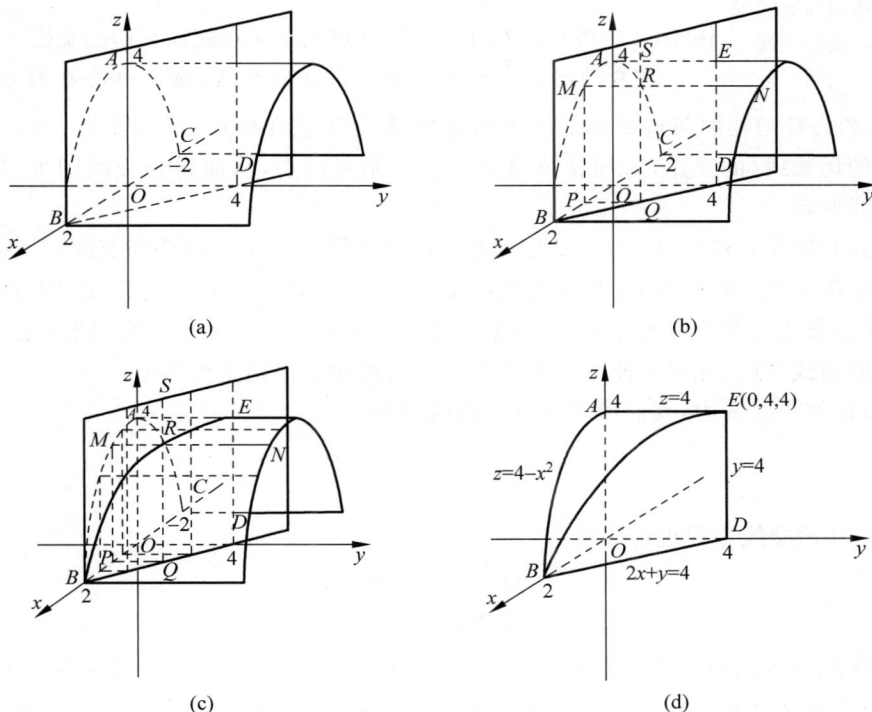

图 4-31 绘制抛物柱面与平面交线的过程

例 4.8.6 作出球面 $x^2+y^2+z^2=8$ 与旋转抛物面 $x^2+y^2=2z$ 的交线.

解 ① 画出空间右手直角坐标系 $O\text{-}xyz$;

② 分别画出这两个曲面图形:

画出球面 $x^2+y^2+z^2=8$ 的图形:

球面 $x^2+y^2+z^2=8$ 的球心在坐标原点,半径为 $2\sqrt{2}$,运用前面作曲面的方法即可绘出球面的图形,如图 4-32 所示;

画出旋转抛物面 $x^2+y^2=2z$ 的图形:

旋转抛物面 $x^2+y^2=2z$ 的顶点在坐标原点,旋转轴是 z 轴、开口向 z 轴的正方向,运用前面作曲面的方法即可绘出旋转抛物面的图形,如图 4-32 所示;

③ 画出球面与旋转抛物面的交线:

先找出球面在 $O\text{-}yz$ 坐标面上的主截线圆 $\begin{cases} y^2+z^2=8, \\ x=0 \end{cases}$ 与旋转抛物面在 $O\text{-}yz$ 坐标面

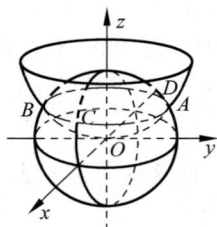

图 4-32　球面与旋转抛
物面的交线

上的主截线抛物线 $\begin{cases} y^2 = 2z, \\ x = 0 \end{cases}$ 的两个交点,如图 4-32 中所示的 A, B 两点,则这两个交点就在它们的交线上;

先找出球面在 $O\text{-}xz$ 坐标面上的主截线圆 $\begin{cases} x^2 + z^2 = 8, \\ y = 0 \end{cases}$ 与旋转抛物面在 $O\text{-}xz$ 坐标面上的主截线抛物线 $\begin{cases} x^2 = 2z, \\ y = 0 \end{cases}$ 上的两个交点,如图 4-32 中所示的 C, D 两点,则这两个交点就在它们的交线上;

重复绘出球面与过 z 轴的平面的交线(都是圆心在原点、半径为 $2\sqrt{2}$ 的圆)和旋转抛物面与过 z 轴的平面的交线(都是顶点在原点、对称轴是 z 轴、开口向 z 轴正方向的抛物线)的交点,这样就可得交线上一系列的点,从而得到交线图形. 如图 4-32 中的点横线所示.

注：由于交线上有无穷多个点,所以通过有限次是无法作出完整的交线的,为此,我们可以从它们的交线方程出发,先判断交线的类型. 若交线是一条常见的曲线,则可以根据其特殊性,作出交线上几个特殊点后,再根据曲线的性质就可以作出其交线图形；若交线不是一条常见的曲线,则只能尽可能多地作出交线上的点才能得到交线图形.

例如,在例 4.8.6 中,我们可以先由交线的方程

$$\begin{cases} x^2 + y^2 + z^2 = 8, \\ x^2 + y^2 = 2z, \end{cases}$$

解得 $z = 2$,从而交线方程也可表示为

$$\begin{cases} x^2 + y^2 = 8, \\ z = 2. \end{cases}$$

而根据此方程组可以将该交线看成对称轴是 z 轴、半径是 $2\sqrt{2}$ 的圆柱面与平面 $z = 2$ 的交线,即交线是平面 $z = 2$ 上的一个圆,且圆心在 $(0, 0, 2)$、半径为 $2\sqrt{2}$. 从而我们就可以借助找出的两对交点,都是交线圆上的两对对径点,这样以这四个点为两条相互垂直直径的端点就可画出圆心在 $(0, 0, 2)$、半径为 $2\sqrt{2}$ 的圆的图形,从而就得到交线的图形如 4-32 中的点横线所在的圆.

4. 面所围成的几何体的绘制

首先根据给出的每个方程画出其对应的面,其次画出这些面与面的交线,最后再结合这些交线围成的封闭曲线就是空间几何体的面,最后去掉多余部分即可.

例 4.8.7　作出由抛物柱面 $z = 4 - x^2$,平面 $2x + y = 4$ 以及三个坐标面所围的几何体在第一卦限部分的立体图形.

解　根据例 4.8.5 即可绘制成图 4-31(c) 中的图形,删掉图 4-31(c) 中相应的多余的部分,得到图 4-31(d) 中所示的多面体 $B\text{-}AODE$ 为所作的立体图形.

例 4.8.8　作出 $z = x^2 + y^2, z = 0, 0 \leqslant x \leqslant 1, 0 \leqslant y \leqslant 1$ 所围成的立体图形.

解　(1) 画出空间右手直角坐标系 $O\text{-}xyz$,如图 4-33(a) 中所示；

(2) 分别画出这些面的图形：

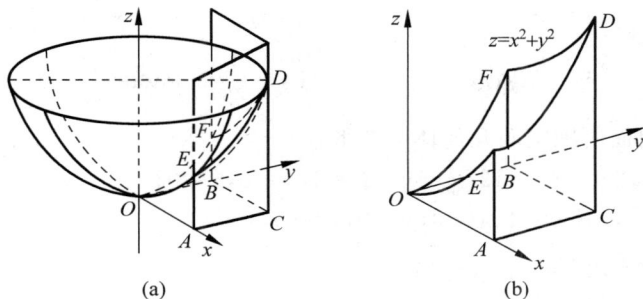

图 4-33 旋转抛物面在确定范围内的曲顶柱体

① 画出旋转抛物面 $z=x^2+y^2$ 的图形,如图 4-33(a)所示;

② 画出平面 $x=1$ 的图形,如图 4-33(a)所示;

③ 画出平面 $y=1$ 的图形,如图 4-33(a)所示;

(3) 画面与面的交线:

① 平面 $x=1$ 与平面 $y=1$ 的交线,如图 4-33(a)中所示的线段 CD 所在的直线;

② 平面 $x=1$ 与 O-xz 坐标面、平面 $y=1$ 与 O-yz 坐标面的交线分别为图 4-33(a)中所示的线段 AE 所在的直线、线段 BF 所在的直线;O-xz 坐标面与 O-xy 坐标面的交线是 x 轴;O-yz 坐标面与 O-xy 坐标面的交线是 y 轴;

③ 平面 $x=1$ 与旋转抛物面 $z=x^2+y^2$ 的交线,如图 4-33(a)中所示的弧线段 DE 所在的弧线;平面 $y=1$ 与旋转抛物面 $z=x^2+y^2$ 的交线,如图 4-33(a)中所示的弧线段 DF 所在的弧线;旋转抛物面 $z=x^2+y^2$ 与 O-xz 坐标面的交线,如图 4-33(a)中所示的弧线段 OE 所在的抛物线;旋转抛物面 $z=x^2+y^2$ 与 O-yz 坐标面的交线,如图 4-33(a)中所示的弧线段 OF 所在的弧线.

(4) 画出面围成的图形:

删掉图 4-33(a)中多余的线,即可得到所需要作的立体图形,即图 4-33(b)中所示多面体 $OACBFDEO$ 为所作立体图形.

注:图 4-33(b)中立体图形叫作**曲顶柱体**,它的底面是边长 1 的正方形 $OACB$,顶是旋转曲面 $z=x^2+y^2$ 的一部分,侧面是面 OAE、面 $ACDE$、面 $CBFD$、面 OBF.请读者

议一议 如何求图 4-33(b)中曲顶柱体的体积?

不断提高绘制图形与识别图形的能力,就可以培养与发展一个人的空间想象能力.有了这个能力,对函数、不等式的认识就会有更为直观的感受,从而实现从数到形的具体转化和体现.

习题 4.8

1. 画出下列方程所表示的几何图形:

(1) $\dfrac{x^2}{4}+\dfrac{y^2}{9}+z=1$;   (2) $\dfrac{x^2}{4}+\dfrac{(y-2)^2}{4}-\dfrac{z^2}{9}=1$.

2. 画出下列方程组所表示的几何图形:

(1) $\begin{cases} x=y^2+z^2, \\ z=2; \end{cases}$ (2) $\begin{cases} z=\sqrt{x^2+y^2}, \\ z^2+3x^2=1; \end{cases}$

(3) $\begin{cases} z = x^2 + y^2, \\ x + y + z = 1; \end{cases}$

(4) $\begin{cases} z = \sqrt{a^2 - x^2 - y^2}, \\ \left(x - \dfrac{1}{2}\right)^2 + y^2 = \dfrac{a^2}{4}. \end{cases}$

3. 画出下列曲面所围空间几何体的图形:

(1) $3x + y = 6$, $3x + 2y = 12$, $x + y + z = 6$, $y = 0$, $z = 0$;

(2) $z = x^2 + y^2$, $x + y = 1$, $x = 0$, $y = 0$, $z = 0$;

(3) $x = \sqrt{y - z^2}$, $2x = \sqrt{y}$, $y = 1$;

(4) $x^2 + y^2 = 1$, $y^2 + z^2 = 1$.

第 5 章

一般二次曲线

前面我们讨论了向量的相关知识,轨迹与方程,平面与空间直线,柱面、锥面、旋转曲面以及常见二次曲面. 在轨迹与方程中,我们研究现实生活中一些特殊平面曲线,如以前学习过的平面曲线中的圆锥曲线有椭圆、双曲线、抛物线,对于它们的相关知识大家非常熟悉,除这些曲线外是否还有其他的二次曲线呢? 如果有,它们的性质又与圆锥曲线有何关系呢? 本章我们主要对一般二次曲线进行讨论,让大家对全体二次曲线有一个较为完整和全面的认识和了解.

5.1 一般二次曲线的一些相关概念

1. 二次曲线的基本概念

在平面上取定了直角坐标系 $O\text{-}xy$ 之后,平面上的点就与有序数组 (x,y) 建立了一一对应的关系. 在此基础上,我们就可以进一步把研究平面曲线的几何问题,归结为研究其方程的代数问题,从而为"用代数的方法来研究平面曲线"创造了条件.

从几何直观上,我们把建立了直角坐标系 $O\text{-}xy$ 的平面叫作**欧几里得平面**,简称**欧氏平面**,记为 $\mathbb{R}^2$. 对于欧几里得平面其他类型的定义,在以后的学习中会具体给出,可以查阅参考文献[5].

定义 5.1.1   在欧几里得平面上,由二元二次方程

$$a_{11}x^2 + 2a_{12}xy + a_{22}y^2 + 2a_{13}x + 2a_{23}y + a_{33} = 0 \tag{5.1-1}$$

所表示的曲线叫作欧几里得平面上的**一般二次曲线**,简称**二次曲线**,而方程(5.1-1)叫作欧几里得平面上**二次曲线的方程**.

在二次曲线的方程(5.1-1)中,系数 a_{ij} 为实数,且二次项系数 a_{11}, a_{12}, a_{22} 至少有一个不为零,而方程中 xy, x, y 项的系数都添加了 2 倍是为了后续讨论方便.

如果二次曲线 C 的方程是(5.1-1),那么由 1.4 节的例 1.4.3,可以将(5.1-1)式写成如下矩阵形式

$$(x, y, 1) \begin{pmatrix} a_{11} & a_{12} & a_{13} \\ a_{12} & a_{22} & a_{23} \\ a_{13} & a_{23} & a_{33} \end{pmatrix} \begin{pmatrix} x \\ y \\ 1 \end{pmatrix} = 0.$$

我们把矩阵

$$A = \begin{pmatrix} a_{11} & a_{12} & a_{13} \\ a_{12} & a_{22} & a_{23} \\ a_{13} & a_{23} & a_{33} \end{pmatrix}$$

叫作二次曲线 C 的**矩阵**,把行列式

$$I_3 = \begin{vmatrix} a_{11} & a_{12} & a_{13} \\ a_{12} & a_{22} & a_{23} \\ a_{13} & a_{23} & a_{33} \end{vmatrix}$$

叫作二次曲线 C 的**系数行列式**. 如果 $I_3 \neq 0$,则把二次曲线 C 叫作**非退化的**,否则二次曲线 C 叫作**退化的**.

本章我们将讨论二次曲线的几何性质及其方程的化简,最后讨论其分类. 在讨论中,主要将从讨论直线与二次曲线的位置关系问题入手,来认识二次曲线的一些几何性质. 为了求出直线与二次曲线的交点,就必须涉及解二次方程组的问题,但是二次方程组的根可能是虚数,因此,在这里将像代数中引进虚数把实数扩充成复数那样,在平面上引进虚元素. 下面简单介绍一下有关虚元素的问题.

我们知道,当在平面上建立了直角坐标系 $O\text{-}xy$ 后,有序实数对 (x,y) 就表示平面上的一个点. 如果 x 与 y 中至少有一个是虚数时,我们仍然认为有序数对 (x,y) 表示平面上的一个点,这样的点叫作平面上的**虚点**,而有序数对 (x,y) 叫作这个虚点的坐标. 相应地,我们把坐标是一对实数的点叫作平面上的一个**实点**. 如果两个虚点的对应坐标都是共轭复数,那么这两点叫作一对**共轭虚点**,实点与虚点统称为**复点**.

当平面上引进了虚点之后,我们仍然可以讨论向量、直线等概念. 例如:设 $P_1(x_1,y_1)$ 与 $P_2(x_2,y_2)$ 为平面上的两个复点,那么我们把坐标为 (x_2-x_1,y_2-y_1) 的向量叫作以 P_1 为起点、P_2 为终点的**复向量**,仍记为 $\overrightarrow{P_1P_2}$. 如果向量的坐标 x_2-x_1 与 y_2-y_1 中至少有一个是虚数时,我们就把它叫作**虚向量**. 如果点 $P(x,y)$ 的坐标满足表达式

$$x = \frac{x_1 + \lambda x_2}{1 + \lambda}, \quad y = \frac{y_1 + \lambda y_2}{1 + \lambda},$$

其中 λ 是复数,我们就把 λ 叫作**点 $\boldsymbol{P}$ 分线段 $\boldsymbol{P_1 P_2}$ 所成的定比**,我们仍把点 $P\left(\dfrac{x_1+x_2}{2}, \dfrac{y_1+y_2}{2}\right)$ 叫作线段 P_1P_2 的中点. 又把

$$\begin{cases} x = x_1 + (x_2 - x_1)t, \\ y = y_1 + (y_2 - y_1)t \end{cases}$$

叫作由点 $P_1(x_1,y_1)$ 与点 $P_2(x_2,y_2)$ 决定的直线的坐标式参数方程,其中 t 是参数,它可以为任意的复数. 消去坐标式参数方程中的参数 t 得

$$Ax + By + C = 0,$$

其中 $A=(y_2-y_1)$,$B=-(x_2-x_1)$,$C=y_1(x_2-x_1)-x_1(y_2-y_1)$.

方程 $Ax+By+C=0(A^2+B^2\neq0)$ 叫作直线的**一般式方程**,如果 A,B,C 与三个实数成比例,那么把直线叫作**实直线**,否则叫作**虚直线**.

必须指出,由于共轭复数的和是实数,所以连结两个共轭虚点的线段的中点是实点.

在平面上引进了虚点后,二次曲线的方程中可能会出现虚系数,不过我们在本书中讨论

问题时,为了方便,就只考虑实系数的二次曲线方程.但是,由于引进了虚数,实系数方程 (5.1-1)所表示的曲线上也将含有很多虚点,甚至有的实系数方程所表示的二次曲线上全部 都是虚点而没有实点.

为了讨论的方便,我们引进下面的记号:

$$F(x,y) \equiv a_{11}x^2 + 2a_{12}xy + a_{22}y^2 + 2a_{13}x + 2a_{23}y + a_{33};$$

$$F_1(x,y) \equiv a_{11}x + a_{12}y + a_{13}[①];$$

$$F_2(x,y) \equiv a_{12}x + a_{22}y + a_{23};$$

$$F_3(x,y) \equiv a_{13}x + a_{23}y + a_{33};$$

$$\Phi(x,y) \equiv a_{11}x^2 + 2a_{12}xy + a_{22}y^2.$$

这样我们容易验证下面的恒等式成立

$$F(x,y) \equiv xF_1(x,y) + yF_2(x,y) + F_3(x,y),$$

从而二次曲线的方程(5.1-1)就可以写成

$$F(x,y) \equiv xF_1(x,y) + yF_2(x,y) + F_3(x,y) = 0.$$

由于 $\Phi(x,y) \equiv a_{11}x^2 + 2a_{12}xy + a_{22}y^2$ 可以写成

$$\Phi(x,y) = (x,y)\begin{pmatrix} a_{11} & a_{12} \\ a_{12} & a_{22} \end{pmatrix}\begin{pmatrix} x \\ y \end{pmatrix},$$

我们把矩阵 $\boldsymbol{B} = \begin{pmatrix} a_{11} & a_{12} \\ a_{12} & a_{22} \end{pmatrix}$ 叫作 $\Phi(x,y)$ 的矩阵.

今后我们还常常引用以下几个符号:

$$I_1 = a_{11} + a_{22}, \quad I_2 = \begin{vmatrix} a_{11} & a_{12} \\ a_{12} & a_{22} \end{vmatrix}, \quad K_1 = \begin{vmatrix} a_{11} & a_{13} \\ a_{13} & a_{33} \end{vmatrix} + \begin{vmatrix} a_{22} & a_{23} \\ a_{23} & a_{33} \end{vmatrix}.$$

2. 二次曲线与直线的相关位置

现在我们来讨论方程为(5.1-1)的二次曲线 C 与过点 (x_0, y_0) 且方向向量为 $\vec{v} = (m,n)$ 的直线 l

$$\begin{cases} x = x_0 + mt, \\ y = y_0 + nt \end{cases} \tag{5.1-2}$$

的位置关系.

为了讨论二次曲线 C 与直线 l 的位置关系,我们来求它们的交点.

把(5.1-2)式代入(5.1-1)式,经过整理得到一个关于 t 的形式上的二次方程

$$(a_{11}m^2 + 2a_{12}mn + a_{22}n^2)t^2 + 2[(a_{11}x_0 + a_{12}y_0 + a_{13})m + (a_{12}x_0 + a_{22}y_0 + a_{23})n]t + $$
$$(a_{11}x_0^2 + 2a_{12}x_0y_0 + a_{22}y_0^2 + 2a_{13}x_0 + 2a_{23}y_0 + a_{33}) = 0. \tag{5.1-3}$$

利用前面引进的记号,(5.1-3)式可写成

$$\Phi(m,n)t^2 + 2[F_1(x_0,y_0)m + F_2(x_0,y_0)n]t + F(x_0,y_0) = 0. \tag{5.1-4}$$

方程(5.1-3)或方程(5.1-4)可分以下两种情况来讨论:

---

① 为了便于记忆,可以借助偏导数的记号: $F_1(x,y) = \frac{1}{2}\frac{\partial F(x,y)}{\partial x}$, $F_2(x,y) = \frac{1}{2}\frac{\partial F(x,y)}{\partial y}$.

（1）若 $\Phi(m,n)\neq0$，则方程(5.1-4)是关于 t 的二次方程，我们根据它的判别式

$$\Delta=4\{[F_1(x_0,y_0)m+F_2(x_0,y_0)n]^2-\Phi(m,n)F(x_0,y_0)\}$$

又分为如下 3 种情况：

① 当 $\Delta>0$ 时，方程(5.1-4)有两个不相等的实根 t_1 与 t_2，即这时直线 l 与二次曲线 C 有两个不同的实交点；

② 当 $\Delta=0$ 时，方程(5.1-4)有两个相等的实根 t_1 与 t_2，即这时直线 l 与二次曲线 C 有两个相互重合的实交点；

③ 当 $\Delta<0$ 时，方程(5.1-4)有两个共轭的虚根 t_1 与 t_2，即这时直线 l 与二次曲线 C 有两个共轭的虚交点．

（2）若 $\Phi(m,n)=0$，则方程(5.1-4)变为

$$2[F_1(x_0,y_0)m+F_2(x_0,y_0)n]t+F(x_0,y_0)=0. \tag{5.1-4'}$$

这是一个关于 t 的形式上的一次方程，这时我们仍需要分 3 种情况来进行讨论：

① 当 $F_1(x_0,y_0)m+F_2(x_0,y_0)n\neq0$ 时，方程(5.1-4')是关于 t 的一次方程，它有唯一的一个实根，即这时直线 l 与二次曲线 C 有唯一的实交点；

② 当 $F_1(x_0,y_0)m+F_2(x_0,y_0)n=0$，而 $F(x_0,y_0)\neq0$ 时，方程(5.1-4')为矛盾方程，从而方程(5.1-4')无解，即这时直线 l 与二次曲线 C 没有交点；

③ 当 $F_1(x_0,y_0)m+F_2(x_0,y_0)n=0$，且 $F(x_0,y_0)=0$ 时，方程(5.1-4')是一个恒等式，即 t 取任何值都满足，即这时直线 l 上的所有点都是二次曲线 C 与直线 l 的公共点，也就是说直线 l 全部在二次曲线 C 上．

议一议　如何理解直线全部在二次曲线上？并列举出一条二次曲线上有一条直线是它一部分的例子．

由直线 l 与二次曲线 C 相关位置的情况，我们给出下面的定义．

定义 5.1.2　如果直线 l 与二次曲线 C 有两个不同的交点，或直线 l 与二次曲线 C 只有一个实交点，那么把直线 l 叫作与二次曲线 C **相交**，并把有两个不同的交点时的直线 l 叫作二次曲线 C 的一条**割线**；如果直线 l 与二次曲线 C 有两个重合的实交点，那么把直线 l 叫作与二次曲线 C **相切**，且直线 l 叫作二次曲线 C 的一条**切线**；如果直线 l 与二次曲线 C 没有交点，那么把直线 l 叫作与二次曲线 C **相离**．

例 5.1.1　讨论 x 轴与抛物线 $y^2=2px$ 的相关位置．

解　因为 x 轴过原点 $(0,0)$，且其方向 $\vec{v}=(m,n)=(1,0)$，故它的坐标式参数方程为

$$\begin{cases}x=t,\\y=0,\end{cases}\quad-\infty<t<+\infty,$$

将 $\begin{cases}x=t,\\y=0\end{cases}$ 代入方程 $y^2=2px$ 中得 $0=2pt$，解得 $t=0$，所以 x 轴与抛物线 $y^2=2px$ 只有一个实交点，且坐标为 $(0,0)$．

例 5.1.2　讨论 y 轴与抛物线 $y^2=2px$ 的相关位置．

解　因为 y 轴的方向 $\vec{v}=(m,n)=(0,1)$，参数方程为

$$\begin{cases}x=0,\\y=t,\end{cases}\quad-\infty<t<+\infty$$

将 $\begin{cases} x=0, \\ y=t \end{cases}$ 代入方程 $y^2=2px$ 中得 $t^2=0$,解得

$$t_1=t_2=0,$$

于是 y 轴与抛物线 $y^2=2px$ 有两个重合的实交点 $(0,0)$. 故 y 轴与抛物线 $y^2=2px$ 相切,即 y 轴是抛物线 $y^2=2px$ 的一条切线,相切于坐标原点 $(0,0)$.

例 5.1.3 讨论二次曲线 $x^2+xy-y-1=0$ 与直线 $\begin{cases} x=-1+t, \\ y=-t \end{cases}$ 的相关位置.

解 将直线方程 $\begin{cases} x=-1+t, \\ y=-t \end{cases}$ 代入二次曲线的方程 $x^2+xy-y-1=0$,得

$$(-1+t)^2+(-1+t)(-t)-(-t)-1=0,$$

化简整理得恒等式

$$0=0,$$

从而可得对于任意的 t 都成立,即直线上的所有点都在二次曲线,从而成为二次曲线的一部分.

请读者

议一议 当二次曲线上有一条直线时,其余部分会是什么样的形状?

习题 5.1

1. 写出下列二次曲线的 $F_1(x,y),F_2(x,y),F_3(x,y)$ 以及矩阵 A:

(1) $\dfrac{x^2}{a^2}+\dfrac{y^2}{b^2}=1$;　　　　(2) $x^2-3y^2+5x+2=0$;

(3) $y^2=2px$;　　　　(4) $2x^2-xy+y^2-6x+7y-4=0$.

2. 判断二次曲线 $x^2-2xy-3y^2+6x-2y+5=0$ 与下列直线的位置关系;若相交或相切,请求出交点坐标.

(1) $\begin{cases} x=1-t, \\ y=2t; \end{cases}$　　　　(2) $\begin{cases} x=1+3t, \\ y=2+2t; \end{cases}$

(3) $x-2y+2=0$;　　　　(4) $x+y+2=0$.

5.2 二次曲线的渐近方向、中心与渐近线

我们在 5.1 节看到二次曲线 (5.1-1) 与过点 (x_0,y_0) 且具有方向 $m:n$ 的直线 (5.1-2) 当满足条件

$$\Phi(m,n)=a_{11}m^2+2a_{12}mn+a_{22}n^2=0 \tag{5.2-1}$$

时,或者只有一个实交点,或者没有交点,或者直线 (5.1-2) 全部在二次曲线 (5.1-1) 上,成为二次曲线的组成部分.满足 (5.2-1) 的方向 $m:n$ 是二次曲线 (5.1-1) 的一个特殊方向.

1. 二次曲线的渐近方向

定义 5.2.1 满足条件 $\Phi(m,n)=0$ 的方向 $m:n$ 叫作二次曲线 (5.1-1) 的**渐近方向**,

否则叫作二次曲线(5.1-1)的**非渐近方向**.

因为二次曲线

$$a_{11}x^2 + 2a_{12}xy + a_{22}y^2 + 2a_{13}x + 2a_{23}y + a_{33} = 0$$

的二次项系数 a_{11}, a_{12}, a_{22} 不全为零,所以渐近方向 $m:n$ 所满足的方程(5.2-1)总有确定的解.这是因为:

① 如果 $a_{11} \neq 0$,那么可把方程(5.2-1)改写为

$$a_{11}\left(\frac{m}{n}\right)^2 + 2a_{12}\frac{m}{n} + a_{22} = 0,$$

则可得

$$\frac{m}{n} = \frac{-a_{12} \pm \sqrt{a_{12}^2 - a_{11}a_{22}}}{a_{11}} = \frac{-a_{12} \pm \sqrt{-I_2}}{a_{11}};$$

② 如果 $a_{22} \neq 0$,那么可把方程(5.2-1)改写为

$$a_{22}\left(\frac{n}{m}\right)^2 + 2a_{12}\frac{n}{m} + a_{11} = 0,$$

由此可得

$$\frac{n}{m} = \frac{-a_{12} \pm \sqrt{a_{12}^2 - a_{11}a_{22}}}{a_{22}} = \frac{-a_{12} \pm \sqrt{-I_2}}{a_{22}};$$

③ 如果 $a_{11} = a_{22} = 0$,那么 $a_{12} \neq 0$,这时方程(5.2-1)就变为

$$2a_{12}mn = 0,$$

因为 m,n 是直线(5.1-2)的方向数,从而就不全为零,所以 $m:n = 1:0$ 或 $0:1$,这时

$$I_2 = \begin{vmatrix} 0 & a_{12} \\ a_{12} & 0 \end{vmatrix} = -a_{12}^2 < 0.$$

从上面讨论我们可以看到,当且仅当 $I_2 > 0$ 时,二次曲线(5.1-1)的渐近方向是一对共轭的虚方向;当 $I_2 = 0$ 时,二次曲线(5.1-1)有一个实渐近方向;当 $I_2 < 0$ 时,二次曲线(5.1-1)有两个实渐近方向.因此二次曲线(5.1-1)的渐近方向最多只有两个,显然二次曲线(5.1-1)的非渐近方向有无数多个.

定义 5.2.2 没有实渐近方向的二次曲线叫作**椭圆型二次曲线**,有一个实渐近方向的二次曲线叫作**抛物型二次曲线**,有两个实渐近方向的二次曲线叫作**双曲型二次曲线**.

因此二次曲线(5.1-1)按其渐近方向可以分为 3 种类型,即:

(1) 椭圆型二次曲线:$I_2 > 0$;

(2) 抛物型二次曲线:$I_2 = 0$;

(3) 双曲型二次曲线:$I_2 < 0$.

2. 二次曲线的中心与渐近线

我们在 5.1 节讨论中得到,当直线的方向 $m:n$ 为二次曲线(5.1-1)的非渐近方向,即

$$\Phi(m,n) = a_{11}m^2 + 2a_{12}mn + a_{22}n^2 \neq 0$$

时,直线(5.1-2)与二次曲线(5.1-1)总交于两个点(两个不同的实交点,两个重合的实交点,或一对共轭的虚交点).这两个交点决定一条直线段,对于这条直线段我们给出如下的定义.

定义 5.2.3 直线与二次曲线相交的两个交点所确定的直线段叫作二次曲线的**弦**.

定义 5.2.4 如果点 P_0 是二次曲线通过该点的所有弦的中点,那么点 P_0 叫作二次曲线的**中心**.

根据定义 5.2.4,二次曲线的中心 P_0 是二次曲线的对称中心,所以二次曲线的中心也就是二次曲线的对称中心.

若点 $P_0(x_0, y_0)$ 为二次曲线(5.1-1)的中心时,且过点 $P_0(x_0, y_0)$ 以二次曲线(5.1-1)的任意非渐近方向 $m:n$ 为方向的直线(5.1-2)与二次曲线(5.1-1)交于两点 P_1, P_2,且它们对应的参数 t 分别是 t_1 与 t_2,则点 $P_0(x_0, y_0)$ 就是弦 $P_1 P_2$ 的中点.因此将直线(5.1-2)的方程代入二次曲线(5.1-1)的方程,得

$$\Phi(m,n)t^2 + 2[F_1(x_0,y_0)m + F_2(x_0,y_0)n]t + F(x_0,y_0) = 0,$$

从而有

$$t_1 + t_2 = 0,$$

即

$$F_1(x_0, y_0)m + F_2(x_0, y_0)n = 0.$$

因为 $m:n$ 是任意非渐近方向,而二次曲线(5.1-1)的非渐近方向有无穷多个,所以 $F_1(x_0, y_0)m + F_2(x_0, y_0)n = 0$ 是关于 m, n 的恒等式,从而有

$$F_1(x_0, y_0) = 0, \quad F_2(x_0, y_0) = 0.$$

反过来,适合上面两式的点 $P_0(x_0, y_0)$ 显然是二次曲线(5.1-1)的中心.这样我们就得到了下面的定理.

定理 5.2.1 点 $P_0(x_0, y_0)$ 是二次曲线(5.1-1)中心的充要条件为

$$\begin{cases} F_1(x_0, y_0) = a_{11}x_0 + a_{12}y_0 + a_{13} = 0, \\ F_2(x_0, y_0) = a_{12}x_0 + a_{22}y_0 + a_{23} = 0. \end{cases}$$

推论 坐标原点是二次曲线(5.1-1)中心的充要条件为二次曲线方程里不含 x 与 y 的一次项.

由于二次曲线(5.1-1)的中心坐标是由如下方程组

$$\begin{cases} F_1(x, y) = a_{11}x + a_{12}y + a_{13} = 0, \\ F_2(x, y) = a_{12}x + a_{22}y + a_{23} = 0 \end{cases} \tag{5.2-2}$$

所决定,我们把方程组(5.2-2)叫作二次曲线(5.1-1)的**中心方程组**.下面对中心方程组(5.2-2)解的情况进行讨论:

(1) 如果

$$I_2 = \begin{vmatrix} a_{11} & a_{12} \\ a_{12} & a_{22} \end{vmatrix} \neq 0,$$

那么中心方程组(5.2-2)有唯一解,这时二次曲线(5.1-1)将有唯一中心,且中心的坐标就是方程组(5.2-2)的解.

(2) 如果 $I_2 = \begin{vmatrix} a_{11} & a_{12} \\ a_{12} & a_{22} \end{vmatrix} = 0$,即 $\dfrac{a_{11}}{a_{12}} = \dfrac{a_{12}}{a_{22}}$,那么

① 当 $\dfrac{a_{11}}{a_{12}} = \dfrac{a_{12}}{a_{22}} \neq \dfrac{a_{13}}{a_{23}}$ 时,中心方程组(5.2-2)无解,故二次曲线(5.1-1)没有中心;

② 当 $\dfrac{a_{11}}{a_{12}} = \dfrac{a_{12}}{a_{22}} = \dfrac{a_{13}}{a_{23}}$ 时,中心方程组(5.2-2)有无数多解,这时直线 $a_{11}x + a_{12}y + a_{13} = $

0(或 $a_{12}x+a_{22}y+a_{23}=0$)上的所有点都是二次曲线(5.1-1)的中心,我们把这条直线叫作二次曲线(5.1-1)的**中心直线**.

定义 5.2.5   有唯一中心的二次曲线叫作**中心二次曲线**,没有中心的二次曲线叫作**无心二次曲线**,有一条中心直线的二次曲线叫作**线心二次曲线**,无心二次曲线与线心二次曲线统称**非中心二次曲线**.

根据定义 5.2.5,我们将二次曲线(5.1-1)可按其中心分为如下几类:

(1) 中心二次曲线:$I_2 = \begin{vmatrix} a_{11} & a_{12} \\ a_{12} & a_{22} \end{vmatrix} \neq 0$;

(2) 非中心二次曲线:$I_2 = \begin{vmatrix} a_{11} & a_{12} \\ a_{12} & a_{22} \end{vmatrix} = 0$,即 $\dfrac{a_{11}}{a_{12}} = \dfrac{a_{12}}{a_{22}}$:

① 无心二次曲线:$\dfrac{a_{11}}{a_{12}} = \dfrac{a_{12}}{a_{22}} \neq \dfrac{a_{13}}{a_{23}}$;

② 线心二次曲线:$\dfrac{a_{11}}{a_{12}} = \dfrac{a_{12}}{a_{22}} = \dfrac{a_{13}}{a_{23}}$.

从二次曲线按渐近方向的分类与二次曲线按中心的分类中容易看出,椭圆型二次曲线与双曲型二次曲线都是中心二次曲线,而抛物型二次曲线是非中心二次曲线,它包括无心二次曲线与线心二次曲线.

在通过二次曲线中心的所有直线中,以渐近方向为方向的直线是这些直线中较为特殊的,对此我们给出如下定义.

定义 5.2.6   通过二次曲线的中心,而且以渐近方向为方向的直线叫作该二次曲线的**渐近线**.

显然,椭圆型二次曲线只有两条虚渐近线,而无实渐近线;双曲型二次曲线有两条实渐近线;抛物型二次曲线中的无心二次曲线无渐近线,而线心二次曲线则有一条实渐近线,就是它的中心直线.

定理 5.2.2   二次曲线的渐近线与该二次曲线或者没有交点,或者整条直线在该二次曲线上,成为二次曲线的组成部分.

证明   设直线(5.1-2)为二次曲线(5.1-1)的渐近线,点(x_0,y_0)为二次曲线(5.1-1)的中心,$m:n$ 为二次曲线的渐近方向,则有
$$F_1(x_0,y_0)=0, \quad F_2(x_0,y_0)=0, \quad \Phi(m,n)=0.$$

因此根据直线(5.1-2)与二次曲线(5.1-1)相交情况的讨论,我们有:当点(x_0,y_0)不在二次曲线(5.1-1)上,即 $F(x_0,y_0) \neq 0$ 时,渐近线(5.1-2)与二次曲线(5.1-1)没有交点;当点(x_0,y_0)在二次曲线(5.1-1)上,即 $F(x_0,y_0)=0$ 时,渐近线(5.1-2)全部在二次曲线(5.1-1)上,成为二次曲线的组成部分.

例 5.2.1   求二次曲线 $x^2-2xy-3y^2-10x-6y+3=0$ 的渐近线方程.

解   令 $F(x,y) \equiv x^2-2xy-3y^2-10x-6y+3=0$,则
$$F_1(x,y)=x-y-5, \quad F_2(x,y)=-x-3y-3.$$

从而由该二次曲线的中心方程组 $\begin{cases} F_1(x,y)=x-y-5=0, \\ F_2(x,y)=-x-3y-3=0 \end{cases}$ 解得中心坐标是$(3,-2)$.

由 $\varPhi(m,n) \equiv m^2 - 2mn - 3n^2 = (m-3n)(m+n) = 0$ 解得二次曲线的渐近方向为 $m:n=3:1$ 或 $m:n=1:(-1)$，所以所求渐近线方程为

$$\begin{cases} x = 3 + 3t, \\ y = -2 + t, \end{cases} \quad 或 \quad \begin{cases} x = 3 + t, \\ y = -2 - t, \end{cases}$$

即

$$x - 3y - 9 = 0 \quad 或 \quad x + y - 1 = 0.$$

习题 5.2

1. 求下列二次曲线的渐近方向，并指出该二次曲线按渐近方向分类是属于何种类型：

(1) $x^2 + 2xy + y^2 + 3x + y = 0$；　　　　(2) $3x^2 + 4xy + 2y^2 - 6x - 2y + 5 = 0$；

(3) $2xy - 4x - 2y + 3 = 0$.

2. 判断下列二次曲线是中心二次曲线、无心二次曲线还是线心二次曲线：

(1) $x^2 - 2xy + 2y^2 - 4x - 6y + 3 = 0$；　　(2) $2x^2 + 8x + 12y - 3 = 0$；

(3) $9x^2 - 6xy + y^2 - 6x + 2y = 0$.

3. 求下列二次曲线的中心：

(1) $5x^2 - 2xy + 3y^2 - 2x + 3y - 6 = 0$；　　(2) $2x^2 + 5xy + 2y^2 - 6x - 3y + 5 = 0$；

(3) $9x^2 - 30xy + 25y^2 + 8x - 15y = 0$；　　(4) $4x^2 - 4xy + y^2 + 4x - 2y = 0$.

4. 当 a,b 满足什么条件时，二次曲线 $x^2 + 6xy + ay^2 + 3x + by - 4 = 0$

(1) 有唯一的中心；　　　　　　　　　　(2) 没有中心；

(3) 有一条中心直线.

5. 求二次曲线 $6x^2 - xy - y^2 + 3x + y - 1 = 0$ 的渐近线方程.

6. 求下列二次曲线的方程：

(1) 以点 $(0,1)$ 为中心，且通过点 $(2,3),(4,2)$ 与 $(-1,-3)$；

(2) 通过点 $(1,1),(2,1),(-1,-2)$ 且以直线 $x + y - 1 = 0$ 为渐近线.

5.3　二次曲线的切线

我们在 5.1 节中得到，当直线 (5.1-2) 的方向 $m:n$ 为二次曲线 (5.1-1) 的非渐近方向，即当

$$\varPhi(m,n) = a_{11}m^2 + 2a_{12}mn + a_{22}n^2 \neq 0$$

时，直线 (5.1-2) 与二次曲线 (5.1-1) 总交于两个点，即有两个不同的实交点，或有两个重合的实交点，或有一对共轭的虚交点. 这三种情况中的直线 (5.1-2) 与二次曲线 (5.1-1) 有两个重合的实交点，是一种尤为特殊的位置关系，在定义 5.1.2 中已给出，此时的直线是二次曲线的切线. 本节将讨论二次曲线的切线方程的求法.

定义 5.3.1　如果直线是二次曲线的切线，那么把切线与二次曲线相交于相互重合的这个点叫作**切点**. 特别地，如果直线全部在二次曲线上，我们也把它叫作该二次曲线的切线，直线上的每一个点都可以看作切点.

下面，我们分两种情况来求二次曲线 (5.1-1) 的切线方程：

(1) 若点 $P_0(x_0,y_0)$ 在二次曲线(5.1-1)上,求该二次曲线过点 P_0 处的切线方程.

因为通过点 (x_0,y_0) 的直线方程总可写成(5.1-2),那么根据前面的讨论,容易知道直线(5.1-2)成为二次曲线(5.1-1)的切线的条件如下:

① 当 $\varPhi(m,n)\neq 0$ 时,
$$\Delta = 4\{[F_1(x_0,y_0)m + F_2(x_0,y_0)n]^2 - \varPhi(m,n)F(x_0,y_0)\} = 0. \qquad (5.3\text{-}1)$$
因为点 (x_0,y_0) 在二次曲线(5.1-1)上,所以 $F(x_0,y_0)=0$,从而(5.3-1)式可以化简为
$$F_1(x_0,y_0)m + F_2(x_0,y_0)n = 0. \qquad (5.3\text{-}2)$$

② 当 $\varPhi(m,n)=0$ 时,直线(5.1-2)成为二次曲线(5.1-1)的切线的条件除 $F(x_0,y_0)=0$ 外,唯一的条件仍然是(5.3-2)式.

对于条件(5.3-2),如果 $F_1(x_0,y_0)$ 与 $F_2(x_0,y_0)$ 不全为零,那么由(5.3-2)式可得
$$m:n = F_2(x_0,y_0):[-F_1(x_0,y_0)],$$
因此二次曲线(5.1-1)过其上点 (x_0,y_0) 处的切线的坐标式参数方程为
$$\begin{cases} x = x_0 + F_2(x_0,y_0)t, \\ y = y_0 - F_1(x_0,y_0)t, \end{cases} \quad -\infty < t < +\infty,$$
或写成标准式方程为
$$\frac{x - x_0}{F_2(x_0,y_0)} = \frac{y - y_0}{-F_1(x_0,y_0)},$$
或写成点向式方程为
$$(x - x_0)F_1(x_0,y_0) + (y - y_0)F_2(x_0,y_0) = 0. \qquad (5.3\text{-}3)$$

如果(5.3-2)式中 $F_1(x_0,y_0) = F_2(x_0,y_0) = 0$,那么(5.3-2)式变为恒等式,切线的方向 $m:n$ 不能唯一地被确定,从而切线不确定,这时通过点 (x_0,y_0) 的任何直线都和二次曲线(5.1-1)相交于相互重合的两点,我们把这样的直线也看成二次曲线(5.1-1)的切线.

定义 5.3.2　如果二次曲线(5.1-1)上的点 (x_0,y_0) 满足条件 $F_1(x_0,y_0) = F_2(x_0,y_0) = 0$,那么该点叫作二次曲线的**奇异点**,简称**奇点**;否则叫作二次曲线的**非奇异点**,二次曲线的非奇异点也叫作二次曲线的**正则点**,或**正常点**.

通过前面切线方程的讨论,结合定义 5.3.2,这样我们就得到了下面的定理.

定理 5.3.1　若点 (x_0,y_0) 是二次曲线(5.1-1)的正则点,则通过点 (x_0,y_0) 的切线方程是(5.3-3),点 (x_0,y_0) 是它的切点.若点 (x_0,y_0) 是二次曲线(5.1-1)的奇异点,则通过点 (x_0,y_0) 的切线不确定,或者说通过点 (x_0,y_0) 的每一条直线都是二次曲线(5.1-1)的切线.

推论　若点 (x_0,y_0) 是二次曲线(5.1-1)的正则点,则通过点 (x_0,y_0) 的切线方程是
$$a_{11}x_0x + a_{12}(x_0y + xy_0) + a_{22}y_0y + a_{13}(x + x_0) + a_{23}(y + y_0) + a_{33} = 0. \quad (5.3\text{-}4)$$

证明　把(5.3-3)式改写为
$$xF_1(x_0,y_0) + yF_2(x_0,y_0) - [x_0F_1(x_0,y_0) + y_0F_2(x_0,y_0)] = 0,$$
再根据 5.1 节开始时介绍的恒等式,上式又可写为
$$xF_1(x_0,y_0) + yF_2(x_0,y_0) + F_3(x_0,y_0) = 0,$$
即
$$x(a_{11}x_0 + a_{12}y_0 + a_{13}) + y(a_{12}x_0 + a_{22}y_0 + a_{23}) + (a_{13}x_0 + a_{23}y_0 + a_{33}) = 0,$$
展开上式从而得到(5.3-4)式.

为了使(5.3-4)式便于记忆,记忆的方法是在二次曲线原方程(5.1-1)中,

把	x^2	$2xy$	y^2	x	y
改写成	xx	$xy+xy$	yy	$x+x$	$y+y$

然后每一项中一个 x 或 y 用 x_0 或 y_0 代入后,写成

把	x^2	$2xy$	y^2	x	y
改写成	$x_0 x$	$x_0 y + x y_0$	$y_0 y$	$x + x_0$	$y + y_0$

就得出(5.3-4)式.

例 5.3.1 求二次曲线

$$F(x,y) \equiv x^2 - xy + y^2 + 2x - 4y - 3 = 0$$

通过点 $(2,1)$ 处的切线方程.

解法 1 因为 $F(2,1) = 2^2 - 2 \times 1 + 1^2 + 2 \times 2 - 4 \times 1 - 3 = 0$,所以点 $(2,1)$ 在该二次曲线上.

又因为

$$F_1(x,y) \mid_{(2,1)} = \left(x - \frac{y}{2} + 1 \right) \Big|_{(2,1)} = \frac{5}{2} \neq 0,$$

$$F_2(x,y) \mid_{(2,1)} = \left(-\frac{x}{2} + y - 2 \right) \Big|_{(2,1)} = -2 \neq 0,$$

所以点 $(2,1)$ 是二次曲线上的正则点,因此由(5.3-3)式得通过点 $(2,1)$ 处的切线方程为

$$\frac{5}{2}(x-2) - 2(y-1) = 0,$$

即

$$5x - 4y - 6 = 0.$$

解法 2 因为 $F(2,1) = 2^2 - 2 \times 1 + 1^2 + 2 \times 2 - 4 \times 1 - 3 = 0$,且

$$F_1(x,y) \mid_{(2,1)} = \left(x - \frac{y}{2} + 1 \right) \Big|_{(2,1)} = \frac{5}{2} \neq 0,$$

$$F_2(x,y) \mid_{(2,1)} = \left(-\frac{x}{2} + y - 2 \right) \Big|_{(2,1)} = -2 \neq 0,$$

所以点 $(2,1)$ 是二次曲线上的正则点,从而利用(5.3-4)式可直接写出所求切线的方程为

$$2x - \frac{1}{2}(x + 2y) + y + (x + 2) - 2(y + 1) - 3 = 0,$$

即

$$5x - 4y - 6 = 0.$$

例 5.3.2 求经过椭圆 $\dfrac{x^2}{a^2} + \dfrac{y^2}{b^2} = 1$ 上点 (x_0, y_0) 处的切线方程.

解法 1 因为点 (x_0, y_0) 在椭圆上,所以 x_0, y_0 不全为零,且有 $\dfrac{x_0^2}{a^2} + \dfrac{y_0^2}{b^2} = 1$.

又因为

$$F_1(x,y)\mid_{(x_0,y_0)} = \frac{x}{a^2}\bigg|_{(x_0,y_0)} = \frac{x_0}{a^2},$$

$$F_2(x,y)\mid_{(x_0,y_0)} = \frac{y}{b^2}\bigg|_{(x_0,y_0)} = \frac{y_0}{b^2},$$

而 x_0,y_0 不全为零,所以点 (x_0,y_0) 是椭圆的正则点,因此由(5.3-3)式得所求切线方程为

$$\frac{x_0}{a^2}(x-x_0) + \frac{y_0}{b^2}(y-y_0) = 0,$$

即

$$\frac{x_0 x}{a^2} + \frac{y_0 y}{b^2} - \frac{x_0^2}{a^2} - \frac{y_0^2}{b^2} = 0,$$

亦即

$$\frac{x_0 x}{a^2} + \frac{y_0 y}{b^2} = 1.$$

解法 2   因为可以判断点 (x_0,y_0) 是椭圆的正则点,所以利用(5.3-4)式可直接写出所求切线的方程为

$$\frac{x_0 x}{a^2} + \frac{y_0 y}{b^2} = 1.$$

(2) 若点 $P_0(x_0,y_0)$ 不在二次曲线(5.1-1)上,求此二次曲线过点 P_0 处的切线方程.

对于这种情形,我们此处提供如下两种处理方法:

方法 1   先设出过点 (x_0,y_0) 处的切线方程为(5.1-2)式,将(5.1-2)式代入二次曲线方程(5.1-1),根据直线(5.1-2)是二次曲线(5.1-1)的切线的条件是(5.3-1),即

$$\Delta = 4\{[F_1(x_0,y_0)m + F_2(x_0,y_0)n]^2 - \Phi(m,n)F(x_0,y_0)\} = 0,$$

从此式求出切线的方向 $m:n$,从而即可得到所求切线的方程.

方法 2   设过点 (x_0,y_0) 处的切线与二次曲线(5.1-1)相切于点 (x_1,y_1),那么由(5.3-4)式就可以得出所求切线方程为

$$a_{11}x_1 x + a_{12}(x_1 y + x y_1) + a_{22}y_1 y + a_{13}(x+x_1) + a_{23}(y+y_1) + a_{33} = 0.$$

因为所求切线过点 (x_0,y_0),将 (x_0,y_0) 代入上式得到一个关于 x_1,y_1 的一次方程

$$a_{11}x_1 x_0 + a_{12}(x_1 y_0 + x_0 y_1) + a_{22}y_1 y_0 + a_{13}(x_0+x_1) + a_{23}(y_0+y_1) + a_{33} = 0;$$

又因为点 (x_1,y_1) 在二次曲线(5.1-1)上,将 (x_1,y_1) 代入(5.1-1)式得到一个关于 x_1,y_1 的方程

$$a_{11}x_1^2 + 2a_{12}x_1 y_1 + a_{22}y_1^2 + 2a_{13}x_1 + 2a_{23}y_1 + a_{33} = 0.$$

由这两个关于 x_1,y_1 的方程联立可以解出 x_1,y_1,将 x_1,y_1 代入所设切线方程,即得到所求切线的方程.

例 5.3.3   求二次曲线 $x^2-xy+y^2-1=0$ 通过点 $(0,2)$ 处的切线方程.

解法 1   因为 $F(0,2)=3\neq0$,所以点 $(0,2)$ 不在该二次曲线上,故不能直接应用(5.3-3)式或(5.3-4)式来求切线的方程.

设二次曲线过点 $(0,2)$ 处的切线方程为

$$\begin{cases} x = mt, \\ y = 2 + nt, \end{cases}$$

其中 t 为参数,且 $-\infty<t<+\infty$,$m:n$ 为切线的方向.将切线方程代入二次曲线方程化简整理得

$$(m^2-mn+n^2)t^2+(-2m+4n)t+3=0,$$

从而有

$$(-2m+4n)^2-12(m^2-mn+n^2)=0,$$

化简得

$$2m^2+mn-n^2=0,$$

即

$$(2m-n)(m+n)=0,$$

解得

$$m:n=1:2 \quad 或 \quad m:n=1:(-1),$$

显然方向 $1:2$ 与 $1:-1$ 都不是该二次曲线的渐近方向,故所求切线方程为

$$\begin{cases}x=t,\\y=2+2t,\end{cases} \quad 或 \quad \begin{cases}x=t,\\y=2-t.\end{cases}$$

即

$$2x-y+2=0 \quad 或 \quad x+y-2=0.$$

解法 2 设过点 $(0,2)$ 处的切线与已知二次曲线相切于点 (x_1,y_1),则由(5.3-4)式可得切线方程为

$$x_1x-\frac{1}{2}(x_1y+xy_1)+y_1y-1=0,$$

即

$$\left(x_1-\frac{1}{2}y_1\right)x-\left(\frac{1}{2}x_1-y_1\right)y-1=0. \tag{1}$$

因为切线通过点 $(0,2)$,所以 $(0,2)$ 满足上式,将 $(0,2)$ 代入并化简得

$$x_1-2y_1+1=0. \tag{2}$$

另外,点 (x_1,y_1) 在该二次曲线上,所以有

$$x_1^2-x_1y_1+y_1^2-1=0, \tag{3}$$

联立(2)式,(3)式解得切点坐标为

$$\begin{cases}x_1=-1,\\y_1=0,\end{cases} \quad 或 \quad \begin{cases}x_1=1,\\y_1=1.\end{cases}$$

将切点坐标代入(1)式得所求切线方程为

$$2x-y+2=0 \quad 或 \quad x+y-2=0.$$

请读者思考,还有什么方法可以求出二次曲线过一点处的切线方程?

习题 5.3

1. 求下列二次曲线在经过所给点处的切线方程:
(1) 曲线 $3x^2+4xy+5y^2-7x-8y-3=0$ 在经过点 $(2,1)$ 处;
(2) 曲线 $x^2+xy+y^2+x+4y+3=0$ 在经过点 $(2,-1)$ 处.

2. 证明：过双曲线 $\dfrac{x^2}{a^2}-\dfrac{y^2}{b^2}=1$ 上点 (x_0,y_0) 的切线方程为 $\dfrac{x_0x}{a^2}-\dfrac{y_0y}{b^2}=1$.

3. 求下列二次曲线的切线方程，并求出切点的坐标.

(1) 曲线 $x^2+4xy+3y^2-5x-6y+3=0$ 的切线平行于直线 $x+4y+1=0$；

(2) 曲线 $x^2+xy+y^2-3=0$ 的切线平行于 x 轴；

(3) 曲线 $x^2+xy+y^2-3=0$ 的切线平行于 y 轴.

4. 求下列二次曲线的奇异点：

(1) $3x^2-2y^2+6x+4y+1=0$；   (2) $y^2+2xy-2x-2y+1=0$.

5. 求经过坐标原点与直线 $3y+4x+2=0$ 和直线 $y-x+1=0$ 分别相切于点 $(1,-2)$ 及 $(0,-1)$ 的二次曲线的方程.

5.4 二次曲线的直径

1. 二次曲线的直径

由已经讨论的直线与二次曲线相交的各种情况知，当直线平行于二次曲线的某一非渐近方向时，这条直线与二次曲线总交于两点（两不同实交点、两重合的实交点或一对共轭虚交点），这两点决定了二次曲线的一条弦. 现在我们来研究二次曲线上一族平行弦的中点轨迹.

定理 5.4.1   二次曲线的一族平行弦的中点轨迹是一条直线.

证明   设 $m:n$ 是二次曲线(5.1-1)的一个非渐近方向，即 $\Phi(m,n)\neq0$，而点 (x_0,y_0) 是平行于方向 $m:n$ 的弦的中点，那么过点 (x_0,y_0) 的弦所在直线方程为

$$\begin{cases} x=x_0+mt, \\ y=y_0+nt, \end{cases} \quad -\infty<t<+\infty,$$

则它与二次曲线(5.1-1)的两交点（即弦的两端点）由二次方程

$$\Phi(m,n)t^2+2[mF_1(x_0,y_0)+nF_2(x_0,y_0)]t+F(x_0,y_0)=0$$

的两根 t_1 与 t_2 所决定.

因为点 (x_0,y_0) 为弦的中点，所以有

$$t_1+t_2=0,$$

从而有

$$mF_1(x_0,y_0)+nF_2(x_0,y_0)=0.$$

这就是说平行于方向 $m:n$ 的弦的中点 (x_0,y_0) 的坐标满足方程

$$mF_1(x,y)+nF_2(x,y)=0, \tag{5.4-1}$$

即

$$m(a_{11}x+a_{12}y+a_{13})+n(a_{12}x+a_{22}y+a_{23})=0, \tag{5.4-2}$$

或

$$(a_{11}m+a_{12}n)x+(a_{12}m+a_{22}n)y+a_{13}m+a_{23}n=0. \tag{5.4-3}$$

反过来，如果点 (x_0,y_0) 满足方程(5.4-1)或方程(5.4-2)或方程(5.4-3)三个方程之一，那么方程

$$\Phi(m,n)t^2 + 2[mF_1(x_0,y_0) + nF_2(x_0,y_0)]t + F(x_0,y_0) = 0$$

将有绝对值相等而符号相反的两个根,点(x_0,y_0)就是具有方向$m:n$的弦的中点,因此方程(5.4-1)或方程(5.4-2)或方程(5.4-3)为一族平行于某一非渐近方向$m:n$的弦的中点轨迹方程.

由于(5.4-3)式,即

$$(a_{11}m + a_{12}n)x + (a_{12}m + a_{22}n)y + a_{13}m + a_{23}n = 0$$

的一次项系数不能全为零.这是因为当

$$a_{11}m + a_{12}n = a_{12}m + a_{22}n = 0$$

时,将有

$$\Phi(m,n) = a_{11}m^2 + 2a_{12}mn + a_{22}n^2 = (a_{11}m + a_{12}n)m + (a_{12}m + a_{22}n)n = 0,$$

这与$m:n$是非渐近方向的假设矛盾.从而可知方程(5.4-1)或方程(5.4-2)或方程(5.4-3)都是一个一次方程,故它们表示的图形都是一条直线,于是证明了该定理.

定义 5.4.1　二次曲线的平行弦中点的轨迹叫作二次曲线的**直径**,它所对应的平行弦,叫作共轭于这条直径的共轭弦,而直径也叫作**共轭于平行弦方向的直径**.

推论　若二次曲线的一族平行弦的斜率为k,则共轭于这族平行弦的直径方程为

$$F_1(x,y) + kF_2(x,y) = 0. \tag{5.4-4}$$

我们从方程(5.4-1)或方程(5.4-4)容易看出,如果

$$F_1(x,y) = a_{11}x + a_{12}y + a_{13} = 0, \tag{5.4-5}$$

$$F_2(x,y) = a_{21}x + a_{22}y + a_{23} = 0 \tag{5.4-6}$$

表示两条不同直线时,方程(5.4-1)或方程(5.4-4)将构成一直线束,当$\dfrac{a_{11}}{a_{12}} \neq \dfrac{a_{12}}{a_{22}}$时为中心直线束;当$\dfrac{a_{11}}{a_{12}} = \dfrac{a_{12}}{a_{22}} \neq \dfrac{a_{13}}{a_{23}}$时为平行直线束.

如果方程(5.4-5)与方程(5.4-6)表示同一直线,这时$\dfrac{a_{11}}{a_{12}} = \dfrac{a_{12}}{a_{22}} = \dfrac{a_{13}}{a_{23}}$,那么方程(5.4-1)或方程(5.4-4)只表示一条直线.

如果方程(5.4-5)与方程(5.4-6)有一个是矛盾方程,比如方程(5.4-5)中$a_{11} = a_{12} = 0$,$a_{13} \neq 0$,这时$\dfrac{a_{11}}{a_{12}} = \dfrac{a_{12}}{a_{22}} \neq \dfrac{a_{13}}{a_{23}}$成立,且方程(5.4-1)或方程(5.4-4)仍表示一平行直线束.

如果方程(5.4-5)与方程(5.4-6)中有一为恒等式,比如方程(5.4-5)中$a_{11} = a_{12} = a_{13} = 0$,这时$\dfrac{a_{11}}{a_{12}} = \dfrac{a_{12}}{a_{22}} = \dfrac{a_{13}}{a_{23}}$成立,且方程(5.4-1)或方程(5.4-4)只表示一条直线.

因此,当$\dfrac{a_{11}}{a_{12}} \neq \dfrac{a_{12}}{a_{22}}$,即二次曲线为中心二次曲线时,它的全部直径属于一个中心直线束,这个直线束的中心就是二次曲线的中心;当$\dfrac{a_{11}}{a_{12}} = \dfrac{a_{12}}{a_{22}} \neq \dfrac{a_{13}}{a_{23}}$,即二次曲线为无心二次曲线时,它的全部直径属于一个平行直线束,它的方向为二次曲线的渐近方向

$$m:n = -a_{12}:a_{11} = -a_{22}:a_{12};$$

当$\dfrac{a_{11}}{a_{12}} = \dfrac{a_{12}}{a_{22}} = \dfrac{a_{13}}{a_{23}}$,即二次曲线为线心二次曲线时,这时二次曲线只有一条直径,它的方程是

$$a_{11}x + a_{12}y + a_{13} = 0 (\text{或 } a_{12}x + a_{22}y + a_{23} = 0),$$

即线心二次曲线的中心直线. 由上讨论我们有下面的结论.

定理 5.4.2 中心二次曲线的直径通过该二次曲线的中心；无心二次曲线的直径平行于该二次曲线的渐近方向；线心二次曲线的直径只有一条,就是该二次曲线的中心直线.

例 5.4.1 求椭圆 $\dfrac{x^2}{a^2} + \dfrac{y^2}{b^2} = 1$ 直径的方程.

解 记 $F(x,y) \equiv \dfrac{x^2}{a^2} + \dfrac{y^2}{b^2} - 1 = 0$,则有

$$F_1(x,y) = \frac{x}{a^2}, \quad F_2(x,y) = \frac{y}{b^2}.$$

所以根据直径方程(5.4-1)可得,共轭于非渐近方向 $m : n$ 的直径方程为

$$\frac{m}{a^2}x + \frac{n}{b^2}y = 0,$$

显然,椭圆的直径有无数多条,且它们都通过椭圆的中心 $(0,0)$.

请读者写出双曲线 $\dfrac{x^2}{a^2} - \dfrac{y^2}{b^2} = 1$ 直径的方程.

例 5.4.2 求抛物线 $y^2 = 2px$ 直径的方程.

解 记 $F(x,y) \equiv y^2 - 2px = 0$,则有

$$F_1(x,y) = -p, \quad F_2(x,y) = y.$$

所以根据直径方程(5.4-1)可得,共轭于非渐近方向 $m : n$ 的直径方程为

$$m(-p) + ny = 0,$$

即

$$y = \frac{m}{n}p,$$

所以抛物线 $y^2 = 2px$ 的直径平行于它的渐近方向 $1 : 0$.

例 5.4.3 求二次曲线 $F(x,y) \equiv x^2 - 2xy + y^2 + 2x - 2y - 3 = 0$ 的共轭于非渐近方向 $m : n$ 的直径.

解 因为 $F_1(x,y) \equiv x - y + 1, F_2(x,y) \equiv -x + y - 1$,所以根据直径方程(5.4-1)可得,共轭于非渐近方向 $m : n$ 的直径方程为

$$m(x - y + 1) + n(-x + y - 1) = 0,$$

即

$$(m - n)(x - y + 1) = 0.$$

又因为已知二次曲线 $F(x,y) = 0$ 的渐近方向为 $m' : n' = 1 : 1$,所以对于非渐近方向 $m : n$ 一定有 $m \neq n$,因此该二次曲线的共轭于非渐近方向 $m : n$ 的直径方程为

$$x - y + 1 = 0,$$

且它只有这一条直径.

2. 共轭方向与共轭直径

我们把二次曲线(5.1-1)与非渐近方向 $m : n$ 共轭的直径方向

$$m' : n' = -(a_{12}m + a_{22}n) : (a_{11}m + a_{12}n), \tag{5.4-7}$$

叫作非渐近方向 $m : n$ 的**共轭方向**,所以有

$$\begin{aligned}
\Phi(m', n') &= a_{11}(a_{12}m + a_{22}n)^2 - 2a_{12}(a_{12}m + a_{22}n)(a_{11}m + a_{12}n) + a_{22}(a_{11}m + a_{12}n)^2 \\
&= (a_{11}a_{22} - a_{12}^2)(a_{11}m^2 + 2a_{12}mn + a_{22}n) \\
&= I_2 \Phi(m, n).
\end{aligned}$$

因为 $m : n$ 为非渐近方向,所以 $\Phi(m, n) \neq 0$,因此,当 $I_2 \neq 0$,即二次曲线为中心二次曲线时,$\Phi(m', n') \neq 0$. 当 $I_2 = 0$,即二次曲线为非中心二次曲线时,$\Phi(m', n') = 0$. 这就是说,中心二次曲线的非渐近方向的共轭方向仍然是非渐近方向,而在非中心二次曲线的情形是渐近方向.

由 (5.4-7) 式得二次曲线的非渐近方向 $m : n$ 与它的共轭方向 $m' : n'$ 之间的关系

$$a_{11}mm' + a_{12}(mn' + m'n) + a_{22}nn' = 0. \tag{5.4-8}$$

从 (5.4-8) 式看出,$m : n$ 方向与 $m' : n'$ 方向是对称的,因此对中心二次曲线来说,非渐近方向 $m : n$ 的共轭方向为非渐近方向 $m' : n'$,而 $m' : n'$ 的共轭方向就是 $m : n$.

定义 5.4.2   中心二次曲线的一对具有相互共轭方向的直径叫作一对**共轭直径**.

设 $\dfrac{n}{m} = k, \dfrac{n'}{m'} = k'$,代入 (5.4-8) 式得

$$a_{22}kk' + a_{12}(k + k') + a_{11} = 0,$$

这就是一对共轭直径的斜率满足的关系式.

例如椭圆 $\dfrac{x^2}{a^2} + \dfrac{y^2}{b^2} = 1$ 的一对共轭直径的斜率 k 与 k' 满足关系 $\dfrac{1}{b^2}kk' + \dfrac{1}{a^2} = 0$,即

$$kk' = -\frac{b^2}{a^2}.$$

而双曲线 $\dfrac{x^2}{a^2} - \dfrac{y^2}{b^2} = 1$ 的一对共轭直径的斜率 k 与 k' 满足关系为 $\dfrac{1}{b^2}kk' - \dfrac{1}{a^2} = 0$,即

$$kk' = \frac{b^2}{a^2}.$$

在 (5.4-8) 式中,如果设 $m : n = m' : n'$,那么有

$$a_{11}m^2 + 2a_{12}mn + a_{22}n^2 = 0,$$

显然,此时 $m : n$ 为二次曲线的渐近方向.因此如果对二次曲线的共轭方向从 (5.4-8) 式作代数的推广,那么渐近方向可以看成与自己共轭的方向,从而渐近线也就可以看成与自己共轭的直径,故中心二次曲线渐近线的方程可以写成

$$mF_1(x, y) + nF_2(x, y) = 0, \tag{5.4-9}$$

其中 $m : n$ 为二次曲线的渐近方向.

习题 5.4

1. 求二次曲线 $3x^2 + 7xy + 5y^2 + 4x + 5y + 1 = 0$ 与直线 $x + y + 1 = 0$ 平行的弦的中点轨迹的方程.

2. 求二次曲线 $3x^2 + 7xy + 5y^2 + 4x + 5y + 1 = 0$ 通过点 $(8, 0)$ 的直径方程,并求出其

共轭直径的方程.

3. 已知抛物线 $y^2 = -8x$,通过点 $(-1,1)$ 引一弦,使它在这点被平分,求该弦所在直线的方程.

4. 证明:通过中心二次曲线中心的直线,一定是中心二次曲线的直径.平行于无心二次曲线渐近方向的直线,一定是无心二次曲线的直径.

5. 求两条二次曲线 $3x^2 - 2xy + 3y^2 + 4x + 4y - 4 = 0$ 与 $2x^2 - 3xy - y^2 + 3x + 2y = 0$ 的公共直径的方程.

5.5　二次曲线的主直径与主方向

定义 5.5.1　二次曲线的垂直于其共轭弦的直径叫作二次曲线的**主直径**,主直径的方向与垂直于主直径的方向都叫作二次曲线的**主方向**.

显然,主直径是二次曲线的对称轴,因此主直径也叫作二次曲线的**轴**,轴与二次曲线的交点叫作二次曲线的**顶点**.

现在我们在直角坐标系 $O\text{-}xy$ 下,求二次曲线(5.1-1)的主方向与主直径.

如果二次曲线(5.1-1)是中心二次曲线,那么与二次曲线(5.1-1)的非渐近方向 $m:n$ 共轭的直径为方程(5.4-1)或方程(5.4-3),设直径的方向为 $m':n'$,那么

$$m':n' = -(a_{12}m + a_{22}n):(a_{11}m + a_{12}n). \tag{5.5-1}$$

根据主方向的定义,$m:n$ 成为主方向的条件是它垂直于它的共轭方向,在直角坐标系 $O\text{-}xy$ 下,由两方向垂直条件可得

$$mm' + nn' = 0 \quad \text{或} \quad m':n' = -n:m. \tag{5.5-2}$$

把方程(5.5-2)代入方程(5.5-1)得

$$m:n = (a_{11}m + a_{12}n):(a_{12}m + a_{22}n),$$

因此 $m:n$ 成为中心二次曲线(5.1-1)的主方向的条件是

$$\begin{cases} a_{11}m + a_{12}n = \lambda m, \\ a_{12}m + a_{22}n = \lambda n \end{cases} \tag{5.5-3}$$

成立,其中 $\lambda \neq 0$,或把它改写成

$$\begin{cases} (a_{11} - \lambda)m + a_{12}n = 0, \\ a_{12}m + (a_{22} - \lambda)n = 0. \end{cases}$$

此式是一个关于 m,n 的齐次线性方程组,且 m,n 不全为零,所以根据定理 1.4.2 的推论 2 可得

$$\begin{vmatrix} a_{11} - \lambda & a_{12} \\ a_{12} & a_{22} - \lambda \end{vmatrix} = 0, \tag{5.5-4}$$

即

$$\lambda^2 - (a_{11} + a_{22})\lambda + (a_{11}a_{22} - a_{12}a_{12}) = 0,$$

亦即

$$\lambda^2 - I_1\lambda + I_2 = 0. \tag{5.5-5}$$

因此对于中心二次曲线来说,只要由方程(5.5-5)解出 λ,再代入方程组(5.5-3)就能得到它

的主方向 $m:n$.

如果二次曲线(5.1-1)是非中心二次曲线,那么它的任何直径的方向总是它的唯一的渐近方向

$$m_1:n_1=-a_{12}:a_{11}=a_{22}:(-a_{12}),$$

而垂直于它的方向显然为

$$m_2:n_2=a_{11}:a_{12}=a_{12}:a_{22},$$

所以非中心二次曲线(5.1-1)的主方向为:

　　渐近主方向:$m_1:n_1=-a_{12}:a_{11}=a_{22}:(-a_{12})$;

　　非渐近主方向:$m_2:n_2=a_{11}:a_{12}=a_{12}:a_{22}$.

如果我们把(5.5-4)式或(5.5-5)式推广到非中心二次曲线,即(5.5-4)式中的 I_2 可取为零值,这样当 $I_2=0$ 时,方程(5.5-5)的两根为

$$\lambda_1=0, \quad \lambda_2=I_1=a_{11}+a_{22},$$

把它代入方程组(5.5-3)所得的主方向,正是非中心二次曲线的渐近主方向与非渐近主方向.

因此,一个方向 $m:n$ 成为二次曲线(5.1-1)的主方向的条件是方程组(5.5-3),即

$$\begin{cases} a_{11}m+a_{12}n=\lambda m, \\ a_{12}m+a_{22}n=\lambda n \end{cases}$$

成立,这里的 λ 是方程(5.5-4)或方程(5.5-5)的根.

定义 5.5.2　我们把二次曲线(5.1-1)所确定的方程(5.5-4)或方程(5.5-5)叫作二次曲线(5.1-1)的**特征方程**,特征方程的根叫作二次曲线(5.1-1)的**特征根**.

定理 5.5.1　二次曲线的特征根都是实数.

证明　因为二次曲线(5.1-1)的特征方程(5.5-5)的判别式

$$\Delta=I_1^2-4I_2=(a_{11}+a_{22})^2-4(a_{11}a_{22}-a_{12}^2)=(a_{11}-a_{22})^2+4a_{12}^2\geqslant 0,$$

所以二次曲线的特征根都是实数.

定理 5.5.2　二次曲线的特征根不能全为零.

证明　如果二次曲线(5.1-1)的特征根全为零,那么由根与系数的关系,结合特征方程(5.5-5)可得

$$I_1=I_2=0,$$

即

$$\begin{cases} a_{11}+a_{22}=0, \\ a_{11}a_{22}-a_{12}^2=0, \end{cases}$$

从而得

$$a_{11}=a_{12}=a_{22}=0,$$

这与二次曲线的定义矛盾,即与二次曲线(5.1-1)中二次项系数 a_{11},a_{12},a_{22} 不全为零相矛盾,所以二次曲线的特征根不能全为零.

定理 5.5.3　若方向 $m:n$ 是二次曲线(5.1-1)的特征根 λ 所确定的主方向,则当 $\lambda\neq 0$ 时,$m:n$ 为二次曲线的非渐近主方向;当 $\lambda=0$ 时,$m:n$ 为二次曲线的渐近主方向.

证明　设方向 $m:n$ 是二次曲线(5.1-1)的特征根 λ 所确定的主方向,则由方程(5.5-3)可

得 $\begin{cases} a_{11}m + a_{12}n = \lambda m, \\ a_{12}m + a_{22}n = \lambda n. \end{cases}$ 由于

$$\Phi(m,n) = a_{11}m^2 + 2a_{12}mn + a_{22}n^2 = (a_{11}m + a_{12}n)m + (a_{12}m + a_{22}n)n,$$

从而

$$\Phi(m,n) = \lambda m^2 + \lambda n^2 = \lambda(m^2 + n^2).$$

又因为 m,n 不全为零,所以当 $\lambda \neq 0$ 时,则必有 $\Phi(m,n) \neq 0$,故此时 $m:n$ 为二次曲线 (5.1-1)的非渐近主方向;当 $\lambda = 0$ 时,则必有 $\Phi(m,n) = 0$,故此时 $m:n$ 为二次曲线(5.1-1)的渐近主方向.

定理 5.5.4　中心二次曲线至少有两条主直径,非中心二次曲线只有一条主直径.

证明　由二次曲线(5.1-1)的特征方程(5.5-5),即

$$\lambda^2 - I_1\lambda + I_2 = 0,$$

解得两特征根为

$$\lambda_{1,2} = \frac{I_1 \pm \sqrt{I_1^2 - 4I_2}}{2}.$$

(1) 当二次曲线(5.1-1)是中心二次曲线,即 $I_2 \neq 0$ 时,如果它的特征方程(5.5-5)的判别式

$$\Delta = I_1^2 - 4I_2 = (a_{11} - a_{22})^2 + 4a_{12}^2 = 0,$$

那么 $a_{11} = a_{22}, a_{12} = 0$,这时的中心二次曲线(5.1-1)为圆(包括点圆和虚圆),它的特征根为一对二重根

$$\lambda_1 = \lambda_2 = a_{11} = a_{22}(\neq 0).$$

把它们代入方程组(5.5-3),即 $\begin{cases} a_{11}m + a_{12}n = \lambda m, \\ a_{12}m + a_{22}n = \lambda n \end{cases}$ 中,则得到两个恒等式,它被任何方向 $m:n$ 所满足,所以任何实方向都是圆的非渐近主方向,从而通过圆心的任何直线不仅都是直径,而且都是圆的主直径,故圆有无数条主直径.

如果它的特征方程(5.5-5)的判别式

$$\Delta = I_1^2 - 4I_2 = (a_{11} - a_{22})^2 + 4a_{12}^2 > 0,$$

那么特征根为两不等的非零实根 λ_1, λ_2. 将它们分别代入方程组(5.5-3)得相应的两个非渐近主方向为

$$m_1 : n_1 = a_{12} : (\lambda_1 - a_{11}) = (\lambda_1 - a_{22}) : a_{12},$$
$$m_2 : n_2 = a_{12} : (\lambda_2 - a_{11}) = (\lambda_2 - a_{22}) : a_{12}.$$

这两主方向相互垂直,从而它们又互相共轭,因此非圆的中心二次曲线有且只有一对互相垂直从而又互相共轭的主直径.

(2) 当二次曲线(5.1-1)是非中心二次曲线,即 $I_2 = 0$ 时,这时它的特征方程(5.5-5)的两特征根分别为

$$\lambda_1 = a_{11} + a_{22}, \quad \lambda_2 = 0.$$

所以它只有一个非渐近的主方向,即与 $\lambda_1 = a_{11} + a_{22}$ 相应的主方向,从而非中心二次曲线只有一条主直径.

例 5.5.1　求二次曲线 $F(x,y) \equiv x^2 - xy + y^2 - 1 = 0$ 的主方向与主直径.

解　因为 $I_1 = 1 + 1 = 2$，$I_2 = \begin{vmatrix} 1 & -\dfrac{1}{2} \\ -\dfrac{1}{2} & 1 \end{vmatrix} = \dfrac{3}{4} \neq 0$，所以该二次曲线是中心二次曲线，

它的特征方程为

$$\lambda^2 - 2\lambda + \frac{3}{4} = 0,$$

解这个方程得到该二次曲线的两个特征根分别为 $\lambda_1 = \dfrac{1}{2}$，$\lambda_2 = \dfrac{3}{2}$.

由特征根 $\lambda_1 = \dfrac{1}{2}$ 确定的主方向为

$$m_1 : n_1 = -\frac{1}{2} : \left(\frac{1}{2} - 1 \right) = -\frac{1}{2} : -\frac{1}{2} = 1 : 1;$$

由特征根 $\lambda_2 = \dfrac{3}{2}$ 确定的主方向为

$$m_2 : n_2 = -\frac{1}{2} : \left(\frac{3}{2} - 1 \right) = -\frac{1}{2} : \frac{1}{2} = -1 : 1.$$

又因为 $F_1(x,y) = x - \dfrac{1}{2}y$，$F_2(x,y) = -\dfrac{1}{2}x + y$，所以由(5.4-1)式可得该二次曲线的主

直径方程分别为

$$\left(x - \frac{1}{2}y \right) + \left(-\frac{1}{2}x + y \right) = 0 \quad \text{与} \quad -\left(x - \frac{1}{2}y \right) + \left(-\frac{1}{2}x + y \right) = 0,$$

即

$$x + y = 0 \quad \text{与} \quad x - y = 0.$$

例 5.5.2　求二次曲线 $F(x,y) \equiv x^2 - 2xy + y^2 - 4x = 0$ 的主方向与主直径.

解　因为 $I_1 = 1 + 1 = 2$，$I_2 = \begin{vmatrix} 1 & -1 \\ -1 & 1 \end{vmatrix} = 0$，所以该二次曲线是非中心二次曲线，它的

特征方程为

$$\lambda^2 - 2\lambda = 0,$$

解得两个特征根分别为 $\lambda_1 = 2$，$\lambda_2 = 0$.

由特征根 $\lambda = 2$ 所确定的非渐近主方向为

$$m_1 : n_1 = -1 : (2 - 1) = -1 : 1;$$

由特征根 $\lambda = 0$ 所确定的渐近主方向为

$$m_2 : n_2 = -1 : (0 - 1) = 1 : 1.$$

又因为 $F_1(x,y) = x - y - 2$，$F_2(x,y) = -x + y$，所以二次曲线唯一的主直径方程为

$$-(x - y - 2) + (-x + y) = 0, \quad \text{即} \quad x - y - 1 = 0.$$

习题 5.5

1. 分别求出椭圆 $\dfrac{x^2}{a^2} + \dfrac{y^2}{b^2} = 1$，双曲线 $\dfrac{x^2}{a^2} - \dfrac{y^2}{b^2} = 1$，抛物线 $y^2 = 2px$ 的主方向与主直径.

2. 求二次曲线 $5x^2+8xy+5y^2-18x-18y+9=0$ 的主方向与主直径.

3. 已知直线 $x+y+1=0$ 是一条二次曲线的主直径(即对称轴),且点 $(0,0)$,$(1,-1)$,$(2,1)$ 在该二次曲线上,求此二次曲线的方程.

4. 证明:二次曲线的两个不同特征根所确定的主方向互相垂直.

5.6　二次曲线方程的化简与分类

这一节,我们将在直角坐标系下,利用直角坐标变换对二次曲线的方程进行化简,使其方程在新坐标系下具有最简形式,然后在此基础上对二次曲线进行分类.

1. 平面直角坐标变换

我们知道,在平面上建立了两个直角坐标系 $O\text{-}xy$(旧坐标系)与 $O'\text{-}x'y'$(新坐标系)后,如果一点的旧坐标与新坐标分别为 (x,y) 与 (x',y'),那么有**移轴公式**

$$\begin{cases} x=x'+x_0, \\ y=y'+y_0, \end{cases} \tag{5.6-1}$$

或

$$\begin{cases} x'=x-x_0, \\ y'=y-y_0, \end{cases}$$

其中 (x_0,y_0) 是新坐标系 $O'\text{-}x'y'$ 的原点 O' 在旧坐标系 $O\text{-}xy$ 下的坐标;还有**转轴公式**为

$$\begin{cases} x=x'\cos\alpha-y'\sin\alpha, \\ y=x'\sin\alpha+y'\cos\alpha, \end{cases} \tag{5.6-2}$$

或

$$\begin{cases} x'=x\cos\alpha+y\sin\alpha, \\ y'=-x\sin\alpha+y\cos\alpha, \end{cases}$$

其中,α 为旧坐标系 $O\text{-}xy$ 的坐标轴绕原点 O 旋转的角度,简称旋转角.

在一般情形,由旧坐标系 $O\text{-}xy$ 变成新坐标系 $O'\text{-}x'y'$,总可以分两步来完成,先移轴使坐标系的原点 O 与新坐标系的原点 O' 重合,变成坐标系 $O'\text{-}x''y''$,然后再由辅助坐标系 $O'\text{-}x''y''$ 绕原点 O' 转角度 α 变成新坐标系 $O'\text{-}x'y'$,如图 5-1 所示.设平面上任意点 P 的旧坐标与新坐标分别为 (x,y) 与 (x',y'),而在辅助坐标系 $O'\text{-}x''y''$ 中的坐标为 (x'',y''),那么由移轴公式

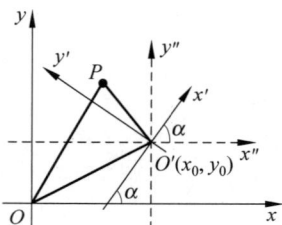

图 5-1　移轴与转轴

(5.6-1)与旋转公式(5.6-2)分别得

$$\begin{cases} x=x''+x_0, \\ y=y''+y_0 \end{cases}$$

与

$$\begin{cases} x''=x'\cos\alpha-y'\sin\alpha, \\ y''=x'\sin\alpha+y'\cos\alpha. \end{cases}$$

由上两式可得**一般坐标变换公式**

$$\begin{cases} x = x'\cos\alpha - y'\sin\alpha + x_0, \\ y = x'\sin\alpha + y'\cos\alpha + y_0, \end{cases} \quad (5.6\text{-}3)$$

由(5.6-3)式解出(x',y'),得到一般坐标变换公式的逆变换公式为

$$\begin{cases} x' = x\cos\alpha + y\sin\alpha - (x_0\cos\alpha + y_0\sin\alpha), \\ y' = -x\sin\alpha + y\cos\alpha - (-x_0\sin\alpha + y_0\cos\alpha). \end{cases} \quad (5.6\text{-}4)$$

平面直角坐标变换公式(5.6-3)与逆变换公式(5.6-4)都是由新坐标系坐标原点在旧坐标系下的坐标(x_0,y_0)与坐标轴的旋转角α所决定的.

在坐标变换下,平面上曲线的方程一般将要改变,但是如果曲线方程$F(x,y)=0$的左端$F(x,y)$是一个多项式,其次数为n,那么通过一般坐标变换公式(5.6-3),所得到的它的新方程$F'(x',y')=0$的左端$F'(x',y')$将仍然是一个多项式,而且它的次数n'不变,即$n'=n$.这是因为一般坐标变换公式(5.6-3)的右端是一个一次式,把它代入$F(x,y)$得到的$F'(x',y')$将仍然是一个多项式,而且它的次数$n'\leqslant n$;反过来,通过一般坐标变换公式的逆变换公式(5.6-4),把$F'(x',y')$变回到$F(x,y)$,而一般坐标变换公式的逆变换公式(5.6-4)的右端也是一个一次式,从而$F(x,y)$的次数$n\leqslant n'$.于是$n'=n$,即$F'(x',y')$的次数与$F(x,y)$的次数相等.

我们把多项式$F(x,y)$构成的方程$F(x,y)=0$叫作**代数方程**,而由它所表示的曲线叫作**代数曲线**;方程$F(x,y)=0$的次数叫作**曲线的次数**,若$F(x,y)=0$的次数是n,则把此代数曲线叫作 **n次曲线**.上面指出的这个曲线的性质,是曲线的固有性质,它与坐标系的选择无关.

2. 利用平面直角坐标变换化简二次曲线方程

在平面上,对于坐标变换而言,它是只改变坐标系的位置而图形的形状和大小皆不变;而对于点变换而言,它是坐标系不变而只改变图形的位置(形状大小皆不变).事实上,这二者的结果是完全一致的.如图 5-2(a)(坐标变换),图 5-2(b)(点变换),图形L对坐标系O'-$x'y'$的方程与L'对坐标系O-xy的方程是一致的.

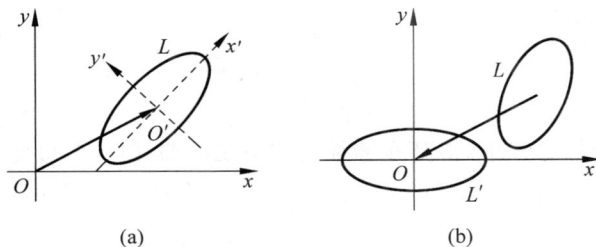

图 5-2　坐标变换与点变换

从变换公式来看,在坐标变换中,将坐标原点移至$O'(x_0,y_0)$,再将坐标轴旋转α角的坐标变换公式为

$$\begin{cases} x = x'\cos\alpha - y'\sin\alpha + x_0, \\ y = x'\sin\alpha + y'\cos\alpha + y_0, \end{cases}$$

其中(x,y)是一点在旧坐标系下的坐标,(x',y')是同一点在新坐标系下的坐标.

而坐标轴不动,将图形沿方向$(-x_0,-y_0)$作平移的点变换公式为

$$T_1:\begin{cases}\bar{x}=x-x_0,\\ \bar{y}=y-y_0,\end{cases}$$

其中(x,y)是原像点在坐标系 $O\text{-}xy$ 下的坐标,$(\bar{x},\bar{y})$是像点在同一坐标系 $O\text{-}xy$ 下的坐标.

再将平移后的图形绕坐标系原点作旋转变换,旋转角为$-\alpha$,变换公式为

$$T_2:\begin{cases}x'=\bar{x}\cos(-\alpha)-\bar{y}\sin(-\alpha),\\ y'=\bar{x}\sin(-\alpha)+\bar{y}\cos(-\alpha),\end{cases}$$

其中$(\bar{x},\bar{y})$与(x',y')是作旋转变换后原像点与像点在同一坐标系 $O\text{-}xy$ 的坐标.作这两个变换的乘积,得

$$T_2\cdot T_1:\begin{cases}x'=(x-x_0)\cos(-\alpha)-(y-y_0)\sin(-\alpha),\\ y'=(x-x_0)\sin(-\alpha)+(y-y_0)\cos(-\alpha),\end{cases}$$

即

$$T_2\cdot T_1:\begin{cases}x'=(x-x_0)\cos\alpha+(y-y_0)\sin\alpha,\\ y'=-(x-x_0)\sin\alpha+(y-y_0)\cos\alpha.\end{cases} \tag{5.6-5}$$

我们可以看出,上述复合变换(5.6-5)是由一般坐标变换公式(5.6-3)解出 x',y' 的结果,实际上(5.6-3)式与(5.6-5)式本质上是同一公式,因此在图 5-2(a)中图形 L 关于坐标系 $O'\text{-}x'y'$ 的方程与图 5-2(b)中的图形 L' 关于坐标系 $O\text{-}xy$ 的方程是完全一样的.

根据以上讨论,我们可以将坐标变换公式,理解为方向相反的点变换公式,因此利用坐标变换给一般二次曲线所作的分类,完全可以理解为利用点变换所作的分类.

下面讨论利用平面直角坐标变换化简二次曲线方程.设二次曲线的方程为(5.1-1)式,我们要选取一个适当的坐标系,也就是要确定一个坐标变换,使得二次曲线(5.1-1)在新坐标系下的方程最为简单,这就是**二次曲线方程的化简**.为此,我们必须了解在坐标变换下二次曲线方程的系数是怎样变化的.因为一般坐标变换是由移轴与转轴组成,所以我们分别考察在移轴与转轴下,二次曲线方程(5.1-1)的系数的变化规律.

如果把移轴公式(5.6-1),即

$$\begin{cases}x=x'+x_0,\\ y=y'+y_0\end{cases}$$

代入二次曲线(5.1-1)的方程中,得到在移轴公式下二次曲线(5.1-1)变化所得的新方程为

$$F(x'+x_0,y'+y_0)\equiv a_{11}(x'+x_0)^2+2a_{12}(x'+x_0)(y'+y_0)+$$
$$a_{22}(y'+y_0)^2+2a_{13}(x'+x_0)+2a_{23}(y'+y_0)+a_{33}$$
$$=0,$$

化简整理后,不妨记为

$$a'_{11}x'^2+2a'_{12}x'y'+a'_{22}y'^2+2a'_{13}x'+2a'_{23}y'+a'_{33}=0,$$

其中

$$\begin{cases} a'_{11}=a_{11}, a'_{12}=a_{12}, a'_{22}=a_{22}, \\ a'_{13}=a_{11}x_0+a_{12}y_0+a_{13}=F_1(x_0,y_0), \\ a'_{23}=a_{12}x_0+a_{22}y_0+a_{23}=F_2(x_0,y_0), \\ a'_{33}=a_{11}x_0^2+2a_{12}x_0y_0+a_{22}y_0^2+2a_{12}x_0+2a_{23}y_0+a_{33}=F(x_0,y_0). \end{cases} \tag{5.6-6}$$

因此在移轴公式(5.6-1)下，二次曲线方程(5.1-1)的系数的变化规律如下：

（1）二次项系数不变；

（2）一次项系数变为 $2F_1(x_0,y_0)$ 与 $2F_2(x_0,y_0)$；

（3）常数项变为 $F(x_0,y_0)$.

因为当点 (x_0,y_0) 是二次曲线(5.1-1)的中心时，有

$$F_1(x_0,y_0)=0,\quad F_2(x_0,y_0)=0,$$

所以当二次曲线(5.1-1)是有心二次曲线时，作移轴，可以使坐标原点与二次曲线(5.1-1)的中心重合，则在新坐标系下二次曲线(5.1-1)的新方程中的一次项将会消失.

如果把转轴公式(5.6-2)，即

$$\begin{cases} x=x'\cos\alpha-y'\sin\alpha, \\ y=x'\sin\alpha+y'\cos\alpha \end{cases}$$

代入二次曲线(5.1-1)的方程中，得到在转轴公式下二次曲线(5.1-1)变化后所得的新方程，不妨仍记为

$$a'_{11}x'^2+2a'_{12}x'y'+a'_{22}y'^2+2a'_{13}x'+2a'_{23}y'+a'_{33}=0,$$

其中

$$\begin{cases} a'_{11}=a_{11}\cos^2\alpha+2a_{12}\sin\alpha\cos\alpha+a_{22}\sin^2\alpha, \\ a'_{12}=(a_{22}-a_{11})\sin\alpha\cos\alpha+a_{12}(\cos^2\alpha-\sin^2\alpha), \\ a'_{22}=a_{11}\sin^2\alpha-2a_{12}\sin\alpha\cos\alpha+a_{22}\cos^2\alpha, \\ a'_{13}=a_{13}\cos\alpha+a_{23}\sin\alpha, \\ a'_{23}=-a_{13}\sin\alpha+a_{23}\cos\alpha, \\ a'_{33}=a_{33}. \end{cases} \tag{5.6-7}$$

因此在转轴公式(5.6-2)下，二次曲线方程(5.1-1)的系数的变化规律如下：

（1）二次项系数一般要变

新方程的二次项系数仅与原方程的二次项系数及旋转角 α 有关，而与一次项系数及常数项无关.

（2）一次项系数一般要变

新方程的一次项系数仅与原方程的一次项系数及旋转角 α 有关，而与二次项系数及常数项无关，如果我们从

$$\begin{cases} a'_{13}=a_{13}\cos\alpha+a_{23}\sin\alpha, \\ a'_{23}=-a_{13}\sin\alpha+a_{23}\cos\alpha \end{cases}$$

中解出 a_{13},a_{23} 得

$$\begin{cases} a_{13}=a'_{13}\cos\alpha-a'_{23}\sin\alpha, \\ a_{23}=a'_{13}\sin\alpha+a'_{23}\cos\alpha, \end{cases}$$

那么可以进一步看到，在转轴下，二次曲线方程(5.1-1)的一次项系数 a_{13},a_{23} 的变化规律

与点的坐标 x,y 的变化规律完全一样:当原方程有一次项时,通过转轴不能完全消去一次项,当原方程无一次项时,通过转轴也不会产生一次项.

(3) 常数项不变

在二次曲线方程(5.1-1)里,如果 $a_{12}\neq0$,我们往往使用转轴使二次曲线方程(5.1-1)变化后所得的新方程中的 $a'_{12}=0$. 为此,我们只要取旋转角 α,使得

$$a'_{12}=(a_{22}-a_{11})\sin\alpha\cos\alpha+a_{12}(\cos^2\alpha-\sin^2\alpha)=0$$

即可.

由 $a'_{12}=(a_{22}-a_{11})\sin\alpha\cos\alpha+a_{12}(\cos^2\alpha-\sin^2\alpha)=0$ 可得

$$(a_{22}-a_{11})\sin2\alpha+2a_{12}\cos2\alpha=0^{①},$$

所以

$$\cot2\alpha=\frac{a_{11}-a_{22}}{2a_{12}}. \tag{5.6-8}$$

因为余切的值可以是任意的实数,所以总有 α 满足上式,也就是说总可以经过适当地转动坐标轴,消去二次曲线方程(5.1-1)中的 xy 项.

例 5.6.1   化简二次曲线方程 $x^2+4xy+4y^2+12x-y+1=0$,并画出它的图形.

解   因为二次曲线的方程含有 xy 项,因此我们总可以先通过旋转坐标系消去 xy 项. 设旋转角为 α,那么由公式(5.6-8),可得

$$\cot2\alpha=\frac{a_{11}-a_{22}}{2a_{12}}=-\frac{3}{4},\quad 即\quad \frac{1-\tan^2\alpha}{2\tan\alpha}=-\frac{3}{4},$$

所以

$$2\tan^2\alpha-3\tan\alpha-2=0,$$

从而得

$$\tan\alpha=-\frac{1}{2}\quad 或\quad \tan\alpha=2.$$

不妨取 $\tan\alpha=2^{②}$,那么 $\sin\alpha=\frac{2\sqrt5}{5},\cos\alpha=\frac{\sqrt5}{5}$,从而转轴公式为

$$\begin{cases}x=\dfrac{1}{\sqrt5}(x'-2y'),\\[2mm]x=\dfrac{1}{\sqrt5}(2x'+y').\end{cases}$$

将此转轴公式代入二次曲线原方程化简整理得转轴后的新方程为

$$5x'^2+2\sqrt5\,x'-5\sqrt5\,y'+1=0.$$

利用配方可把上式化为

$$\left(x'+\frac{\sqrt5}{5}\right)^2-\sqrt5\,y'=0,$$

再作移轴变换

---

① 这里的 $\sin2\alpha\neq0$,否则将有 $a_{12}=0$,这与假设矛盾.

② 如果取 $\tan\alpha=-\dfrac{1}{2}$,同样能消去 xy 项. 以后只需取其中一个值进行即可.

$$
\begin{cases}
x' = x'' - \dfrac{\sqrt{5}}{5}, \\
y' = y'',
\end{cases}
$$

则曲线方程便可进一步化为最简形式

$$
x''^{2} - \sqrt{5}\,y'' = 0,
$$

或写成标准方程为

$$
x''^{2} = \sqrt{5}\,y''.
$$

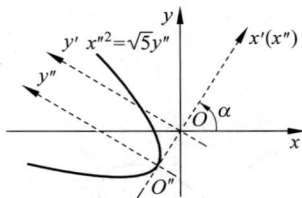

图 5-3　二次曲线(抛物线)化简图示

这是一条抛物线的方程,且该抛物线的顶点是新坐标系 $O''\text{-}x''y''$ 的原点,对称轴是 y'' 轴,开口向 y'' 轴的正方向. 所以原二次曲线的图形可以根据它在新坐标系 $O''\text{-}x''y''$ 下的标准方程作出,它的图形如图 5-3 所示[①].

利用坐标变换化简二次曲线的方程,如果曲线有中心,也可以先移轴再转轴.

例 5.6.2　化简二次曲线方程 $x^{2} - xy + y^{2} + 2x - 4y = 0$,并画出它的图形.

解　因为 $I_{2} = \begin{vmatrix} 1 & -\dfrac{1}{2} \\ -\dfrac{1}{2} & 1 \end{vmatrix} = 1 - \dfrac{1}{4} = \dfrac{3}{4} \neq 0$,所以该二次曲线是中心二次曲线,它的中心方程组为

$$
\begin{cases}
F_{1}(x,y) = x - \dfrac{1}{2}y + 1 = 0, \\
F_{2}(x,y) = -\dfrac{1}{2}x + y - 2 = 0.
\end{cases}
$$

解得二次曲线的中心坐标是 $x = 0, y = 2$,取点 $(0,2)$ 作为新坐标系的原点,作移轴

$$
\begin{cases}
x = x', \\
y = y' + 2
\end{cases}
$$

变换后,二次曲线原方程可变为

$$
x'^{2} - x'y' + y'^{2} - 4 = 0. \tag{1}
$$

再作转轴变换消去(1)式中的 $x'y'$ 项,由公式(5.6-8),可得

$$
\cot 2\alpha = \frac{a_{11} - a_{22}}{2a_{12}} = 0,
$$

从而可取 $\alpha = \dfrac{\pi}{4}$,则转轴公式为

$$
\begin{cases}
x' = \dfrac{\sqrt{2}}{2}x'' - \dfrac{\sqrt{2}}{2}y'', \\
y' = \dfrac{\sqrt{2}}{2}x'' + \dfrac{\sqrt{2}}{2}y'',
\end{cases}
$$

将其代入方程(1),化简整理得二次曲线方程的最简形式为

---

①　作图形时把原坐标系画成实线,新坐标系画成虚线,并注意保证图形位置的相对准确性.

$$\frac{1}{2}x''^2 + \frac{3}{2}y''^2 - 4 = 0,$$

或写成标准形式

$$\frac{x''^2}{8} + \frac{y''^2}{\frac{8}{3}} = 1.$$

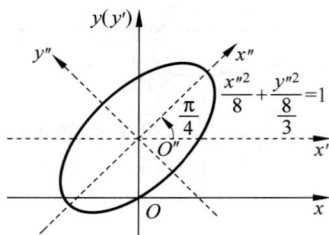

图 5-4 二次曲线(椭圆)
化简图示

这是一个椭圆的方程,且该椭圆的中心是新坐标系 $O''\text{-}x''y''$ 的原点,对称轴是 x'' 轴与 y'' 轴,且焦点在 x'' 轴上.所以原二次曲线的图形可以根据它在新坐标系 $O''\text{-}x''y''$ 中的标准方程作出,它的图形如图 5-4 所示.

例 5.6.3 化简二次曲线方程

$$x^2 - 3xy + y^2 + 10x - 10y + 21 = 0,$$

并画出它的图形.

解 因为二次曲线的方程含有 xy 项,因此我们总可以先通过旋转坐标系消去原方程中的 xy 项.设旋转角为 α,

$$\cot 2\alpha = \frac{a_{11} - a_{22}}{2a_{12}} = 0$$

从而可取 $\alpha = \frac{\pi}{4}$,则有转轴公式

$$\begin{cases} x = \frac{\sqrt{2}}{2}x' - \frac{\sqrt{2}}{2}y', \\ y = \frac{\sqrt{2}}{2}x' + \frac{\sqrt{2}}{2}y', \end{cases}$$

将其代入原二次曲线方程,化简整理得转轴后的新方程为

$$x'^2 - 5y'^2 - 20\sqrt{2}\,y' - 42 = 0.$$

利用配方可把此式化简为

$$x'^2 - 5(y' - 2\sqrt{2})^2 - 2 = 0,$$

再作移轴

$$\begin{cases} x' = x'', \\ y' = y'' + 2\sqrt{2}, \end{cases}$$

则二次曲线方程便可进一步化简为最简形式

$$x''^2 - 5y''^2 - 2 = 0,$$

或写成标准方程为

$$\frac{x''^2}{2} - \frac{y''^2}{\frac{2}{5}} = 1.$$

这是一条双曲线的方程,此双曲线的中心是新坐标系 $O''\text{-}x''y''$ 的原点,实轴是 x'' 轴,虚轴是 y'' 轴.原方程的图形可以根据它在新坐标系 $O''\text{-}x''y''$ 中的标准方程作出,它的图形如

图 5-5 所示.

由前三个例题可以看出,利用转轴公式(5.6-2)消去二次曲线方程中的交叉项 xy,它的一个几何意义,就是把坐标轴旋转到与二次曲线的对称轴平行的位置;而利用移轴公式(5.6-1)消去二次曲线方程中的一次项 x 与 y,它的一个几何意义,就是把旧坐标系 $O\text{-}xy$ 的原点 O 移到二次曲线的中心位置.

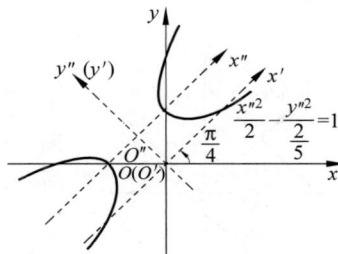

图 5-5 二次曲线(双曲线)化简图示

因此,上面介绍的通过转轴变换公式(5.6-2)与移轴变换公式(5.6-1)来化简二次曲线方程的方法,实际上是把坐标轴变到与该二次曲线的对称轴重合的位置;如果是中心二次曲线,就把坐标原点变到与该二次曲线的中心重合;如果是无心二次曲线,就把坐标原点变到与该二次曲线的顶点重合;如果是线心二次曲线,就可以把坐标原点变到与该二次曲线的任何一个中心重合.下面再看一个例题.

例 5.6.4 化简二次曲线方程 $x^2-2xy+y^2+2x-2y-3=0$,并画出它的图形.

解 因为二次曲线方程中含有 xy 项,所以我们总可以先通过转轴变换消去 xy 项.设旋转角为 α,那么由公式(5.6-8)可得

$$\cot 2\alpha=\frac{a_{11}-a_{22}}{2a_{12}}=0,$$

从而可取 $\alpha=\dfrac{\pi}{4}$,故转轴公式为

$$\begin{cases} x=\dfrac{\sqrt{2}}{2}x'-\dfrac{\sqrt{2}}{2}y' \\ y=\dfrac{\sqrt{2}}{2}x'+\dfrac{\sqrt{2}}{2}y'. \end{cases}$$

将此转轴公式代入二次曲线方程,化简整理得转轴后的新方程为

$$2y'^2-2\sqrt{2}y'-3=0.$$

利用配方可把上式化为

$$2\left(y'-\frac{\sqrt{2}}{2}\right)^2-4=0,$$

即

$$\left(y'-\frac{\sqrt{2}}{2}\right)^2=2,$$

再作移轴

$$\begin{cases} x'=x'', \\ y'=y''+\dfrac{\sqrt{2}}{2}, \end{cases}$$

则曲线方程便可进一步化为最简形式

$$y''^2=2,$$

即

$$y'' = \sqrt{2} \quad \text{或} \quad y'' = -\sqrt{2}.$$

它们是两条平行直线的方程,这是在新坐标系 $O''\text{-}x''y''$ 下平行于 x'' 轴且到 x'' 轴距离为 $\sqrt{2}$ 的两条直线,所以原方程的图形可以根据它在新坐标系 $O''\text{-}x''y''$ 下的标准方程作出,它的图形如图 5-6 所示.

由例 5.6.1~例 5.6.4 可以看出,对于给定的一般二元二次方程所对应的一条二次曲线,如果重新建立较为恰当的直角坐标系,那么该二次曲线在新坐标系下的方程就具有较为简单的形式. 一般来说,我们有如下定理.

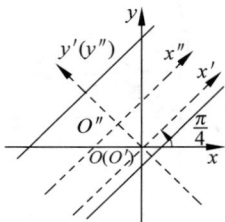

图 5-6   二次曲线(平行线)
化简图示

定理 5.6.1   适当选取直角坐标系,二次曲线的方程总可以化成下列 3 个简化方程中的一个:

(1) $a_{11}x^2 + a_{22}y^2 + a_{33} = 0, a_{11}a_{22} \neq 0$;   (5.6-9)

(2) $a_{22}y^2 + 2a_{13}x = 0, a_{22}a_{13} \neq 0$;   (5.6-10)

(3) $a_{22}y^2 + a_{33} = 0, a_{22} \neq 0$.   (5.6-11)

证明   根据二次曲线是中心二次曲线、无心二次曲线与线心二次曲线 3 种情况来讨论.

(1) 当二次曲线是中心二次曲线时,取它的一对既共轭又互相垂直的主直径作为坐标轴、中心作为坐标原点建立直角坐标系. 为了讨论的方便,我们不妨设二次曲线在这样的坐标系下的方程仍然为(5.1-1),即

$$a_{11}x^2 + 2a_{12}xy + a_{22}y^2 + 2a_{13}x + 2a_{23}y + a_{33} = 0^{①},$$

因为这时原点就是二次曲线的中心,所以由定理 5.2.1 的推论可知 $a_{13} = a_{23} = 0$.

其次,二次曲线的两条主直径(即坐标轴)的方向为 $1:0$ 与 $0:1$,它们互相共轭,因此根据(5.4-8)式,即

$$a_{11}mm' + a_{12}(mn' + m'n) + a_{22}nn' = 0,$$

可得 $a_{12} = 0$,所以二次曲线的方程为

$$a_{11}x^2 + a_{22}y^2 + a_{33} = 0, \quad a_{11}a_{22} \neq 0.$$

(2) 当二次曲线是无心二次曲线时,取它的唯一主直径作为 x 轴,而过顶点(即主直径与曲线的交点)且以非渐近主方向为方向的直线(即过顶点垂直于主直径的直线)为 y 轴,顶点为坐标原点,建立直角坐标系. 设这时二次曲线在这样的坐标系下的方程仍然为(5.1-1),即

$$a_{11}x^2 + 2a_{12}xy + a_{22}y^2 + 2a_{13}x + 2a_{23}y + a_{33} = 0.$$

因为这时主直径的共轭方向为 $m:n = 0:1$,所以主直径的方程为

$$a_{12}x + a_{22}y + a_{23} = 0,$$

它就是 x 轴,即与直线 $y = 0$ 重合,所以 $a_{12} = a_{23} = 0, a_{22} \neq 0$.

又因为顶点是坐标原点,所以 $(0,0)$ 满足曲线方程,从而 $a_{33} = 0$. 其次,由于二次曲线是无心二次曲线,所以

$$\frac{a_{11}}{a_{12}} = \frac{a_{12}}{a_{22}} \neq \frac{a_{13}}{a_{23}},$$

---

①   二次曲线方程在坐标变换之下的次数不变.

而 $a_{12}=0,a_{22}\neq 0$,所以有 $a_{11}=0,a_{13}\neq 0$.故该二次曲线的方程为

$$a_{22}y^2+2a_{13}x=0,\quad a_{22}a_{13}\neq 0.$$

(3) 当二次曲线是线心二次曲线时,取它的中心直线(即曲线的唯一直径也是主直径)作为 x 轴,任意垂直于它的直线作为 y 轴,建立直角坐标系.设这时二次曲线在这样的坐标系下的方程仍然为(5.1-1),即

$$a_{11}x^2+2a_{12}xy+a_{22}y^2+2a_{13}x+2a_{23}y+a_{33}=0.$$

因为二次曲线是线心二次曲线,所以它的中心直线的方程是

$$a_{11}x+a_{12}y+a_{13}=0 \quad 与 \quad a_{12}x+a_{22}y+2a_{23}=0$$

中的任何一个,第二个方程表示 x 轴的条件为

$$a_{12}=a_{23}=0,\quad a_{22}\neq 0.$$

而第一个方程在 $a_{12}=0$ 的条件下,不可能再表示 x 轴,所以它必须是恒等式,因而有 $a_{11}=a_{13}=0$,所以该二次曲线的方程为

$$a_{22}y^2+a_{33}=0,\quad a_{22}\neq 0.$$

由例 5.6.4 可知,一条二次曲线居然可以是两条平行直线!那么二次曲线除我们熟悉的圆、椭圆、双曲线、抛物线,以及例 5.6.4 中的两条平行直线外,它还会有其他形式吗?

我们可以根据定理 5.6.1 给出的二次曲线的三种简单方程系数的各种不同情况,写出二次曲线的各种标准方程,从而得出二次曲线的分类.

3. 二次曲线方程的分类

第一种情形:当二次曲线是中心二次曲线时,即二次曲线的简单方程为(5.6-9),于是

$$a_{11}x^2+a_{22}y^2+a_{33}=0,\quad a_{11}a_{22}\neq 0.$$

当 $a_{33}\neq 0$ 时,那么方程(5.6-9)可化为

$$Ax^2+By^2=1,$$

其中 $A=-\dfrac{a_{11}}{a_{33}},B=-\dfrac{a_{22}}{a_{33}}$.

(1) 如果 $A>0,B>0$,那么设 $A=\dfrac{1}{a^2},B=\dfrac{1}{b^2}$,于是得方程

$$\frac{x^2}{a^2}+\frac{y^2}{b^2}=1; \qquad\qquad 椭圆$$

(2) 如果 $A<0,B<0$,那么设 $A=-\dfrac{1}{a^2},B=-\dfrac{1}{b^2}$,于是得方程

$$\frac{x^2}{a^2}+\frac{y^2}{b^2}=-1; \qquad\qquad 虚椭圆$$

(3) 如果 A 与 B 异号,那么不失一般性,假设 $A>0,B<0$(在相反情况下,只要把 x 轴与 y 轴对调),设 $A=\dfrac{1}{a^2},B=-\dfrac{1}{b^2}$,于是得方程

$$\frac{x^2}{a^2}-\frac{y^2}{b^2}=1; \qquad\qquad 双曲线$$

当 $a_{33}=0$ 时,则方程(5.6-9)变为

$$a_{11}x^2 + a_{22}y^2 = 0, \quad a_{11}a_{22} \neq 0.$$

(4) 如果 a_{11} 与 a_{22} 同号,可以假设 $a_{11}>0$, $a_{22}>0$(在相反情况下,只要在方程两边同时变号),再设 $a_{11}=\dfrac{1}{a^2}$, $a_{22}=\dfrac{1}{b^2}$,于是得方程

$$\frac{x^2}{a^2} + \frac{y^2}{b^2} = 0; \qquad\qquad 点或称为两相交于实点的共轭虚直线$$

(5) 如果 a_{11} 与 a_{22} 异号,类似地可以得到方程

$$\frac{x^2}{a^2} - \frac{y^2}{b^2} = 0; \qquad\qquad\qquad 两相交直线$$

第二种情形：当二次曲线是无心二次曲线时,即二次曲线的简单方程为(5.6-10),于是

$$a_{22}y^2 + 2a_{13}x = 0, \quad a_{22}a_{13} \neq 0.$$

(6) 设 $-\dfrac{a_{13}}{a_{22}}=p$,则方程(5.6-10)可以改写成

$$y^2 = 2px, \qquad\qquad\qquad\qquad 抛物线$$

第三种情形：当二次曲线是线心二次曲线时,即二次曲线的简单方程为(5.6-11),于是

$$a_{22}y^2 + a_{33} = 0, \quad a_{22} \neq 0.$$

当 $a_{33} \neq 0$ 时,方程(5.6-11)可以改写成

$$y^2 = -\frac{a_{33}}{a_{22}}.$$

(7) 当 a_{33} 与 a_{22} 同号,设 $\dfrac{a_{33}}{a_{22}}=a^2$,于是得到方程

$$y^2 = -a^2; \qquad\qquad\qquad\qquad 两平行共轭虚直线$$

(8) 如果 a_{33} 与 a_{22} 异号,设 $-\dfrac{a_{33}}{a_{22}}=a^2$,于是得到方程

$$y^2 = a^2; \qquad\qquad\qquad\qquad 两平行实直线$$

(9) 当 $a_{33}=0$ 时,得到方程

$$y^2 = 0. \qquad\qquad\qquad\qquad 两重合实直线$$

于是,我们就得到下面的定理.

定理 5.6.2   通过适当地选取坐标系,二次曲线的方程总可以写成下面 9 种标准方程中的一种形式：

(1) $\dfrac{x^2}{a^2} + \dfrac{y^2}{b^2} = 1;$ $\qquad\qquad\qquad\qquad\qquad$ 椭圆

(2) $\dfrac{x^2}{a^2} + \dfrac{y^2}{b^2} = -1;$ $\qquad\qquad\qquad\qquad$ 虚椭圆

(3) $\dfrac{x^2}{a^2} - \dfrac{y^2}{b^2} = 1;$ $\qquad\qquad\qquad\qquad\qquad$ 双曲线

(4) $\dfrac{x^2}{a^2} + \dfrac{y^2}{b^2} = 0;$ $\qquad\qquad$ 点或称为两相交于实点的共轭虚直线

(5) $\dfrac{x^2}{a^2}-\dfrac{y^2}{b^2}=0$;　　　　　　　　　　　　　　两相交直线

(6) $y^2=2px$;　　　　　　　　　　　　　　　　　　　抛物线

(7) $y^2=a^2$;　　　　　　　　　　　　　　　　　　　两平行直线

(8) $y^2=-a^2$;　　　　　　　　　　　　　　　　　　两平行共轭虚直线

(9) $y^2=0$.　　　　　　　　　　　　　　　　　　　　两重合直线

所以,在欧几里得平面上,二次曲线的图形可分为如上 9 类.

在 5.1 节中,根据二次曲线(5.1-1)的系数,引入了一些记号,其中某些记号在坐标变换下具有一些相应的性质,比如如下定理就给出了 I_1,I_2,I_3 在坐标变换下的性质.

定理 5.6.3　二次曲线(5.1-1)的 I_1,I_2,I_3 在直角坐标变换下不变.

证明　因为直角坐标变换(5.6-3)总可以分成移轴(5.6-1)与转轴(5.6-2)两步来完成,因此本定理的证明也就分成移轴与转轴两步来完成.

首先证明在移轴(5.6-1)下,二次曲线(5.1-1)的 I_1,I_2,I_3 是不变的:

根据(5.6-6)式可知,在移轴下二次曲线(5.1-1)的二次项系数不变,即

$$a'_{11}=a_{11},\quad a'_{12}=a_{12},\quad a'_{22}=a_{22},$$

所以

$$I'_1=a'_{11}+a'_{22}=a_{11}+a_{22}=I_1,$$

$$I'_2=\begin{vmatrix} a'_{11} & a'_{12} \\ a'_{12} & a'_{22} \end{vmatrix}=\begin{vmatrix} a_{11} & a_{12} \\ a_{12} & a_{22} \end{vmatrix}=I_2,$$

所以 I_1,I_2 是不变的. 利用 1.4 节的性质 1.4.7,可得

$$I'_3=\begin{vmatrix} a'_{11} & a'_{12} & a'_{13} \\ a'_{12} & a'_{22} & a'_{23} \\ a'_{13} & a'_{23} & a'_{33} \end{vmatrix}=\begin{vmatrix} a_{11} & a_{12} & a_{11}x_0+a_{12}y_0+a_{13} \\ a_{12} & a_{22} & a_{12}x_0+a_{22}y_0+a_{23} \\ a_{11}x_0+a_{12}y_0+a_{13} & a_{12}x_0+a_{22}y_0+a_{23} & F(x_0,y_0) \end{vmatrix}$$

$$=\begin{vmatrix} a_{11} & a_{12} & a_{13} \\ a_{12} & a_{22} & a_{23} \\ a_{11}x_0+a_{12}y_0+a_{13} & a_{12}x_0+a_{22}y_0+a_{23} & a_{13}x_0+a_{23}y_0+a_{33} \end{vmatrix}$$

$$=\begin{vmatrix} a_{11} & a_{12} & a_{13} \\ a_{12} & a_{22} & a_{23} \\ a_{13} & a_{23} & a_{33} \end{vmatrix}=I_3.$$

所以 I_3 也是不变的.

请读者证明在转轴(5.6-2)下,二次曲线(5.1-1)的 I_1,I_2,I_3 是不变的.

🐞 **议一议**　二次曲线(5.1-1)的 K_1 在直角坐标变换下的不变性.

对于二次曲线(5.1-1)的方程,我们可以利用移轴变换与转轴变换将其化简,从而可以判断该二次曲线的类型,进而能够较为准确地作出该二次曲线的图形.但如果只是为了判断二次曲线(5.1-1)的类型,我们也可以利用二次曲线(5.1-1)的 I_1,I_2,I_3,K_1 来化简该方程,从而对该二次曲线进行类型判断,具体内容可以参见参考文献[5].

习题 5.6

1. 利用移轴变换与转轴变换,化简下列二次曲线的方程,指出它们是什么曲线,并画出它们的图形:

(1) $5x^2 + 4xy + 2y^2 - 24x - 12y + 18 = 0$；　　(2) $x^2 + 2xy + y^2 - 4x + y - 1 = 0$；

(3) $5x^2 + 12xy - 22x - 12y - 19 = 0$；　　(4) $4x^2 - 4xy + y^2 + 4x - 2y = 0$.

2. 证明:中心二次曲线 $hx^2 + 2kxy + hy^2 = l$ 的两条主直径方程为 $x^2 - y^2 = 0$,该二次曲线的两半轴的长分别是

$$\sqrt{\frac{l}{|h+k|}} \quad \text{与} \quad \sqrt{\frac{l}{|h-k|}}.$$

3. 证明:二次曲线
$$a_{11}x^2 + 2a_{12}xy + a_{22}y^2 + 2a_{13}x + 2a_{23}y + a_{33} = 0$$
的 K_1 在移轴变换下一般要变,而在转轴变换下不变.

第 6 章

一般二次曲面

我们在第 2 章轨迹与方程中,讨论了曲面方程的求法,并得到了球面与圆柱面的方程,在第 4 章中研究了柱面、锥面、旋转曲面以及椭球面、双曲面与抛物面等常见曲面.这些曲面都是二次曲面,除这些二次曲面外,是否还有其他的二次曲面呢? 如果有,它们具有哪些性质? 我们如何进行研究呢? 本章我们主要对一般二次曲面进行讨论,让大家对全体二次曲面有一个较为完整与全面的了解和认识.

6.1   一般二次曲面的一些相关概念

1. 二次曲面的定义及其基本概念

在空间中,取定了空间直角坐标系 $O\text{-}xyz$ 之后,空间中的点就可以与三元有序数组 (x,y,z) 建立起一一对应关系.在此基础上,我们就可以进一步把研究空间中曲面的几何问题,归结为研究其方程的代数问题,从而为"用代数的方法研究空间曲面"创造了条件.

从几何直观上,我们把建立了空间直角坐标系 $O\text{-}xyz$ 的空间叫作**三维欧几里得空间**,简称**三维欧氏空间**,记为 $\mathbb{R}^3$.对于欧几里得空间从数学角度的确切定义,在以后的学习中会给出,具体相关内容可以查阅查考文献[3].

定义 6.1.1   在三维欧几里得空间中,由三元二次方程

$$a_{11}x^2 + a_{22}y^2 + a_{33}z^2 + 2a_{12}xy + 2a_{13}xz + 2a_{23}yz + 2a_{14}x + 2a_{24}y + 2a_{34}z + a_{44} = 0$$

$$(6.1\text{-}1)$$

所表示的曲面叫作三维欧几里得空间中的**一般二次曲面**,简称**二次曲面**,方程(6.1-1)叫作三维欧几里得空间中**二次曲面的方程**.

在二次曲面的方程(6.1-1)中,系数 a_{ij} 为实数,在 xy,xz,yz,x,y,z 项的系数都添加了 2 倍是为了后续讨论方便,且二次项系数 $a_{11},a_{12},a_{13},a_{22},a_{23},a_{33}$ 中至少有一个不为零.

本章我们将讨论二次曲面的几何性质及其方程的化简,最后讨论其分类.在讨论中,主要将从讨论直线与二次曲面的位置关系问题入手,来认识二次曲面的某些几何性质.为了求出直线与二次曲面的交点,就必须涉及解二次方程组的问题,但是二次方程组的根可能是虚数,因此,在这里我们将像代数中引进虚数把实数扩充成复数那样,在空间中引进虚元素.下面简单介绍一下有关虚元素的问题.

我们知道,当在空间中建立了直角坐标系 $O\text{-}xyz$ 后,有序实数对 (x,y,z) 就表示空间

中的一个点,如果 x,y,z 中至少有一个是虚数时,我们仍然认为有序数对(x,y,z)仍表示空间中的一个点,这样的点我们把它叫作空间中的**虚点**,而有序数对(x,y,z)叫作这个虚点的坐标. 相应地,我们把坐标是三个实数的点叫作空间中的一个**实点**. 如果两个虚点的对应坐标都是共轭复数,那么这两点叫作一对**共轭虚点**,实点与虚点统称为**复点**. 必须指出,由于共轭复数的和是实数,所以联结两个共轭虚点的线段的中点是实点.

当空间中引进了虚点后,我们仍然可以讨论向量、直线等概念. 例如:设 $P_1(x_1,y_1,z_1)$ 与 $P_2(x_2,y_2,z_2)$ 为空间中的两个复点,那么我们把坐标为$(x_2-x_1,y_2-y_1,z_2-z_1)$的向量叫作以 P_1 为起点、P_2 为终点的**复向量**,仍记为 $\overrightarrow{P_1P_2}$. 如果向量的坐标 x_2-x_1,y_2-y_1,z_2-z_1 中至少有一个是虚数时,我们就把它叫作**虚向量**. 如果点 $P(x,y,z)$ 的坐标满足表达式

$$x=\frac{x_1+\lambda x_2}{1+\lambda},\quad y=\frac{y_1+\lambda y_2}{1+\lambda},\quad z=\frac{z_1+\lambda z_2}{1+\lambda},$$

其中 λ 是复数,我们就称**点 P 分线段 P_1P_2 成定比λ**,我们仍把点

$$P\left(\frac{x_1+x_2}{2},\frac{y_1+y_2}{2},\frac{z_1+z_2}{2}\right)$$

叫作线段 P_1P_2 的中点. 又把

$$\begin{cases} x=x_1+(x_2-x_1)t, \\ y=y_1+(y_2-y_1)t, \\ z=z_1+(z_2-z_1)t \end{cases}$$

叫作由两点 $P_1(x_1,y_1,z_1)$ 与 $P_2(x_2,y_2,z_2)$ 决定的直线的坐标式参数方程,其中 t 是参数,它可以为任意的复数. 消去参数 t 得到的方程

$$\frac{x-x_1}{x_2-x_1}=\frac{y-y_1}{y_2-y_1}=\frac{z-z_1}{z_2-z_1},$$

叫作直线的标准式方程.

在空间中引进了虚点后,二次曲面的方程中可能会出现虚系数,不过我们在本书中讨论问题时,为了方便,就只考虑实系数的二次曲面方程. 但是,由于引进了虚数,实系数方程(6.1-1)所表示的曲面上也将含有很多虚点,甚至有的实系数方程所表示的二次曲面上全部都是虚点而没有实点.

为了讨论和记忆的方便,我们引进下面的一些记号:

$$F(x,y,z) \equiv a_{11}x^2 + a_{22}y^2 + a_{33}z^2 + 2a_{12}xy + 2a_{13}xz + 2a_{23}yz + 2a_{14}x +$$
$$2a_{24}y + 2a_{34}z + a_{44};$$
$$F_1(x,y,z) \equiv a_{11}x + a_{12}y + a_{13}z + a_{14}{}^{①};$$
$$F_2(x,y,z) \equiv a_{12}x + a_{22}y + a_{23}z + a_{24};$$
$$F_3(x,y,z) \equiv a_{13}x + a_{23}y + a_{33}z + a_{34};$$

---

① 为了便于记忆,可以借助偏导数的记号:

$$F_1(x,y,z)=\frac{1}{2}\frac{\partial F(x,y,z)}{\partial x},\quad F_2(x,y,z)=\frac{1}{2}\frac{\partial F(x,y,z)}{\partial y},\quad F_3(x,y,z)=\frac{1}{2}\frac{\partial F(x,y,z)}{\partial z}.$$

$$F_4(x,y,z) \equiv a_{14}x + a_{24}y + a_{34}z + a_{44};$$

$$\Phi(x,y,z) \equiv a_{11}x^2 + a_{22}y^2 + a_{33}z^2 + 2a_{12}xy + 2a_{13}xz + 2a_{23}yz;$$

$$\Phi_1(x,y,z) \equiv a_{11}x + a_{12}y + a_{13}z^{①};$$

$$\Phi_2(x,y,z) \equiv a_{12}x + a_{22}y + a_{23}z;$$

$$\Phi_3(x,y,z) \equiv a_{13}x + a_{23}y + a_{33}z;$$

$$\Phi_4(x,y,z) \equiv a_{14}x + a_{24}y + a_{34}z.$$

这样我们容易验证下面的恒等式成立

$$F(x,y,z) \equiv xF_1(x,y,z) + yF_2(x,y,z) + zF_3(x,y,z) + F_4(x,y,z),$$

$$\Phi(x,y,z) \equiv x\Phi_1(x,y,z) + y\Phi_2(x,y,z) + z\Phi_3(x,y,z).$$

(6.1-1)式也就可以写成

$$F(x,y,z) \equiv xF_1(x,y,z) + yF_2(x,y,z) + zF_3(x,y,z) + F_4(x,y,z) = 0.$$

若二次曲面 S 的方程是(6.1-1)式,则可以利用例 1.4.3 后面的请读者验证如下三个矩阵的乘积

$$(x \quad y \quad z \quad 1)\begin{pmatrix} a_{11} & a_{12} & a_{13} & a_{14} \\ a_{12} & a_{22} & a_{23} & a_{24} \\ a_{13} & a_{23} & a_{33} & a_{34} \\ a_{14} & a_{24} & a_{34} & a_{44} \end{pmatrix}\begin{pmatrix} x \\ y \\ z \\ 1 \end{pmatrix}.$$

的结果是

$$a_{11}x^2 + a_{22}y^2 + a_{33}z^2 + 2a_{12}xy + 2a_{13}xz + 2a_{23}yz + 2a_{14}x + 2a_{24}y + 2a_{34}z + a_{44}.$$

从而可将方程(6.1-1)写成如下形式

$$(x \quad y \quad z \quad 1)\begin{pmatrix} a_{11} & a_{12} & a_{13} & a_{14} \\ a_{12} & a_{22} & a_{23} & a_{24} \\ a_{13} & a_{23} & a_{33} & a_{34} \\ a_{14} & a_{24} & a_{34} & a_{44} \end{pmatrix}\begin{pmatrix} x \\ y \\ z \\ 1 \end{pmatrix} = 0,$$

上式中的矩阵

$$A = \begin{pmatrix} a_{11} & a_{12} & a_{13} & a_{14} \\ a_{12} & a_{22} & a_{23} & a_{24} \\ a_{13} & a_{23} & a_{33} & a_{34} \\ a_{14} & a_{24} & a_{34} & a_{44} \end{pmatrix}$$

叫作二次曲面 S 的**矩阵**.如果其矩阵的行列式 $|A| \neq 0$,那么把二次曲面 S 叫作**非退化的**,否则二次曲面 S 叫作**退化的**.

多项式 $\Phi(x,y,z)$ 的系数所组成的矩阵

---

① 为了便于记忆,可以借助偏导数的记号:

$$\Phi_1(x,y,z) = \frac{1}{2}\frac{\partial \Phi(x,y,z)}{\partial x}, \quad \Phi_2(x,y,z) = \frac{1}{2}\frac{\partial \Phi(x,y,z)}{\partial y}, \quad \Phi_3(x,y,z) = \frac{1}{2}\frac{\partial \Phi(x,y,z)}{\partial z}.$$

$$\boldsymbol{B} = \begin{pmatrix} a_{11} & a_{12} & a_{13} \\ a_{12} & a_{22} & a_{23} \\ a_{13} & a_{23} & a_{33} \end{pmatrix}$$

叫作 $\Phi(x,y,z)$ 的矩阵. 显然,二次曲面(6.1-1)的矩阵 $\boldsymbol{A}$ 的第一、第二、第三行与第四行,或第一、第二、第三列与第四列的元素分别是四个多项式

$$F_1(x,y,z),F_2(x,y,z),F_3(x,y,z),F_4(x,y,z)$$

的 x,y,z 系数和常数项.

为了后续的研究方便,我们还常常引用下面的符号:

$$I_1 = a_{11} + a_{22} + a_{33},$$

$$I_2 = \begin{vmatrix} a_{11} & a_{12} \\ a_{12} & a_{22} \end{vmatrix} + \begin{vmatrix} a_{11} & a_{13} \\ a_{13} & a_{23} \end{vmatrix} + \begin{vmatrix} a_{22} & a_{23} \\ a_{23} & a_{33} \end{vmatrix}, \quad I_3 = \begin{vmatrix} a_{11} & a_{12} & a_{13} \\ a_{12} & a_{22} & a_{23} \\ a_{13} & a_{23} & a_{33} \end{vmatrix},$$

$$I_4 = \begin{vmatrix} a_{11} & a_{12} & a_{13} & a_{14} \\ a_{12} & a_{22} & a_{23} & a_{24} \\ a_{13} & a_{23} & a_{33} & a_{34} \\ a_{14} & a_{24} & a_{34} & a_{44} \end{vmatrix},$$

$$K_1 = \begin{vmatrix} a_{11} & a_{14} \\ a_{14} & a_{44} \end{vmatrix} + \begin{vmatrix} a_{22} & a_{24} \\ a_{24} & a_{44} \end{vmatrix} + \begin{vmatrix} a_{33} & a_{34} \\ a_{34} & a_{44} \end{vmatrix},$$

$$K_2 = \begin{vmatrix} a_{11} & a_{12} & a_{14} \\ a_{12} & a_{22} & a_{24} \\ a_{14} & a_{24} & a_{44} \end{vmatrix} + \begin{vmatrix} a_{11} & a_{13} & a_{14} \\ a_{13} & a_{33} & a_{34} \\ a_{14} & a_{34} & a_{44} \end{vmatrix} + \begin{vmatrix} a_{22} & a_{23} & a_{24} \\ a_{23} & a_{33} & a_{34} \\ a_{24} & a_{34} & a_{44} \end{vmatrix}.$$

2. 二次曲面与直线的相关位置

现在来讨论方程为(6.1-1)的二次曲面 S 与过点 (x_0,y_0,z_0) 且具有方向 $m:n:p$ 的直线 l

$$\begin{cases} x = x_0 + mt, \\ y = y_0 + nt, \\ z = z_0 + pt \end{cases} \tag{6.1-2}$$

的位置关系.

为了讨论二次曲面 S 与直线 l 的位置关系,我们来求它们的交点.

把(6.1-2)式代入(6.1-1)式,经过整理,得到一个关于 t 的形式上的二次方程

$(a_{11}m^2 + a_{22}n^2 + a_{33}p^2 + 2a_{12}mn + 2a_{13}mp + 2a_{23}np)t^2 + 2[(a_{11}x_0 + a_{12}y_0 + a_{13}z_0 + a_{14})m + (a_{12}x_0 + a_{22}y_0 + a_{23}z_0 + a_{24})n + (a_{13}x_0 + a_{23}y_0 + a_{33}z_0 + a_{34})p]t + a_{11}x_0^2 + a_{22}y_0^2 + a_{33}z_0^2 + 2a_{12}x_0y_0 + 2a_{13}x_0z_0 + 2a_{23}y_0z_0 + 2a_{14}x_0 + 2a_{24}y_0 + 2a_{34}z_0 + a_{44} = 0,$

利用前面引进的记号,上式可写成

$$\Phi(m,n,p)t^2 + 2[F_1(x_0,y_0,z_0)m + F_2(x_0,y_0,z_0)n + F_3(x_0,y_0,z_0)p]t + F(x_0,y_0,z_0) = 0.$$
$$(6.1\text{-}3)$$

对于方程(6.1-3),我们分以下两种情况来讨论:

(1) 当 $\Phi(m,n,p) \neq 0$ 时,这时(6.1-3)式是关于 t 的二次方程,我们根据它的判别式

$$\Delta = 4\{[F_1(x_0,y_0,z_0)m + F_2(x_0,y_0,z_0)n + F_3(x_0,y_0,z_0)p]^2 - \Phi(m,n,p)F(x_0,y_0,z_0)\}$$
$$(6.1\text{-}4)$$

又分为如下 3 种情况:

① 当 $\Delta > 0$ 时,方程(6.1-3)有两个不相等的实根 t_1 与 t_2,即这时直线 l 与二次曲面 S 有两个不同的实交点;

② 当 $\Delta = 0$ 时,方程(6.1-3)有两个相等的实根 t_1 与 t_2,即这时直线 l 与二次曲面 S 有两个相互重合的实交点;

③ 当 $\Delta < 0$ 时,方程(6.1-3)有两个共轭的虚根,即这时直线 l 与二次曲面 S 有两个共轭的虚交点.

(2) 当 $\Phi(m,n,p) = 0$ 时,则方程(6.1-3)变为如下的一个关于 t 的形式上的一次方程

$$2[F_1(x_0,y_0,z_0)m + F_2(x_0,y_0,z_0)n + F_3(x_0,y_0,z_0)p]t + F(x_0,y_0,z_0) = 0.$$
$$(6.1\text{-}3')$$

这时我们仍需要分 3 种情况来进行讨论:

① 当 $F_1(x_0,y_0,z_0)m + F_2(x_0,y_0,z_0)n + F_3(x_0,y_0,z_0)p \neq 0$ 时,方程(6.1-3')是关于 t 的一次方程,它有唯一的一个实根,即这时直线 l 与二次曲面 S 有唯一的实交点;

② 当 $F_1(x_0,y_0,z_0)m + F_2(x_0,y_0,z_0)n + F_3(x_0,y_0,z_0)p = 0$,而 $F(x_0,y_0,z_0) \neq 0$ 时,方程(6.1-3')为矛盾方程,即方程(6.1-3')无解,即这时直线 l 与二次曲面 S 没有交点;

③ 当 $F_1(x_0,y_0,z_0)m + F_2(x_0,y_0,z_0)n + F_3(x_0,y_0,z_0)p = 0$,且 $F(x_0,y_0,z_0) = 0$ 时,方程(6.1-3')是一个恒等式,它能被任何值的 t 所满足,即这时直线 l 上的一切点都是直线 l 与二次曲面 S 的公共点,也就是说直线 l 全部在二次曲面 S 上,成为该二次曲面的一部分.

由直线 l 与二次曲面 S 相关位置的情况,我们给出下面的定义.

定义 6.1.2 如果直线 l 与二次曲面 S 有两个不同的交点,或直线 l 与二次曲面 S 只有一个实交点,那么把直线 l 叫作与二次曲面 S **相交**,并把有两个不同的交点时的直线 l 叫作与二次曲面 S 的一条**割线**;如果直线 l 与二次曲面 S 有两个重合的实交点,那么把直线 l 叫作与二次曲面 S **相切**,且直线 l 叫作二次曲面 S 的一条**切线**;如果直线 l 与二次曲面 S 没有交点,那么把直线 l 叫作与二次曲面 S **相离**.

习题 6.1

1. 写出下列二次曲面的

$$F_1(x,y,z),F_2(x,y,z),F_3(x,y,z),F_4(x,y,z),$$

$$\Phi(x,y,z),\Phi_1(x,y,z),\Phi_2(x,y,z),\Phi_3(x,y,z),\Phi_4(x,y,z)$$

以及二次曲面的矩阵 A 与多项式 $\Phi(x,y,z)$ 的矩阵 B：

(1) $2x^2+y^2-2z^2-xy-6x+8y-4=0$；　　(2) $\dfrac{x^2}{a^2}+\dfrac{y^2}{b^2}+\dfrac{z^2}{c^2}=1$.

2. 判断二次曲面 $2x^2+y^2-2z^2-xy-6x+8y-4=0$ 与直线 $\begin{cases} x=1-t, \\ y=2t, \\ z=2+t \end{cases}$ 的相关位置；

若相交或相切，请求出交点坐标.

3. 讨论二次曲面 $x^2+y^2-z^2-1=0$ 与直线 $\begin{cases} x=t, \\ y=1, \\ z=-t \end{cases}$ 的相关位置.

6.2　二次曲面的渐近方向与中心

1. 二次曲面的渐近方向

由 6.1 节的讨论可知，当二次曲面(6.1-1)与过点 (x_0,y_0,z_0) 且具有方向 $m:n:p$ 的直线

$$\begin{cases} x=x_0+mt, \\ y=y_0+nt, \\ z=z_0+pt \end{cases}$$

满足条件

$$\Phi(m,n,p)=a_{11}m^2+a_{22}n^2+a_{33}p^2+2a_{12}mn+2a_{13}mp+2a_{23}np=0 \quad (6.2\text{-}1)$$

时，直线(6.1-2)与二次曲面(6.1-1)或者只有一个实交点，或者没有交点，或者直线(6.1-2)整体在二次曲面(6.1-1)上，成为二次曲面的组成部分. 满足方程(6.2-1)的方向 $m:n:p$ 是二次曲面(6.1-1)的一个特殊方向，为此给出如下的定义.

定义 6.2.1　满足条件 $\Phi(m,n,p)=0$ 的方向 $m:n:p$ 叫作二次曲面(6.1-1)的**渐近方向**，否则叫作二次曲面(6.1-1)的**非渐近方向**.

现在讨论通过任意给定的点 (x_0,y_0,z_0) 且以二次曲面(6.1-1)的任意渐近方向 $m:n:p$ 为方向的直线(6.1-2)上点的轨迹是什么几何图形？

因为渐近方向 $m:n:p$ 满足条件(6.2-1)式，即

$$\Phi(m,n,p)=a_{11}m^2+a_{22}n^2+a_{33}p^2+2a_{12}mn+2a_{13}mp+2a_{23}np=0,$$

所以过点 (x_0,y_0,z_0) 且以渐近方向 $m:n:p$ 为方向的一切直线上的异于点 (x_0,y_0,z_0) 的点 (x,y,z) 都满足

$$(x-x_0):(y-y_0):(z-z_0)=m:n:p,$$

由于 $\Phi(m,n,p)=0$，即(6.2-1)式是一个二次齐次方程，从而有

$$\Phi(x-x_0,y-y_0,z-z_0)=0,$$

即

$$a_{11}(x-x_0)^2+a_{22}(y-y_0)^2+a_{33}(z-z_0)^2+2a_{12}(x-x_0)(y-y_0)+$$

$$2a_{13}(x-x_0)(z-z_0)+2a_{23}(y-y_0)(z-z_0)=0.$$

该方程是一个关于 $x-x_0,y-y_0,z-z_0$ 的二次齐次方程,所以由定理 4.2.1 的推论可知,该方程所表示的曲面是一个以点 (x_0,y_0,z_0) 为顶点的锥面.故过点 (x_0,y_0,z_0) 且以二次曲面(6.1-1)的任意渐近方向 $m:n:p$ 为方向的直线(6.1-2)上点的轨迹是一个锥面,且该锥面上的每一条直母线的方向都是二次曲面(6.1-1)的渐近方向.显然,过锥面顶点的非直母线的方向都是二次曲面(6.1-1)的非渐近方向.

2. 二次曲面的中心

由定义 6.2.1 可知,当直线(6.1-2)的方向 $m:n:p$ 是二次曲面(6.1-1)的非渐近方向,即

$$\Phi(m,n,p)=a_{11}m^2+a_{22}n^2+a_{33}p^2+2a_{12}mn+2a_{13}mp+2a_{23}np\neq 0$$

时,直线(6.1-2)与二次曲面(6.1-1)总交于两个点(两个不同的实交点,两个重合的实交点,或一对共轭的虚交点),我们把由这两点决定的线段叫作二次曲面的**弦**.

定义 6.2.2 如果点 M_0 是二次曲面的通过该点的所有弦的中点,那么点 M_0 叫作二次曲面的中心.

由定义 6.2.2 可知,二次曲面的中心是二次曲面的对称中心,且当点 $M_0(x_0,y_0,z_0)$ 为二次曲面(6.1-1)的中心时,过点 $M_0(x_0,y_0,z_0)$ 且以二次曲面(6.1-1)的任意非渐近方向 $m:n:p$ 为方向的直线(6.1-2)与二次曲面(6.1-1)交于两点 M_1,M_2,点 $M_0(x_0,y_0,z_0)$ 就是弦 M_1M_2 的中点.因此将(6.1-2)式代入(6.1-1)式得

$$\Phi(m,n,p)t^2+2[F_1(x_0,y_0,z_0)m+F_2(x_0,y_0,z_0)n+F_3(x_0,y_0,z_0)p]t+F(x_0,y_0,z_0)=0,$$

从而有

$$t_1+t_2=0,$$

即

$$F_1(x_0,y_0,z_0)m+F_2(x_0,y_0,z_0)n+F_3(x_0,y_0,z_0)p=0. \tag{6.2-2}$$

因为 $m:n:p$ 是任意非渐近方向,所以(6.2-2)式是关于 $m:n:p$ 的恒等式,从而有

$$F_1(x_0,y_0,z_0)=F_2(x_0,y_0,z_0)=F_3(x_0,y_0,z_0)=0.$$

反过来,满足上面三式的点 $M_0(x_0,y_0,z_0)$,显然是二次曲面(6.1-1)的中心.这样我们就得到了下面的定理.

定理 6.2.1 点 $M_0(x_0,y_0,z_0)$ 是二次曲面(6.1-1)中心的充要条件为

$$\begin{cases} F_1(x_0,y_0,z_0)=a_{11}x_0+a_{12}y_0+a_{13}z_0+a_{14}=0, \\ F_2(x_0,y_0,z_0)=a_{12}x_0+a_{22}y_0+a_{23}z_0+a_{24}=0, \\ F_3(x_0,y_0,z_0)=a_{13}x_0+a_{23}y_0+a_{33}z_0+a_{34}=0. \end{cases}$$

推论 坐标原点是二次曲面(6.1-1)中心的充要条件为二次曲面方程里不含一次项 x, y,z.

由定理 6.2.1 可知,二次曲面(6.1-1)的中心坐标是由方程组

$$\begin{cases} F_1(x,y,z)=a_{11}x+a_{12}y+a_{13}z+a_{14}=0, \\ F_2(x,y,z)=a_{12}x+a_{22}y+a_{23}z+a_{24}=0, \\ F_3(x,y,z)=a_{13}x+a_{23}y+a_{33}z+a_{34}=0 \end{cases} \tag{6.2-3}$$

所决定的,我们把方程组(6.2-3)叫作二次曲面(6.1-1)的**中心方程组**.

二次曲面(6.1-1)有无中心,依赖于它的中心方程组(6.2-3)是否有解,由定理 1.4.5 可知,线性方程组(6.2-3)的解的情况是根据它的系数矩阵与增广矩阵

$$\boldsymbol{B} = \begin{pmatrix} a_{11} & a_{12} & a_{13} \\ a_{12} & a_{22} & a_{23} \\ a_{13} & a_{23} & a_{33} \end{pmatrix}, \quad \overline{\boldsymbol{B}} = \begin{pmatrix} a_{11} & a_{12} & a_{13} & -a_{14} \\ a_{12} & a_{22} & a_{23} & -a_{24} \\ a_{13} & a_{23} & a_{33} & -a_{34} \end{pmatrix}$$

的秩 $\mathrm{r}(\boldsymbol{B}) = r_1$ 与 $\mathrm{r}(\overline{\boldsymbol{B}}) = r_2$ 之间的关系来判定,具体情况如下:

(1) 如果 $r_1 = r_2 = 3$,那么方程组(6.2-3)有唯一解,因此这时二次曲面(6.1-1)有唯一中心,且中心的坐标就是方程组(6.2-3)的解.

(2) 如果 $r_1 = r_2 = 2$,那么方程组(6.2-3)有无数多个解,而这些解可以用一个参数来线性表示,因此这时二次曲面(6.1-1)有无数多个中心,这些中心构成一条直线.

(3) 如果 $r_1 = r_2 = 1$,那么方程组(6.2-3)也有无数多个解,而这些解可以用两个参数来线性表示,因此这时二次曲面(6.1-1)有无数多个中心,这些中心构成一个平面.

(4) 如果 $r_1 \neq r_2$,那么方程组(6.2-3)无解,因此这时二次曲面(6.1-1)无中心.

定义 6.2.3   有唯一中心的二次曲面叫作**中心二次曲面**;没有中心的二次曲面叫作**无心二次曲面**;有无数中心且它们构成一条直线的二次曲面叫作**线心二次曲面**,且这条直线叫作该二次曲面的中心线;有无数中心且它们构成一个平面的二次曲面叫作**面心二次曲面**,且这个平面叫作该二次曲面的中心平面;二次曲面中的无心二次曲面、线心二次曲面与面心二次曲面统称为**非中心二次曲面**.

二次曲面按中心可分成中心二次曲面与非中心二次曲面两种类型,而非中心二次曲面包含了无心二次曲面、线心二次曲面与面心二次曲面这 3 种曲面.

根据定义 6.2.3 与方程组(6.2-3),我们可得如下定理.

定理 6.2.2   二次曲面(6.1-1)是中心二次曲面的充要条件为 $I_3 \neq 0$;二次曲面(6.1-1)是非中心二次曲面的充要条件为 $I_3 = 0$.

例 6.2.1   判断椭球面 $\dfrac{x^2}{a^2} + \dfrac{y^2}{b^2} + \dfrac{z^2}{c^2} = 1$ 是否为中心二次曲面? 若是中心二次曲面,求出其中心坐标.

解   令 $F(x, y, z) \equiv \dfrac{x^2}{a^2} + \dfrac{y^2}{b^2} + \dfrac{z^2}{c^2} - 1$,则有

$$I_3 = \begin{vmatrix} \dfrac{1}{a^2} & 0 & 0 \\ 0 & \dfrac{1}{b^2} & 0 \\ 0 & 0 & \dfrac{1}{c^2} \end{vmatrix} = \dfrac{1}{a^2 b^2 c^2} \neq 0,$$

所以椭球面是中心二次曲面.

由它的中心方程组

$$\begin{cases} F_1(x,y,z)=\dfrac{1}{a^2}x=0,\\[2mm] F_2(x,y,z)=\dfrac{1}{b^2}y=0,\\[2mm] F_3(x,y,z)=\dfrac{1}{c^2}z=0 \end{cases}$$

解得该曲面的中心坐标是$(0,0,0)$.

请读者分别求出单叶双曲面$\dfrac{x^2}{a^2}+\dfrac{y^2}{b^2}-\dfrac{z^2}{c^2}=1$与双叶双曲面$\dfrac{x^2}{a^2}+\dfrac{y^2}{b^2}-\dfrac{z^2}{c^2}=-1$的中心坐标,并判断是否与 4.5 节中单叶双曲面与双叶双曲面的中心都是坐标原点的结论相一致?

例 6.2.2　判断抛物面$\dfrac{x^2}{a^2}\pm\dfrac{y^2}{b^2}=2z$是否为中心二次曲面?

解　令$F(x,y,z)\equiv\dfrac{x^2}{a^2}\pm\dfrac{y^2}{b^2}-2z$,则有

$$I_3=\begin{vmatrix} \dfrac{1}{a^2} & 0 & 0\\[2mm] 0 & \pm\dfrac{1}{b^2} & 0\\[2mm] 0 & 0 & 0 \end{vmatrix}=0,$$

所以抛物面是非中心二次曲面.又因为$F_3(x,y,z)=-1$,所以它的中心方程组中有矛盾的方程,即$F_3(x,y,z)=-1\neq0$,从而抛物面为无心二次曲面.

例 6.2.3　判断圆柱面$x^2+y^2=R^2$是否为中心二次曲面?

解　令$F(x,y,z)\equiv x^2+y^2-R^2$,则有

$$I_3=\begin{vmatrix} 1 & 0 & 0\\ 0 & 1 & 0\\ 0 & 0 & 0 \end{vmatrix}=0,$$

所以圆柱面是非中心二次曲面.但由中心方程组

$$\begin{cases} F_1(x,y,z)=x=0,\\ F_2(x,y,z)=y=0,\\ F_3(x,y,z)=0, \end{cases}$$

可解得该曲面有一条中心直线

$$\begin{cases} x=0,\\ y=0. \end{cases}$$

故此圆柱面是线心二次曲面,它的中心直线就是它的对称轴z轴.

习题 6.2

判断下列二次曲面是中心二次曲面、无心二次曲面、线心二次曲面还是面心二次曲面:

(1) $x^2+y^2+z^2+2xy+6xz-2yz+2x-6y-2z=0$;

(2) $5x^2+9y^2+9z^2-12xy-6xz+12x-36z=0$;

(3) $4x^2+y^2+9z^2-4xy+12xz-6yz+8x-4y+12z-5=0$;

(4) $x^2+4y^2+5z^2+4xy-12x+6y-9=0$;

(5) $2x^2+5y^2+2z^2-2xy+4xz-2yz+14x-16y+14z+25=0$.

6.3 二次曲面的切线与切平面

由 6.1 节与 6.2 节讨论得到,当直线(6.1-2)的方向 $m:n:p$ 为二次曲面(6.1-1)的非渐近方向,即当

$$\Phi(m,n,p)=a_{11}m^2+a_{22}n^2+a_{33}p^2+2a_{12}mn+2a_{13}mp+2a_{23}np\neq 0$$

时,直线(6.1-2)与二次曲面(6.1-1)总交于两个点,即有两个不同的实交点,或有两个重合的实交点,或有一对共轭的虚交点.这 3 种情况中的直线(6.1-2)与二次曲面(6.1-1)有两个重合的实交点,是一种尤为特殊的位置关系,在 6.1 节的定义 6.1.2 中已给出,此时的直线是二次曲面的切线.本节将讨论二次曲面的切线方程与切平面方程的求法.

定义 6.3.1 如果直线是二次曲面的切线,那么把切线与二次曲面相互重合的这个交点叫作**切点**.特别地,如果直线全部在二次曲面上,我们也把它叫作二次曲面的切线,直线上的每一个点都可以看作切点.

由此定义 6.3.1 可知,如果二次曲面上有直线,那么这类直线都是该二次曲面的切线.

现在我们来求经过二次曲面(6.1-1)上点(x_0,y_0,z_0)处的切线方程.

因为通过点(x_0,y_0,z_0)处的直线方程总可写成

$$\begin{cases} x=x_0+mt, \\ y=y_0+nt, \\ z=z_0+pt, \end{cases}$$

那么根据前面的讨论,容易知道直线(6.1-2)成为二次曲面(6.1-1)的切线的条件如下:

(1) 当 $\Phi(m,n,p)\neq 0$ 时,直线(6.1-2)成为二次曲面(6.1-1)的切线的条件是

$$\Delta=4\{[F_1(x_0,y_0,z_0)m+F_2(x_0,y_0,z_0)n+F_3(x_0,y_0,z_0)p]^2-\Phi(m,n,p)F(x_0,y_0,z_0)\}$$
$$=0. \tag{6.3-1}$$

又因为点(x_0,y_0,z_0)在二次曲面(6.1-1)上,所以 $F(x_0,y_0,z_0)=0$,从而(6.3-1)式可以化为

$$F_1(x_0,y_0,z_0)m+F_2(x_0,y_0,z_0)n+F_3(x_0,y_0,z_0)p=0.$$

(2) 当 $\Phi(m,n,p)=0$ 时,直线(6.1-2)成为二次曲面(6.1-1)切线的条件除 $F(x_0,y_0,z_0)=0$ 外,唯一的条件仍然是

$$F_1(x_0,y_0,z_0)m+F_2(x_0,y_0,z_0)n+F_3(x_0,y_0,z_0)p=0.$$

综上,把 $\Phi(m,n,p)\neq 0$ 与 $\Phi(m,n,p)=0$ 这两种情况统一起来,我们得到如下结论.

通过二次曲面(6.1-1)上点(x_0,y_0,z_0)处的直线(6.1-2)是该二次曲面在这个点处的切线的充要条件是

$$F_1(x_0,y_0,z_0)m+F_2(x_0,y_0,z_0)n+F_3(x_0,y_0,z_0)p=0. \tag{6.3-2}$$

因此通过二次曲面(6.1-1)上点(x_0,y_0,z_0)处,且以满足条件(6.3-2)的方向 $m:n:p$ 为方向向量的直线(6.1-2)都是二次曲面(6.1-1)的切线.

对于条件(6.3-2),可能会出现如下两种情形:

(1) 如果 $F_1(x_0,y_0,z_0), F_2(x_0,y_0,z_0), F_3(x_0,y_0,z_0)$ 不全为零,那么由(6.1-2)式可得

$$m : n : p = (x-x_0):(y-y_0):(z-z_0),$$

将其代入(6.3-2)式得

$$(x-x_0)F_1(x_0,y_0,z_0)+(y-y_0)F_2(x_0,y_0,z_0)+(z-z_0)F_3(x_0,y_0,z_0)=0,$$

$$(6.3\text{-}3)$$

显然,(6.3-3)式是一个一次方程,因此由定理 3.1.1 可知,通过二次曲面(6.1-1)上点 (x_0,y_0,z_0) 处的所有切线构成一个平面.

对这个由所有切线构成的平面给出如下的定义.

定义 6.3.2   通过二次曲面上一点处的所有切线构成的平面叫作二次曲面的**切平面**,这个点也叫作**切点**.

(2) 如果 $F_1(x_0,y_0,z_0), F_2(x_0,y_0,z_0), F_3(x_0,y_0,z_0)$ 全为零,那么(6.3-2)式就成为恒等式,它被任何方向 $m:n:p$ 所满足,因此通过二次曲面(6.1-1)上点 (x_0,y_0,z_0) 处的任何一条直线都是二次曲面(6.1-1)的切线.

在二次曲面(6.1-1)上使得 $F_1(x_0,y_0,z_0), F_2(x_0,y_0,z_0), F_3(x_0,y_0,z_0)$ 全为零的点是二次曲面上的特殊点,对二次曲面上这样的点给出如下的定义.

定义 6.3.3   二次曲面(6.1-1)上满足条件

$$F_1(x_0,y_0,z_0)=F_2(x_0,y_0,z_0)=F_3(x_0,y_0,z_0)=0$$

的点 (x_0,y_0,z_0) 叫作二次曲面(6.1-1)的**奇异点**,简称**奇点**;否则叫作二次曲面的**非奇异点**,也叫**正则点**,或**正常点**.

通过前面切线方程的讨论,就得到了下面的定理.

定理 6.3.1   若点 (x_0,y_0,z_0) 是二次曲面(6.1-1)的正则点,则曲面在点 (x_0,y_0,z_0) 处存在唯一一个切平面,且它的方程是(6.3-3)式.

推论   若点 (x_0,y_0,z_0) 是二次曲面(6.1-1)的正则点,则曲面在点 (x_0,y_0,z_0) 处的切平面方程为

$$a_{11}x_0x+a_{22}y_0y+a_{33}z_0z+a_{12}(x_0y+xy_0)+a_{13}(x_0z+xz_0)+$$
$$a_{23}(y_0z+yz_0)+a_{14}(x+x_0)+a_{24}(y+y_0)+a_{34}(z+z_0)+a_{44}=0. \quad (6.3\text{-}4)$$

请读者自行证明该推论.

例 6.3.1   求二次曲面

$$F(x,y,z) \equiv x^2+y^2+z^2-4xy-4xz-4yz+2x+2y+2z+18=0$$

在点(1,2,3)处的切平面方程.

解法 1   因为 $F(1,2,3) \equiv 1+4+9-8-12-24+2+4+6+18=0$,所以点(1,2,3)在二次曲面上.

又因为

$$F_1(x,y,z)|_{(1,2,3)}=[x-2y-2z+1]|_{(1,2,3)}=-8 \neq 0,$$
$$F_2(x,y,z)|_{(1,2,3)}=[-2x+y-2z+1]|_{(1,2,3)}=-5 \neq 0,$$
$$F_3(x,y,z)|_{(1,2,3)}=[-2x-2y+z+1]|_{(1,2,3)}=-2 \neq 0,$$

所以点(1,2,3)是该二次曲面上的正则点,因此由(6.3-3)式可得通过点(1,2,3)处的切平面

方程为

$$-8(x-1)-5(y-2)-2(z-3)=0,$$

即

$$8x+5y+2z-24=0.$$

解法 2 由解法 1 可知点 $(1,2,3)$ 是该二次曲面上的正则点,所以直接利用 $(6.3\text{-}4)$ 式可得所求切平面方程为

$$x+2y+3z-2(2x+y)-2(3x+z)-2(3y+2z)+(x+1)+(y+2)+(z+3)+18=0,$$

即

$$8x+5y+2z-24=0.$$

习题 6.3

1. 判断下列二次曲面中哪些曲面上有奇点,哪些没有,如果有请求出这些奇点:

(1) $5x^2+y^2-z^2=1$;   (2) $x^2+2y^2-z^2=0$;

(3) $x^2-y^2=2z$;   (4) $x^2-y^2=0$;

(5) $y^2=0.$

2. 判断点 $(1,-2,1)$ 是二次曲面

$$F(x,y,z)\equiv x^2-y^2+z^2+xy+2xz+4yz-x+y+z+12=0$$

上的正则点,并求出通过该点处的切平面方程.

3. 证明:二次锥面 $ax^2+by^2+cz^2=0\,(abc\neq0)$ 上任意一点处的切平面都一定通过原点.

4. 证明:平面 $3x+y-9z-28=0$ 与二次曲面

$$F(x,y,z)\equiv x^2+2y^2+6xz+4yz+2y-4z+23=0$$

相切,并求出切点的坐标.

5. 求出平面 $Ax+By+Cz-D=0$ 成为椭球面 $\dfrac{x^2}{a^2}+\dfrac{y^2}{b^2}+\dfrac{z^2}{c^2}=1$ 的切平面的充要条件.

6.4 二次曲面的径面与奇向

由已经讨论的直线与二次曲面相交的各种情况知,当直线平行于二次曲面的某一非渐近方向时,这条直线与二次曲面总交于两点(两不同实的,两重合实的或一对共轭虚的),这两点决定了二次曲面的一条弦.像二次曲线的直径一样,现在我们来讨论二次曲面 $(6.1\text{-}1)$ 平行弦的中点轨迹.

定理 6.4.1 二次曲面的一族平行弦的中点轨迹是一个平面.

证明 设 $m:n:p$ 是二次曲面 $(6.1\text{-}1)$ 的一个非渐近方向,即 $\Phi(m,n,p)\neq0$,而点 (x_0,y_0,z_0) 是平行于方向 $m:n:p$ 的二次曲面的所有弦的中点,那么过点 (x_0,y_0,z_0) 的弦所在直线

$$\begin{cases} x=x_0+mt, \\ y=y_0+nt, \\ z=z_0+pt \end{cases}$$

与二次曲面(6.1-1)的两交点(即弦的两端点)由如下关于 t 的二次方程

$$\Phi(m,n,p)t^2+2[F_1(x_0,y_0,z_0)m+F_2(x_0,y_0,z_0)n+F_3(x_0,y_0,z_0)p]t+F(x_0,y_0,z_0)=0$$

的两根 t_1 与 t_2 所决定,因为点(x_0,y_0,z_0)为弦的中点,所以有

$$t_1+t_2=0,$$

从而可得

$$mF_1(x_0,y_0,z_0)+nF_2(x_0,y_0,z_0)+pF_3(x_0,y_0,z_0)=0.$$

这就是说平行于非渐近方向 $m:n:p$ 的弦的中点(x_0,y_0,z_0)的坐标满足方程

$$mF_1(x,y,z)+nF_2(x,y,z)+pF_3(x,y,z)=0, \tag{6.4-1}$$

即

$$m(a_{11}x+a_{12}y+a_{13}z+a_{14})+n(a_{12}x+a_{22}y+a_{23}z+a_{24})+p(a_{13}x+a_{23}y+a_{33}z+a_{34})=0,$$

或

$$(a_{11}m+a_{12}n+a_{13}p)x+(a_{12}m+a_{22}n+a_{23}p)y+$$
$$(a_{13}m+a_{23}n+a_{33}p)z+a_{14}m+a_{24}n+a_{34}p=0,$$

即

$$\Phi_1(m,n,p)x+\Phi_2(m,n,p)y+\Phi_3(m,n,p)z+\Phi_4(m,n,p)=0. \tag{6.4-2}$$

反过来,如果点(x_0,y_0,z_0)满足方程(6.4-1)或方程(6.4-2),那么方程

$$\Phi(m,n,p)t^2+2[F_1(x_0,y_0,z_0)m+F_2(x_0,y_0,z_0)n+F_3(x_0,y_0,z_0)p]t+F(x_0,y_0,z_0)=0$$

将有绝对值相等而符号相反的两个根,从而点(x_0,y_0,z_0)就是具有方向 $m:n:p$ 的弦的中点,因此方程(6.4-1)或方程(6.4-2)为一族平行于某一非渐近方向 $m:n:p$ 的弦的中点轨迹方程.

显然方程(6.4-2)的一次项系数不全为零.这是因为如果 $\Phi_1(m,n,p)$,$\Phi_2(m,n,p)$,$\Phi_3(m,n,p)$全为零,即

$$a_{11}m+a_{12}n+a_{13}p=a_{12}m+a_{22}n+a_{23}p=a_{13}m+a_{23}n+a_{33}p=0,$$

则有

$$\Phi(m,n,p)=m\Phi_1(m,n,p)+n\Phi_2(m,n,p)+p\Phi_3(m,n,p)=0,$$

这与 $m:n:p$ 是二次曲面(6.1-1)的非渐近方向的假设矛盾,所以方程(6.4-2)的一次项系数 $\Phi_1(m,n,p)$,$\Phi_2(m,n,p)$,$\Phi_3(m,n,p)$不全为零,即方程(6.4-2)是一个一次方程,从而由定理3.1.1可知,方程(6.4-2)所表示的图形是一个平面,于是该定理得到了证明.

定义6.4.1 二次曲面的平行弦中点的轨迹,即(6.4-1)式或(6.4-2)式所表示的平面,叫作二次曲面共轭于平行弦的**径面**,而平行弦叫作这个径面的**共轭弦**,平行弦的方向叫作这个径面的**共轭方向**.

从二次曲面(6.1-1)的径面方程(6.4-2)可以看出,如果二次曲面是中心二次曲面,那么它的中心一定在任何一个径面上,所以有如下定理.

定理6.4.2 若二次曲面是中心二次曲面,则二次曲面的任何一个径面一定通过它的中心.

推论1 若二次曲面是线心二次曲面,则二次曲面的任何一个径面一定通过它的中心线.

推论2 若二次曲面是面心二次曲面,则二次曲面的径面与它的中心平面重合.

如果方向 $m:n:p$ 为二次曲面(6.1-1)的渐近方向,那么平行于它的弦不存在,但如果

仍有 $\Phi_1(m,n,p),\Phi_2(m,n,p),\Phi_3(m,n,p)$ 不全为零,那么方程(6.4-2)仍然表示一个平面,这时为了方便起见,我们把这个平面叫作共轭于渐近方向 $m:n:p$ 的径面. 但如果 $\Phi_1(m,n,p),\Phi_2(m,n,p),\Phi_3(m,n,p)$ 全为零,即

$$\begin{cases} \Phi_1(m,n,p)=a_{11}m+a_{12}n+a_{13}p=0, \\ \Phi_2(m,n,p)=a_{12}m+a_{22}n+a_{23}p=0, \\ \Phi_3(m,n,p)=a_{13}m+a_{23}n+a_{33}p=0, \end{cases} \tag{6.4-3}$$

那么方程(6.4-2)就不表示任何平面.

定义 6.4.2 满足条件(6.4-3)的渐近方向 $m:n:p$ 叫作二次曲面(6.1-1)的**奇异方向**,简称**齐向**;否则叫作二次曲面(6.1-1)的**非奇异方向**.

定理 6.4.3 二次曲面(6.1-1)有奇异方向的充要条件是 $I_3=0$.

推论 二次曲面(6.1-1)没有奇异方向的充要条件是二次曲面(6.1-1)为中心二次曲面.

定理 6.4.4 二次曲面(6.1-1)的奇异方向平行于它的任意径面.

证明 设二次曲面(6.1-1)的奇异方向为 $m_0:n_0:p_0$,即

$$\Phi_1(m_0,n_0,p_0)=0, \quad \Phi_2(m_0,n_0,p_0)=0, \quad \Phi_3(m_0,n_0,p_0)=0,$$

由(6.4-2)式可知,任意径面的法向量坐标分别为 $\Phi_1(m,n,p),\Phi_2(m,n,p),\Phi_3(m,n,p)$,从而有

$$m_0\Phi_1(m,n,p)+n_0\Phi_2(m,n,p)+p_0\Phi_3(m,n,p)$$
$$=m_0(a_{11}m+a_{12}n+a_{13}p)+n_0(a_{12}m+a_{22}n+a_{23}p)+p_0(a_{13}m+a_{23}n+a_{33}p)$$
$$=m(a_{11}m_0+a_{12}n_0+a_{13}p_0)+n(a_{12}m_0+a_{22}n_0+a_{23}p_0)+p(a_{13}m_0+a_{23}n_0+a_{33}p_0)$$
$$=m\Phi_1(m_0,n_0,p_0)+n\Phi_2(m_0,n_0,p_0)+p\Phi_3(m_0,n_0,p_0)=0,$$

所以奇异方向 $m_0:n_0:p_0$ 与径面的法向量 $\Phi_1(m,n,p):\Phi_2(m,n,p):\Phi_3(m,n,p)$ 垂直,故二次曲面(6.1-1)的奇异方向 $m_0:n_0:p_0$ 平行于它的任意径面(6.4-2).

例 6.4.1 求单叶双曲面 $\dfrac{x^2}{a^2}+\dfrac{y^2}{b^2}-\dfrac{z^2}{c^2}=1(a,b,c>0)$ 的径面的方程.

解 因为 $I_3=\begin{vmatrix} \dfrac{1}{a^2} & 0 & 0 \\ 0 & \dfrac{1}{b^2} & 0 \\ 0 & 0 & -\dfrac{1}{c^2} \end{vmatrix}=-\dfrac{1}{a^2b^2c^2}\neq 0$,所以单叶双曲面是中心二次曲面,从

而它没有奇异方向. 任意取方向 $m:n:p$,那么

$$\Phi_1(m,n,p)=\frac{m}{a^2}, \quad \Phi_2(m,n,p)=\frac{n}{b^2}, \quad \Phi_3(m,n,p)=-\frac{p}{c^2}, \quad \Phi_4(m,n,p)=0,$$

所以根据方程(6.4-2)可得,单叶双曲面共轭于方向 $m:n:p$ 的径面的方程为

$$\frac{m}{a^2}x+\frac{n}{b^2}y-\frac{p}{c^2}z=0.$$

显然单叶双曲面的径面通过它的中心,即坐标原点 $(0,0,0)$.

例 6.4.2　求椭圆抛物面 $\dfrac{x^2}{a^2}+\dfrac{y^2}{b^2}=2z$ 的径面的方程.

解　由例 6.2.2 可知椭圆抛物面是无心二次曲面,从而它有奇异方向,不妨设为 $m_0:n_0:p_0$. 又因为

$$\Phi_1(m,n,p)=\frac{m}{a^2},\quad \Phi_2(m,n,p)=\frac{n}{b^2},\quad \Phi_3(m,n,p)=0,$$

所以由(6.4-3)式,可取椭圆抛物面的奇异方向为 $m_0:n_0:p_0=0:0:1$,任取一个非奇异方向 $m:n:p$,那么因为又有 $\Phi_4(m,n,p)=-p$,因此根据方程(6.4-2)可得,椭圆抛物面共轭于非奇异方向 $m:n:p$ 的径面方程为

$$\frac{m}{a^2}x+\frac{n}{b^2}y-p=0,$$

显然径面平行于奇异方向 $0:0:1$.

习题 6.4

1. 求下列二次曲面的奇异方向:

(1) $5x^2+2y^2+2z^2-2xy+2xz-4yz-4y-4z+4=0$;

(2) $9x^2-4y^2-91z^2+18xy-40yz-36=0$.

2. 求二次曲面

$$x^2+2y^2-z^2-2xy-2xz-2yz-4x-7=0$$

与方向 $1:-1:0$ 共轭的径面的方程.

3. 求二次曲面

$$6x^2+9y^2+z^2+6xy-4xz-2y-3=0$$

平行于平面 $x+3y-z+5=0$ 的径面方程和与它共轭的方向.

4. 求二次曲面

$$4x^2+6y^2+4z^2+4xz-8y-4z+3=0$$

通过坐标原点与点 $(3,6,2)$ 的径面方程和与它共轭的方向.

5. 证明:通过中心二次曲面的中心的任何平面都是该曲面的径面.

6.5 二次曲面的主径面与主方向

定义 6.5.1　如果二次曲面的径面垂直于它所共轭的方向,那么这个径面叫作二次曲面的**主径面**.

显然,主径面是二次曲面的对称面.

定义 6.5.2　二次曲面主径面的共轭的方向(即垂直于主径面的方向),或者二次曲面的奇异方向,叫作二次曲面的**主方向**;否则,叫作二次曲面的**非奇主方向**.

现在我们在空间直角坐标系 $O\text{-}xyz$ 下,来求二次曲面(6.1-1)的主方向与主径面.

如果方向 $m:n:p$ 是二次曲面(6.1-1)的渐近方向,那么该方向是二次曲面(6.1-1)的主方向的条件是

$$
\begin{cases}
a_{11}m + a_{12}n + a_{13}p = 0, \\
a_{12}m + a_{22}n + a_{23}p = 0, \\
a_{13}m + a_{23}n + a_{33}p = 0
\end{cases}
\tag{6.5-1}
$$

成立,即方向 $m : n : p$ 必须是二次曲面(6.1-1)的奇异方向.

如果方向 $m : n : p$ 是二次曲面(6.1-1)的非渐近方向,那么该方向是二次曲面(6.1-1)的主方向的条件是与它的共轭径面

$$(a_{11}m + a_{12}n + a_{13}p)x + (a_{12}m + a_{22}n + a_{23}p)y + (a_{13}m + a_{23}n + a_{33}p)z +$$

$$a_{14}m + a_{24}n + a_{34}p = 0$$

垂直,所以有

$$(a_{11}m + a_{12}n + a_{13}p) : (a_{12}m + a_{22}n + a_{23}p) : (a_{13}m + a_{23}n + a_{33}p) = m : n : p,$$

从而得

$$
\begin{cases}
a_{11}m + a_{12}n + a_{13}p = \lambda m, \\
a_{12}m + a_{22}n + a_{23}p = \lambda n, \\
a_{13}m + a_{23}n + a_{33}p = \lambda p.
\end{cases}
\tag{6.5-2}
$$

显然,若(6.5-2)式中取 $\lambda = 0$,则可得到(6.5-1)式,因此该方向成为二次曲面(6.1-1)的主方向的充要条件是存在 λ,使得(6.5-2)式成立. 把(6.5-2)式改写成

$$
\begin{cases}
(a_{11} - \lambda)m + a_{12}n + a_{13}p = 0, \\
a_{12}m + (a_{22} - \lambda)n + a_{23}p = 0, \\
a_{13}m + a_{23}n + (a_{33} - \lambda)p = 0.
\end{cases}
\tag{6.5-3}
$$

这是一个关于 m, n, p 的齐次线性方程组,而 m, n, p 不能全为零,所以由定理 1.4.3 的推论 2 可得

$$
\begin{vmatrix}
a_{11} - \lambda & a_{12} & a_{13} \\
a_{12} & a_{22} - \lambda & a_{23} \\
a_{13} & a_{23} & a_{33} - \lambda
\end{vmatrix} = 0,
\tag{6.5-4}
$$

即

$$\lambda^3 - I_1\lambda^2 + I_2\lambda - I_3 = 0.
\tag{6.5-5}$$

定义 6.5.3　方程(6.5-4)或方程(6.5-5)叫作二次曲面(6.1-1)的**特征方程**,二次曲面(6.1-1)特征方程的根叫作二次曲面(6.1-1)的**特征根**.

从特征方程(6.5-4)或方程(6.5-5)求出特征根 λ,代入方程(6.5-2)或方程(6.5-3),就可以求出主方向 $m : n : p$. 容易看出,当 $\lambda \neq 0$ 时,与它相应的主方向是二次曲面的非奇异方向,将非奇异方向 $m : n : p$ 代入(6.4-1)式或(6.4-2)式就可得到共轭于这个非奇异方向的主径面;当 $\lambda = 0$ 时,与它相应的主方向是二次曲面的奇异方向.

例 6.5.1　求二次曲面

$$3x^2 + y^2 + 3z^2 - 2xy - 2xz - 2yz + 4x + 14y + 4z - 23 = 0$$

的主方向与主径面方程.

解　该二次曲面的矩阵为

$$
\boldsymbol{A} = \begin{pmatrix}
3 & -1 & -1 & 2 \\
-1 & 1 & -1 & 7 \\
-1 & -1 & 3 & 2 \\
2 & 7 & 2 & -23
\end{pmatrix},
$$

$$I_1 = 3 + 1 + 3 = 7,$$

$$I_2 = \begin{vmatrix} 3 & -1 \\ -1 & 1 \end{vmatrix} + \begin{vmatrix} 3 & -1 \\ -1 & 3 \end{vmatrix} + \begin{vmatrix} 1 & -1 \\ -1 & 3 \end{vmatrix} = 12,$$

$$I_3 = \begin{vmatrix} 3 & -1 & -1 \\ -1 & 1 & -1 \\ -1 & -1 & 3 \end{vmatrix} = 0,$$

所以由(6.5-5)式可得二次曲面的特征方程为

$$\lambda^3 - 7\lambda^2 + 12\lambda = 0,$$

解得特征根为

$$\lambda_1 = 4, \quad \lambda_2 = 3, \quad \lambda_3 = 0.$$

(1) 将 $\lambda_1 = 4$ 代入方程(6.5-3)得

$$\begin{cases} -m - n - p = 0, \\ -m - 3n - p = 0, \\ -m - n - p = 0, \end{cases}$$

解这个方程组得对应于特征根 $\lambda_1 = 4$ 的主方向为

$$m : n : p = 1 : 0 : (-1);$$

将主方向代入方程(6.4-1)或方程(6.4-2)化简得到共轭于这个主方向的主径面方程为

$$x - z = 0.$$

(2) 将 $\lambda_2 = 3$ 代入方程(6.5-3)得

$$\begin{cases} -n - p = 0, \\ -m - 2n - p = 0, \\ -m - n = 0, \end{cases}$$

解这个方程组得对应于特征根 $\lambda_2 = 3$ 的主方向为

$$m : n : p = 1 : (-1) : 1;$$

将主方向代入方程(6.4-1)或方程(6.4-2)化简得到共轭于这个主方向的主径面方程为

$$x - y + z - 1 = 0.$$

(3) 将 $\lambda_3 = 0$ 代入方程(6.5-3)得

$$\begin{cases} 3m - n - p = 0, \\ -m + n - p = 0, \\ -m - n + 3p = 0, \end{cases}$$

解这个方程组得对应于特征根 $\lambda_3 = 0$ 的主方向为

$$m : n : p = 1 : 2 : 1;$$

这个主方向是二次曲面的奇异方向.

例 6.5.2 求二次曲面

$$F(x, y, z) \equiv 2xy + 2xz + 2yz + 9 = 0$$

的主方向与主径面方程.

解 该二次曲面的矩阵为

$$A = \begin{pmatrix} 0 & 1 & 1 & 0 \\ 1 & 0 & 1 & 0 \\ 1 & 1 & 0 & 0 \\ 0 & 0 & 0 & 9 \end{pmatrix},$$

$$I_1 = 0 + 0 + 0 = 0, \quad I_2 = \begin{vmatrix} 0 & 1 \\ 1 & 0 \end{vmatrix} + \begin{vmatrix} 0 & 1 \\ 1 & 0 \end{vmatrix} + \begin{vmatrix} 0 & 1 \\ 1 & 0 \end{vmatrix} = -3,$$

$$I_3 = \begin{vmatrix} 0 & 1 & 1 \\ 1 & 0 & 1 \\ 1 & 1 & 0 \end{vmatrix} = 2,$$

所以由(6.5-5)式可得二次曲面的特征方程为

$$\lambda^3 - 3\lambda - 2 = 0,$$

即

$$(\lambda + 1)^2 (\lambda - 2) = 0,$$

解得特征根为

$$\lambda_1 = \lambda_2 = -1, \quad \lambda_3 = 2.$$

（1）将 $\lambda_1 = \lambda_2 = -1$ 代入方程(6.5-3)得

$$\begin{cases} m + n + p = 0, \\ m + n + p = 0, \\ m + n + p = 0, \end{cases}$$

解这个方程组得对应于特征根 $\lambda_1 = \lambda_2 = -1$ 的主方向为平行于平面

$$x + y + z = 0$$

的所有方向,因此过该二次曲面的中心 $(0,0,0)$ 且垂直于平面 $x + y + z = 0$ 的所有平面都是该二次曲面的主径面.

（2）将 $\lambda_3 = 2$ 代入方程(6.5-3)得

$$\begin{cases} -2m + n + p = 0, \\ m - 2n + p = 0, \\ m + n - 2p = 0, \end{cases}$$

解这个方程组得对应于特征根 $\lambda_3 = 2$ 的主方向为

$$m : n : p = 1 : 1 : 1;$$

将主方向代入方程(6.4-1)或方程(6.4-2)化简得到共轭于这个主方向的主径面方程为

$$x + y + z = 0.$$

关于二次曲面的特征根,有着一些重要性质,将它们列举如下.

定理 6.5.1 二次曲面的特征根都是实数.

注 定理的证明过程可参考文献[5].

定理 6.5.2 二次曲面的三个特征根至少有一个不为零.

证明 假设二次曲面(6.1-1)的三个特征根全为零,则根据二次曲面(6.1-1)的特征方程式

$$\lambda^3 - I_1 \lambda^2 + I_2 \lambda - I_3 = 0$$

与一元三次方程的韦达定理[1],可得

---

[1] 一元三次方程的韦达定理:设一元三次方程 $ax^3 + bx^2 + cx + d = 0$ 的三个根为 x_1, x_2, x_3,则根与系数的关系为 $x_1 + x_2 + x_3 = -\dfrac{b}{a}, x_1 x_2 + x_1 x_3 + x_2 x_3 = \dfrac{c}{a}, x_1 x_2 x_3 = -\dfrac{d}{a}$. 请读者自证.

$$I_1 = a_{11} + a_{22} + a_{33} = 0,$$

$$I_2 = \begin{vmatrix} a_{11} & a_{12} \\ a_{12} & a_{22} \end{vmatrix} + \begin{vmatrix} a_{11} & a_{13} \\ a_{13} & a_{33} \end{vmatrix} + \begin{vmatrix} a_{22} & a_{23} \\ a_{23} & a_{33} \end{vmatrix}$$

$$= a_{11}a_{22} + a_{11}a_{33} + a_{22}a_{33} - a_{12}^2 - a_{13}^2 - a_{23}^2 = 0,$$

$$I_3 = \begin{vmatrix} a_{11} & a_{12} & a_{13} \\ a_{12} & a_{22} & a_{23} \\ a_{13} & a_{23} & a_{33} \end{vmatrix} = 0,$$

从而有

$$I_1^2 - 2I_2 = (a_{11} + a_{22} + a_{33})^2 - 2(a_{11}a_{22} + a_{11}a_{33} + a_{22}a_{33} - a_{12}^2 - a_{13}^2 - a_{23}^2) = 0,$$

即

$$a_{11}^2 + a_{22}^2 + a_{33}^2 + 2a_{12}^2 + 2a_{13}^2 + 2a_{23}^2 = 0,$$

也即

$$a_{11} = a_{22} = a_{33} = a_{12} = a_{13} = a_{23} = 0,$$

于是二次曲面(6.1-1)不含二次项将变成

$$2a_{14}x + 2a_{24}y + 2a_{34}z + a_{44} = 0,$$

此方程是一次方程,这样就与二次曲面方程相矛盾,从而假设不成立,故二次曲面的特征根至少有一个不为零.

由定理 6.5.2 可得如下两个推论.

推论 1 二次曲面总有一个非奇异主方向.

推论 2 二次曲面至少有一个主径面.

习题 6.5

1. 求下列二次曲面的主方向与主径面方程:

(1) $2x^2 + 2y^2 - 5z^2 + 2xy - 2x - 4y - 4z + 2 = 0$;

(2) $x^2 + y^2 - 3z^2 - 2xy - 6xz - 6yz + 2x + 2y + 4z = 0$;

(3) $2x^2 + 10y^2 - 2z^2 + 12xy + 8yz + 12x + 4y + 8z - 1 = 0$;

(4) $x^2 + y^2 - 2xy + 2x - 4y - 28z + 3 = 0$.

2. 证明:二次曲面的两个不同的特征根决定的主方向一定相互垂直.

6.6 二次曲面方程的化简与分类

这一节,我们将在空间直角坐标系下,利用直角坐标变换对二次曲面的方程进行化简,使其方程在新坐标系下具有最简形式,然后在此基础上进行二次曲面的分类.

1. 空间直角坐标变换

设在空间中给定一个右手直角坐标系 $O\text{-}xyz$,通过平移或绕坐标原点 O 旋转得到另一个坐标 $O'\text{-}x'y'z'$.为了陈述方便,我们把预先给定的坐标系叫作旧坐标系,后面得到的坐标系叫作新坐标系.如果空间中一点的旧坐标与新坐标分别为(x,y,z)与(x',y',z'),那么有如下的两个坐标变换公式.

（1）空间移轴公式

在空间中,将旧直角坐标系 $O\text{-}xyz$ 进行平移后,得到新直角坐标系 $O'\text{-}x'y'z'$,使其新坐标系 $O'\text{-}x'y'z'$ 的原点 O' 在旧坐标系下是 (x_0,y_0,z_0),如图 6-1(a)所示,则有空间直角坐标系下的**移轴公式**

$$\begin{cases} x = x' + x_0, \\ y = y' + y_0, \\ z = z' + z_0. \end{cases} \tag{6.6-1}$$

由移轴公式(6.6-1)即可得到空间直角坐标系下**移轴的逆变换公式**

$$\begin{cases} x' = x - x_0, \\ y' = y - y_0, \\ z' = z - z_0. \end{cases} \tag{6.6-2}$$

请读者证明空间直角坐标系下的移轴公式(6.6-1).

（2）空间转轴公式

在空间中,将旧直角坐标系 $O\text{-}xyz$ 绕坐标原点 O 旋转后,得到新直角坐标系 $O'\text{-}x'y'z'$,且 x 轴分别与 x' 轴,y' 轴,z' 轴的夹角为 $\alpha_1,\alpha_2,\alpha_3$,$y$ 轴分别与 x' 轴,y' 轴,z' 轴的夹角为 β_1,β_2,β_3,z 轴分别与 x' 轴,y' 轴,z' 轴的夹角为 $\gamma_1,\gamma_2,\gamma_3$,如图 6-1(b)所示,则有空间直角坐标系下的**转轴公式**

$$\begin{cases} x = x'\cos\alpha_1 + y'\cos\alpha_2 + z'\cos\alpha_3, \\ y = x'\cos\beta_1 + y'\cos\beta_2 + z'\cos\beta_3, \\ z = x'\cos\gamma_1 + y'\cos\gamma_2 + z'\cos\gamma_3. \end{cases} \tag{6.6-3}$$

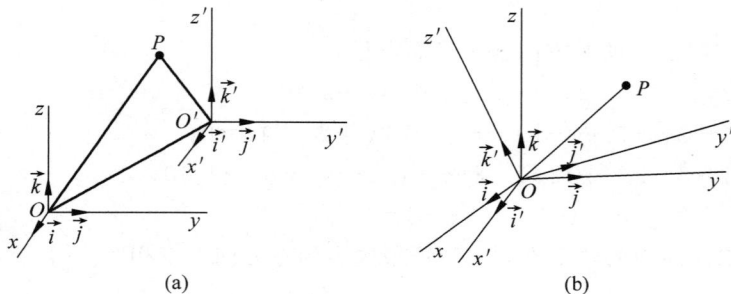

图 6-1　空间直角坐标变换

由转轴公式(6.6-3)即可得到空间直角坐标系下**转轴的逆变换公式**

$$\begin{cases} x' = x\cos\alpha_1 + y\cos\beta_1 + z\cos\gamma_1, \\ y' = x\cos\alpha_2 + y\cos\beta_2 + z\cos\gamma_2, \\ z' = x\cos\alpha_3 + y\cos\beta_3 + z\cos\gamma_3. \end{cases} \tag{6.6-4}$$

空间直角坐标系下转轴公式(6.6-3)的详细证明可参见参考文献[5].

在一般情形,由一个旧直角坐标系 $O\text{-}xyz$ 变成一个新直角坐标系 $O'\text{-}x'y'z'$,总可以分为两步来完成,先移轴使坐标系的原点 O 与新坐标系的原点 O' 重合,变成过渡坐标系 $O'\text{-}x''y''z''$,然后由过渡坐标系 $O'\text{-}x''y''z''$ 绕点 O' 转轴到新坐标系 $O'\text{-}x'y'z'$,如图 6-2 所示.设空间中任意点 P 在旧坐标下与新坐标下的坐标分别为 (x,y,z) 与 (x',y',z'),而在过渡度坐标系 $O'\text{-}x''y''z''$ 下的坐标为 (x'',y'',z''),且点 O' 在旧坐标系下的坐标是 (x_0,y_0,z_0),那么由(6.6-1)式与(6.6-3)式分别得

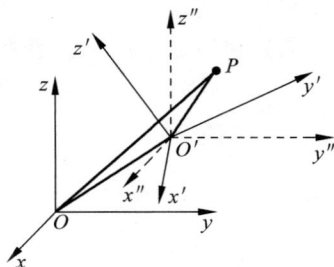

图 6-2　新旧坐标系与过渡坐标系

$$\begin{cases} x=x''+x_0, \\ y=y''+y_0, \\ z=z''+z_0, \end{cases}$$

与

$$\begin{cases} x''=x'\cos\alpha_1+y'\cos\alpha_2+z'\cos\alpha_3, \\ y''=x'\cos\beta_1+y'\cos\beta_2+z'\cos\beta_3, \\ z''=x'\cos\gamma_1+y'\cos\gamma_2+z'\cos\gamma_3. \end{cases}$$

由此可以得到空间直角坐标系的**一般坐标变换公式**

$$\begin{cases} x=x'\cos\alpha_1+y'\cos\alpha_2+z'\cos\alpha_3+x_0, \\ y=x'\cos\beta_1+y'\cos\beta_2+z'\cos\beta_3+y_0, \\ z=x'\cos\gamma_1+y'\cos\gamma_2+z'\cos\gamma_3+z_0. \end{cases} \tag{6.6-5}$$

由(6.6-5)式解出 (x',y',z') 便得空间直角坐标系的**一般坐标逆变换公式**

$$\begin{cases} x'=(x-x_0)\cos\alpha_1+(y-y_0)\cos\beta_1+(z-z_0)\cos\gamma_1, \\ y'=(x-x_0)\cos\alpha_2+(y-y_0)\cos\beta_2+(z-z_0)\cos\gamma_2, \\ z'=(x-x_0)\cos\alpha_3+(y-y_0)\cos\beta_3+(z-z_0)\cos\gamma_3. \end{cases} \tag{6.6-6}$$

在坐标变换下,空间中曲面的方程将改变,但是如果曲面在旧坐标系下的方程 $F(x,y,z)=0$ 的左端 $F(x,y,z)$ 是一个多项式,其次数为 n,那么通过坐标变换(6.6-5),它在新坐标系下的方程 $F'(x',y',z')=0$ 的左端 $F'(x',y',z')$ 将仍然是一个多项式,而且它的次数 n' 不变,即 $n=n'$. 这是因为坐标变换公式(6.6-5)的右端是一个一次式,把它代入得到的 $F'(x',y',z')$ 将仍然是一个多项式,而且它的次数 $n'\leqslant n$;反过来,通过逆变换(6.6-6),把 $F'(x',y',z')$ 变回到 $F(x,y,z)$,而逆变换(6.6-6)的右端也是一个一次式,从而 $F(x,y,z)$ 的次数 $n\leqslant n'$. 于是 $n=n'$,即 $F'(x',y',z')$ 的次数与 $F(x,y,z)$ 的次数相等.

我们把多项式 $F(x,y,z)$ 构成的方程 $F(x,y,z)=0$ 叫作**代数方程**,而由它表示的曲面叫作**代数曲面**,方程的次数叫作**曲面的次数**.上面指出的这个曲面的性质,是曲面的固有性质,它与坐标系的选择无关.

空间直角坐标系的坐标变换公式,还可以由新坐标系的三个坐标面来确定.设有两两相互垂直的 3 个平面

$$\pi_1:A_1x+B_1y+C_1z+D_1=0,$$
$$\pi_2:A_2x+B_2y+C_2z+D_2=0,$$
$$\pi_3:A_3x+B_3y+C_3z+D_3=0,$$

这里 $A_iA_j+B_iB_j+C_iC_j=0(i,j=1,2,3,i\neq j)$. 如果取 π_1 为 $O'\text{-}y'z'$ 坐标面,π_2 为

$O'\text{-}x'z'$坐标面,π_3 为 $O'\text{-}x'y'$坐标面,并设空间中任意一点 $P(x,y,z)$ 到三个平面 π_1,π_2,π_3 的距离分别为 d_1,d_2,d_3,且在新坐标系下的坐标为(x',y',z'),那么有

$$|x'| = d_1 = \frac{|A_1 x + B_1 y + C_1 z + D_1|}{\sqrt{A_1^2 + B_1^2 + C_1^2}},$$

$$|y'| = d_2 = \frac{|A_2 x + B_2 y + C_2 z + D_2|}{\sqrt{A_2^2 + B_2^2 + C_2^2}},$$

$$|z'| = d_3 = \frac{|A_3 x + B_3 y + C_3 z + D_3|}{\sqrt{A_3^2 + B_3^2 + C_3^2}},$$

去掉其中的绝对值得到坐标变换公式为

$$\begin{cases} x' = \pm \dfrac{A_1 x + B_1 y + C_1 z + D_1}{\sqrt{A_1^2 + B_1^2 + C_1^2}}, \\[2mm] y' = \pm \dfrac{A_2 x + B_2 y + C_2 z + D_2}{\sqrt{A_2^2 + B_2^2 + C_2^2}}, \\[2mm] z' = \pm \dfrac{A_3 x + B_3 y + C_3 z + D_3}{\sqrt{A_3^2 + B_3^2 + C_3^2}}. \end{cases} \tag{6.6-7}$$

显然,(6.6-7)式符合正交条件[①],为了使坐标变换由右手系仍变到右手系,(6.6-7)式中的正负号的选取必须使它的系数行列式的值为 1.

例如以下三个两两相互垂直的平面
$$x - y - z + 1 = 0, \quad 2x + y + z - 1 = 0, \quad y - z + 2 = 0$$
分别作为新坐标系的 $O'\text{-}y'z'$坐标面、$O'\text{-}x'z'$坐标面与 $O'\text{-}x'y'$坐标面,则相应的坐标变换公式为

$$\begin{cases} x' = \pm \dfrac{x - y - z + 1}{\sqrt{3}}, \\[2mm] y' = \pm \dfrac{2x + y + z - 1}{\sqrt{6}}, \\[2mm] z' = \pm \dfrac{y - z + 2}{\sqrt{2}}. \end{cases}$$

为了使右手系仍变为右手系,我们可以取符号如下

$$\begin{cases} x' = \dfrac{x - y - z + 1}{\sqrt{3}}, \\[2mm] y' = \dfrac{2x + y + z - 1}{\sqrt{6}}, \\[2mm] z' = -\dfrac{y - z + 2}{\sqrt{2}}. \end{cases}$$

这是因为

① 正交条件:此处指的是(6.6-7)式中的系数矩阵的每一行都是单位向量,且任意两行的数量积都等于零.

$$\begin{vmatrix} \dfrac{1}{\sqrt{3}} & -\dfrac{1}{\sqrt{3}} & -\dfrac{1}{\sqrt{3}} \\[2mm] \dfrac{2}{\sqrt{6}} & \dfrac{1}{\sqrt{6}} & \dfrac{1}{\sqrt{6}} \\[2mm] 0 & -\dfrac{1}{\sqrt{2}} & \dfrac{1}{\sqrt{2}} \end{vmatrix}=1.$$

当然还有其他符号组合的选取,请读者自己写出.

2. 二次曲面方程的化简与分类

给定三维欧几里得空间中一张二次曲面,根据第 2 章的理论,该曲面就有相应的方程,若将旧坐标系通过移轴后得新坐标系,则该曲面在新坐标系下也有一个方程,且这两个方程在形式上一般是不一样的,那它们的系数之间有何关系,是怎样变化的呢? 下面我们来研究在移轴变化下,二次曲面方程系数的变化规律.

设给定二次曲面在旧坐标系 $O\text{-}xyz$ 下的方程为(6.1-1)式,而在新坐标系 $O'\text{-}x'y'z'$ 下的方程为

$$a'_{11}x'^2 + a'_{22}y'^2 + a'_{33}z'^2 + 2a'_{12}x'y' + 2a'_{13}x'z' + 2a'_{23}y'z' +$$
$$2a'_{14}x' + 2a'_{24}y' + 2a'_{34}z' + a'_{44}=0. \tag{1}$$

接下来我们寻找这两个方程的系数之间的关系. 为此,将移轴公式(6.6-1)代入二次曲面方程(6.1-1)得

$$a_{11}(x'+x_0)^2 + a_{22}(y'+y_0)^2 + a_{33}(z'+z_0)^2 + 2a_{12}(x'+x_0)(y'+y_0) +$$
$$2a_{13}(x'+x_0)(z'+z_0) + 2a_{23}(y'+y_0)(z'+z_0) + 2a_{14}(x'+x_0) + 2a_{24}(y'+y_0) +$$
$$2a_{34}(z'+z_0) + a_{44}=0,$$

化简整理得

$$a_{11}x'^2 + a_{22}y'^2 + a_{33}z'^2 + 2a_{12}x'y' + 2a_{13}x'z' +$$
$$2a_{23}y'z' + 2(a_{11}x_0 + a_{12}y_0 + a_{13}z_0 + a_{14})x' +$$
$$2(a_{12}x_0 + a_{22}y_0 + a_{23}z_0 + a_{24})y' + 2(a_{13}x_0 + a_{23}y_0 + a_{33}z_0 + a_{34})z'$$
$$+ a_{11}x_0^2 + a_{22}y_0^2 + a_{33}z_0^2 + 2a_{12}x_0y_0 + 2a_{13}x_0z_0 +$$
$$2a_{23}y_0z_0 + 2a_{14}x_0 + 2a_{24}y_0 + 2a_{34}z_0 + a_{44}=0,$$

再借助 6.1 节引入的符号,上式可简记为

$$a_{11}x'^2 + a_{22}y'^2 + a_{33}z'^2 + 2a_{12}x'y' + 2a_{13}x'z' + 2a_{23}y'z' +$$
$$2F_1(x_0,y_0,z_0)x' + 2F_2(x_0,y_0,z_0)y' + 2F_3(x_0,y_0,z_0)z' + F(x_0,y_0,z_0)=0, \tag{2}$$

对比方程(1)与(2)可得

$$\begin{cases} a'_{11}=a_{11},a'_{22}=a_{22},a'_{33}=a_{33},a'_{12}=a_{12},a'_{13}=a_{13},a'_{23}=a_{23}, \\ a'_{14}=a_{11}x_0 + a_{12}y_0 + a_{13}z_0 + a_{14}=F_1(x_0,y_0,z_0), \\ a'_{24}=a_{12}x_0 + a_{22}y_0 + a_{23}z_0 + a_{24}=F_2(x_0,y_0,z_0), \\ a'_{34}=a_{13}x_0 + a_{23}y_0 + a_{33}z_0 + a_{34}=F_3(x_0,y_0,z_0), \\ a'_{44}=a_{11}x_0^2 + a_{22}y_0^2 + a_{33}z_0^2 + 2a_{12}x_0y_0 + 2a_{13}x_0z_0 + 2a_{23}y_0z_0 \\ \qquad + 2a_{14}x_0 + 2a_{24}y_0 + 2a_{34}z_0 + a_{44}=F(x_0,y_0,z_0). \end{cases} \tag{6.6-8}$$

从而可知二次曲面(6.1-1)在移轴变换下,其方程的系数变换规律如下:

(1) 二次项系数不变;

(2) 一次项系数变为 $2F_1(x_0, y_0, z_0), 2F_2(x_0, y_0, z_0), 2F_3(x_0, y_0, z_0)$;

(3) 常数项变为 $F(x_0, y_0, z_0)$.

因为当点 (x_0, y_0, z_0) 是二次曲面(6.1-1)的中心时,有

$$F_1(x_0, y_0, z_0) = 0, \quad F_2(x_0, y_0, z_0) = 0, \quad F_3(x_0, y_0, z_0) = 0,$$

所以当二次曲面(6.1-1)是有心二次曲面时,由移轴变换下系数的变化规律(6.6-8)式,我们可得,在作移轴的过程中,只要将新坐标系 $O'\text{-}x'y'z'$ 的原点 O' 与二次曲面(6.1-1)的中心重合,则该曲面在新坐标系 $O'\text{-}x'y'z'$ 下的新方程中的一次项就将会消失,从而方程就成为

$$a_{11}x'^2 + a_{22}y'^2 + a_{33}z'^2 + 2a_{12}x'y' + 2a_{13}x'z' + 2a_{23}y'z' + F(x_0, y_0, z_0) = 0$$

的形式.

类似地,若将旧坐标系 $O\text{-}xyz$ 绕坐标原点 O 旋转后得新坐标系 $O'\text{-}x'y'z'$,则该曲面在新坐标系 $O'\text{-}x'y'z'$ 下也有一个方程,且这两个方程在形式上是不一样的,它们的系数之间也有着一定的关系,存在某些变化规律.但是由于转轴公式(6.6-3)涉及 9 个角度,具体的变换规律就会较为复杂,此处不讨论.那如何化简二次曲面的方程呢?下面结合二次曲面的性质介绍一种化简二次曲面的方法.

二次曲面的方程化简与二次曲线一样,关键是选取适当的空间直角坐标系.如果所选取的坐标系中有一个坐标面(如 $x=0$)是曲面的对称面,那么新方程中就只含有这个对应坐标(如 x)的平方项,曲面的方程就比较简单了;二次曲面的主径面就是它的对称面,因而选取主径面作为新坐标面;如果刚好有三个主径面,那么就可以得到形如(6.6-7)式的坐标变换公式,再从中解出该坐标变换公式的逆变换公式,将其代入原方程即可将二次曲面的方程化成标准方程.当然也可以选取主方向作为坐标轴的方向,对二次曲面的方程进行化简.这种方法就成为化简二次曲面方程的主要方法了.

定理 6.6.1 适当选取空间直角坐标系,二次曲面的方程总可以化为下列 5 个简单方程中的一个:

(Ⅰ) $a_{11}x^2 + a_{22}y^2 + a_{33}z^2 + a_{44} = 0, a_{11}a_{22}a_{33} \neq 0$;

(Ⅱ) $a_{11}x^2 + a_{22}y^2 + 2a_{34}z = 0, a_{11}a_{22}a_{34} \neq 0$;

(Ⅲ) $a_{11}x^2 + a_{22}y^2 + a_{44} = 0, a_{11}a_{22} \neq 0$;

(Ⅳ) $a_{11}x^2 + 2a_{24}y = 0, a_{11}a_{24} \neq 0$;

(Ⅴ) $a_{11}x^2 + a_{44} = 0, a_{11} \neq 0$.

证明 由定理 6.5.2 的推论 1 与推论 2 可知,二次曲面(6.1-1)至少有一个非奇异主方向,以及共轭于这个方向的主径面,我们就取这个主方向为 x' 轴的方向,而共轭于这个方向的主径面为 $O'\text{-}y'z'$ 坐标面,建立空间直角坐标系 $O'\text{-}x'y'z'$.设在这样的坐标系下,曲面的方程为

$$a'_{11}x'^2 + a'_{22}y'^2 + a'_{33}z'^2 + 2a'_{12}x'y' + 2a'_{13}x'z' + 2a'_{23}y'z' + 2a'_{14}x' +$$
$$2a'_{24}y' + 2a'_{34}z' + a'_{44} = 0, \tag{1}$$

那么在坐标系 $O'\text{-}x'y'z'$ 下,根据二次面方程的径面方程(6.4-2),即

$$\Phi_1(m, n, p)x' + \Phi_2(m, n, p)y' + \Phi_3(m, n, p)z' + \Phi_4(m, n, p) = 0,$$

可知该二次曲面与 x' 轴方向 $1:0:0$ 共轭的主径面为
$$a'_{11}x' + a'_{12}y' + a'_{13}z' + a'_{14} = 0,$$
这个方程表示 O'-$y'z'$ 坐标面的充要条件为
$$a'_{11} \neq 0, \quad a'_{12} = a'_{13} = a'_{14} = 0,$$
所以该二次曲面在坐标系 O'-$x'y'z'$ 下的方程成为
$$a'_{11}x'^2 + a'_{22}y'^2 + a'_{33}z'^2 + 2a'_{23}y'z' + 2a'_{24}y' + 2a'_{34}z' + a'_{44} = 0, \tag{2}$$
曲面(2)与 O'-$y'z'$ 坐标面的交线方程为
$$\begin{cases} a'_{22}y'^2 + a'_{33}z'^2 + 2a'_{23}y'z' + 2a'_{24}y' + 2a'_{34}z' + a'_{44} = 0, \\ x' = 0. \end{cases} \tag{3}$$
为了进一步化简二次曲面的方程,把上面交线方程(3)中的第一个方程看作 O'-$y'z'$ 坐标面上的曲线方程,然后再利用平面直角坐标变换把它化简. 现在分下面 3 种情形讨论:

① 当 $a'_{22}, a'_{33}, a'_{23}$ 中至少有一个不为零时. 这时曲线(3)表示一条二次曲线,那么在 O'-$y'z'$ 坐标面上根据定理 5.6.1,我们总能通过选取适当的坐标系 O''-$y''z''$ 进行平面直角坐标变换
$$\begin{cases} y' = y''\cos\alpha - z''\sin\alpha + y_0, \\ z' = y''\sin\alpha + z''\cos\alpha + z_0, \end{cases}$$
将二次曲线(3)化成下面 3 个简化方程中的一个:
$$a''_{22}y''^2 + a''_{33}z''^2 + a''_{44} = 0, \quad a''_{22}a''_{33} \neq 0,$$
$$a''_{22}y''^2 + 2a''_{34}z'' = 0, \quad a''_{22}a''_{34} \neq 0,$$
$$a''_{22}y''^2 + a''_{44} = 0, \quad a''_{22} \neq 0.$$
于是,在空间我们只要进行相应的直角坐标变换
$$\begin{cases} x' = x'', \\ y' = y''\cos\alpha - z''\sin\alpha + y_0, \\ z' = y''\sin\alpha + z''\cos\alpha + z_0 \end{cases}$$
就可以把方程(2)变为下面 3 个简化方程(略去撇号)中的一个:

（Ⅰ）$a_{11}x^2 + a_{22}y^2 + a_{33}z^2 + a_{44} = 0, a_{11}a_{22}a_{33} \neq 0$；

（Ⅱ）$a_{11}x^2 + a_{22}y^2 + a_{34}z = 0, a_{11}a_{22}a_{34} \neq 0$；

（Ⅲ）$a_{11}x^2 + a_{22}y^2 + a_{44} = 0, a_{11}a_{22} \neq 0$.

② 当 $a'_{22} = a'_{33} = a'_{23} = 0$,但 a'_{24}, a'_{34} 不全为零时. 这时曲线(3)表示一条直线,我们取这条直线作为 z'' 轴,作空间直角坐标变换
$$\begin{cases} x'' = x', \\ y'' = \dfrac{2a'_{24}y' + 2a'_{34}z' + a'_{44}}{2\sqrt{a'^2_{24} + a'^2_{34}}}, \\ z'' = \dfrac{-a'_{34}y' + a'_{24}z'}{2\sqrt{a'^2_{24} + a'^2_{34}}}, \end{cases}$$
可将方程(2)化成如下形式(略去撇号):

（Ⅳ）$a_{11}x^2+a_{24}y=0$，$a_{11}a_{24}\neq 0$.

③ 当 $a'_{22}=a'_{33}=a'_{23}=a'_{24}=a'_{34}=0$ 时. 这时方程（2）已经是如下形式（略去撇号）：

（Ⅴ）$a_{11}x^2+a_{44}=0$，$a_{11}\neq 0$.

综述完成了定理的证明.

由此定理可知,二次曲面可以分成（Ⅰ）,（Ⅱ）,（Ⅲ）,（Ⅳ）,（Ⅴ）5 类,根据这 5 类曲面的简化方程系数的各自不同情况,仿照定理 5.6.2 的证明,请读者证明下面的定理.

定理 6.6.2　通过适当选取空间直角坐标系,二次曲面的方程总可以写成下列 17 种标准方程的一种形式：

（1）$\dfrac{x^2}{a^2}+\dfrac{y^2}{b^2}+\dfrac{y^2}{c^2}=1$；　　　　　　　　　　　　　　椭圆面

（2）$\dfrac{x^2}{a^2}+\dfrac{y^2}{b^2}+\dfrac{y^2}{c^2}=-1$；　　　　　　　　　　　　虚椭圆面

（3）$\dfrac{x^2}{a^2}+\dfrac{y^2}{b^2}+\dfrac{y^2}{c^2}=0$；　　　　　　　点或虚母线二次锥面

（4）$\dfrac{x^2}{a^2}+\dfrac{y^2}{b^2}-\dfrac{y^2}{c^2}=1$；　　　　　　　　　　　　单叶双曲面

（5）$\dfrac{x^2}{a^2}+\dfrac{y^2}{b^2}-\dfrac{y^2}{c^2}=-1$；　　　　　　　　　　双叶双曲面

（6）$\dfrac{x^2}{a^2}+\dfrac{y^2}{b^2}-\dfrac{y^2}{c^2}=0$；　　　　　　　　　　　　二次锥面

（7）$\dfrac{x^2}{a^2}+\dfrac{y^2}{b^2}=2z$；　　　　　　　　　　　　　　椭圆抛物面

（8）$\dfrac{x^2}{a^2}-\dfrac{y^2}{b^2}=2z$；　　　　　　　　　　　　　　双曲抛物面

（9）$\dfrac{x^2}{a^2}+\dfrac{y^2}{b^2}=1$；　　　　　　　　　　　　　　　椭圆柱面

（10）$\dfrac{x^2}{a^2}+\dfrac{y^2}{b^2}=-1$；　　　　　　　　　　　　虚椭圆柱面

（11）$\dfrac{x^2}{a^2}+\dfrac{y^2}{b^2}=0$；　　　　　交于一条实直线的一对共轭虚平面

（12）$\dfrac{x^2}{a^2}-\dfrac{y^2}{b^2}=1$；　　　　　　　　　　　　　　双曲柱面

（13）$\dfrac{x^2}{a^2}-\dfrac{y^2}{b^2}=0$；　　　　　　　　　　　　　一对相交平面

（14）$x^2=2py$；　　　　　　　　　　　　　　　　　　抛物柱面

（15）$x^2=a^2$；　　　　　　　　　　　　　　　　　一对平行平面

（16）$x^2=-a^2$；　　　　　　　　　　　　　　一对平行的共轭虚平面

（17）$x^2=0$.　　　　　　　　　　　　　　　　　　一对重合平面

例 6.6.1　化简二次曲面方程

$$F(x,y,z) \equiv x^2 + y^2 + 5z^2 - 6xy - 2xz + 2yz - 6x + 6y - 6z + 10 = 0,$$

并指出该曲面的类型.

解 因为二次曲面的矩阵为

$$A = \begin{pmatrix} 1 & -3 & -1 & -3 \\ -3 & 1 & 1 & 3 \\ -1 & 1 & 5 & -3 \\ -3 & 3 & -3 & 10 \end{pmatrix},$$

$$I_1 = 1 + 1 + 5 = 7,$$

$$I_2 = \begin{vmatrix} 1 & -3 \\ -3 & 1 \end{vmatrix} + \begin{vmatrix} 1 & -1 \\ -1 & 5 \end{vmatrix} + \begin{vmatrix} 1 & 1 \\ 1 & 5 \end{vmatrix} = 0,$$

$$I_3 = \begin{vmatrix} 1 & -3 & -1 \\ -3 & 1 & 1 \\ -1 & 1 & 5 \end{vmatrix} = -36,$$

所以由(6.5-5)式可得二次曲面的特征方程为

$$\lambda^3 - 7\lambda^2 + 36 = 0,$$

即

$$(\lambda - 6)(\lambda - 3)(\lambda + 2) = 0,$$

所以该二次曲面的 3 个特征根为

$$\lambda_1 = 6, \quad \lambda_2 = 3, \quad \lambda_3 = -2.$$

(1) 将 $\lambda_1 = 6$ 代入(6.5-3)式得

$$\begin{cases} -5m - 3n - p = 0, \\ -3m - 5n + p = 0, \\ -m + n - p = 0, \end{cases}$$

解这个方程组得对应于特征根 $\lambda_1 = 6$ 的主方向为

$$m : n : p = (-1) : 1 : 2,$$

将主方向代入方程(6.4-1)或方程(6.4-2)化简得到共轭于这个主方向的主径面方程为

$$-x + y + 2z = 0.$$

(2) 将 $\lambda_2 = 3$ 代入(6.5-3)式得

$$\begin{cases} -2m - 3n - p = 0, \\ -3m - 2n + p = 0, \\ -m + n + 2p = 0, \end{cases}$$

解这个方程组得对应于特征根 $\lambda_2 = 3$ 的主方向为

$$m : n : p = 1 : (-1) : 1,$$

将主方向代入方程(6.4-1)或方程(6.4-2)化简得到共轭于这个主方向的主径面方程为

$$x - y + z - 3 = 0.$$

(3) 将 $\lambda_3 = -2$ 代入(6.5-3)式得

$$\begin{cases} 3m - 3n - p = 0, \\ -3m + 3n + p = 0, \\ -m + n + 7p = 0, \end{cases}$$

解这个方程组得对应于特征根 $\lambda_3 = -2$ 的主方向为
$$m : n : p = 1 : 1 : 0,$$
将主方向代入方程(6.4-1)或方程(6.4-2)化简得到共轭于这个主方向的主径面方程为
$$x + y = 0.$$

取这三个主径面作为新坐标系的坐标平面作坐标变换,由(6.6-7)式得变换公式为
$$\begin{cases} x' = \dfrac{-x+y+2z}{\sqrt{6}}, \\ y' = \dfrac{x-y+z-3}{\sqrt{3}}, \\ z' = \dfrac{x+y}{\sqrt{2}}. \end{cases}$$

由上式解出 x,y,z 得
$$\begin{cases} x = -\dfrac{1}{\sqrt{6}}x' + \dfrac{1}{\sqrt{3}}y' + \dfrac{1}{\sqrt{2}}z' + 1, \\ y = \dfrac{1}{\sqrt{6}}x' - \dfrac{1}{\sqrt{3}}y' + \dfrac{1}{\sqrt{2}}z' - 1, \\ z = \dfrac{2}{\sqrt{6}}x' + \dfrac{1}{\sqrt{3}}y' + 1. \end{cases}$$

将上式代入二次曲面原方程化简整理得
$$6x'^2 + 3y'^2 - 2z'^2 + 1 = 0,$$
从而得到二次曲面在新坐标系 $O'\text{-}x'y'z'$ 下的标准方程为
$$\frac{x'^2}{\frac{1}{6}} + \frac{y'^2}{\frac{1}{3}} - \frac{z'^2}{\frac{1}{2}} = -1.$$

这是一个双叶双曲面,其中心是新坐标系 $O'\text{-}x'y'z'$ 的坐标原点,即三个主径面的交点 $(1,-1,1)$.

例 6.6.2 化简二次曲面方程
$$2x^2 + 2y^2 + 3z^2 + 4xy + 2xz + 2yz - 4x + 6y - 2z + 3 = 0,$$
指出该曲面的类型,并写出所用的直角坐标变换.

解 因为二次曲面的矩阵为
$$\boldsymbol{A} = \begin{pmatrix} 2 & 2 & 1 & -2 \\ 2 & 2 & 1 & 3 \\ 1 & 1 & 3 & -1 \\ -2 & 3 & -1 & 3 \end{pmatrix},$$
$$I_1 = 2+2+3 = 7,$$
$$I_2 = \begin{vmatrix} 2 & 2 \\ 2 & 2 \end{vmatrix} + \begin{vmatrix} 2 & 1 \\ 1 & 3 \end{vmatrix} + \begin{vmatrix} 2 & 1 \\ 1 & 3 \end{vmatrix} = 10,$$
$$I_3 = \begin{vmatrix} 2 & 2 & 1 \\ 2 & 2 & 1 \\ 1 & 1 & 3 \end{vmatrix} = 0,$$

所以由(6.5-5)式可得二次曲面的特征方程为

$$\lambda^3 - 7\lambda^2 + 10\lambda = 0,$$

即

$$\lambda(\lambda - 5)(\lambda - 2) = 0,$$

所以该二次曲面的 3 个特征根为

$$\lambda_1 = 5, \quad \lambda_2 = 2, \quad \lambda_3 = 0.$$

（1）将 $\lambda_1 = 5$ 代入(6.5-3)式得

$$\begin{cases} -3m + 2n + p = 0, \\ 2m - 3n + p = 0, \\ m + n - 2p = 0, \end{cases}$$

解这个方程组得对应于特征根 $\lambda_1 = 5$ 的主方向为

$$m : n : p = 1 : 1 : 1;$$

将主方向代入方程(6.4-1)或方程(6.4-2)化简得到共轭于这个主方向的主径面方程为

$$x + y + z = 0.$$

（2）将 $\lambda_2 = 2$ 代入(6.5-3)式得

$$\begin{cases} 2n + p = 0, \\ 2m + p = 0, \\ m + n + p = 0, \end{cases}$$

解这个方程组得对应于特征根 $\lambda_2 = 2$ 的主方向为

$$m : n : p = 1 : 1 : (-2);$$

将主方向代入方程(6.4-1)或方程(6.4-2)化简得到共轭于这个主方向的主径面方程为

$$2x + 2y - 4z + 3 = 0.$$

取上面的两个主径面分别作为新坐标系 $O'\text{-}x'y'z'$ 的 $O'\text{-}y'z'$ 坐标面与 $O'\text{-}x'z'$ 坐标面，再任意取与这两个主径面都垂直的平面，比如

$$-x + y = 0$$

作为新坐标系的 $O'\text{-}x'y'$ 坐标面，作坐标变化，由(6.6-7)式得变换公式为

$$\begin{cases} x' = \dfrac{x + y + z}{\sqrt{3}}, \\ y' = \dfrac{2x + 2y - 4z + 3}{2\sqrt{6}}, \\ z' = \dfrac{-x + y}{\sqrt{2}}. \end{cases}$$

由上式解出 x, y, z 得

$$\begin{cases} x = \dfrac{\sqrt{3}}{3}x' + \dfrac{\sqrt{6}}{6}y' - \dfrac{\sqrt{2}}{2}z' - \dfrac{1}{4}, \\ y = \dfrac{\sqrt{3}}{3}x' + \dfrac{\sqrt{6}}{6}y' + \dfrac{\sqrt{2}}{2}z' - \dfrac{1}{4} \\ z = \dfrac{\sqrt{3}}{3}x' - \dfrac{\sqrt{6}}{3}y' + \dfrac{1}{2}. \end{cases}$$

将上式代入二次曲面原方程化简整理得

$$5x'^2 + 2y'^2 + 5\sqrt{2}\,z' + \frac{9}{4} = 0,$$

即

$$5x'^2 + 2y'^2 + 5\sqrt{2}\left(z' + \frac{9\sqrt{2}}{40}\right) = 0,$$

再作移轴变换

$$\begin{cases} x' = x'', \\ y' = y'', \\ z' = z'' - \dfrac{9\sqrt{2}}{40}, \end{cases}$$

从而得到二次曲面在新坐标系 $O''\text{-}x''y''z''$ 下的标准方程为

$$5x''^2 + 2y''^2 = -5\sqrt{2}\,z'',$$

这是一个椭圆抛物面,它的顶点是新坐标系 $O''\text{-}x''y''z''$ 的坐标原点.

由 $\begin{cases} x = \dfrac{\sqrt{3}}{3}x' + \dfrac{\sqrt{6}}{6}y' - \dfrac{\sqrt{2}}{2}z' - \dfrac{1}{4}, \\ y = \dfrac{\sqrt{3}}{3}x' + \dfrac{\sqrt{6}}{6}y' + \dfrac{\sqrt{2}}{2}z' - \dfrac{1}{4} \\ z = \dfrac{\sqrt{3}}{3}x' - \dfrac{\sqrt{6}}{3}y' + \dfrac{1}{2} \end{cases}$ 与 $\begin{cases} x' = x'', \\ y' = y'', \\ z' = z'' - \dfrac{9\sqrt{2}}{40} \end{cases}$

可得把该二次曲面方程化简为标准方程所用的直角坐标变换为

$$\begin{cases} x = \dfrac{\sqrt{3}}{3}x'' + \dfrac{\sqrt{6}}{6}y'' - \dfrac{\sqrt{2}}{2}z'' - \dfrac{1}{40}, \\ y = \dfrac{\sqrt{3}}{3}x'' + \dfrac{\sqrt{6}}{6}y'' + \dfrac{\sqrt{2}}{2}z'' - \dfrac{19}{40} \\ z = \dfrac{\sqrt{3}}{3}x'' - \dfrac{\sqrt{6}}{3}y'' + \dfrac{1}{2}. \end{cases}$$

习题 6.6

1. 作直角坐标变换,化简下列二次曲面的方程,并写出所用的直角坐标变换:

(1) $x^2 + y^2 + 5z^2 - 6xy + 2xz - 2yz - 4x + 8y - 12z + 14 = 0$;

(2) $5x^2 - 16y^2 + 5z^2 + 8xy - 14xz + 8yz + 4x + 20y + 4z - 24 = 0$;

(3) $5x^2 + 7y^2 + 6z^2 - 4xz - 4yz - 6x - 10y - 4z + 7 = 0$;

(4) $4x^2 + y^2 + 4z^2 - 4xy + 8xz - 4yz - 12x - 12y + 6z = 0$.

2. 已知非退化的二次曲面 S 通过以下 9 点:

$$A(1,0,0), B(1,1,2), C(1,-1,-2), D(3,0,0), E(3,1,2),$$
$$F(3,-2,-4), G(0,1,4), H(3,-1,-2), I(5,2\sqrt{2},8),$$

问 S 是哪一类型?[①]

————————

① 此题是第 2 届全国大学生数学竞赛初赛题目(数学类,2010 年).

习题参考答案与提示

第 1 章

习题 1.1

1.（1）单位球面；　（2）单位圆；　（3）一条直线；　（4）相距为 2 的两点.

2. 相等向量有：(2)(3)；反向量有：(1)(4).

3. 共线向量有如下 3 组：

（1）$\overrightarrow{AB}$ 与 $\overrightarrow{A'B'}$；　（2）$\overrightarrow{BC}$ 与 $\overrightarrow{B'C'}$；　（3）$\overrightarrow{CA}$ 与 $\overrightarrow{C'A'}$.

共面向量有如下 7 组：

（1）$\overrightarrow{AB},\overrightarrow{BC},\overrightarrow{CA},\overrightarrow{A'B'},\overrightarrow{B'C'},\overrightarrow{C'A'}$；　（2）$\overrightarrow{AB},\overrightarrow{A'B'},\overrightarrow{AA'},\overrightarrow{BB'}$；

（3）$\overrightarrow{CA},\overrightarrow{C'A'},\overrightarrow{CC'},\overrightarrow{AA'}$；　（4）$\overrightarrow{BC},\overrightarrow{B'C'},\overrightarrow{BB'},\overrightarrow{CC'}$；

（5）$\overrightarrow{AB},\overrightarrow{A'B'},\overrightarrow{CC'}$；　（6）$\overrightarrow{BC},\overrightarrow{B'C'},\overrightarrow{AA'}$；　（7）$\overrightarrow{CA},\overrightarrow{C'A'},\overrightarrow{BB'}$.

习题 1.2

1.（1）$\vec{a}$ 与 $\vec{b}$ 垂直；　（2）$\vec{a},\vec{b}$ 同向；　（3）$\vec{a},\vec{b}$ 反向，且 $|\vec{a}|\geqslant|\vec{b}|$；

（4）$\vec{a},\vec{b}$ 反向；　（5）$\vec{a},\vec{b}$ 同向，且 $|\vec{a}|\geqslant|\vec{b}|$.

2. 由本教材的例 1.2.3 可知，$\overrightarrow{AG}=\overrightarrow{AB}+\overrightarrow{AD}+\overrightarrow{AA_1}$，所以

$$2\overrightarrow{AG}=2(\overrightarrow{AB}+\overrightarrow{AD}+\overrightarrow{AA_1})=\overrightarrow{AB}+\overrightarrow{AB}+\overrightarrow{AD}+\overrightarrow{AD}+\overrightarrow{AA_1}+\overrightarrow{AA_1}$$
$$=(\overrightarrow{AB}+\overrightarrow{AD})+(\overrightarrow{AB}+\overrightarrow{AA_1})+(\overrightarrow{AD}+\overrightarrow{AA_1})=\overrightarrow{AC}+\overrightarrow{AF}+\overrightarrow{AH}.$$

习题 1.3

1.（1）$-2y\vec{a}+2x\vec{b}$；　（2）$4\vec{e}_1+\vec{e}_3$；$-2\vec{e}_1+4\vec{e}_2-3\vec{e}_3$；$-3\vec{e}_1+10\vec{e}_2-7\vec{e}_3$.

2. $\begin{cases}\vec{x}=\dfrac{3}{17}\vec{a}+\dfrac{4}{17}\vec{b},\\[2mm]\vec{y}=\dfrac{2}{17}\vec{a}-\dfrac{3}{17}\vec{b}.\end{cases}$

3. $3\vec{a}+3\vec{b}-5\vec{c}$.

4. 因为 $\overrightarrow{BD}=\overrightarrow{BC}+\overrightarrow{CD}=(-2\vec{a}+8\vec{b})+(3\vec{a}-3\vec{b})=\vec{a}+5\vec{b}$，所以 $\overrightarrow{BD}=\overrightarrow{AB}$，又因为向量 $\overrightarrow{AB}$ 与 $\overrightarrow{BD}$ 有公共点 B，故三点 A,B,D 共线.

5. 因为 $\overrightarrow{AD}=\overrightarrow{AB}+\overrightarrow{BC}+\overrightarrow{CD}=(\vec{a}+2\vec{b})+(-4\vec{a}-\vec{b})+(-5\vec{a}-3\vec{b})=-8\vec{a}-2\vec{b}=2\overrightarrow{BC}$，所以 $\overrightarrow{AD}/\!/\overrightarrow{BC}$.

又由于 $\overrightarrow{AB}$ 与 $\overrightarrow{BC}$ 不平行，所以三点 A,B,C 不共线，故四边形 $ABCD$ 是梯形.

6. 因为 L,M,N 分别是三角形 ABC 三边 BC,CA,AB 的中点,所以

$$\overrightarrow{AL}=\frac{1}{2}(\overrightarrow{AB}+\overrightarrow{AC}),\overrightarrow{BM}=\frac{1}{2}(\overrightarrow{BA}+\overrightarrow{BC}),\overrightarrow{CN}=\frac{1}{2}(\overrightarrow{CA}+\overrightarrow{CB}),$$

从而

$$\overrightarrow{AL}+\overrightarrow{BM}+\overrightarrow{CN}=\frac{1}{2}(\overrightarrow{AB}+\overrightarrow{AC}+\overrightarrow{BA}+\overrightarrow{BC}+\overrightarrow{CA}+\overrightarrow{CB})=\vec{0}.$$

显然向量 $\overrightarrow{AL},\overrightarrow{BM},\overrightarrow{CN}$ 不共线,故三中线向量 $\overrightarrow{AL},\overrightarrow{BM},\overrightarrow{CN}$ 构成一个三角形.

7. 因为 $\overrightarrow{OA}=\overrightarrow{OL}+\overrightarrow{LA},\overrightarrow{OB}=\overrightarrow{OM}+\overrightarrow{MB},\overrightarrow{OC}=\overrightarrow{ON}+\overrightarrow{NC}$,所以

$$\overrightarrow{OA}+\overrightarrow{OB}+\overrightarrow{OC}=\overrightarrow{OL}+\overrightarrow{OM}+\overrightarrow{ON}+(\overrightarrow{LA}+\overrightarrow{MB}+\overrightarrow{NC})$$
$$=\overrightarrow{OL}+\overrightarrow{OM}+\overrightarrow{ON}-(\overrightarrow{AL}+\overrightarrow{BM}+\overrightarrow{CN}).$$

由 6 题结论知:$\overrightarrow{AL}+\overrightarrow{BM}+\overrightarrow{CN}=\vec{0}$,所以 $\overrightarrow{OA}+\overrightarrow{OB}+\overrightarrow{OC}=\overrightarrow{OL}+\overrightarrow{OM}+\overrightarrow{ON}$.

8. 因为 M 是平行四边形 $ABCD$ 的中心,所以它是四边形 $ABCD$ 对角线 AC 与 BD 的交点,从而是三角形 OAC 与 OBD 的边 AC 与 BD 的中点,所以 $\overrightarrow{OM}=\frac{1}{2}(\overrightarrow{OA}+\overrightarrow{OC})$,$\overrightarrow{OM}=\frac{1}{2}(\overrightarrow{OB}+\overrightarrow{OD})$,故

$$2\overrightarrow{OM}=\frac{1}{2}(\overrightarrow{OA}+\overrightarrow{OB}+\overrightarrow{OC}+\overrightarrow{OD}),\quad 即\overrightarrow{OA}+\overrightarrow{OB}+\overrightarrow{OC}+\overrightarrow{OD}=4\overrightarrow{OM}.$$

9. 如图 1 所示,$\overrightarrow{AB}\parallel\overrightarrow{CD}$,$E,F$ 分别是梯形 $ABCD$ 两腰 BC,AD 的中点,连接 EF 与 AC 交于点 H,则 H 是 AC 的中点,故有

$$\overrightarrow{FH}=\frac{1}{2}\overrightarrow{DC},\quad \overrightarrow{HE}=\frac{1}{2}\overrightarrow{AB},$$

而 $\overrightarrow{FE}=\overrightarrow{FH}+\overrightarrow{HF}=\frac{1}{2}\overrightarrow{DC}+\frac{1}{2}\overrightarrow{AB}=\frac{1}{2}(\overrightarrow{DC}+\overrightarrow{AB}).$

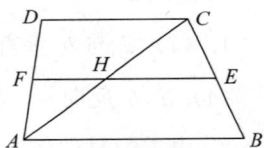

图 1

又 $\overrightarrow{AB}\parallel\overrightarrow{CD}$,而 $\overrightarrow{AB}$ 与 $\overrightarrow{CD}$ 的方向一致,所以 $|\overrightarrow{FE}|=\frac{1}{2}(|\overrightarrow{DC}|+|\overrightarrow{AB}|).$

10. (1) 如图 2 所示,因为点 O 是平面上正多边形 $A_1A_2\cdots A_n$ 的中心,所以

$$\overrightarrow{OA_1}+\overrightarrow{OA_3}=\lambda\overrightarrow{OA_2};$$
$$\overrightarrow{OA_2}+\overrightarrow{OA_4}=\lambda\overrightarrow{OA_3};$$
$$\vdots$$
$$\overrightarrow{OA_{n-1}}+\overrightarrow{OA_1}=\lambda\overrightarrow{OA_n};$$
$$\overrightarrow{OA_n}+\overrightarrow{OA_2}=\lambda\overrightarrow{OA_1},$$

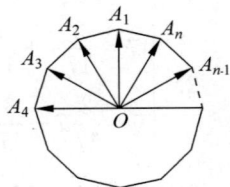

图 2

上面的式子两边相加,得

$$2(\overrightarrow{OA_1}+\overrightarrow{OA_2}+\cdots+\overrightarrow{OA_n})=\lambda(\overrightarrow{OA_1}+\overrightarrow{OA_2}+\cdots+\overrightarrow{OA_n}),$$

所以

$$(\lambda-2)(\overrightarrow{OA_1}+\overrightarrow{OA_2}+\cdots+\overrightarrow{OA_n})=\vec{0}.$$

而 $\overrightarrow{OA_{i-1}}$ 与 $\overrightarrow{OA_{i+1}}$ 不共线,且 $|\overrightarrow{OA_{i-1}}|=|\overrightarrow{OA_i}|=|\overrightarrow{OA_{i+1}}|$,所以 $\overrightarrow{OA_{i-1}}+\overrightarrow{OA_{i+1}}\neq$

$2\overrightarrow{OA_i}$,即 $\lambda \neq 2$,从而 $\overrightarrow{OA_1}+\overrightarrow{OA_2}+\cdots+\overrightarrow{OA_n}=\vec{0}$.故命题成立.

（2）如图 3 所示,因为

$$\overrightarrow{PA_1}=\overrightarrow{PO}+\overrightarrow{OA_1},$$
$$\overrightarrow{PA_2}=\overrightarrow{PO}+\overrightarrow{OA_2},$$
$$\vdots$$
$$\overrightarrow{PA_n}=\overrightarrow{PO}+\overrightarrow{OA_n},$$

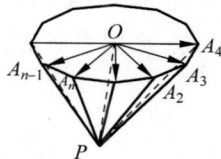

图　3

所以

$$\overrightarrow{PA_1}+\overrightarrow{PA_2}+\cdots+\overrightarrow{PA_n}=n\overrightarrow{PO}+\overrightarrow{OA_1}+\overrightarrow{OA_2}+\cdots+\overrightarrow{OA_n},$$

由（1）的结论 $\overrightarrow{OA_1}+\overrightarrow{OA_2}+\cdots+\overrightarrow{OA_n}=\vec{0}$ 可知,$\overrightarrow{PA_1}+\overrightarrow{PA_2}+\cdots+\overrightarrow{PA_n}=n\overrightarrow{PO}$.

故命题成立.

习题 1.4

1. （1）-44;　（2）1;　（3）1;　（4）$x^3+y^3+z^3-3xyz$.

2. （1）$\begin{cases} x=-\dfrac{22}{3}, \\ y=\dfrac{25}{3}, \\ z=-\dfrac{2}{3}; \end{cases}$　（2）$\begin{cases} x=-\dfrac{6}{7}, \\ y=\dfrac{6}{7}, \\ z=\dfrac{22}{7}. \end{cases}$

习题 1.5

1. （1）$\dfrac{1}{2}\vec{a}-\dfrac{1}{2}\vec{b},\dfrac{1}{2}\vec{a}+\dfrac{1}{2}\vec{b},-\dfrac{1}{2}\vec{a}+\dfrac{1}{2}\vec{b},-\dfrac{1}{2}\vec{a}-\dfrac{1}{2}\vec{b}$;

（2）$\dfrac{4}{3}\vec{p}-\dfrac{2}{3}\vec{q},-\dfrac{4}{3}\vec{p}+\dfrac{2}{3}\vec{q}$.

2. $(\lambda_1+\lambda_3)\vec{e_1}+(\lambda_1+\lambda_2)\vec{e_2}+(\lambda_2+\lambda_3)\vec{e_3}$.

3. （1）$\dfrac{2}{3}\vec{e_1}+\dfrac{1}{3}\vec{e_2},\dfrac{1}{3}\vec{e_1}+\dfrac{5}{3}\vec{e_2}$;　（2）$\dfrac{|\vec{e_2}|}{|\vec{e_1}|+|\vec{e_2}|}\vec{e_1}+\dfrac{|\vec{e_1}|}{|\vec{e_1}|+|\vec{e_2}|}\vec{e_2}$.

4. $\dfrac{1}{3}\overrightarrow{OA}+\dfrac{1}{3}\overrightarrow{OB}+\dfrac{1}{3}\overrightarrow{OC}$.

5. （1）提示：不妨设边 AB,BC,CA 的中点分别是 F,D,E,且 AD 交 BE 于 P,连接 CF,PC.为此,只要证明三点 F,P,C 共线即可;

（2）提示：利用三角形重心的性质.

6. 因为 $\begin{vmatrix} 2 & 3 \\ -1 & -2 \end{vmatrix}=-1\neq 0$,所以 $\vec{c},\vec{d}$ 不共线,故 $\vec{c},\vec{d}$ 线性无关.

7. 因 $\vec{a}+\dfrac{1}{10}\vec{b}-\dfrac{1}{5}\vec{c}=\vec{0}$,故 $\vec{a},\vec{b},\vec{c}$ 线性相关,从而它们共面,且 $\vec{a}=-\dfrac{1}{10}\vec{b}+\dfrac{1}{5}\vec{c}$.

8. 因为 $(\lambda\vec{a}-\mu\vec{b})+(\mu\vec{b}-\nu\vec{c})+(\nu\vec{c}-\lambda\vec{a})=\vec{0}$,所以 $\lambda\vec{a}-\mu\vec{b},\mu\vec{b}-\nu\vec{c},\nu\vec{c}-\lambda\vec{a}$ 线性相关,从而它们共面.

习题 1. 6

1. 点 P，Q 的位置如图 4 所示.

2. 如图 5 所示，因为 $ABCD$ 是平行四边形，所以 $\overrightarrow{CB} = -\overrightarrow{AD}$，于是
$$\overrightarrow{AD} = \overrightarrow{AC} + \overrightarrow{CB} + \overrightarrow{BD} = \overrightarrow{AC} - \overrightarrow{AD} + \overrightarrow{BD},$$

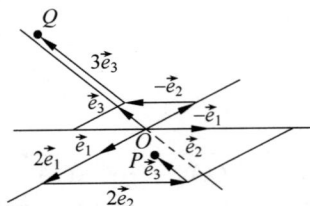

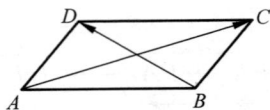

图 4   图 5

从而 $2\overrightarrow{AD} = \overrightarrow{AC} + \overrightarrow{BD}$，故 $\overrightarrow{AD} = \dfrac{1}{2}\overrightarrow{AC} + \dfrac{1}{2}\overrightarrow{BD}$，所以向量 $\overrightarrow{AD}$ 在标架 $\{C; \overrightarrow{AC}, \overrightarrow{BD}\}$ 下的坐标是 $\left(\dfrac{1}{2}, \dfrac{1}{2}\right)$；

而 $\overrightarrow{DB} = 0 \cdot \overrightarrow{AC} - \overrightarrow{BD}$，所以向量 $\overrightarrow{DB}$ 在标架 $\{C; \overrightarrow{AC}, \overrightarrow{BD}\}$ 下的坐标是 $(0, -1)$.

3. $(-5, 8, 7)$.

4. 提示：仿照证明三角形的三条高线交于一点的方法进行证明.

5. $(-1, 2, 4)$，$(8, -4, -2)$.

6. 提示：设四面体 $A_1A_2A_3A_4$，顶点 $A_i(i = 1, 2, 3, 4)$ 对面的重心为 G_i，欲证 A_iG_i 交于一点，在 A_iG_i 上取一点 P_i，使 $\overrightarrow{A_iP_i} = 3\overrightarrow{P_iG_i}$，从而
$$\overrightarrow{OP_i} = \frac{\overrightarrow{OA_i} + 3\overrightarrow{OG_i}}{1 + 3},$$

借助点的坐标，去证明 P_1, P_2, P_3, P_4 四点重合，从而与 A_iG_i 交于相同的一点，且这点到顶点距离等于这点到对面重心距离的三倍.

7. 如图 6 所示，在空间四边形 $ABCD$ 中，设
$$\frac{AE}{AB} = \frac{AH}{AD} = \lambda, \qquad \frac{CF}{CB} = \frac{CG}{CD} = \lambda,$$

则
$$\overrightarrow{EH} /\!/ \overrightarrow{BD}, \overrightarrow{FG} /\!/ \overrightarrow{BD}, \text{且} \left|\overrightarrow{EH}\right| = \lambda\left|\overrightarrow{BD}\right|, \left|\overrightarrow{FG}\right| = \lambda\left|\overrightarrow{BD}\right|,$$

从而

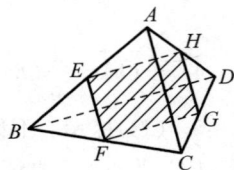

图 6

$$\overrightarrow{EH} /\!/ \overrightarrow{FG} \text{且} \left|\overrightarrow{EH}\right| = \left|\overrightarrow{FG}\right|,$$

故四边形 $EFGH$ 是平行四边形.

习题 1. 7

1. 因为 $\mathrm{prj}_{\vec{e}}\overrightarrow{AB} = \left|\overrightarrow{AB}\right| \cos\angle(\vec{e}, \overrightarrow{AB}) = 10 \times \cos 150° = 10 \times \left(-\dfrac{\sqrt{3}}{2}\right) = -5\sqrt{3}$，所以
$$\overrightarrow{\mathrm{prj}_{\vec{e}}\overrightarrow{AB}} = -5\sqrt{3}\,\vec{e}.$$

2. (1) 垂直；　(2) 相等；　(3) 0.

3. (1) 5；　(2) -3；　(3) $-\dfrac{7}{2}$；　(4) 11.

4. 40.

5. (1) $\dfrac{\sqrt{50}}{10}\vec{i}-\dfrac{3\sqrt{50}}{25}\vec{j}+\dfrac{3\sqrt{50}}{50}\vec{k}$；　(2) $\dfrac{3\sqrt{13}}{13}\vec{i}+\dfrac{2\sqrt{13}}{13}\vec{k}$.

6. 略.

习题 1.8

1. (1) 4；　(2) 64；　(3) 144.

2. (1) $(\vec{a}\times\vec{b})^2=|\vec{a}\times\vec{b}|^2=|\vec{a}|^2|\vec{b}|^2\sin^2\angle(\vec{a},\vec{b})\leqslant|\vec{a}|^2|\vec{b}|^2=\vec{a}^2\vec{b}^2$；

要使等号成立，必须 $\sin^2\angle(\vec{a},\vec{b})=1$，从而 $\sin\angle(\vec{a},\vec{b})=1$，故 $\angle(\vec{a},\vec{b})=\dfrac{\pi}{2}$，即当 $\vec{a}\perp\vec{b}$ 时，等号成立；

(2) 提示：直接计算 $(\vec{a}-\vec{d})\times(\vec{b}-\vec{c})$ 的结果是零向量即可.

3. $2\vec{a}\times3\vec{b}=\begin{vmatrix}\vec{i}&\vec{j}&\vec{k}\\4&4&-2\\3&-6&-3\end{vmatrix}=-24\vec{i}+6\vec{j}-36\vec{k}.$

4. (1) $\pm\left(\dfrac{7}{5\sqrt{3}},\dfrac{1}{\sqrt{3}},\dfrac{1}{5\sqrt{3}}\right)$；　(2) $\left(\dfrac{35}{6},\dfrac{25}{6},\dfrac{5}{6}\right)$.

5. $h_{AB}=\dfrac{8\sqrt{33}}{11}$；$h_{AC}=2\sqrt{3}$；$h_{BC}=8$.

6. (1) 在三角形 ABC 中，设 $\overrightarrow{BC}=\vec{a}$，$\overrightarrow{CA}=\vec{b}$，$\overrightarrow{AB}=\vec{c}$，且 $|\vec{a}|=a$，$|\vec{b}|=b$，$|\vec{c}|=c$，已知 $\vec{a}+\vec{b}+\vec{c}=\vec{0}$，则由例 1.8.3，可得 $\vec{a}\times\vec{b}=\vec{b}\times\vec{c}=\vec{c}\times\vec{a}$，所以

$$|\vec{a}\times\vec{b}|=|\vec{b}\times\vec{c}|=|\vec{c}\times\vec{a}|,\quad\text{即 } ab\sin C=bc\sin A=ca\sin B.$$

由于 $abc\neq0$，所以上式同除以 abc，得

$$\frac{\sin C}{c}=\frac{\sin A}{a}=\frac{\sin B}{b}.$$

又由于是在三角形 ABC 中，所以 $\sin A\sin B\sin C\neq0$，故

$$\frac{a}{\sin A}=\frac{b}{\sin B}=\frac{c}{\sin C}.$$

(2) 提示：因为三角形 ABC 的面积为 $S=\dfrac{1}{2}|\vec{a}\times\vec{b}|$，所以

$$S^2=\frac{1}{4}|\vec{a}\times\vec{b}|^2=\frac{1}{4}(\vec{a}\times\vec{b})^2.$$

因为 $(\vec{a}\times\vec{b})^2+(\vec{a}\cdot\vec{b})^2=\vec{a}^2\vec{b}^2$，所以

$$S^2=\frac{1}{4}|\vec{a}\times\vec{b}|^2=\frac{1}{4}[\vec{a}^2\vec{b}^2-(\vec{a}\cdot\vec{b})^2].$$

由 $\vec{a}+\vec{b}+\vec{c}=\vec{0}$，即有 $\vec{a}+\vec{b}=-\vec{c}$，所以 $(\vec{a}+\vec{b})^2=\vec{c}^2$，进而可得

$$\vec{a}\cdot\vec{b}=\frac{1}{2}(\vec{c}^2-\vec{a}^2-\vec{b}^2)=\frac{1}{2}(c^2-a^2-b^2),$$

将其代入,利用平方差公式即可证明.

习题 1.9

1. 提示：利用三向量混合积的定义计算即可.

2. 提示：利用三向量混合积的性质,计算 $\vec{r}=(\vec{a}\times\vec{b})+(\vec{b}\times\vec{c})+(\vec{c}\times\vec{a})$ 分别与向量 $\overrightarrow{AB}=\vec{b}-\vec{a}$, $\overrightarrow{AC}=\vec{c}-\vec{a}$ 的点乘即可.

3. 提示：先算 $\vec{u}\times\vec{v}$,再算 $\vec{u}\times\vec{v}$ 与 $\vec{w}$ 的点积即可.

4. 10.

5. $\dfrac{25}{3\sqrt{389}}$.

习题 1.10

1. (1) $(5,0,5)$；$(1,-2,-1)$.

2. 提示：把其中一个括号内的整体看成一个向量,利用双重向量积的公式即可证明.

3. 提示：利用三向量混合积的定义计算即可证明.

4. 提示：利用三向量共面的充要条件是混合积为零即可证明.

第 2 章

习题 2.1

1. $21x-15y-35=0$.

2. $(x^2+y^2)^2-8(x^2-y^2)-9=0$.

3. 提示：在直线 l 上任取一点 $P(x,y)$,则有 $\overrightarrow{P_0P}=t\vec{v}$,记 $\overrightarrow{OP}=\vec{r}$,从而可得

$$\vec{r}-\vec{r}_0=t\vec{v}\quad(-\infty<t<+\infty),$$

即可得向量式参数方程为

$$\vec{r}=\vec{r}_0+t\vec{v}\quad(-\infty<t<+\infty).$$

将坐标代入上式得坐标式参数方程,进而消参可得对称式(或标准式)方程.

4. (1) $4ax-y^2=0$;　(2) $(x-5)^2+\dfrac{(y+1)^2}{4}=1$;

(3) $x^{\frac{2}{3}}+y^{\frac{2}{3}}=(4R)^{\frac{2}{3}}$;　(4) $\left(\dfrac{x}{a}\right)^{\frac{2}{3}}+\left(\dfrac{y}{b}\right)^{\frac{2}{3}}=1$.

5. (1) $\begin{cases} x=t^2, \\ y=t^3, \end{cases} -\infty<t<+\infty$;　(2) $\begin{cases} x=a\cos^4 t, \\ y=a\sin^4 t, \end{cases} 0\leqslant t<2\pi$;

(3) $\begin{cases} x=3a\sin^{\frac{2}{3}}t\cos^{\frac{4}{3}}t, \\ y=3a\sin^{\frac{4}{3}}t\cos^{\frac{2}{3}}t, \end{cases} 0\leqslant t<2\pi$;　(4) $\begin{cases} x=a\sec t, \\ y=b\tan t, \end{cases} 0\leqslant t<2\pi$.

6. 提示：取定圆的圆心为坐标原点,动圆上的初始位置为定圆与 x 轴的正半轴的交

点,并取动圆中心的向径与 x 轴所成的有向角 θ 为参数,则外旋轮线的方程为

$$\vec{r}(\theta) = \left[(a-b)\cos\theta - b\cos\left(\frac{a+b}{b}\theta\right)\right]\vec{i} + \left[(a+b)\sin\theta - \sin\left(\frac{a+b}{b}\theta\right)\right]\vec{j},$$
$$-\infty < \theta < +\infty.$$

习题 2.2

1. 方程为 $(x-4)^2 + y^2 = 0$.

2. (1) 建立如(1)坐标系,但设两定点的距离为 $2c$,距离之和为常数 $2a$. 设动点为 $M(x,y,z)$,则可求得轨迹的方程为
$$(a^2-c^2)x^2 + a^2y^2 + a^2z^2 = a^2(a^2-c^2);$$

(2) 建立如(2)的坐标系及其假定,设动点为 $M(x,y,z)$,则可求得轨迹的方程为
$$(c^2-a^2)x^2 + (c^2-a^2)y^2 - z^2 = a^2(c^2-a^2);$$

(3) 取两定点的连线为 x 轴,两定点连接线段的中点为坐标原点,且令两距离之比为常数 m,两定点的距离为 $2a$,则两定点的坐标为 $(a,0,0)$,$(-a,0,0)$,设动点为 $M(x,y,z)$,则可求得轨迹的方程为
$$(1-m^2)(x^2+y^2+z^2) - 2a(1+m^2)x + (1-m^2)a^2 = 0.$$

3. (1) $x^2 + y^2 + z^2 = 49$; (2) $(x-3)^2 + (y+1)^2 + (z-1)^2 = 21$;

(3) $x^2 + y^2 + z^2 - 4x - 2y + 4z = 0$.

4. (1) $(3,-4,-1)$,4; (2) $(-1,2,0)$,3.

5. 该球面的坐标式参数方程为
$$\begin{cases} x = a + R\cos\theta\cos\varphi, \\ y = b + R\cos\theta\sin\varphi, \quad -\pi < \varphi \leqslant \pi, \quad -\frac{\pi}{2} < \theta \leqslant \frac{\pi}{2}, \\ z = c + R\sin\theta, \end{cases}$$

向量式参数方程为
$$\vec{r} = (a + R\cos\theta\cos\varphi)\vec{i} + (b + R\cos\theta\sin\varphi)\vec{j} + (c + R\sin\theta)\vec{k},$$
$$-\pi < \varphi \leqslant \pi, \quad -\frac{\pi}{2} < \theta \leqslant \frac{\pi}{2}.$$

6. 略.

7. $(x-1)^2 + (y+1)^2 + (z-3)^2 = 25$.

8. (1) $x^2 + y^2 + z^2 = 1(z \geqslant 0)$; (2) $\dfrac{x^2}{a^2} + \dfrac{y^2}{b^2} = 1$.

9. (1) 表示球心是坐标原点,半径是 5 的球面; (2) 表示 $O\text{-}xy$ 坐标面;

(3) 表示以 z 轴为界,且过点 $\left(1, \frac{\pi}{3}, 0\right)$ 的半平面.

10. (1)表示半径是 2,且以 z 轴为轴的圆柱面;

(2) 表示以 z 轴为界,且过点 $\left(1, \frac{\pi}{4}, 0\right)$ 的半平面;

(3) 表示平行于 $O\text{-}xy$ 坐标面,且过点 $(0,0,-1)$ 的平面.

11. 构成的曲面是球面. 提示:在空间中,以线段 PQ 所在的直线为 x 轴,线段的中点为坐标原点建立直角坐标系,根据条件即可证明.

习题 2.3

1. (i) 当 $0<C<2$ 时,公共点的轨迹是两条平行于 z 轴的直线;

(ii) 当 $C=0$ 时,公共点的轨迹是 z 轴;

(iii) 当 $C=2$ 时,公共点的轨迹是过点 $(2,0,0)$ 且平行于 z 轴的直线;

(iv) 当 $C>2$ 或 $C<2$ 时,两图形无公共点.

2. (1) (i) 曲面与 $O\text{-}xy$ 坐标面的交线是 $O\text{-}xy$ 坐标面上圆心在原点,半径 $R=8$ 的圆;

(ii) 曲面与 $O\text{-}yz$ 坐标面的交线是 $O\text{-}yz$ 坐标面上中心在原点,焦点在 y 轴上的椭圆;

(iii) 曲面与 $O\text{-}zx$ 坐标面的交线是 $O\text{-}zx$ 坐标面上中心在原点,焦点在 x 轴上的椭圆.

(2) (i) 曲面与 $O\text{-}xy$ 坐标面的交线是 $O\text{-}xy$ 坐标面上中心在原点,焦点在 x 轴上的椭圆;

(ii) 曲面与 $O\text{-}yz$ 坐标面的交线是 $O\text{-}yz$ 坐标面上中心在原点,实轴为 y 轴的双曲线;

(iii) 曲面与 $O\text{-}zx$ 坐标面的交线是 $O\text{-}zx$ 坐标面上中心在原点,实轴为 x 轴的双曲线.

(3) (i) 曲面与 $O\text{-}xy$ 坐标面的交线是在 $O\text{-}xy$ 坐标面上中心在原点,实轴为 x 轴的双曲线;

(ii) 曲面与 $O\text{-}yz$ 坐标面无交线;

(iii) 曲面与 $O\text{-}zx$ 坐标面的交线是 $O\text{-}zx$ 坐标面上中心在原点,实轴为 x 轴的双曲线.

(4) (i) 曲面与 $O\text{-}xy$ 坐标面的交线是坐标原点;

(ii) 曲面与 $O\text{-}yz$ 坐标面的交线是 $O\text{-}yz$ 坐标面上顶点在原点以 z 轴为对称轴的抛物线;

(iii) 曲面与 $O\text{-}zx$ 坐标面的交线是 $O\text{-}zx$ 坐标面上顶点在原点以 z 轴为对称轴的抛物线.

3. $(2\cos 2,2\sin 2,2),(-2\cos 2,2\sin 2,-2)$.

4. $\begin{cases} x=-t^4, \\ y=2t, \\ z=t^2, \end{cases} -\infty<t<+\infty,$ 或 $\begin{cases} x=-t^4, \\ y=-2t, \\ z=t^2, \end{cases} -\infty<t<+\infty.$

5. (1) $\begin{cases} x=3z+1, \\ y=\dfrac{z^2}{4}+z+1; \end{cases}$

(2) $\begin{cases} \dfrac{x^2}{9}+\dfrac{z^2}{16}=1, \\ \dfrac{y^2}{25}+\dfrac{z^2}{16}=1; \end{cases}$ 或 $\begin{cases} 5x-3y=0, \\ \dfrac{x^2}{6}+\dfrac{z^2}{16}=1; \end{cases}$ 或 $\begin{cases} 5x-3y=0, \\ \dfrac{y^2}{25}+\dfrac{z^2}{16}=1. \end{cases}$

6. 取圆锥的顶点为坐标原点,圆锥的轴为轴,建立空间直角坐标系 $O\text{-}xyz$,并设圆锥角为 2α,旋转速度为 ω,直线速度为 v,动点的初始位置在坐标原点,而且动点所在锥面直母线的初始位置在 $O\text{-}xz$ 坐标面上的 x 轴正向一侧,如图 7 所示.再设 t

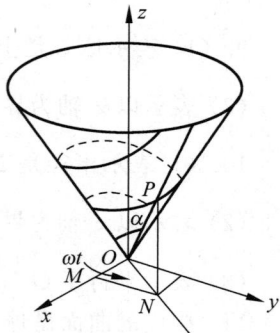

图 7

秒后,质点运动到点 $P(x,y,z)$,作坐标折线 PNM,则

$$\vec{r} = \overrightarrow{OP} = \overrightarrow{OM} + \overrightarrow{MN} + \overrightarrow{NP},$$

从而可以求得圆锥螺旋线的向量式参数方程为

$$\vec{r} = vt\sin\alpha\cos\omega t\, \vec{i} + vt\sin\alpha\sin\omega t\, \vec{j} + vt\cos\alpha\, \vec{k}, 0 \leqslant t < +\infty;$$

坐标式参数方程为

$$\begin{cases} x = vt\sin\alpha\cos\omega t, \\ y = vt\sin\alpha\sin\omega t, \qquad 0 \leqslant t < +\infty. \\ z = vt\cos\alpha, \end{cases}$$

第 3 章

习题 3.1

1. (1) (i) 向量式参数方程为:$\vec{r} = \vec{r}_0 + u\vec{a} + v\vec{b}$,其中 $\vec{r}_0 = (3,1,-1)$,$\vec{a} = \overrightarrow{P_1P_2} = (-2,-2,1)$,$\vec{b} = (-1,0,2)$,且 $-\infty < u,v < +\infty$;

(ii) 坐标式参数方程为:$\begin{cases} x = 3-2u-v, \\ y = 1-2u, \qquad -\infty < u,v < +\infty; \\ z = -1+u+2v, \end{cases}$

(iii) 一般方程为:$4x-3y+2z-7=0$;

(2) (i) 向量式参数方程为:$\vec{r} = \vec{r}_0 + u\vec{a} + v\vec{b}$,其中 $\vec{a} = \overrightarrow{P_1P_2} = (2,7,-3)$,$\vec{b} = (0,0,1)$,且 $-\infty < u,v < +\infty$;

(ii) 坐标式参数方程为:$\begin{cases} x = 1+2u, \\ y = -5+7u, \qquad -\infty < u,v < +\infty; \\ z = 1-3u+v, \end{cases}$

(iii) 一般方程为:$7x-2y+17=0$;

(3) (i) 向量式参数方程为:$\vec{r} = \vec{r}_0 + u\vec{a} + v\vec{b}$,其中 $\vec{a} = \overrightarrow{AB} = (-4,5,-1)$,$\vec{b} = (1,1,1)$,且 $-\infty < u,v < +\infty$;

(ii) 坐标式参数方程为:$\begin{cases} x = 5-4u+v, \\ y = 1+5u+v, \qquad -\infty < u,v < +\infty; \\ z = 3-u+v, \end{cases}$

(iii) 一般方程为:$2x+y-3z-2=0$;

2. 截距式方程为:$\dfrac{x}{-4} + \dfrac{y}{-2} + \dfrac{z}{4} = 1$;

坐标式参数方程为:$\begin{cases} x = u, \\ y = v, \qquad -\infty < u,v < +\infty. \\ z = 4+u+2v, \end{cases}$

3. 1.

4. -18.

5. $x + 2y - 3z + 4 = 0$.

6. $x - z = 0$.

7. (1) $\dfrac{1}{\sqrt{30}}x - \dfrac{2}{\sqrt{30}}y + \dfrac{5}{\sqrt{30}}z - \dfrac{3}{\sqrt{30}} = 0$; (2) $-\dfrac{\sqrt{2}}{2}x + \dfrac{\sqrt{2}}{2}y - \dfrac{\sqrt{2}}{2} = 0$;

(3) $\dfrac{4}{9}x - \dfrac{4}{9}y + \dfrac{7}{9}z = 0$ 或 $-\dfrac{4}{9}x + \dfrac{4}{9}y - \dfrac{7}{9}z = 0$; (4) $-x - 2 = 0$.

8. 5；$\vec{n^\circ} = \left(\dfrac{2}{7}, \dfrac{3}{7}, \dfrac{6}{7} \right)$；$\cos\alpha = \dfrac{2}{7}, \cos\beta = \dfrac{3}{7}, \cos\gamma = \dfrac{6}{7}$.

9. 提示：将平面方程转化为法式方程即可证明.

10. $\dfrac{x}{a} + \dfrac{y}{b} + \dfrac{z}{c} = 3$.

习题 3.2

1. (1) (i) 平行于 x 轴的平面方程为：$z - 1 = 0$；

(ii) 平行于 y 轴的平面方程为：$z - 1 = 0$；

(iii) 平行于 z 轴的平面方程为：$x + y - 1 = 0$；

(2) $\dfrac{x}{-2} + \dfrac{y}{-3} + \dfrac{z}{-\frac{24}{19}} = 1$；

(3) (i) 通过 x 轴的平面方程为：$2y + z = 0$；

(ii) 通过 y 轴的平面方程为：$2x + 5z = 0$；

(iii) 通过 z 轴的平面方程为：$x - 5y = 0$；

(4) $x - y - 3z + 2 = 0$； (5) $2x + 9y - 6z - 121 = 0$； (6) $13x - y - 7z - 37 = 0$.

2. (1) 两平面平行； (2) 两平面相交； (3) 两平面重合.

3. (1) $\arccos \dfrac{\sqrt{6}}{9}$ 或 $\pi - \arccos \dfrac{\sqrt{6}}{9}$； (2) $\arccos \dfrac{8}{21}$ 或 $\pi - \arccos \dfrac{8}{21}$.

4. $x + 3y = 0$ 或 $3x - y = 0$.

5. 提示：在其中一个平面内任取一点，用点到平面的距离公式，求出该点到另一平面的距离，即可证明.

习题 3.3

1. (1) (i) 向量式参数方程为：$\vec{r} = \vec{r}_0 + t\vec{v}$，其中 $\vec{r}_0 = (-3, 0, 1)$，$\vec{v} = \overrightarrow{P_1 P_2} = (5, -5, 0)$，且 $-\infty < t < +\infty$；

(ii) 坐标式参数方程为：$\begin{cases} x = -3 + 5t, \\ y = -5t, \\ z = 1, \end{cases}$ 且 $-\infty < t < +\infty$；

(iii) 标准式方程为：$\dfrac{x+3}{1} = \dfrac{y}{-1} = \dfrac{z-1}{0}$；

(2) $\dfrac{x - x_0}{\begin{vmatrix} B_1 & C_1 \\ B_2 & C_2 \end{vmatrix}} = \dfrac{y - y_0}{\begin{vmatrix} C_1 & A_1 \\ C_2 & A_2 \end{vmatrix}} = \dfrac{z - z_0}{\begin{vmatrix} A_1 & B_1 \\ A_2 & B_2 \end{vmatrix}}$；

(3) $\dfrac{x-1}{1}=\dfrac{y}{1}=\dfrac{z+2}{2}$;　　(4) $\dfrac{x-2}{6}=\dfrac{y+3}{-3}=\dfrac{z+5}{-5}$.

2. (1) $(9,12,20)$　或　$\left(-\dfrac{117}{7},-\dfrac{6}{7},-\dfrac{62}{7}\right)$;　　(2) $(0,2,7)$.

3. (1) $x+5y+z-1=0$;　　(2) $11x+2y+z-5=0$;　　(3) $5x-y+13z-23=0$;

(4) (i) 对 O-yz 坐标面的射影平面方程为:$36y-11z+23=0$;

(ii) 对 O-xy 坐标面的射影平面方程为:$11x-4y+6=0$;

(iii) 对 O-xz 坐标面的射影平面方程为:$9x-z+7=0$.

4. (1) (i) 射影方程为:$\begin{cases}2y-3z+4=0,\\4x+z-2=0;\end{cases}$

(ii) 标准方程为:$\dfrac{x-1}{-1}=\dfrac{y+5}{6}=\dfrac{z+2}{4}$;

(iii) 方向余弦为:$\cos\alpha=\dfrac{-1}{\sqrt{53}},\cos\beta=\dfrac{6}{\sqrt{53}},\cos\gamma=\dfrac{4}{\sqrt{53}}$,或 $\cos\alpha=\dfrac{1}{\sqrt{53}},\cos\beta=\dfrac{-6}{\sqrt{53}},$

$\cos\gamma=\dfrac{-4}{\sqrt{53}}$;

(2) (i) 射影方程为:$\begin{cases}x+z-6=0,\\3x-4y=0;\end{cases}$

(ii) 标准方程为:$\dfrac{x}{4}=\dfrac{y}{3}=\dfrac{z-6}{-4}$;

(iii) 方向余弦为:$\cos\alpha=\dfrac{4}{\sqrt{41}},\cos\beta=\dfrac{3}{\sqrt{41}},\cos\gamma=\dfrac{-4}{\sqrt{41}}$ 或 $\cos\alpha=\dfrac{-4}{\sqrt{41}},\cos\beta=\dfrac{-3}{\sqrt{41}},$

$\cos\gamma=\dfrac{4}{\sqrt{41}}$;

(3) (i) 射影方程为:$\begin{cases}y-z+2=0,\\x=2;\end{cases}$

(ii) 标准方程为:$\dfrac{x-2}{0}=\dfrac{y}{1}=\dfrac{z-2}{1}$;

(iii) 方向余弦为:$\cos\alpha=0,\cos\beta=\dfrac{1}{\sqrt{2}},\cos\gamma=\dfrac{1}{\sqrt{2}}$ 或 $\cos\alpha=0,\cos\beta=\dfrac{-1}{\sqrt{2}},\cos\gamma=\dfrac{-1}{\sqrt{2}}$.

习题 3.4

1. (1) 直线与平面平行;　　(2) 直线与平面垂直相交;

(3) 直线在平面上;　　(4) 直线在平面上.

2. (1) $m=-1$;　　(2) $m=4,n=-8$.

3. 当 $D_1+D_2=0$ 时,直线在平面上;当 $D_1+D_2\neq0$ 时,直线与平面平行.

4. $\dfrac{2\sqrt{5}}{3}$.

5. 设 α,β,γ 分别为直线与空间直角坐标系 O-xyz 的 O-yz 坐标面,O-xz 坐标面,O-xy 坐标面的交角,直线的方向向量为 $\vec{v}=(m,n,p)$,则

$$\sin\alpha = \frac{|\vec{v} \cdot \vec{i}|}{|\vec{v}||\vec{i}|} = \frac{|m|}{\sqrt{m^2+n^2+p^2}}, \quad \sin\beta = \frac{|\vec{v} \cdot \vec{j}|}{|\vec{v}||\vec{j}|} = \frac{|n|}{\sqrt{m^2+n^2+p^2}},$$

$$\sin\gamma = \frac{|\vec{v} \cdot \vec{k}|}{|\vec{v}||\vec{k}|} = \frac{|p|}{\sqrt{m^2+n^2+p^2}},$$

所以

$$\cos^2\alpha + \cos^2\beta + \cos^2\gamma = (1-\sin^2\alpha) + (1-\sin^2\beta) + (1-\sin^2\gamma)$$

$$= 1 - \frac{m^2}{m^2+n^2+p^2} + \left(1 - \frac{n^2}{m^2+n^2+p^2}\right) + \left(1 - \frac{p^2}{m^2+n^2+p^2}\right)$$

$$= 3 - \frac{m^2+n^2+p^2}{m^2+n^2+p^2} = 2.$$

6. (1) 过 N 与 A 两点的直线方程为：$\dfrac{x}{a_1} = \dfrac{y}{a_2} = \dfrac{z-1}{-1}$；

(2) $A_1\left(\dfrac{2a_1}{a_1^2+a_2^2+1}, \dfrac{2a_2}{a_1^2+a_2^2+1}, \dfrac{a_1^2+a_2^2-1}{a_1^2+a_2^2+1}\right)$, $B_1\left(\dfrac{2b_1}{b_1^2+b_2^2+1}, \dfrac{2b_2}{b_1^2+b_2^2+1}, \dfrac{b_1^2+b_2^2-1}{b_1^2+b_2^2+1}\right)$,

$C_1\left(\dfrac{2c_1}{c_1^2+c_2^2+1}, \dfrac{2c_2}{c_1^2+c_2^2+1}, \dfrac{c_1^2+c_2^2-1}{c_1^2+c_2^2+1}\right)$；

(3) $\dfrac{16}{81}$.

习题 3.5

1. (1) $\lambda = 5$；　(2) $\lambda = \dfrac{5}{4}$.

2. (1) 两直线为异面直线，$d = \dfrac{13}{\sqrt{6}}$；

(2) 两条直线平行，所在的平面方程为：$5x - 22y + 19z + 9 = 0$；

(3) 两条直线相交，所在的平面方程为：$x - 3y + 5z + 30 = 0$.

3. $\begin{cases} x - 2y + 5z - 8 = 0, \\ x + y - z - 1 = 0. \end{cases}$

4. (1) $\arccos\dfrac{72}{77}$ 或 $\pi - \arccos\dfrac{72}{77}$；　(2) $\arccos\dfrac{98}{195}$ 或 $\pi - \arccos\dfrac{98}{195}$.

5. $\begin{cases} 3x + 2y - 2z - 8 = 0, \\ 52x - 69y + 9z - 35 = 0. \end{cases}$

6. 因为 α, β, γ 是直线与三条坐标轴间的夹角，所以 $\cos\alpha, \cos\beta, \cos\gamma$ 是该直线的方向余弦，从而

$$\cos^2\alpha + \cos^2\beta + \cos^2\gamma = 1, \quad \text{即} \ 1 - \sin^2\alpha + 1 - \sin^2\beta + 1 - \sin^2\gamma = 1,$$

故

$$\sin^2\alpha + \sin^2\beta + \sin^2\gamma = 2.$$

7. (1) 计算 $\Delta \neq 0$ 即可证明异面；　(2) 利用公垂线方程公式(3.5-9)即可求出；

(3) 在直线 l_1 与 l_1 上分别任意取两点 P_1 与 P_2，对应的参数为 t_1 与 t_2，则它们的坐

标分别为 $P_1(4+t_1, 3-t_1, 8+t_1)$ 与 $P_2(-1+7t_2, -1-6t_2, -1+t_2)$，从而中点坐标为

$$\frac{1}{2}(3+t_1+7t_2, 2-2t_1-6t_2, 8+t_1+t_2),$$

可以验证中点的轨迹方程为

$$2x+3y+4z-20=0.$$

习题 3.6

1. (1) $9x+3y+5z=0$;　　(2) $21x+14z-3=0$;

(3) $\dfrac{91\pm2\sqrt{703}}{23}x+\dfrac{98\mp2\sqrt{703}}{23}y+\dfrac{28\pm2\sqrt{703}}{23}z+\dfrac{29\mp2\sqrt{703}}{23}=0$;

(4) $7x+14y+5=0$.

2. $x-z+4=0$　或　$x+20z+7z-12=0$.

3. (1) $x-2y+3z-14=0$;　　(2) $x-2y+3z+\sqrt{14}=0$ 或 $x-2y+3z-\sqrt{14}=0$;

(3) $x-2y+3z+1=0$;　　(4) $3x-6y+9z+1=0$.

第 4 章

习题 4.1

1. (1) $2y^2+2z^2-2yz+12y-10z-3=0$;

(2) $x^2+y^2+3z^2-2xy-8x+8y-8z-26=0$.

2. $4x^2+25y^2+z^2+4xz-20x-10z=0$.

3. $5x^2+5y^2+5z^2-5xy-5xz-5yz+2x+11y-13z=0$.

4. 提示：仿照例 4.1.3 的证法即可证明.

5. (1) 图形如图 8(a)所示;　　(2) 图形如图 8(b)所示;　　(3) 图形如图 8(c)所示;　　(4) 图形如图 8(d)所示.

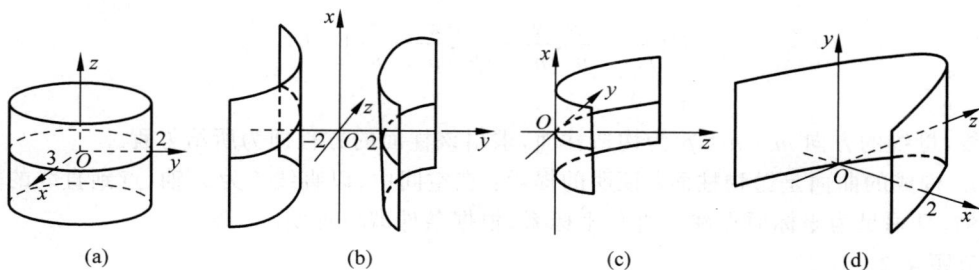

图　8

6. (1) 曲线对 $O\text{-}xy$ 坐标面，$O\text{-}yz$ 坐标面，$O\text{-}xz$ 坐标面的射影柱面方程分别为

$$x^2+y^2-x-1=0,\quad y^2+z^2-3z+1=0,\quad x-z+1=0,$$

射影曲线的方程分别为

$$\begin{cases}x^2+y^2-x-1=0,\\z=0,\end{cases}\quad\begin{cases}y^2+z^2-3z+1=0,\\x=0,\end{cases}\quad\begin{cases}x-z+1=0,\\y=0;\end{cases}$$

(2) 曲线对 $O\text{-}xy$ 坐标面，$O\text{-}yz$ 坐标面，$O\text{-}xz$ 坐标面的射影柱面方程分别为

$$x^2 - 2y^2 - 2x + 2y + 1 = 0, \quad y - z + 1 = 0, \quad x^2 - 2z^2 - 2x + 6z - 3 = 0;$$

射影曲线的方程分别为

$$\begin{cases} x^2 - 2y^2 - 2x + 2y + 1 = 0, \\ z = 0, \end{cases} \quad \begin{cases} y - z + 1 = 0, \\ x = 0, \end{cases} \quad \begin{cases} x^2 - 2z^2 - 2x + 6z - 3 = 0 \\ y = 0; \end{cases}$$

（3）曲线对 $O\text{-}xy$ 坐标面，$O\text{-}yz$ 坐标面，$O\text{-}xz$ 坐标面的射影柱面方程分别为

$$7x + 2y - 23 = 0, \quad 2y + 7z - 2 = 0, \quad x - z - 3 = 0;$$

射影曲线的方程分别为

$$\begin{cases} 7x + 2y - 23 = 0, \\ z = 0, \end{cases} \quad \begin{cases} 2y + 7z - 2 = 0, \\ x = 0, \end{cases} \quad \begin{cases} x - z - 3 = 0, \\ y = 0; \end{cases}$$

（4）曲线对 $O\text{-}xy$ 坐标面，$O\text{-}yz$ 坐标面，$O\text{-}xz$ 坐标面的射影柱面方程分别为

$$x^2 + 2y^2 - 2y = 0, \quad y + z + 1 = 0, \quad x^2 + 2z^2 - 2z = 0,$$

射影曲线的方程分别为

$$\begin{cases} x^2 + 2y^2 - 2y = 0, \\ z = 0, \end{cases} \quad \begin{cases} y + z + 1 = 0, \\ x = 0, \end{cases} \quad \begin{cases} x^2 + 2z^2 - 2z = 0, \\ y = 0. \end{cases}$$

7. 设 P 是柱面上任意一点，过母线交准线与点 P_0，记 $\overrightarrow{OP} = \vec{r}, \overrightarrow{OP_0} = \vec{r}_0$，因为 $\overrightarrow{OP} = \overrightarrow{OP_0} + \overrightarrow{P_0P} = \vec{r}_0 + v\vec{s}$（$-\infty < v < +\infty$），而点 P_0 在准线上，所以有 $\vec{r}_0 = \vec{r}(u)$，因此柱面的向量式参数方程为 $\vec{r}(u,v) = \vec{r}(u) + v\vec{s}$，即

$$\vec{r}(u,v) = \vec{r}(u) + v\vec{s}, \quad -\infty < u, v < +\infty.$$

设 $\vec{r} = (x, y, z)$，则 $\vec{r}(u) = (x(u), y(u), z(u))$（$-\infty < u < +\infty$）. 将坐标代入上式得到柱面的坐标式参数方程为

$$\begin{cases} x(u,v) = x(u) + vm, \\ y(u,v) = y(u) + vn, \\ z(u,v) = z(u) + vp, \end{cases} \quad -\infty < u, v < +\infty.$$

8. 提示：取曲面与 $O\text{-}xy$ 坐标面的交线

$$\begin{cases} F\left(\dfrac{x}{m} - \dfrac{y}{n}, \dfrac{y}{n} - \dfrac{z}{p}, \dfrac{z}{p} - \dfrac{x}{m}\right) = 0, \\ z = 0 \end{cases}$$

为准线，母线的方向 $m : n : p$ 为构造柱面，求出该柱面的方程即为所给方程.

9. 构成的曲面是抛物柱面；证明的提示：在空间中，以直线 l 为 x 轴，点到直线的垂线为 z 轴，且垂足为坐标原点建立直角坐标系，根据条件即可证明.

习题 4.2

1. $x^2 + y^2 - z^2 = 0$.

2. $3(x-3)^2 - 5(y+1)^2 + 7(z+2)^2 - 6(x-3)(y+1) + 10(x-3)(z+2) - 2(y+1)(z+2) = 0$.

3. $f\left(h\dfrac{x}{z}, h\dfrac{y}{z}\right) = 0$.

4. 提示：以三个坐标轴为母线的圆锥面有四个，它们分别是轴线穿过第一与第七卦限、第二与第八卦限、第三与第五卦限、第四与第六卦限. 对于每一种情况，以过球心在坐标原点半径为 1 的球面与三坐标轴的交点的圆为准线，且以坐标原点为顶点求出圆锥面方程

即可.

5. $51(x-1)^2+51(y-2)^2+12(z-4)^2+104(x-1)(y-2)+52(x-1)(z-4)+52(y-2)(z-4)=0.$

6. 提示：利用习题 4.1 的第 7 题的解法.

7. $12x^2+16y^2-z^2=0.$

习题 4.3

1. (1) $5x^2+5y^2+5z^2+2xy-4xz+4yz+4x-4y-4z-6=0;$

(2) $5x^2+5y^2+23z^2-12xy+24xy-24yz-24x+24y-46z+23=0;$

(3) $9x^2+9y^2-10z^2-6z-9=0;$　　(4) $z^2\sqrt{x^2+y^2}-1=0.$

2. $x^2+y^2-a^2z^2-\beta^2=0.$

（Ⅰ）当 $a<0,\beta\ne0$ 为椭球面；　　　　（Ⅱ）当 $a>0,\beta\ne0$ 为单叶双曲面；

（Ⅲ）当 $a\ne0,\beta=0$ 为圆锥面；　　　　　（Ⅳ）当 $a=0,\beta\ne0$ 为圆柱面；

（Ⅴ）当 $a=\beta=0$ 时曲面退化为直线,即 z 轴.

3. $y^4-4p^2(x^2+z^2)=0.$

4. $\begin{cases} x=\sqrt{x^2(u)+y^2(u)}\cos\alpha, \\ y=\sqrt{x^2(u)+y^2(u)}\sin\alpha, \\ z=z(u), \end{cases}$ 其中 u,α 为参数,且 $a\le u\le b,0\le\alpha<2\pi.$

5. (1) B 的球心轨迹构成的曲面 S 是旋转椭球面；

(2) B_1 的球心和 B_2 的球心是曲面 S 的两个焦点.

习题 4.4

1. $\dfrac{x^2}{4}+\dfrac{y^2}{3}+\dfrac{z^2}{3}=1.$

2. 设 $P(x,y,z)$ 是椭球面上任一点,向径 $\left|\overrightarrow{OP}\right|=r$,则向量 $\overrightarrow{OP}=(x,y,z)$. 又因为向量 $\overrightarrow{OP}$ 的方向余弦为 (m,n,p),所以

$$x=rm,\quad y=rn,\quad z=rp.$$

因为 $P(x,y,z)$ 是椭球面上任一点,所以

$$\frac{(rm)^2}{a^2}+\frac{(rn)^2}{b^2}+\frac{(rp)^2}{c^2}=1,\quad 即 \frac{1}{r^2}=\frac{m^2}{a^2}+\frac{n^2}{b^2}+\frac{p^2}{c^2}.$$

3. 提示：利用习题 4.4 的第 2 题的结论进行证明.

4. $c\sqrt{b^2-a^2}\,y+b\sqrt{a^2-c^2}\,z=0$　与　$c\sqrt{b^2-a^2}\,y-b\sqrt{a^2-c^2}\,z=0.$

5. 提示：在空间直角坐标系 $O\text{-}xyz$ 下,设椭球面的方程为 $\dfrac{x^2}{a^2}+\dfrac{y^2}{b^2}+\dfrac{z^2}{c^2}=1$,常向量为 $\vec{v}=(m,n,p)$,写出平行光线束中的任意一条直线的坐标式参数方程

$$\begin{cases} x_1=x+tm, \\ y_1=y+tn,\quad -\infty<t<+\infty, \\ z_1=z+tp, \end{cases}$$

将直线方程代入椭球面方程化简整理得到一个关于 t 的方程,根据相切的条件即可证明.

6. 法向量的方向数为 $0,0,1.$

习题 4.5

1. （1）图形如图 9(a)所示；　（2）图形如图 9(b)所示.

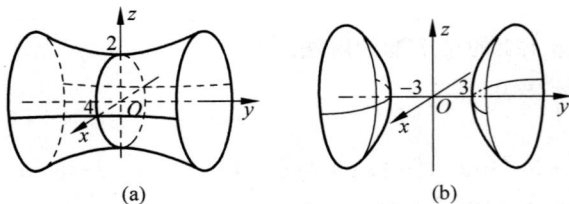

图　9

2. （Ⅰ）当 $k>m$ 时,无实图形；　（Ⅱ）当 $m>k>n$ 时,为双叶双曲面；
（Ⅲ）当 $n>k>p$ 时,为单叶双曲面；　（Ⅳ）当 $p>k$ 时,为椭球面.

3. $x\pm2=0$.

4. $\dfrac{x^2}{4}-\dfrac{y^2}{12}-\dfrac{z^2}{12}=1$.

5. $\dfrac{\left(x-\frac{3}{2}\right)^2}{\frac{23}{3}}-\dfrac{z^2}{\frac{115}{32}}=1$.

6. 取两条异面直线 l_1 与 l_2 的公垂线为 z 轴,公垂线的中点 C 为坐标原点,x 轴与两异面直线 l_1 与 l_2 成等角,并设两异面直线 l_1 与 l_2 间的距离为 $2a$,交角为 2α,则有

$$l_1:\begin{cases}x=t_1\cos\alpha,\\y=t_1\sin\alpha,\quad -\infty<t_1<+\infty;\\z=a,\end{cases}$$

$$l_2:\begin{cases}x=t_2\cos\alpha,\\y=-t_2\sin\alpha,\quad -\infty<t_2<+\infty.\\z=-a,\end{cases}$$

设两点 A,B 的坐标分别为 $(t_1\cos\alpha,t_1\sin\alpha,a),(t_2\cos\alpha,-t_2\sin\alpha,-a)$,则直线 AB 的方程为

$$l_{AB}:\begin{cases}x=t_1\cos\alpha+(t_2-t_1)\cos\beta\cdot t,\\y=t_1\sin\alpha-(t_2+t_1)\sin\beta\cdot t,\quad -\infty<t_1,t_2,t<+\infty.\\z=a-2at,\end{cases}\tag{1}$$

因为 $\overrightarrow{CA}\perp\overrightarrow{CB}$,所以 $t_1t_2\cos^2\alpha-t_1t_2\sin^2\alpha-a^2=0$.

又因为 $2\alpha\neq\dfrac{\pi}{2}$,所以 $\cos2\alpha\neq0$,从而得

$$t_1t_2=\frac{a^2}{\cos2\alpha}.\tag{2}$$

由(1)式与(2)式消去参数 t_1,t_2,t 得到直线 AB 的轨迹方程为

$$\frac{x^2}{\frac{a^2\cos^2\alpha}{\cos2\alpha}}-\frac{y^2}{\frac{a^2\sin^2\alpha}{\cos2\alpha}}+\frac{z^2}{a^2}=1.$$

故直线 AB 的轨迹是一个单叶双曲面.

7. $\dfrac{\pi}{3}$ 或 $\dfrac{2\pi}{3}$.

习题 4.6

1. $18x^2 + 3y^2 = 5z$.

2. (1) 提示：选取以定平面为 O-xy 平面，与 O-xy 平面垂直且通过定点的直线为 z 轴，设定点坐标为 $(0,0,h)$，常数为 $\lambda(\lambda>0)$，所求的点为 $P(x,y,z)$，则依题意可求出轨迹的方程，进而分 $h=0$ 与 $h\neq0$ 两种情况，再结合 λ 取值情况进行具体讨论.

(2) 提示：利用习题 4.5 中第 6 题中方法即可求得轨迹方程为：$az + xy\sin\alpha\cos\alpha = 0$.

3. 椭圆抛物面参数方程为：$\begin{cases} x = au\cos\theta, \\ y = bu\sin\theta, \\ z = \dfrac{1}{2}u^2, \end{cases} (-\pi < \theta \leq \pi, u \geq 0)$;

双曲抛物面参数方程为：$\begin{cases} x = a(u+v), \\ y = b(u-v), \\ z = 2uv, \end{cases} (-\infty < u, v < +\infty)$.

4. $4(3x^2 + 4y^2) - z^2 = 0$.

5. $(1,1,1), (-1,-1,-1)$.

习题 4.7

1. (1) $\begin{cases} t(x+y) = uz, \\ u(x-y) = tz, \end{cases}$ 其中 u,t 不全为零. 　 (2) $\begin{cases} x = u, \\ z = auy \end{cases}$ 与 $\begin{cases} y = v, \\ z = avx. \end{cases}$

2. (1) $z^2 - x - y = 0$; 　 (2) $x^2 + 4y^2 - 16z^2 - 16 = 0$.

3. $\begin{cases} x + 2y - 4 = 0, \\ x - 2y - 4z = 0 \end{cases}$ 与 $\begin{cases} x + 2y - 2z = 0, \\ x - 2y - 8 = 0. \end{cases}$

4. $\dfrac{x^2}{18} - \dfrac{y^2}{8} = 2z$.

5. $x^2 + y^2 - z^2 = 1$.

6. 提示：求出直母线在坐标面 O-xy 上的射影直线方程与在坐标面 O-xy 上的椭圆方程，然后在坐标面 O-xy 上进行证明即可.

7. 两相交直母线必异族，单叶双曲面 $\dfrac{x^2}{a^2} + \dfrac{y^2}{b^2} - \dfrac{z^2}{c^2} = 1$ 的两直母线为

$$u\ 族：\begin{cases} \omega\left(\dfrac{x}{a} + \dfrac{z}{c}\right) = u\left(1 + \dfrac{y}{b}\right), \\ u\left(\dfrac{x}{a} - \dfrac{z}{c}\right) = \omega\left(1 - \dfrac{y}{b}\right); \end{cases} \quad v\ 族：\begin{cases} t\left(\dfrac{x}{a} + \dfrac{z}{c}\right) = v\left(1 - \dfrac{y}{b}\right), \\ v\left(\dfrac{x}{a} - \dfrac{z}{c}\right) = t\left(1 + \dfrac{y}{b}\right). \end{cases}$$

所以两相交直母线的交点坐标为

$$\begin{cases} x = \dfrac{a(uv + \omega t)}{v\omega + ut}, \\ y = \dfrac{b(v\omega - ut)}{v\omega + ut}, \\ z = \dfrac{c(uv - \omega t)}{v\omega + ut}. \end{cases} \tag{3}$$

且两族直母线的方向向量分别为

$$\vec{v}_u = (a(u^2-\omega^2),2bu\omega,c(u^2+\omega^2)),\quad \vec{v}_v=(a(v^2-t^2),-2bvt,c(v^2+t^2)).$$

因为 $\vec{v}_u \perp \vec{v}_v$,所以有 $\vec{v}_u \cdot \vec{v}_v = 0$,即

$$a^2(u^2-\omega^2)(v^2-t^2)-4b^2 u\omega vt + c^2(u^2+\omega^2)(v^2+t^2)=0,$$

从而得

$$\frac{a^2(uv+\omega t)^2}{(ut+\omega v)^2}+\frac{b^2(v\omega-ut)^2}{(ut+\omega v)^2}+\frac{c^2(uv-\omega t)^2}{(ut+\omega v)^2}=a^2+b^2-c^2,$$

将(3)式代入上式得交点坐标满足 $x^2+y^2+z^2=a^2+b^2-c^2$,所以所求的轨迹方程为

$$\begin{cases} x^2+y^2+z^2=a^2+b^2-c^2,\\ \dfrac{x^2}{a^2}+\dfrac{y^2}{b^2}+\dfrac{z^2}{c^2}=1. \end{cases}$$

8. 提示:参考习题 4.7 的第 7 题的解法即可证明.

9. $P\left(\alpha,\beta,\dfrac{1}{2}(\alpha^2-\beta^2)\right)$.

10. (1) $l_1: \dfrac{x}{1}=\dfrac{y+1}{0}=\dfrac{z}{0}$, $l_2: \dfrac{x-1}{0}=\dfrac{y}{1}=\dfrac{z}{-1}$; (2) 轨迹方程为 $\begin{cases} x^2+y^2=1,\\ z=1. \end{cases}$

习题 4.8

1. (1) 图形如图 10(a)所示; (2) 图形如图 10(b)所示.

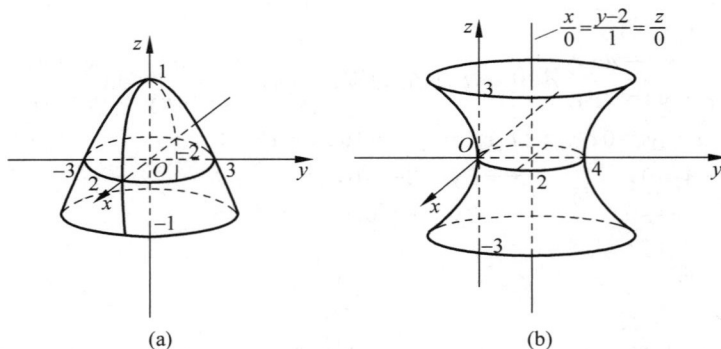

图 10

2. (1) 图形如图 11(a)所示; (2) 图形如图 11(b)所示;
(3) 图形如图 11(c)所示; (4) 图形如图 11(d)所示.

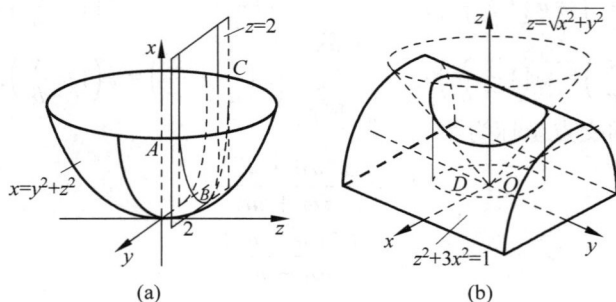

图 11

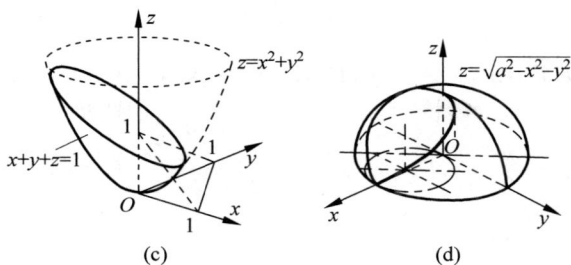

图　11(续)

3. (1) 图形如图 12(a)所示；　(2) 图形如图 12(b)所示；
(3) 图形如图 12(c)所示；　(4) 图形如图 12(d)所示.

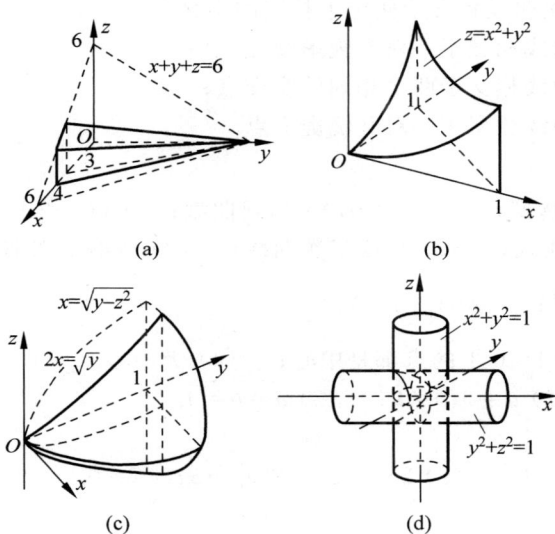

图　12

第 5 章

习题 5.1

1. (1) $F_1(x,y)=\dfrac{x}{a^2}, F_2(x,y)=\dfrac{y}{b^2}, F_3(x,y)=-1$, $\quad \boldsymbol{A}=\begin{pmatrix} \dfrac{1}{a^2} & 0 & 0 \\ 0 & \dfrac{1}{b^2} & 0 \\ 0 & 0 & -1 \end{pmatrix}$;

(2) $F_1(x,y)=\dfrac{x}{a^2}, F_2(x,y)=-\dfrac{y}{b^2}, F_3(x,y)=-1$, $\quad \boldsymbol{A}=\begin{pmatrix} \dfrac{1}{a^2} & 0 & 0 \\ 0 & -\dfrac{1}{b^2} & 0 \\ 0 & 0 & -1 \end{pmatrix}$;

(3) $F_1(x,y)=p, F_2(x,y)=-y, F_3(x,y)=px$, $\quad \mathbf{A}=\begin{pmatrix} 0 & 0 & p \\ 0 & -1 & 0 \\ p & 0 & 0 \end{pmatrix}$;

(4) $F_1(x,y)=2x-\dfrac{y}{2}-3, F_2(x,y)=-\dfrac{x}{2}+y+\dfrac{7}{2}, F_3(x,y)=-3x+\dfrac{7}{2}y-4$,

$$\mathbf{A}=\begin{vmatrix} 2 & -\dfrac{1}{2} & -3 \\ -\dfrac{1}{2} & 1 & \dfrac{7}{2} \\ -3 & \dfrac{7}{2} & -4 \end{vmatrix}.$$

2. (1) 直线与二次曲线相交于两个不相同的实交点;

(2) 直线与二次曲线相交于一对共轭虚交点;

(3) 直线与二次曲线相交于两个相同的实交点;

(4) 直线与二次曲线相交于一对共轭虚交点.

习题 5.2

1. (1) $-1:1$,抛物型;   (2) $1:0, 0:1$,双曲型;   (3) $-2\pm\sqrt{2}\,\mathrm{i}:3$,椭圆型.

2. (1) 中心二次曲线;   (2) 无心二次曲线;   (3) 线心二次曲线.

3. (1) $\left(\dfrac{3}{28}, -\dfrac{13}{28}\right)$;   (2) $(-1,2)$;

(3) 直线 $2x-y+1=0$ 上的点都是中心;   (4) 无中心.

4. (1) $a\neq 9$;   (2) $a=9, b\neq 9$;   (3) $a=b=9$.

5. $2x-y+1=0$.

6. (1) $xy-x-4=0$;   (2) $2x^2-xy-3y^2-5x+7=0$.

习题 5.3

1. (1) $9x+10y-28=0$;   (2) $x+y+3=0$ 与 $y+1=0$.

2. 提示:利用例 5.3.2 的方法.

3. (1) 切线方程为: $x+4y-5=0$ 与 $x+4y-8=0$,切点分别为 $(1,1)$ 与 $(-4,3)$;

(2) 切线方程为: $y-2=0$ 与 $y+2=0$,切点分别为 $(-1,2), (1,-2)$;

(3) 切线方程为: $x-2=0$ 与 $x+2=0$,且切点分别为 $(2,-1), (2,1)$.

4. (1) $(-1,1)$;   (2) $(1,1)$.

5. $6x^2+3xy-y^2+2x-y=0$.

习题 5.4

1. $x+3y+1=0$.

2. 直径方程为: $2x-93y-116=0$,共轭直径的方程为: $712x+871y+482=0$.

3. $4x+y+3=0$.

4. 提示:利用二次曲线的一般方程,结合中心、直径等概念即可进行证明.

5. $2x-y+1=0$.

习题 5.5

1. 椭圆的主方向为: $1:0$ 与 $0:1$;主直径为: $x=0$ 与 $y=0$;

双曲线的主方向为: $1:0$ 与 $0:1$;主直径为: $x=0$ 与 $y=0$;

抛物线的主方向为：$0：1$ 与 $1：0$；主直径为：$y=0$.

2. 主方向为：$1：1$ 与 $1：(-1)$；主直径为：$x+y-2=0$ 与 $x-y=0$.

3. $4x^2-7xy+4y^2-7x+8y=0$.

4. 设二次曲线两个不同特征根分别为 λ_1 与 λ_2，由它们确定的主方向分别为 $m_1：n_1$ 与 $m_2：n_2$，那么有

$$\begin{cases} a_{11}m_1+a_{12}n_1=\lambda_1 m_1, \\ a_{12}m_1+a_{22}n_1=\lambda_1 n_1 \end{cases} \quad 与 \quad \begin{cases} a_{11}m_2+a_{12}n_2=\lambda_2 m_2, \\ a_{12}m_2+a_{22}n_2=\lambda_2 n_2. \end{cases}$$

所以

$$\begin{aligned} \lambda_1 m_1 m_2+\lambda_2 n_1 n_2 &= (a_{11}m_1+a_{12}n_1)m_2+(a_{12}m_1+a_{22}n_1)n_2 \\ &= (a_{11}m_2+a_{12}n_2)m_1+(a_{12}m_2+a_{22}n_2)n_1 \\ &= \lambda_2 m_2 m_1+\lambda_2 n_2 n_1. \end{aligned}$$

从而得 $(\lambda_1-\lambda_2)(m_1 m_2+n_1 m_2)=0$.

因为 λ_1 与 λ_2 是二次曲线两个不同特征根，从而可知 $\lambda_1 \neq \lambda_2$，所以 $m_1 m_2+n_1 n_2=0$，所以两主方向 $m_1：n_1$ 与 $m_2：n_2$ 相互垂直.

习题 5.6

1.（1）标准形式为：$\dfrac{x''^2}{2}+\dfrac{y''^2}{12}=1$，它是一个椭圆，图形如图 13(a)所示；

（2）标准形式为：$x''^2=-\dfrac{5\sqrt{2}}{4}y''$，它是一条抛物线，图形如图 13(b)所示；

（3）标准形式为：$\dfrac{x''^2}{4}-\dfrac{y''^2}{9}=1$，它是一条双曲线，图形如图 13(c)所示；

（4）标准形式为：$x''^2=\dfrac{1}{5}$，它是两条平行线，图形如图 13(d)所示.

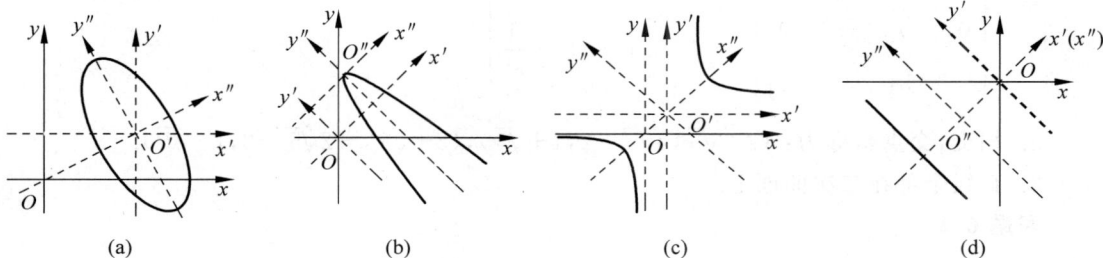

(a)　　　　　　(b)　　　　　　(c)　　　　　　(d)

图　13

2. 提示：通过计算即可.

3. 提示：分别利用移轴公式和转轴公式系数的变换规律，结合行列式的性质，计算

$$K_1'=\begin{vmatrix} a_{11}' & a_{13}' \\ a_{13}' & a_{33}' \end{vmatrix}+\begin{vmatrix} a_{22}' & a_{23}' \\ a_{23}' & a_{33}' \end{vmatrix} \quad 与 \quad K_1=\begin{vmatrix} a_{11} & a_{13} \\ a_{13} & a_{33} \end{vmatrix}+\begin{vmatrix} a_{22} & a_{23} \\ a_{23} & a_{33} \end{vmatrix}，比较即可证明.$$

第 6 章

习题 6.1

1. (1) $F_1(x,y,z)=2x-\dfrac{1}{2}y-3$, $F_2(x,y,z)=y-\dfrac{1}{2}x+4$, $F_3(x,y,z)=-2z$,

$F_4(x,y,z)=-3x+4y-4$,

$\Phi(x,y,z)=2x^2+y^2-2z^2$, $\Phi_1(x,y,z)=2x$, $\Phi_2(x,y,z)=y$, $\Phi_3(x,y,z)=-2z$,

$\Phi_4(x,y,z)=-3x+4y$,

$$\boldsymbol{A}=\begin{pmatrix} 2 & \dfrac{1}{2} & 0 & -3 \\ \dfrac{1}{2} & 1 & 0 & 4 \\ 0 & 0 & -2 & 0 \\ -3 & 4 & 0 & -4 \end{pmatrix}, \quad \boldsymbol{B}=\begin{pmatrix} 2 & \dfrac{1}{2} & 0 \\ \dfrac{1}{2} & 1 & 0 \\ 0 & 0 & -2 \end{pmatrix}.$$

(2) $F_1(x,y,z)=\dfrac{x}{a^2}$, $F_2(x,y,z)=\dfrac{y}{b^2}$, $F_3(x,y,z)=\dfrac{z}{c^2}$, $F_4(x,y,z)=-1$,

$\Phi(x,y,z)=\dfrac{x}{a^2}+\dfrac{y}{b^2}+\dfrac{z}{c^2}$, $\Phi_1(x,y,z)=\dfrac{x}{a^2}$, $\Phi_2(x,y,z)=\dfrac{y}{b^2}$, $\Phi_3(x,y,z)=\dfrac{z}{c^2}$,

$\Phi_4(x,y,z)=0$,

$$\boldsymbol{A}=\begin{pmatrix} \dfrac{1}{a^2} & 0 & 0 & 0 \\ 0 & \dfrac{1}{b^2} & 0 & 0 \\ 0 & 0 & \dfrac{1}{c^2} & 0 \\ 0 & 0 & 0 & -1 \end{pmatrix}, \quad \boldsymbol{B}=\begin{pmatrix} \dfrac{1}{a^2} & 0 & 0 \\ 0 & \dfrac{1}{b^2} & 0 \\ 0 & 0 & \dfrac{1}{c^2} \end{pmatrix}.$$

2. 相交,交点坐标为: $(2-\sqrt{5}, 2\sqrt{5}+2, 1+\sqrt{5})$, $(2+\sqrt{5}, -2\sqrt{5}-2, 1-\sqrt{5})$.

3. 直线全部在二次曲面上.

习题 6.2

(1) 中心$(1,1,-1)$; (2) 中心直线$\dfrac{x}{3}=\dfrac{y}{2}=\dfrac{z-2}{1}$; (3) 中心平面$2x-y+3z+2=0$;

(4) 无中心; (5) 中心直线$\begin{cases}2x-y+2z+7=0, \\ x-5y+z+8=0.\end{cases}$

习题 6.3

1. (1) 无奇点; (2) 奇点$(0,0,0)$; (3) 无奇点;

(4) z 轴上的点都是奇点; (5) $O\text{-}xz$ 坐标面上的点都是奇点.

2. 提示: 计算 $F_1(1,-2,1)$, $F_2(1,-2,1)$, $F_3(1,-2,1)$的值不全为零,即可判断该点是正则点; 切平面方程为: $x+10y-3z+22=0$.

3. 任取锥面上的点 (x_0,y_0,z_0),求出以 (x_0,y_0,z_0) 为切点的切平面.

4. 提示：任取二次曲面上的点 (x_0,y_0,z_0),求出过该点的切平面方程,令切平面方程的 x,y,z 系数分别为 $3,1,-9$,即可证明,同时也能得到切点坐标 $(3,1,-2)$.

5. $D^2=a^2A^2+b^2B^2+c^2C^2$.

习题 6.4

1. (1) 奇异方向：$0:1:1$；　(2) 无奇异方向.

2. $2x-3y-2=0$.

3. 径面方程：$x+3y-z-1=0$,共轭的方向：$2:(-1):5$.

4. 径面方程：$2x-2y+3z=0$,共轭的方向：$1:(-2):4$.

5. 设中心二次曲面的方程为 $F(x,y,z)=0$,那么中心方程组 $\begin{cases}F_1(x,y,z)=0,\\F_2(x,y,z)=0,\\F_3(x,y,z)=0\end{cases}$ 有唯一

解,即该二次曲面的中心,所以方程
$$mF_1(x,y,z)+nF_2(x,y,z)+pF_3(x,y,z)=0$$
(其中 m,n,p 是不全为零的任意数)表示过该二次曲面中心的任意平面,它恰好是共轭于方向 $m:n:p$ 的该二次曲面的径面,所以过中心二次曲面中心的任意平面一定是它的径面.

习题 6.5

1. (1) 主方向：$1:(-1):0,1:1:0,0:0:1$,
对应的主径面方程分别为：$x+y-1=0,x+y-1=0,5z+2=0$；
(2) 主方向：$1:(-1):0,1:1:(-1),1:1:2$,
对应的主径面方程分别为：$x-y=0,x+y-z=0,x+y+2z-1=0$；
(3) 主方向：$2:4:1,1:(-1):2,3:(-1):(-2)$ 是奇异方向,
对应的主径面方程分别为：$14x+28y+7z+12=0,x-y+2z-3=0$；
(4) $1:(-1):0,1:1:t(t\in\mathbb{R})$ 是奇异方向,
对应的主径面方程为：$2x-2y+3=0$.

2. 提示：参考习题 5.5 的第 3 题的方法.

习题 6.6

1. (1)标准方程为：$\dfrac{x'^2}{\frac{1}{3}}+\dfrac{y'^2}{\frac{1}{2}}+z'^2=1$；变换公式为：$\begin{cases}x=\dfrac{1}{3}x'+\dfrac{2}{3}y'-\dfrac{2}{3}z'+1,\\y=\dfrac{2}{3}x'-\dfrac{2}{3}y'-\dfrac{1}{3}z'+1,\\z=-\dfrac{2}{3}x'-\dfrac{1}{3}y'-\dfrac{2}{3}z'+1;\end{cases}$

(2) 标准方程为：$x'^2+\dfrac{y'^2}{2}-\dfrac{z'^2}{3}=-1$；变换公式为：$\begin{cases}x=\dfrac{1}{\sqrt{6}}x'+\dfrac{1}{\sqrt{3}}y'+\dfrac{1}{\sqrt{2}}z'+1,\\y=\dfrac{1}{\sqrt{6}}x'-\dfrac{1}{\sqrt{3}}y'+\dfrac{1}{\sqrt{2}}z',\\z=\dfrac{2}{\sqrt{6}}x'+\dfrac{1}{\sqrt{3}}y'+1;\end{cases}$

（3）标准方程为：$\dfrac{x''^2}{\dfrac{1}{2}}-\dfrac{y''^2}{\dfrac{1}{3}}+\dfrac{z'^2}{\dfrac{1}{2}}=0$；变换公式为：
$$\begin{cases} x=-\dfrac{1}{\sqrt{2}}x'+\dfrac{1}{3\sqrt{2}}y'+\dfrac{2}{3}z'+1,\\[2mm] y=-\dfrac{4}{3\sqrt{2}}y''+\dfrac{1}{3}z''+1,\\[2mm] z=\dfrac{1}{\sqrt{2}}x''+\dfrac{1}{3\sqrt{2}}y''+\dfrac{2}{3}z''+1; \end{cases}$$

（4）标准方程为：$x''^2=2y''$；变换公式为：
$$\begin{cases} x=\dfrac{2}{3}x''-\dfrac{2}{3}y''+\dfrac{1}{3}z'',\\[2mm] y=-\dfrac{1}{3}x''-\dfrac{2}{3}y''-\dfrac{2}{3}z'',\\[2mm] z=\dfrac{2}{3}x''+\dfrac{1}{3}y''-\dfrac{2}{3}z''. \end{cases}$$

2．通过验证知道 A,B,C 三点共线，D,E,F 三点共线．而只有两种二次曲面上可能存在共线的三点：单叶双曲面和双曲抛物面．进一步，可以证明直线 ABC 和直线 DEF 是平行的，且不是同一条直线，这就排除了双曲抛物面的可能（因为双曲抛物面的同族直母线都异面，不同族直母线都相交），所以只可能是单叶双曲面．

参 考 文 献

[1] 刘海蔚,吴小平.解析几何学[M].重庆:西南师范大学出版社,1994.
[2] 陈志杰.高等代数与解析几何[M].北京:高等教育出版社,2000.
[3] 张禾瑞,黄炳新.高等代数[M].5版.北京:高等教育出版社,2007.
[4] 梅向明,黄敬之.微分几何[M].4版.北京:高等教育出版社,2008.
[5] 吕林根,许子道.解析几何[M].5版.北京:高等教育出版社,2019.
[6] 罗淼,严虹,廖义琴.几何学概论[M].2版.北京:清华大学出版社,2020.